MARIËLLE HOEFNAGELS

BIOLOGIA
Il laboratorio della vita

Dalle cellule ai vertebrati

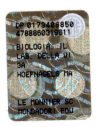

LIBRO+WEB

Libro+Web è la piattaforma digitale Mondadori Education adatta a tutte le esigenze didattiche, che raccoglie e organizza i libri di testo in formato digitale, i **MEbook**; i **Contenuti Digitali Integrativi**; gli **Strumenti per la creazione di risorse**; la formazione **LinkYou**.

Il **centro dell'ecosistema digitale Mondadori Education** è il **MEbook**, da quest'anno anche in versione **MEbook eXtra**. È fruibile **online** direttamente dalla homepage di Libro+Web e **offline** attraverso l'apposita app di lettura. Lo puoi consultare da qualsiasi dispositivo e se hai problemi di spazio puoi scaricare anche solo le parti del libro che ti interessano.

Il **MEbook eXtra** è il nuovo libro digitale, **adattivo e facile da usare su ogni dispositivo**, che accompagna lo studente con un **sistema di tutoring**, consente al docente la massima personalizzazione grazie a una **mappa concettuale disciplinare** che collega gli elementi del testo tra loro ma anche con risorse esterne e **favorisce la didattica collaborativa** grazie agli strumenti per la condivisione.

In Libro+Web trovi tutti i **Contenuti Digitali Integrativi** dei libri di testo, organizzati in un elenco per aiutarti nella consultazione.

All'interno della piattaforma di apprendimento sono inseriti anche gli Strumenti digitali per la personalizzazione, la condivisione e l'approfondimento: **Edutools, Editor di Test e Flashcard, Google Drive, Classe Virtuale**.

Da Libro+Web puoi accedere ai **Campus**, i portali disciplinari ricchi di news, info, approfondimenti e Contenuti Digitali Integrativi organizzati per argomento, tipologia o parola chiave.

Per costruire lezioni più efficaci e coinvolgenti il docente ha a disposizione il programma **LinkYou**, che prevede seminari per la didattica digitale, corsi, eventi e webinar.

Come ATTIVARLO e SCARICARLO

COME ATTIVARE IL MEbook eXtra

PER LO STUDENTE

- Collegati al sito mondadorieducation.it e, se non lo hai già fatto, registrati: è facile, veloce e gratuito.
- Effettua il login inserendo Username e Password.
- Accedi alla sezione Libro+Web e fai clic su "Attiva MEbook".
- Compila il modulo "Attiva MEbook" inserendo negli appositi campi tutte le cifre tranne l'ultima dell'ISBN, stampato sul retro del tuo libro, il codice contrassegno e quello seriale, che trovi sul bollino argentato SIAE nella prima pagina dei nostri libri.
- Fai clic sul pulsante "Attiva MEbook".

PER IL DOCENTE

- Richiedi al tuo agente di zona la copia saggio del libro che ti interessa.

COME SCARICARE IL MEbook eXtra

È possibile accedere online al **MEbook** direttamente dal sito mondadorieducation.it oppure scaricarlo per intero o in singoli capitoli sul tuo dispositivo, seguendo questa semplice procedura:

- Scarica la nostra applicazione gratuita che trovi sul sito mondadorieducation.it o sui principali store di app.
- Lancia l'applicazione.
- Effettua il login con Username e Password scelte all'atto della registrazione sul nostro sito.
- Nella libreria è possibile ritrovare i libri attivati: clicca su "Scarica" per renderli disponibili sul tuo dispositivo.
- Per leggere i libri scaricati fai clic su "leggi".

www.mondadorieducation.it

UNA DIDATTICA DIGITALE INTEGRATA:
tutto ciò che non sta sulla carta

Studente e docente trovano un elenco dei **Contenuti Digitali Integrativi** nell'INDICE, che aiuta a pianificare lo studio e le lezioni in classe.

MEBOOK

VIDEO E VIDEOLABORATORI

- Video: brevi filmati per tenere viva l'attenzione e stimolare la curiosità.
- Videolaboratori: esperienze realizzate dal vivo, per osservare il metodo scientifico in azione.

INFOGRAFICHE

Tavole illustrate in cui le varie zone di interesse possono essere ingrandite e osservate nel dettaglio, talvolta ascoltando un audio di accompagnamento. Questo strumento è un valido aiuto per facilitare l'apprendimento, anche in caso di Bisogni educativi speciali, grazie al supporto visivo e al commento audio dell'immagine.

AUDIO

Un audio di accompagnamento spiega le immagini più complesse, proponendo una modalità di apprendimento alternativa alla lettura del testo. L'ascolto può inoltre facilitare il ripasso e la memorizzazione.
Molti audio sono disponibili anche in inglese.

ANIMAZIONI

Per visualizzare e capire gli aspetti più complessi dei meccanismi biologici.

E tanti altri Contenuti Digitali Integrativi:

 Gli esercizi più complessi spiegati passo passo.

 Test interattivi per una autoverifica delle conoscenze.

 Glossario italiano-inglese interattivo.

 Ulteriori proposte per progetti di biologia.

www.mondadorieducation.it

Atlante del corso

APERTURA

Collegano l'argomento del capitolo alla vita di tutti i giorni con spunti e curiosità che stimolano l'esplorazione.

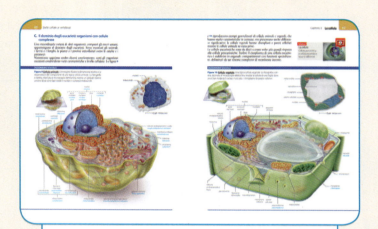

DIZIONARIO VISUALE

Spettacolari tavole iconografiche riassuntive, in doppia lingua, per osservare nel dettaglio la complessità della biologia e costruire un glossario tecnico.

RISPONDI IN UN TWEET

Domande di fine paragrafo per imparare a rielaborare e sintetizzare in modo efficace la complessità della biologia.

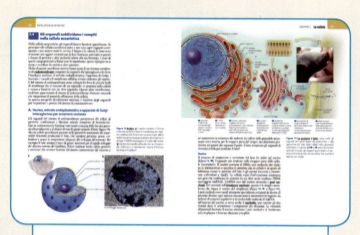

DISEGNO E IMMAGINE

Lavorano in sinergia per facilitare la comprensione di concetti complessi con efficace sintesi cromatica ed espositiva.

ATTIVITÀ

Organizzazione delle conoscenze: mappa concettuale, sintesi visuale, glossario bilingue.
Autoverifica delle conoscenze: test per simulare la parte di biologia di una prova di ammissione all'università.
Sviluppo delle competenze: quesiti graduati per elaborare e applicare i concetti appresi.

TAVOLE RIASSUNTIVE

Stimolano il ripasso dei concetti chiave con brevi riassunti e disegni in parallelo, per facilitare e potenziare la memorizzazione visiva.

LABORATORI DI BIOLOGIA

Esperimenti e progetti guidati, per imparare il metodo scientifico e applicarlo in contesti reali. Con frequenti riferimenti all'immaginario scientifico.

ECCO PERCHÉ

Approfondimenti sulle applicazioni della biologia.

BIOLOGY FAQ

Schede in inglese con le risposte alle domande più frequenti sulla biologia quotidiana; con glossario.

Indice

CAPITOLO 1 — La scienza che studia la vita

1.1 Cos'è la vita	3
1.2 La diversità della vita e le sue relazioni	8
Ecco perché Esistono parti della Terra totalmente prive di vita?	10
1.3 L'albero della vita ha tre rami principali	10
1.4 Studiare scientificamente il mondo naturale	12

Attività

Organizzazione delle conoscenze	17
Autoverifica delle conoscenze	18
Sviluppo delle competenze	19
Impara a imparare la biologia La relazione di laboratorio	20
Laboratori di biologia Comprendere una ricerca scientifica	22
La selezione naturale all'opera: una questione di gusto	23

CAPITOLO 2 — La chimica della vita

2.1 La materia è fatta di atomi	25
2.2 I legami chimici uniscono gli atomi	28
2.3 L'acqua è essenziale alla vita	32
2.4 Gli organismi controbilanciano l'eccesso di acidi e basi	35
2.5 Le molecole organiche determinano forma e funzioni dei viventi	38
Biology FAQ What is junk food?	46
Ecco perché Colesterolo buono e colesterolo cattivo	50

Attività

Organizzazione delle conoscenze	51
Autoverifica delle conoscenze	52
Sviluppo delle competenze	53
Impara a imparare la biologia Fare una ricerca su internet	54
Laboratori di biologia La chimica della conservazione: l'acidità e la salinità	56
Rappresentare le abitudini alimentari: un'infografica sulle diete	56

CONTENUTI DIGITALI INTEGRATIVI

I livelli dell'organizzazione biologica	4
Caratteristiche dei viventi - *Life characteristics*	4
Come avviene la selezione naturale?	7
Biodiversità: una risorsa da preservare	9
Indagine scientifica	12
Il glossario di biologia	17
Test	18
Esercizio commentato	19
Una ricerca demografica	23
La tavola periodica interattiva	25
Legame ionico vs. legame covalente	30
Il legame a idrogeno, una questione di polarità	31
Le soluzioni tampone	37
Reazioni opposte	38
I carboidrati - *Carbohydrates*	39
Quattro livelli di struttura delle proteine	42
La struttura delle proteine: dal semplice al complesso	42
La denaturazione di una proteina	44
La struttura del DNA	45
Il glossario di biologia	51
Test	52
Esercizio commentato	53
La chimica della conservazione: l'acidità e la salinità	56
Leggere un'etichetta nutrizionale	57

CAPITOLO 3 La cellula

3.1 La cellula è l'unità elementare della vita — 59

3.2 I tre domini della vita sono caratterizzati da due tipi di cellule — 62

Biology FAQ What is the smallest living organism? — 62

3.3 La membrana separa ogni cellula dall'ambiente circostante — 66

3.4 Gli organuli suddividono i compiti nella cellula eucariotica — 68

3.5 Il citoscheletro sostiene le cellule eucariotiche — 74

Ecco perché Una cellula, due cellule, un miliardo di cellule — 75

3.6 Le cellule aderiscono e comunicano tra loro — 76

Attività

Organizzazione delle conoscenze — 79

Autoverifica delle conoscenze — 80

Sviluppo delle competenze — 81

Laboratori di biologia
Al microscopio: la composizione chimica della cellula — 82
A ogni funzione la sua cellula: un atlante di citologia — 82

Come varia il rapporto tra superficie e volume? — 61

La cellula — 65

Il doppio strato fosfolipidico - *Lipid bilayer* — 66

Il doppio strato fosfolipidico — 67

La produzione del latte — 69

I lisosomi — 71

I mitocondri, una questione femminile — 73

Il glossario di biologia — 79

Test — 80

Esercizio commentato — 81

La dinamica dei mitocondri — 83

CAPITOLO 4 Gli scambi di energia

4.1 Tutte le cellule usano l'energia che proviene dall'ambiente — 85

4.2 Le reazioni chimiche sono interconnesse e sostengono la vita — 88

4.3 L'ATP è la "moneta" dell'energia cellulare — 90

4.4 Gli enzimi accelerano le reazioni biochimiche — 92

Ecco perché Spettacolo di luci — 92

4.5 La vita dipende dalla fotosintesi — 95

4.6 Le cellule usano l'energia del cibo per sintetizzare ATP — 96

4.7 Il trasporto di membrana può richiedere o rilasciare energia — 97

Biology FAQ What causes headaches? — 102

Attività

Organizzazione delle conoscenze — 105

Autoverifica delle conoscenze — 106

Sviluppo delle competenze — 107

Laboratori di biologia
Tuberi e trasporti: l'osmosi — 108
Gli enzimi al supermercato — 108

L'energia può assumere molte forme — 86

Reazioni endotermiche ed esotermiche — 88

Accoppiamento energetico - *Coupled reactions* — 90

Come funziona un enzima? Un "aiuto" per le reazioni — 93

Inibizione retroattiva - *Feedback inhibition* — 94

La fotosintesi - *Photosynthesis summary* — 95

La diffusione — 98

L'osmosi — 99

Endocitosi vs. esocitosi — 103

Il glossario di biologia — 105

Test — 106

Esercizio commentato — 107

Termodinamica ed evoluzione — 109

CAPITOLO 5 — Divisione cellulare e riproduzione degli organismi

5.1 Le cellule si dividono e muoiono — 111

5.2 La duplicazione del DNA precede la divisione cellulare — 113

5.3 I procarioti si dividono per scissione binaria — 115

5.4 Prima della divisione cellulare, il DNA si duplica e si spiralizza — 115

5.5 La mitosi genera copie identiche della cellula — 117

5.6 Perché esiste il sesso? — 121

5.7 Le cellule diploidi contengono due serie di cromosomi — 122

5.8 La meiosi è essenziale nella riproduzione sessuata — 124

5.9 Nella meiosi il DNA si duplica una volta, ma il nucleo si divide due volte — 126

Biology FAQ If mules are sterile, then how are they produced? — 128

5.10 Mitosi e meiosi hanno funzioni diverse: una sintesi — 129

Attività

Organizzazione delle conoscenze — 131

Autoverifica delle conoscenze — 132

Sviluppo delle competenze — 133

Impara a imparare la biologia
Costruire una mappa concettuale — 134

Laboratori di biologia
Osservare la mitosi in *real-time* — 136
Mitosi: lavora come editor — 137

La duplicazione del DNA — 115
Fasi della mitosi — 118
L'interfase — 118
La mitosi: una perfetta duplicazione cellulare — 119
La mitosi — 119
La citodieresi — 120
La meiosi — 126
Crossing-over — 127
La meiosi: la divisione cellulare che forma i gameti — 127
Fasi della meiosi — 127
Mitosi vs meiosi - *Mitosis vs meiosis* — 129
Mitosi e meiosi a confronto — 129
Mitosi e meiosi — 129
L'assortimento indipendente — 130
Il glossario di biologia — 131
Test — 132
Esercizio commentato — 133
Osservare la mitosi in *real-time* — 136
Una mappa della meiosi — 137

CAPITOLO 6 — Mendel e l'ereditarietà

6.1 I cromosomi sono pacchetti di informazione genetica — 139

6.2 Mendel ha formulato le leggi fondamentali dell'ereditarietà — 140
Biology FAQ Why does diet soda have a warning label? — 141

6.3 I due alleli di un gene sono ereditati da gameti diversi — 144

6.4 I geni presenti su cromosomi diversi sono ereditati indipendentemente — 148

Attività

Organizzazione delle conoscenze — 151

Autoverifica delle conoscenze — 152

Sviluppo delle competenze — 153

Laboratori di biologia
Misure straordinarie per malattie genetiche rare — 154
La matematica di Mendel — 155

Cromosomi e alleli — 139
L'approccio sperimentale di Mendel — 140
L'ereditarietà dei caratteri — 140
Come costruire un quadrato di Punnett? — 144
Quadrato di Punnett — 144
Creare un incrocio diibrido — 148
La legge dell'assortimento indipendente — 149
Il glossario di biologia — 151
Test — 152
Esercizio commentato — 153
Prendi una decisione "esperta": i test genetici — 155

CAPITOLO 7 — Le teorie dell'evoluzione e la nascita della vita

7.1 L'evoluzione agisce sulle popolazioni	157
7.2 Il pensiero evoluzionistico nei secoli	158
Ecco perché I cani sono un prodotto della selezione artificiale	161
7.3 Le prove dell'evoluzione nella Terra, nell'anatomia e nelle molecole	164
Biology FAQ Is evolution really testable?	165
7.4 La classificazione biologica	169
7.5 L'origine della vita è ancora misteriosa	170
7.6 La comparsa di cellule complesse e la pluricellularità	174

Attività

Organizzazione delle conoscenze	177
Autoverifica delle conoscenze	178
Sviluppo delle competenze	179
Laboratori di biologia	
X-Men: evoluzione o fantascienza?	180
L'evoluzione in giardino: fiori selvatici e ornamentali	181

Lo sviluppo del pensiero evoluzionistico	158
Il viaggio a bordo del Beagle - *The voyage of the Beagle*	159
L'evoluzione dei fringuelli delle Galápagos	160
Il meccanismo dell'evoluzione	162
La teoria evoluzionistica dopo Darwin	163
L'origine delle specie e la genetica di popolazione	163
Un mondo diverso (l'origine della vita sulla Terra)	163
L'esperimento di Miller-Urey	171
Come ti creo una cellula	171
L'endosimbiosi	174
La teoria endosimbiotica	175
Il glossario di biologia	177
Test	178
Esercizio commentato	179
Compromessi evolutivi	181

CAPITOLO 8 — Biodiversità di procarioti, protisti, piante e funghi

8.1 I procarioti sono un successo della biologia	183
8.2 I due domini dei procarioti: batteri e archei	187
8.3 I protisti si collocano al confine fra organismi semplici e complessi	188
8.4 Molti protisti sono fotosintetici	189
8.5 Funghi o protisti eterotrofi?	191
8.6 I protozoi sono protisti eterotrofi molto diversi tra loro	192
Ecco perché Non bere quell'acqua	193
8.7 Le piante hanno cambiato il mondo	194
8.8 Le briofite sono le piante più semplici	197
8.9 Le piante vascolari senza semi hanno xilema e floema	198
8.10 Le gimnosperme hanno semi nudi	200
8.11 Le angiosperme hanno semi racchiusi da frutti	202
8.12 I funghi sono decompositori	204
Biology FAQ Why does food get mouldy?	205

Attività

Organizzazione delle conoscenze	207
Autoverifica delle conoscenze	208
Sviluppo delle competenze	209

La formazione delle endospore	186
Alternanza di generazioni - *Alternation of generations*	196
Le briofite	197
Il ciclo vitale delle briofite	197
Ciclo vitale di una felce	199
Il ciclo vitale di una pianta vascolare senza semi	199
Ciclo vitale di un pino	201
Il ciclo vitale di una conifera	201
Ciclo vitale di una angiosperma	202
Il ciclo vitale di una pianta da fiore	202
Il glossario di biologia	207
Test	208
Esercizio commentato	209
Le piante intorno a noi	211

Laboratori di biologia
Coltiva i batteri 210
La straordinaria biodiversità dei procarioti in una *photogallery* 210

CAPITOLO 9 — Biodiversità degli animali

9.1 Gli animali vivono quasi dappertutto 213

9.2 Le spugne sono animali semplici privi di tessuti 218

9.3 Gli cnidari sono animali acquatici a simmetria radiale 219

9.4 I platelminti hanno simmetria bilaterale 220

9.5 I molluschi sono animali molli e non segmentati 221

9.6 Gli anellidi sono vermi segmentati 222

9.7 I nematodi sono vermi filiformi non segmentati 223

9.8 Gli artropodi hanno esoscheletro e appendici articolate 224
Ecco perché I nostri minuscoli compagni 226

9.9 Gli echinodermi adulti sono animali a simmetria radiale 227

9.10 I cordati sono in gran parte vertebrati 228

9.11 Tunicati e anfiossi sono cordati invertebrati 232

9.12 Missine e lamprede hanno cranio ma non mascelle 233

9.13 I pesci sono vertebrati acquatici con mascelle, branchie e pinne 233

9.14 Gli anfibi hanno una doppia vita 235

9.15 I rettili sono stati i primi vertebrati a conquistare la terraferma 236
Biology FAQ What characteristics distinguished dinosaurs from other reptiles? 236

9.16 I mammiferi 239

Attività

Organizzazione delle conoscenze 241

Autoverifica delle conoscenze 242

Sviluppo delle competenze 243

Laboratori di biologia
Darwin ai giorni nostri: una guida agli animali del territorio 244
I modelli sperimentali: una mappa concettuale 245

Il glossario di biologia 241

Test 242

Esercizio commentato 243

Una app per guardare dentro una rana 245

1 La scienza che studia la vita

La biologia studia la vita e la vita è ovunque. Cos'è e come si studia la vita?

Non è un caso se i giornali sono pieni di articoli legati alla scienze della vita. Argomenti come test del DNA, salute, genetica, cambiamenti climatici, ambiente stuzzicano l'attenzione dei media perché stiamo vivendo un tempo straordinariamente fecondo per la biologia. E, di conseguenza, per la nostra stessa vita.

Pensiamo all'ingegneria genetica: ha creato batteri modificati per produrre farmaci, o piante di mais capaci di difendersi da sole dai parassiti, e un giorno potrebbe permettere di curare le malattie ereditarie sostituendo il DNA difettoso con una "toppa" di DNA funzionante.

Ma la biologia è molto, molto di più. Questo libro vi darà un'idea di quello che sappiamo sulla vita e vi aiuterà a valutare le notizie scientifiche.

A CHE PUNTO SIAMO

0%

In questo capitolo introdurremo i principi fondamentali che guidano la ricerca in biologia: l'evoluzione, la gerarchia organizzativa della vita, le proprietà dei viventi e, soprattutto, il metodo scientifico. Tutte le informazioni presentate nei prossimi capitoli derivano da indagini svolte secondo questo metodo.

1.1 Cos'è la vita?

La biologia è la scienza che studia la vita. Nella seconda parte del capitolo esploreremo il significato dei termini "scienza" e "scientifico", ma per prima cosa consideriamo una semplice domanda: che cos'è la vita? Abbiamo tutti una concezione intuitiva di cosa sia la vita: se vediamo un coniglio su una roccia sappiamo che il coniglio è vivo e la roccia no; è difficile, però, dire cosa esattamente renda vivo il coniglio.

Un modo per definire la vita è elencare le sue componenti principali. La **cellula** è l'unità di base della vita; ogni **organismo**, o individuo vivente, è composto di una o più cellule. Ogni cellula ha una membrana esterna che la separa dall'ambiente circostante e racchiude l'acqua e le altre sostanze chimiche necessarie alle sue funzioni. Una di queste sostanze biochimiche, l'acido desossiribonucleico (DNA), è la molecola che racchiude le informazioni sulla vita, cioè una serie di "ricette" per costruire proteine (figura **1**). Tutte le cellule contengono il DNA e usano le istruzioni genetiche – codificate nel DNA – per produrre proteine che consentono alle stesse cellule di svolgere funzioni specializzate nei tessuti, negli organi e nei sistemi di organi.

Tuttavia, elencare le sostanze biochimiche legate alle funzioni dei viventi è un modo ancora insoddisfacente per definire la vita. Dopo tutto, la vita non si crea mettendo DNA, acqua, proteine e membrane in una provetta. E un insetto appena morto contiene ancora tutte le sostanze biochimiche che poco prima costituivano l'insetto vivo.

In mancanza di una definizione concisa, gli scienziati sono giunti a identificare cinque caratteristiche che, congiuntamente, descrivono la vita: organizzazione, uso dell'energia, mantenimento dell'equilibrio interno, riproduzione, crescita, sviluppo ed evoluzione (tabella **1**).

Un organismo è un sistema di strutture che funzionano insieme e che possiede tutte e cinque queste caratteristiche. È importante sottolineare che ognuna delle caratteristiche elencate nella tabella **1** può presentarsi individualmente anche in oggetti non viventi: un minerale cristallino ha una struttura altamente organizzata, ma non è vivo; una forchetta immersa in una pentola di acqua bollente assorbe energia sotto forma di calore e la trasmette alla mano che la tiene, ma questo non la rende viva; un fuoco può crescere e svilupparsi molto rapidamente, ma non possiede le altre caratteristiche degli esseri viventi.

A. Il mondo dei viventi è organizzato

Così come la vostra città appartiene a una provincia, a una regione e a uno Stato, la materia vivente è costituita da parti organizzate in una struttura gerarchica (figura **2** a pagina seguente). Partendo dai componenti più piccoli, tutte le strutture viventi sono composte da particelle chiamate **atomi**, che si legano tra loro a formare **molecole**. Le molecole formano **organuli**, compartimenti con funzioni specializzate presenti in alcuni tipi di cellule. Molti organismi consistono di una cellula singola; tuttavia, negli organismi pluricellulari, come l'albero illustrato nella figura **2**, le cellule sono organizzate in **tessuti** specializzati che compongono **organi**, come le foglie. Gli organi, a loro volta, si organizzano in **sistemi**, o apparati.

Figura 1 DNA. La molecola che racchiude le informazioni sulla vita è protagonista delle più varie rappresentazioni grafiche.

Tabella 1 Caratteristiche dei viventi

Caratteristica	Esempio
Organizzazione	Gli atomi costituiscono molecole, che costituiscono cellule, che costituiscono tessuti e così via
Utilizzo dell'energia	Un gattino utilizza l'energia fornita dal latte materno come carburante per la propria crescita
Mantenimento dell'equilibrio interno	I reni regolano l'equilibrio idrico del corpo modificando la concentrazione dell'urina
Riproduzione, crescita e sviluppo	Una ghianda germina, si sviluppa diventando una piantina di quercia e, raggiunta la maturità, si riproduce sessualmente per produrre altre ghiande
Evoluzione	Un numero sempre maggiore di batteri sopravvive ai trattamenti antibiotici

Dalle cellule ai vertebrati

DIZIONARIO VISUALE

Figura 2 Livelli dell'organizzazione biologica. Gli atomi organizzati in molecole costituiscono le parti di una cellula. Le cellule si organizzano in tessuti, che formano organi e, a loro volta, sistemi. Un organismo può essere formato da una o più cellule. Una popolazione è composta da individui della stessa specie. Le comunità sono insiemi di popolazioni che condividono lo stesso spazio e interagiscono con gli ambienti non viventi per formare ecosistemi. La biosfera è composta da tutti gli ambienti terrestri dove è presente la vita.

Audio Caratteristiche dei viventi - *Life characteristics*

organulo
organelle
Struttura membranosa con una specifica funzione nella cellula.
Esempio: cloroplasto

cellula
cell
Unità fondamentale della vita. Gli organismi pluricellulari sono formati da più cellule; gli organismi unicellulari sono formati da una cellula.
Esempio: cellula vegetale

tessuto
tissue
Insieme di cellule specializzate che funzionano in maniera coordinata.
Esempio: epidermide fogliare

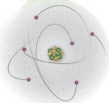

molecola
molecule
Gruppo organizzato di atomi.
Esempio: DNA

organo
organ
Insieme di tessuti che interagiscono in maniera coordinata per svolgere funzioni specifiche (caratteristico degli organismi pluricellulari).
Esempio: foglia

atomo
atom
La più piccola unità chimica di una sostanza pura (elemento).
Esempio: atomo di carbonio

organismo
organism
Singolo essere vivente.
Esempio: albero di bambù

sistema
system
Insieme di organi interconnessi fisicamente e chimicamente che funzionano in maniera coordinata.
Esempio: apparato fogliare

popolazione
population
Gruppo di organismi della stessa specie che popolano lo stesso territorio nello stesso momento.
Esempio: insieme di alberi di bambù

comunità
community
Insieme di popolazioni che abitano nella stessa regione. Esempio: branco di elefanti tra alberi di bambù

ecosistema
ecosystem
Insieme delle componenti viventi e non viventi di un'area.
Esempio: foresta tropicale

biosfera
biosphere
Ecosistema globale; l'insieme delle zone del pianeta e dell'atmosfera che favoriscono la vita.

L'organizzazione dei viventi si estende oltre il livello dei singoli organismi: una **popolazione** è composta di membri della stessa specie che vivono nello stesso posto nello stesso momento; una **comunità** comprende popolazioni di specie diverse che abitano una certa regione; un **ecosistema** include sia i componenti viventi sia quelli non viventi presenti in una stessa area; infine, la **biosfera** è costituita da tutti gli ambienti del pianeta che possono ospitare la vita.

L'organizzazione biologica è evidente in tutte le forme viventi. Gli esseri umani, le anguille e i sempreverdi, anche se molto diversi nell'aspetto esteriore, sono tutti organizzati in cellule specializzate, tessuti, organi e sistemi di organi. Un batterio unicellulare, sebbene meno complesso di un animale o di una pianta, contiene comunque DNA, proteine e altre molecole che interagiscono con grande coordinazione.

Tuttavia, un organismo è qualcosa di più di un insieme di parti via via sempre più piccole. Interagendo tra loro, le parti creano nuove funzioni complesse chiamate **proprietà emergenti** (figura 3). Queste caratteristiche nascono dalle interazioni di natura chimica e fisica fra le componenti di un sistema, un po' come quando farina, zucchero, burro e cacao diventano biscotti al cioccolato: un risultato non scontato, se si considerano solo gli ingredienti di partenza.

B. Gli esseri viventi hanno bisogno di energia

All'interno di ogni cellula vivente, migliaia di reazioni chimiche rendono possibile la vita. Queste reazioni, che nell'insieme sono chiamate **metabolismo**, permettono agli organismi di acquisire e usare energia e nutrienti per costruire nuove strutture, riparare quelle vecchie e riprodursi. I biologi suddividono gli organismi in ampie categorie, in base alle loro fonti di energia e alle materie prime che le costituiscono (figura 4).

I **produttori**, o organismi **autotrofi**, fabbricano il cibo estraendo energia e sostanze nutrienti da fonti non viventi. I produttori più comuni sono le piante e i microbi che catturano l'energia solare, ma alcuni batteri riescono a estrarre energia chimica dalle rocce.

I **consumatori**, anche detti organismi **eterotrofi**, ottengono energia e nutrienti mangiando altri organismi, vivi o morti. Noi esseri umani siamo consumatori: usiamo l'energia e gli atomi contenuti nel cibo per costruire il nostro corpo, muovere i muscoli, inviare segnali nervosi e mantenere la temperatura.

I **decompositori** sono organismi eterotrofi che ottengono energia e nutrimento dai prodotti di scarto di altri organismi o da organismi morti. In un ecosistema, gli organismi sono connessi in complesse catene alimentari, che cominciano con i produttori e continuano per diversi livelli di consumatori (inclusi i decompositori). Tuttavia, il trasferimento di energia non è mai efficiente al 100%; una parte di energia si disperde sempre sotto forma di calore (figura 4). Dato che nessun organismo riesce a usare il calore come fonte energetica, il ciclo della vita dissipa questa energia in modo permanente. Ecco perché tutti gli ecosistemi dipendono da un continuo flusso di energia proveniente da una fonte esterna: il Sole.

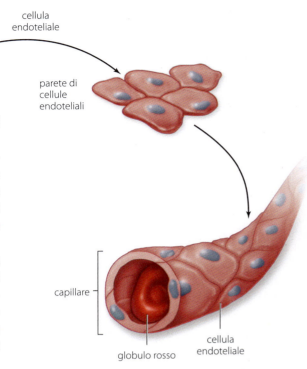

Figura 3 Proprietà emergente: dalle piastrelle ai tubi. Le cellule endoteliali assomigliano a piastrelle che si agganciano per formare una parete; questa parete si ripiega formando un capillare, cioè un piccolo vaso sanguigno.

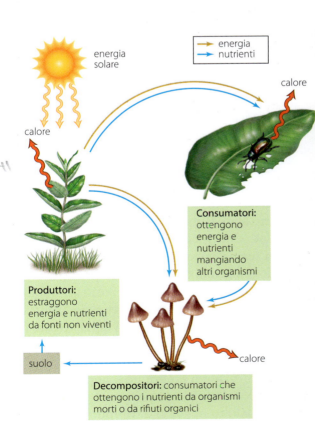

Figura 4 Il mondo dei viventi è interconnesso. Tutti gli organismi estraggono energia e nutrienti dagli ambienti non viventi o da altri organismi. I decompositori riciclano i nutrienti reintroducendoli nell'ambiente non vivente. A ogni passaggio, il sistema disperde calore.

C. I viventi mantengono un equilibrio interno

Una caratteristica importante degli esseri viventi è l'abilità di captare stimoli e reagire a essi, per mantenere il proprio equilibrio interno. Consideriamo una cellula: le sue condizioni interne devono mantenersi entro un intervallo costante. Anche se le condizioni esterne variano, deve mantenere una certa temperatura, non troppo alta né troppo bassa; deve inoltre assumere sostanze nutrienti, espellere i rifiuti e regolare le proprie reazioni chimiche per impedire eccessi o mancanze di sostanze essenziali. Cellule e organismi conservano il loro stato di equilibrio interno attraverso un processo chiamato **omeòstasi**.

Anche il nostro corpo utilizza diversi meccanismi per mantenere la temperatura interna a circa 37 °C. Per esempio, quando usciamo in una giornata fredda cominciamo a tremare: in questo modo il calore prodotto dai movimenti involontari dei muscoli ci riscalda. A volte, se il freddo è molto intenso, le labbra e le punte delle dita diventano bluastre perché il nostro sistema circolatorio fa arrivare meno sangue alla superficie del corpo. Al contrario, in una giornata molto calda il corpo produce sudore che evaporando dalla pelle ci aiuta a rinfrescarci.

D. Gli esseri viventi si riproducono, crescono e si sviluppano

Gli organismi si riproducono, facendo nascere altri individui simili a loro (figura 5). Attraverso la riproduzione il DNA è trasmesso di generazione in generazione; l'informazione genetica che contiene definisce le caratteristiche ereditarie dei discendenti. La riproduzione può avvenire in due modi. Nella **riproduzione asessuata** l'informazione genetica deriva da un solo genitore e tutti i discendenti sono pressoché identici. Gli organismi unicellulari, come i batteri, si riproducono asessualmente incrementando il loro volume e aumentando il numero di molecole, per poi scindersi in due cellule distinte. Anche molti organismi pluricellulari si riproducono in modo asessuato. Per esempio, gli stoloni di una pianta di fragole possono sviluppare foglie e radici, formando una nuova pianta identica alla pianta genitore (figura 5a); la polverina verde, bianca e nera che ricopre il pane o il formaggio ammuffiti è composta da spore asessuate di diversi tipi di funghi; alcuni animali, incluse le spugne, si riproducono asessualmente quando un frammento dell'animale genitore si stacca e si sviluppa come nuovo individuo.

Nella **riproduzione sessuata**, invece, il materiale genetico di due individui si unisce per formare i figli che presentano una nuova combinazione di tratti ereditari. Rimescolando i geni a ogni generazione, la riproduzione sessuata introduce moltissimi tratti diversi in una popolazione. La diversità genetica, a sua volta, aumenta la possibilità che gli individui sopravvivano anche se le condizioni cambiano. La riproduzione sessuata è quindi una strategia di grande successo, specialmente in un ambiente dove le condizioni cambiano di frequente, ed è molto diffusa fra piante e animali (figura 5b).

Ogni figlio per riprodursi deve crescere fino a diventare adulto. I pulcini di cigno nella figura 5b, per esempio, sono stati generati da una cellula uovo fertilizzata. Quella singola cellula si è divisa molte volte, fino a formare un embrione. Numerosi cicli di divisione e specializzazione delle cellule hanno portato al pulcino, che si svilupperà fino a diventare un adulto in grado di riprodursi, come i suoi genitori.

Figura 5 Riproduzione asessuata e sessuata. (**a**) Le piante di fragola generano piantine identiche alla pianta progenitrice grazie alla formazione di stoloni. (**b**) I piccoli pulcini generati da questo cigno per riproduzione sessuata possiedono una nuova combinazione di tratti ereditari.

E. I viventi si evolvono

Una delle questioni più interessanti della biologia è come fanno gli organismi a essere così bene adattati al loro ambiente. Gli enormi incisivi del castoro, che non smettono mai di crescere, sono perfetti per rosicchiare il legno; la forma a calice di alcuni fiori tropicali è adatta al becco dei colibrì, che sono i loro impollinatori; alcuni organismi hanno forme e colori che permettono loro di confondersi con l'ambiente dove vivono (figura 6).

Questi e molti altri esempi illustrano il fenomeno dell'**adattamento**: una caratteristica fisiologica o comportamentale ereditata, che permette all'organismo di sopravvivere e di riprodursi con successo nel suo ambiente.

Da dove arrivano queste caratteristiche ereditarie? La risposta sta nella selezione naturale. Il modo più semplice di pensare alla selezione naturale è considerare due fatti. Per prima cosa, le risorse (cibo e habitat) sono limitate, quindi le popolazioni generano più prole di quella che sopravviverà fino a riprodursi. Per esempio, una singola quercia matura può produrre migliaia di ghiande in una stagione, ma solo poche arriveranno a germogliare, svilupparsi e riprodursi; le altre moriranno. Il secondo fatto da considerare è che nessun organismo è esattamente identico a un altro. Le mutazioni genetiche – cambiamenti nella sequenza del DNA di un organismo – generano variabilità in tutti gli organismi, anche in quelli che si riproducono asessualmente.

Consideriamo la prole di una popolazione: quali individui sopravviveranno abbastanza a lungo da riprodursi? Quelli meglio adattati alle condizioni ambientali di quel momento. Al contrario, gli organismi meno adattati hanno maggiori probabilità di morire prima della riproduzione. Una buona definizione di **selezione naturale** è quindi il vantaggio riproduttivo che alcuni individui di una popolazione hanno in base a caratteristiche ereditarie (figura 7).

Con il passare del tempo, gli individui con le combinazioni di geni più vantaggiose sopravvivono e si riproducono maggiormente, mentre quelli con le caratteristiche meno adatte non ci riescono. Dopo molte generazioni, gli individui con i tratti più adatti costituiscono la maggior parte o la totalità della popolazione.

Figura 6 Mimetizzazione. La stupefacente capacità di mimetizzarsi del pesce dragone foglia, *Phycodurus eques*, lo rende praticamente invisibile quando è nascosto tra le fronde delle alghe marine lungo le coste australiane.

Figura 7 Selezione naturale. (**a**) *Staphylococcus aureus* è un batterio che provoca infezioni della pelle. (**b**) A seguito di una mutazione casuale, alcuni batteri *S. aureus* sono diventati resistenti all'antibiotico meticillina. In presenza dell'antibiotico, dunque, è favorito il successo riproduttivo delle cellule resistenti, che trasmettono il tratto alle generazioni successive.

 Audio Come avviene la selezione naturale?

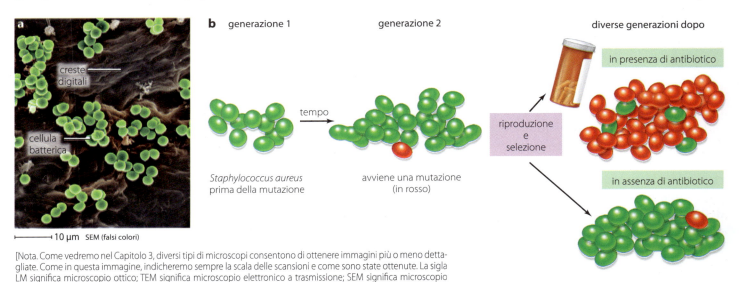

[Nota. Come vedremo nel Capitolo 3, diversi tipi di microscopi consentono di ottenere immagini più o meno dettagliate. Come in questa immagine, indicheremo sempre la scala delle scansioni e come sono state ottenute. La sigla LM significa microscopio ottico; TEM significa microscopio elettronico a trasmissione; SEM significa microscopio elettronico a scansione.]

Tuttavia, l'ambiente cambia in continuazione. Cosa accade a una popolazione quando mutano le forze selettive che guidano la selezione naturale? Solo alcuni organismi sopravvivono: quelli che possiedono i tratti "migliori" per il nuovo ambiente. Così, man mano che aumenta il successo riproduttivo degli individui che possiedono quei tratti, alcune caratteristiche che prima erano rare diventano sempre più comuni. È importante ricordare, però, che l'esito dipende dalla variabilità all'interno della popolazione: se nessun individuo riesce a sopravvivere o riprodursi nel nuovo ambiente è possibile che la specie si estingua.

La selezione naturale è uno dei meccanismi dell'**evoluzione**, che consiste nel cambiamento dal patrimonio genetico di una popolazione nel corso di molte generazioni. Charles Darwin (figura **8a**) divenne famoso dopo aver pubblicato, nel 1859, *Sull'origine delle specie per selezione naturale*, in cui introduceva la teoria dell'evoluzione attraverso la selezione naturale; più o meno nello stesso periodo, un'idea simile era stata sviluppata indipendentemente da un altro naturalista, Alfred Russel Wallace (figura **8b**).

L'evoluzione è il principio più potente della biologia; è in azione da quando è apparsa la vita sulla Terra, spiega l'attuale diversità negli esseri viventi e continua a operare ancora oggi. In effetti, le somiglianze fra gli organismi esistenti portano a pensare che tutti gli individui discendano da un antenato comune.

Figura 8 Darwin e Wallace. Ancora oggi ci si interroga su chi sia il padre della teoria dell'evoluzione. Prima di pubblicare i loro risultati (**a**) Charles Darwin e (**b**) Alfred Wallace si scrissero numerose lettere, per confrontarsi sulle loro idee.

Rispondi in un tweet

1. Cosa distingue gli esseri viventi dai non viventi?
2. Elenca i livelli di organizzazione gerarchica dei viventi per dimensione crescente, dall'atomo alla biosfera.
3. Che ruolo hanno la selezione naturale e le mutazioni nell'evoluzione?

1.2 La diversità della vita e le sue relazioni

In più di 3 miliardi di anni, l'evoluzione ha prodotto una straordinaria varietà di forme di vita, dalle piante e animali che ci sono più noti ai microrganismi invisibili a occhio nudo.

Gli esseri umani non potrebbero vivere senza le altre specie: ci serviamo di altri organismi per ottenere cibo, riparo, fonte di energia, per coprirci e curare le malattie. I microbi svolgono funzioni essenziali, dalla digestione del cibo nel nostro intestino alla decomposizione della materia organica, dalla fissazione dell'azoto alla produzione di ossigeno (O_2). Insieme, piante e microbi assorbono il diossido di carbonio (CO_2) e purificano l'aria, il terreno e l'acqua. Le piante delle zone umide riducono la portata delle inondazioni. Gli insetti impollinano i nostri raccolti. I resti di specie vissute milioni di anni fa ci forniscono i carburanti fossili alla base delle nostre economie. E l'elenco potrebbe continuare.

La nostra esistenza come specie dipende quindi dalla **biodiversità** – la varietà della vita sulla Terra. I biologi misurano la biodiversità a tre livelli: genetico, di specie e di ecosistema. La diversità genetica è il livello di variabilità che esiste all'interno di una specie, cioè un gruppo di organismi distinti. Questo aspetto della biodiversità è essenziale perché la popolazione possa adattarsi a condizioni variabili. Il livello seguente, la diversità di specie, descrive il numero di specie che abitano la biosfera. Infine, la diversità di ecosistemi si riferisce alla varietà di ecosistemi sulla Terra, come i deserti, le foreste pluviali, le praterie e l'alta montagna.

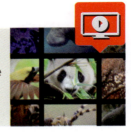

Video
Biodiversità: una risorsa da preservare
La diversità biologica come ricchezza

Proviamo a pensare in quale modo ogni giorno interagiamo con il mondo. Respiriamo, beviamo, mangiamo, indossiamo abiti e incontriamo altri simili a noi. Ci sediamo in un prato, utilizziamo i mezzi pubblici o giochiamo con un cane. Tutte queste interazioni fanno parte dell'**ecologia**, lo studio delle relazioni fra organismi e ambiente.

Proviamo a immaginare questi paesaggi: una prateria, la riva del mare, il deserto del Sahara, una giungla e la cima del Monte Everest. Questi ambienti, insieme a tutti gli altri luoghi della Terra, formano un mosaico di habitat unici, ognuno caratterizzato da specifiche condizioni ambientali. Gli incendi devastano con regolarità le praterie ma non le spiagge, l'acqua scarseggia nei deserti ma non nella giungla. In ogni ambiente, le specie native sono adattate alle condizioni tipiche di quell'habitat. Lo stesso processo evolutivo fondamentale – la selezione naturale – ha portato allo sviluppo di specifiche popolazioni e comunità di organismi in pressoché tutti gli habitat che conosciamo.

La vita è presente in quasi tutti i luoghi della Terra, persino negli ambienti che un tempo erano ritenuti troppo estremi per la sopravvivenza. Gli scienziati hanno scoperto forme di vita nei ghiacciai artici, nelle pianure saline, nelle sorgenti calde, nelle miniere che si addentrano per kilometri nelle profondità della Terra. Tutte queste aree fanno parte della **biosfera**, la porzione della Terra in cui esiste la vita.

La biosfera rappresenta un enorme **ecosistema**, una comunità di organismi che interagiscono fra loro e con l'ambiente fisico.

Chi studia l'ecologia delle comunità analizza le interazioni **biotiche** fra le specie, come la competizione, la predazione e il mutualismo. Nell'ecologia degli ecosistemi si considera oltre alle comunità anche l'ambiente fisico, o **abiotico**, con cui esse interagiscono. Come sappiamo, le interazioni biotiche e abiotiche portano allo sviluppo di adattamenti che favoriscono la sopravvivenza e il successo riproduttivo degli individui delle diverse specie.

Gli ecologi suddividono la biosfera in **biomi**, che rappresentano i principali tipi di ecosistemi; ogni bioma è caratterizzato da un particolare clima e da uno specifico gruppo di specie. Le foreste, i deserti e le praterie sono esempi di biomi terrestri; i laghi, i fiumi e gli oceani di biomi acquatici (figura **9**).

Nello specifico un bioma è l'insieme delle specie animali e vegetali che vivono in un habitat e occupano un ambiente.

In ecologia il termine habitat è largamente utilizzato, spesso con uso improprio. L'**habitat** indica il luogo fisico, con precise caratteristiche biotiche e abiotiche, in cui le diverse specie convivono.

Figura 9 Tutto è connesso. I biologi classificano i diversi ecosistemi nell'uno o nell'altro bioma per convenzione e semplicità di analisi, ma nessun ecosistema esiste come entità isolata e a sé stante. L'acqua, l'aria, i sedimenti e gli organismi si possono spostare da una parte all'altra della biosfera.

> **Ecco perché** Esistono luoghi sulla Terra totalmente privi di vita?

La sabbia, la roccia nuda e il ghiaccio polare potrebbero sembrarci ambienti privi di vita, ma non è così. Gli scienziati hanno scoperto microrganismi in grado di vivere nelle aree più estreme del nostro pianeta: le più calde, le più fredde, le più umide, le più aride, le più salate, le più elevate, le più radioattive e quelle dove la pressione è più alta. I batteri e gli archei colonizzano moltissimi habitat, persino le aree dove nessun altro organismo è in grado di sopravvivere.

Alcuni ambienti, però, vengono mantenuti sterili per motivi sanitari. Per esempio, in molte professioni ci si avvale di autoclavi, radiazioni e filtri per sterilizzare diversi oggetti, dagli strumenti chirurgici, ai medicinali e bendaggi, agli alimenti confezionati. Il processo di sterilizzazione elimina i microrganismi che potrebbero causare infezioni, avvelenamenti alimentari e altre patologie (figura **A**).

Il nostro stesso corpo ospita moltissimi microbi, sia sulla superficie esterna che all'interno. Eppure, riusciamo a mantenere privi di germi molti dei nostri tessuti e liquidi interni, comprese le cavità, i muscoli, l'encefalo e il midollo spinale, le ovaie e i testicoli, il sangue, il liquido cerebrospinale, l'urina nei reni e nella vescica, il liquido seminale prima che raggiunga l'uretra. Queste parti del corpo sono fra i pochi ambienti dove i microbi normalmente non vivono; se si verifica un'infezione batterica, la malattia che ne deriva può essere pericolosa per l'organismo.

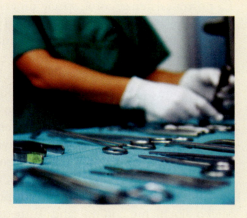

Figura A Sterili. Tutti gli strumenti utilizzati in sala operatoria sono sterilizzati scrupolosamente e con metodiche ben precise. I materiali in gomma sono sottoposti a una temperatura di 121 °C per 15 minuti, gli strumenti metallici e la vetreria a 134 °C per 7 minuti.

> **Rispondi in un tweet**
> 4. Perché gli esseri umani come specie dipendono dalla biodiversità della Terra?
> 5. Che cosa è la biosfera?
> 6. Ambiente e habitat sono la stessa cosa?

1.3 L'albero della vita ha tre rami principali

L'essere umano studia la vita da secoli, documentando l'esistenza di tutti gli esseri viventi conosciuti, dai batteri alla balenottera azzurra. Un problema ricorrente, quindi, è stato organizzare la crescente lista di organismi noti in categorie sensate.

La **tassonomia** è la branca della biologia che si occupa di denominare e classificare gli organismi.

L'unità di base della classificazione è la **specie**, che indica un tipo distinto di organismo. Le specie strettamente collegate, a loro volta, sono raggruppate in uno stesso **genere**. Insieme, genere e specie formano il nome scientifico di ciascun tipo di organismo. Il nome scientifico dell'essere umano, per esempio, è *Homo sapiens* (per il nome scientifico si usa sempre il carattere corsivo). Assegnando i nomi scientifici i tassonomisti comunicano in modo inequivocabile il tipo di organismo.

Un altro obiettivo della tassonomia è classificare gli organismi in base alla loro storia evolutiva, cioè a quando un certo organismo ha condiviso un antenato con un altro: più recente è la divergenza da un antenato comune, più stretta è la parentela fra i due organismi. Gli scienziati formano ipotesi su queste relazioni confrontando caratteristiche anatomiche, comportamentali, cellulari, biochimiche e genetiche.

Capitolo 1 La scienza che studia la vita

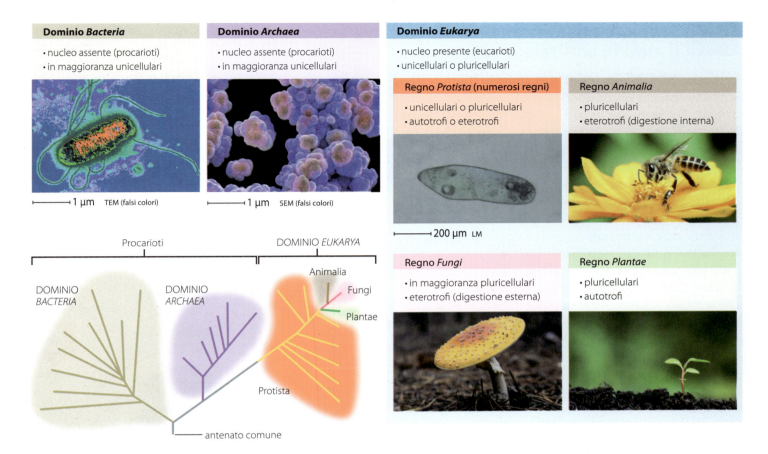

Prove genetiche mostrano che tutte le specie possono essere divise in tre **domini**, le più ampie categorie tassonomiche. La figura 10 rappresenta i tre domini: *Bacteria* (batteri), *Archaea* (archei) ed *Eukarya* (eucarioti). Le specie appartenenti ai batteri e agli archei sono simili tra di loro; sono tutte procarioti unicellulari, il loro DNA è libero all'interno della cellula e non è confinato in un organulo chiamato nucleo. Tuttavia, questi due domini si distinguono per importanti differenze nelle sequenze di DNA. Il dominio degli eucarioti, invece, comprende tutti gli organismi unicellulari o pluricellulari le cui cellule sono dotate di nucleo.

Le specie in ogni dominio si distribuiscono a loro volta in **regni**. La figura 10 mostra i regni del dominio degli eucarioti: tre di questi – *Animalia* (animali), *Fungi* (funghi) e *Plantae* (piante) – ci sono familiari. Gli organismi che appartengono allo stesso regno condividono la stessa strategia per procurarsi l'energia. Per esempio tutte le piante sono autotrofe, mentre funghi e animali sono eterotrofi, i primi per digestione esterna, i secondi per digestione interna. Il quarto gruppo di eucarioti, i *Protista* (protisti), è composto di un'enorme varietà di specie non collegate fra loro. È una categoria di convenienza, comoda ma artificiale, dove sono raggruppate le molte specie di eucarioti che non sono né piante, né funghi, né animali.

Figura 10 Diversità dei viventi. I tre domini della vita (*Bacteria*, *Archaea* ed *Eukarya*) discendono da un ipotetico antenato comune. Il dominio di *Eukarya* include quattro regni.

Rispondi in un tweet

7. Quali sono gli scopi della tassonomia?
8. Qual è il rapporto fra domini e regni?
9. Elenca e descrivi i quattro gruppi principali di eucarioti.

1.4 Studiare scientificamente il mondo naturale

Parlare della biologia come di un campo in divenire può sembrare strano; se consideriamo la scienza un insieme di fatti. Per esempio: le parti di una rana sono ancora le stesse di una rana di cinquanta o cento anni fa; ma pensare scientificamente non si limita al memorizzare l'anatomia della rana.

Gli scienziati cercano specifiche prove per rispondere a domande che riguardano il mondo naturale. Per esempio: se paragoniamo una rana a un serpente, riusciamo a determinare in che modo questi animali sono collegati fra loro? Come fa una rana a vivere sia nell'acqua sia sulla terraferma, e come fa il serpente a sopravvivere nel deserto? Conoscere l'anatomia ci fornisce solo i termini che servono per formulare queste e altre domande interessanti sugli esseri viventi.

La biologia cambia con rapidità perché la tecnologia continua a espandere le nostre capacità di osservazione. Nuovi microscopi ci consentono di spiare il funzionamento interno delle cellule viventi, le macchine per sequenziare il DNA sono diventate velocissime e potenti computer ci permettono di elaborare enormi quantità di dati. Così, gli scienziati di oggi riescono a rispondere a domande sul mondo naturale che le generazioni precedenti non avrebbero nemmeno immaginato di porsi.

A. Il metodo scientifico è fatto di passi collegati tra loro

La conoscenza scientifica nasce dall'applicazione del **metodo scientifico**, un particolare modo di usare l'osservazione per rispondere a domande e controllare la validità delle ipotesi.

La ricerca scientifica è un insieme di attività che compiamo nella vita quotidiana: osservare, mettere in discussione, ragionare, fare previsioni, testare, interpretare e trarre conclusioni (figura 11). Per produrre conoscenza scientifica occorre mettere in pratica queste attività passo dopo passo; ma anche pensare, indagare, comunicare con gli altri scienziati e notare collegamenti fra eventi che sembrano non avere niente in comune fra loro.

Osservazioni e domande

Il metodo scientifico comincia con l'osservazione e la formulazione di domande sul mondo naturale. Le osservazioni possono basarsi su quello che si vede, si sente, si tocca, si assaggia o si annusa, o partire da conoscenze o risultati sperimentali precedenti.

Spesso si fanno grandi passi in avanti nella scienza quando qualcuno intuisce l'esistenza di un collegamento fra osservazioni che prima apparivano del tutto scollegate.

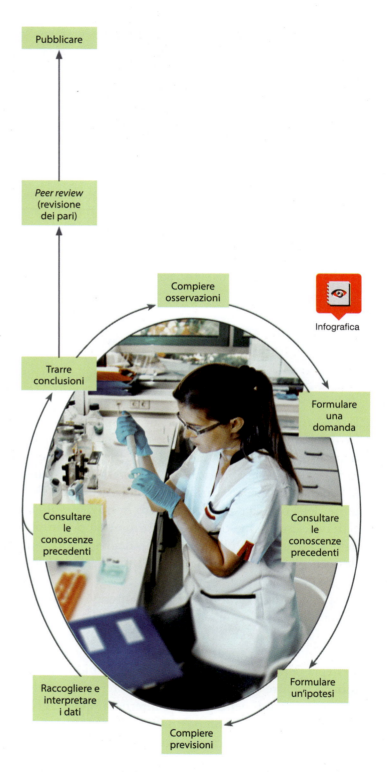

Figura 11 L'indagine scientifica. Questa ricercatrice sta testando possibili nuovi farmaci; le osservazioni che seguiranno il suo lavoro potrebbero portare alla formulazione di domande e ipotesi verificabili. Altri dati, combinati con osservazioni precedenti, potranno sostenere o respingere ciascuna ipotesi. La *peer review* determina il destino dell'indagine: se le conclusioni presentate superano la revisione di altri scienziati, allora sarà stata prodotta nuova conoscenza.

Charles Darwin, per esempio, sviluppò l'idea della selezione naturale combinando lo studio della geologia con le sue dettagliate osservazioni. La sua conoscenza della lunga storia della Terra e le variazioni osservate nei viventi gli fecero intuire che gli organismi cambiano nell'arco di lunghi periodi. Un ulteriore balzo in avanti si verificò decenni più tardi, quando i biologi notarono che quelle stesse variazioni che Darwin vedeva senza poterle spiegare erano dovute a mutazioni del DNA.

Ipotesi

Un'ipotesi è una spiegazione possibile per una o più osservazioni. È l'unità essenziale dell'indagine scientifica. Per essere utile, l'ipotesi deve essere verificabile; deve cioè essere possibile raccogliere dati in modo da poter ripetere l'esperimento per confermare o negare l'ipotesi. È interessante sottolineare che nessuna ipotesi può essere mai provata in via definitiva, perché la ricerca scientifica è aperta a nuove scoperte che potrebbero contraddire i risultati che oggi appaiono certi. Di conseguenza gli scienziati evitano di parlare di "dimostrazioni scientifiche", anche se l'espressione ricorre spesso in pubblicità.

Raccolta dei dati

I ricercatori traggono conclusioni basate su dati che si possono raccogliere in molti modi (figura 12). Spesso si progetta un esperimento per testare un'ipotesi in condizioni controllate, ma non tutti i dati sono raccolti così: molte ricerche scientifiche si basano su una scoperta. Per esempio, l'antropologa inglese Jane Goodall studiò le dinamiche all'interno dei gruppi sociali di scimpanzé attraverso osservazioni dettagliate, non esperimenti. In realtà, sperimentazione e osservazione procedono spesso insieme. Per esempio, la composizione della sequenza del DNA all'interno di una cellula è una scoperta basata sull'osservazione, ma per determinare la funzione dei singoli geni servono esperimenti. E ancora: conosciamo il legame fra fumo di sigaretta e tumori perché gli scienziati hanno osservato che i fumatori hanno una più alta probabilità di sviluppare tumori ai polmoni rispetto ai non fumatori, ma solo esperimenti di laboratorio condotti su colture cellulari possono aiutare a comprendere in dettaglio come si sviluppa un tumore.

Analisi e *peer review*

Dopo aver raccolto e interpretato i dati, i ricercatori valutano se questi confermano o negano l'ipotesi iniziale. Molto spesso, i risultati più interessanti sono quelli inaspettati, perché costringono gli scienziati a riformulare le loro ipotesi. La figura 11 mostra questo processo ciclico. La scienza avanza perché si fanno nuove scoperte e le spiegazioni dei fenomeni osservati continuano a migliorare. Quando uno scienziato ha raccolto dati abbastanza solidi da poter respingere o sostenere un'ipotesi, redige un articolo e lo propone a una rivista scientifica per la pubblicazione. Il comitato editoriale della rivista invia l'articolo a revisori anonimi – altri scienziati esperti dell'argomento della ricerca – i quali, in un processo chiamato *peer review* (revisione da parte dei pari), valutano in modo indipendente la validità di metodi, dati e conclusioni. Il sistema della revisione dei pari non è perfetto: accade che alcuni lavori già pubblicati vengano ritirati o modificati quando si scoprono errori che erano sfuggiti ai revisori. Tuttavia, in genere la *peer review* garantisce l'alta qualità dei lavori pubblicati.

Figura 12 Diversi tipi di indagine scientifica. (**a**) Gli ornitologi possono studiare i movimenti degli uccelli migratori attraverso uno studio osservazionale. (**b**) Gli esperimenti condotti in condizioni controllate possono aiutare un microbiologo a confrontare diversi metodi per decontaminare l'acqua, eliminando microbi dannosi.

B. Progettare un esperimento significa pianificare in dettaglio

Gli scienziati progettano un esperimento per testare un'ipotesi. Un **esperimento** è un'indagine condotta in condizioni controllate. In questo paragrafo descriveremo un vero studio, pianificato per testare l'ipotesi che il composto *simvastatina* possa ridurre i livelli di colesterolo nel sangue. La simvastatina appartiene alla classe di farmaci chiamati statine ed è indicata nella terapia delle patologie come l'aterosclerosi, l'infarto cardiaco o l'ictus, derivanti dall'accumulo di colesterolo nei vasi sanguigni. La prima statina a essere scoperta nel 1975 è stata la mevastatina, un composto isolato dal fungo *Penicillium citrinum*. Da allora, altre statine sono state isolate o sintetizzate in laboratorio con l'obiettivo di migliorare le caratteristiche del farmaco, limitando gli eventuali effetti collaterali (figura **13**).

Dimensione del campione

Una delle decisioni più importanti da prendere quando si progetta un esperimento riguarda la **dimensione del campione sperimentale**, cioè il numero di soggetti selezionati per la ricerca. Nello studio sulla simvastatina, per esempio, sono stati reclutati circa 4500 pazienti cardiopatici con elevati livelli di colesterolo nel sangue. In genere, più numeroso è il campione più i risultati dell'esperimento sono considerati attendibili.

Variabili

Quando si pianifica un esperimento, è molto importante considerare le variabili in gioco (tabella **2**). Una **variabile** è un elemento costitutivo di un esperimento che, come suggerisce il nome, può assumere valori diversi. La **variabile indipendente** è decisa dallo sperimentatore; nel caso dello studio sulla simvastatina la variabile indipendente è il dosaggio del farmaco. La **variabile dipendente** può *dipendere* dal valore della variabile indipendente; per esempio il numero di pazienti che durante la sperimentazione hanno sofferto di disturbi causati dall'aterosclerosi, o sono stati colpiti da infarto o ictus. Una **variabile standard** è un elemento che lo sperimentatore mantiene costante ponendosi nelle migliori condizioni possibili per individuare l'effetto della variabile indipendente. Per esempio, patologie come l'aterosclerosi, l'infarto e l'ictus riguardano soprattutto gli adulti; dunque i test per la nuova statina hanno incluso uomini o donne di età superiore ai 35 anni. Inoltre, la simvastatina funziona meglio nei pazienti cardiopatici, quindi lo studio ha escluso individui sani. L'età e lo stato di salute sono quindi due variabili standard.

Figura 13 Dalle muffe ai farmaci. I piccoli funghi pluricellulari che proliferano sui nostri alimenti o nelle nostre case in realtà sono una fonte inesauribile di possibili farmaci che i ricercatori testano nei loro laboratori. Le colonie di funghi sono fatte proliferare in capsule come queste, contenti terreno di coltura.

Tabella 2 Variabili sperimentali

Tipo di variabile	Definizione	Esempio
Variabile indipendente	Ciò che lo sperimentatore manipola per verificarne l'influenza sul fenomeno di interesse	Dose del farmaco
Variabile dipendente	Ciò che lo sperimentatore misura per determinare se la variabile indipendente influenza il fenomeno di interesse	Numero di pazienti colpiti da infarto o da ictus
Variabile standard	Qualunque variabile intenzionalmente mantenuta costante per tutti i soggetti dello studio	Età dei pazienti che partecipano allo studio

Gruppo di controllo

In un esperimento ben pianificato si confrontano un gruppo di individui "normali" e un gruppo di individui sottoposti a un trattamento. Il gruppo non trattato è chiamato **controllo** sperimentale, ed è il punto di partenza del confronto. Il gruppo di controllo e il gruppo sperimentale dovrebbero differire solo per il fattore relativo al trattamento.
I controlli sperimentali possono assumere molte forme. A volte, al gruppo di controllo è assegnato il valore "zero" della variabile indipendente. Per esempio, se un giardiniere vuole testare un nuovo tipo di fertilizzante, può dare ad alcune piante molto fertilizzante, ad altre solo un poco e ad altre ancora – le piante di controllo – assolutamente nulla. Nella ricerca medica, il gruppo di controllo può ricevere un **placebo**, una sostanza inerte che assomiglia al trattamento assegnato al gruppo sperimentale. Il trattamento sarà giudicato efficace solo se si registrano risultati migliori nel gruppo trattato rispetto a quelli osservati nel gruppo che ha ricevuto il placebo. Il gruppo di controllo dello studio sulla simvastatina ha ricevuto un placebo privo del principio attivo.

Analisi statistica

Una volta completato un esperimento, lo scienziato analizza i dati e decide se i risultati sostengono l'ipotesi. Guardiamo i risultati nella tabella **3**. Sono sufficienti per dire che la simvastatina è utile per abbassare i livelli di colesterolo nel sangue o i dati sono il risultato di variazioni casuali? Gli scienziati hanno concluso che la simvastatina è efficace, ma hanno potuto affermarlo solo dopo aver condotto un'analisi statistica. Gli scienziati usano molti tipi di test statistici diversi, a seconda dei dati. Tutti i test tengono conto sia della variabilità che della dimensione del campione e permettono di calcolare la **significatività statistica**, ossia la probabilità che un risultato non sia frutto del caso.

C. Le teorie scientifiche sono spiegazioni generali

Ronald Reagan, presidente degli Stati Uniti tra il 1981 e il 1986, descrisse l'evoluzione con un commento sprezzante diventato poi famoso, dicendo che era «solo una teoria scientifica». In Italia nel 2009 l'allora vicepresidente del Consiglio Nazionale delle Ricerche – ente pubblico nazionale di ricerca scientifica e tecnologica – affermava in un'intervista che «l'evoluzionismo non è una teoria scientifica, ma una filosofia, un modo di vedere il mondo. Ancora nessuno è riuscito a dimostrare la sua validità».
Al di fuori della scienza, la parola "teoria" si usa quasi sempre in riferimento a un'opinione o a una supposizione: per esempio, subito dopo un incidente aereo gli esperti propongono le loro teorie sulla causa del disastro. Ma queste spiegazioni provvisorie sono in realtà ipotesi non testate. In ambito scientifico una **teoria** è la spiegazione di un fenomeno naturale che ha una portata più ampia di una ipotesi. Per esempio, mentre la teoria dei germi – l'idea che alcuni microrganismi possono causare malattie agli esseri umani – è il fondamento della microbiologia medica, le singole ipotesi collegate a questa teoria si riferiscono a un ambito molto più ristretto, come l'idea che i virus siano causa di malattie (figura **14**). Non tutte le teorie sono ampie come la teoria dei germi, ma di solito una teoria comprende numerose ipotesi. Un'altra differenza fra ipotesi e teoria è il loro livello di accettazione.

Tabella 3 Uno studio clinico per ridurre i livelli di colesterolo nel sangue

Trattamento (n. pazienti)	Mortalità (n. decessi /n. pazienti)	Colesterolo nel sangue (mmol/L)
Placebo (2223)	189/2223	6,8
Simvastatina (2221)	111/2221	5,1

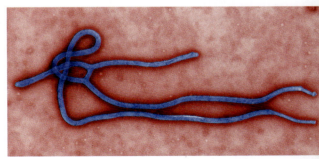

Figura 14 Teoria dei germi e ipotesi sui virus.
I virus sono entità biologiche che hanno bisogno di un altro organismo per loro sopravvivenza. Scoperti alla fine dell'Ottocento, rientrano nella teoria dei germi; alcuni virus, infatti, sono causa di malattie umane anche molto serie come il virus Ebola nella foto.

Un'ipotesi è provvisoria, mentre una teoria è il frutto di un consenso più ampio. Questo però non vuol dire che le teorie non possano essere messe alla prova. Anzi, è proprio vero il contrario: ogni teoria scientifica è potenzialmente *falsificabile*, cioè dovrebbe esistere un modo per dimostrare che è falsa. La teoria dei germi è ancora ampiamente accettata perché è stata confermata da molte osservazioni e nessun test attendibile è stato in grado di dimostrarne la falsità. La stessa cosa vale per la teoria dell'evoluzione e altre.

Una buona teoria scientifica deve avere *potere predittivo*: non solo deve collegare molte osservazioni esistenti, ma deve permettere di fare previsioni su fenomeni non ancora osservati. Per esempio, in base alla teoria dell'evoluzione per selezione naturale, sia Charles Darwin sia Alfred Russel Wallace prevedero l'esistenza di una falena capace di impollinare alcuni fiori di orchidea con un tubo corollino particolarmente lungo (figura 15a); in effetti, molti decenni dopo alcuni scienziati scoprirono l'esistenza di questo insetto dall'apparato boccale molto lungo (figura 15b). Viceversa, se le osservazioni successive non confermano le sue previsioni, una teoria si indebolisce.

A un certo punto, una teoria è così universalmente accettata da essere considerata un dato di fatto. Il confine fra teoria e fatto è vago, ma il paleontologo Stephen Jay Gould mise in evidenza un'utile distinzione: «In ambito scientifico, dire che un certo fenomeno è un fatto può solo significare che è confermato a tal punto che sarebbe perverso negargli una provvisoria validità».

Anche se una teoria non può mai essere dimostrata al 100% come vera, alcune teorie possono contare su così tante conferme che nessuna persona istruita ne metterebbe in dubbio la validità. La gravità, per esempio, è un fatto e i biologi considerano un fatto anche l'evoluzione. Ciò nonostante si continua a usare l'espressione teoria dell'evoluzione, perché l'evoluzione è *sia* un fatto *sia* una teoria: entrambi i termini sono corretti. Le prove del cambiamento genetico avvenuto nel corso del tempo sono così convincenti e provengono da così tanti campi di studio diversi che negarne l'esistenza equivarrebbe a negare la realtà. I biologi non hanno ancora capito tutto riguardo al funzionamento dell'evoluzione: tuttavia, sebbene rimangano molte questioni irrisolte sulla storia della vita, il dibattito ruota intorno a *come* sia avvenuta l'evoluzione, non al *se* sia avvenuta.

La scienza è solo uno dei molti modi possibili per cercare di conoscere il mondo, ma la sua forza risiede nell'apertura alle informazioni nuove. Le teorie si modificano per accogliere le nuove conoscenze e la storia della scienza è piena di casi in cui un'idea antica e ampiamente accettata è stata abbandonata quando abbiamo imparato qualcosa in più, spesso grazie a una nuova tecnologia. Per esempio, un tempo si pensava che la Terra fosse piatta e al centro dell'Universo, poi l'analisi dei dati ottenuti attraverso osservazioni e invenzioni rivelò che la realtà era diversa. Allo stesso modo, i biologi pensavano che gli unici organismi esistenti fossero piante e animali fino a che il microscopio non svelò l'esistenza di un mondo invisibile ai nostri occhi.

Figura 15 Previsione confermata. (**a**) Quando Charles Darwin vide l'orchidea *Angraecum sesquipedale*, predisse che il suo impollinatore dovesse avere un apparato boccale lungo e sottile, in grado di raggiungere il fondo del lunghissimo tubo corollino. (**b**) Aveva ragione: si scoprì più tardi che lo sconosciuto impollinatore era una falena che possiede un apparato boccale straordinariamente lungo.

Rispondi in un tweet

10. Quali sono i passi del metodo scientifico?
11. Spiega che cos'è una variabile in un esperimento e illustra le differenze tra variabile dipendente, indipendente e standard.
12. Qual è la differenza fra ipotesi e teoria?

Organizzazione delle conoscenze
Capitolo 1 — La scienza che studia la vita

L'organizzazione della vita: ricapitoliamo
Rispondi alle domande che seguono facendo riferimento alla mappa, al riepilogo visuale e ai contenuti del capitolo.

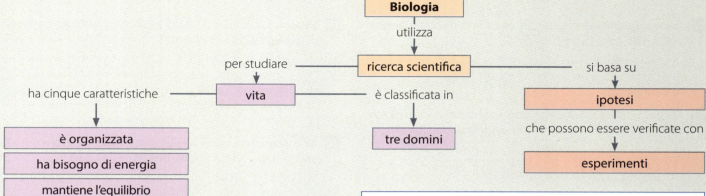

1. Inserisci nella mappa il termine osservazione.
2. Elenca e descrivi brevemente i tre domini della vita.
3. Osserva nell'immagine i diversi livelli dell'organizzazione biologica: quali relazioni li legano?
4. La mappa illustra le cinque proprietà della vita: fai un esempio per ciascuna.
5. Qual è la relazione tra selezione naturale ed evoluzione?
6. Come si distinguono gli organismi in relazione alle loro fonti di energia?
7. Inserisci nella mappa il termine tassonomia.
8. Quali livelli di organizzazione biologica si trovano oltre il livello degli organismi pluricellulari?
9. Che cos'è un adattamento? Prova a fare un esempio.
10. Quali sono gli elementi di un esperimento controllato?

Il glossario di biologia

11. Costruisci il tuo glossario bilingue di biologia, completando la tabella seguente con la traduzione italiana o inglese dei termini proposti.

Termine italiano	Traduzione inglese	Termine italiano	Traduzione inglese
Vita		Omeostasi	
Energia			*Asexual reproduction*
	Atom	Adattamento	
	Tissue		*Taxonomy*
	Biosphere		*Genus*
Metabolismo		Ipotesi	
Ecologia			*Theory*

Autoverifica delle conoscenze

Dalle cellule ai vertebrati

 Simula la parte di biologia di una prova di accesso all'università. Rispondi ai test dal 12 al 25 in 23 minuti e calcola il tuo punteggio in base alle soluzioni che trovi in fondo al libro. Considera: 1,5 punti per ogni risposta esatta; −0,4 punti per ogni risposta sbagliata; 0 punti per ogni risposta non data. Trovi questi test anche in versione interattiva sul ME•book.

12 Tra le seguenti caratteristiche, una non è necessariamente tipica della vita. Quale?
- A L'evoluzione
- B La riproduzione
- C L'omeostasi
- D La pluricellularità
- E L'organizzazione

13 Quale proprietà della vita può essere osservata direttamente da uno scienziato in una singola pianta fossile?
- A L'omeostasi
- B L'organizzazione
- C L'uso di energia
- D La crescita
- E La riproduzione

14 Quali tra i due elementi qui elencati sono più distanti tra loro nella gerarchia dell'organizzazione biologica?
- A Organismo e popolazione
- B Atomo e cellula
- C Ecosistema e biosfera
- D Tessuto e organo
- E Popolazione ed ecosistema

15 Poiché le piante estraggono nutrimento dal suolo e utilizzano il Sole come fonte di energia, sono considerate organismi:
- A autotrofi
- B consumatori
- C eterotrofi
- D decompositori
- E omeostatici

16 L'evoluzione attraverso la selezione naturale avverrà più rapidamente per popolazioni di piante che:
- A sono già ben adattate all'ambiente
- B vivono in un ambiente stabile
- C appartengono allo stesso genere
- D esistono da poco tempo
- E si riproducono in modo sessuato e vivono in un ambiente instabile

17 A quale tra le seguenti domande non è possibile dare risposta utilizzando il metodo scientifico?
- A Qual è stato il primo organismo vivente sulla Terra?
- B Un gene particolare influenza l'invecchiamento nei topi?
- C La migrazione ha una conseguenza sul successo riproduttivo delle farfalle monarca?
- D In che modo le costruzioni realizzate sulle coste influenzano la biodiversità delle zone paludose?
- E Un particolare farmaco riduce la crescita delle cellule?

18 Quale tra le seguenti affermazioni è ERRATA?
- A Alcuni animali possono riprodursi in modo asessuato
- B La riproduzione sessuata è sempre più vantaggiosa di quella asessuata
- C Negli organismi che si riproducono sessualmente, il patrimonio genetico di due individui si mescola per produrre figli
- D Una maggiore diversità genetica è caratteristica delle specie che presentano riproduzione sessuata
- E Nella riproduzione asessuata, i discendenti sono quasi identici tra loro

19 Quale tra le seguenti liste di elementi è ordinata per livello di organizzazione crescente?
- A Cellula < Tessuto < Organulo < Individuo < Comunità
- B Comunità < Popolazione < Ecosistema < Biosfera
- C Organulo < Cellule < Organi < Individuo < Popolazione
- D Individuo < Ecosistema < Comunità < Biosfera
- E Atomo < Cellula < Molecola < Tessuto

20 Uno scienziato osserva due organismi appartenenti allo stesso genere. Di che cosa può essere sicuro?
- A I due organismi appartengono sicuramente anche allo stesso dominio
- B I due organismi appartengono sicuramente anche alla stessa specie
- C I due organismi appartengono a specie che si riproducono in modo sessuato
- D I due organismi sono animali
- E Nessun'altra specie fa parte di quel genere

21 Quale delle seguenti affermazioni sull'omeostasi è ERRATA?
- A È una delle caratteristiche fondamentali della vita
- B È presente soltanto negli animali e nelle piante
- C Consente agli organismi di mantenere un equilibrio interno
- D È il meccanismo che ci permette di regolare la nostra temperatura
- E Può agire anche a livello cellulare

22 Un insieme di cellule unite a svolgere una medesima funzione costituisce:
- A un tessuto
- B un apparato
- C un organismo
- D un organo
- E un individuo

23 Qual è il modo corretto per scrivere il nome scientifico degli esseri umani?
- A Homo sapiens
- B Homo *sapiens*
- C Homo Sapiens
- D homo sapiens
- E *Homo sapiens*

24 Quale tra queste non può essere considerata una limitazione propria della ricerca scientifica?
- A I ricercatori possono commettere errori nell'interpretare i risultati di un esperimento
- B A volte è difficile accettare prove inaspettate
- C La scienza non può rispondere a tutte le domande
- D La scienza è in grado di autocorreggersi
- E A volte le prove sperimentali possono portare a diverse interpretazioni

25 Uno scienziato ha appena osservato un nuovo fenomeno, e si chiede perché si sia verificato. Qual è il prossimo passo nella sua ricerca di una risposta?
- A L'osservazione
- B L'esperimento
- C L'ipotesi
- D La *peer review*
- E La formulazione di una teoria

Verso l'ammissione all'università — Attività

Sviluppo delle competenze

26 Sistema e complessità Spiega in che modo si passa da un atomo alla biosfera, descrivendo i livelli dell'organizzazione della vita.

27 Relazioni Prova a trovare un'analogia che possa aiutarti a ricordare le differenze e le relazioni tra popolazioni, comunità ed ecosistemi.

28 Classificare Descrivi ciascuna delle cinque caratteristiche della vita, e fai un elenco di diversi oggetti non viventi che possiedono almeno due di queste caratteristiche.

29 Fare connessioni logiche In che senso un sistema di aria condizionata domestico può illustrare il concetto di omeostasi?

30 Interpretare immagini L'immagine mostra le relazioni che esistono tra gli organismi e l'ambiente. Dopo aver completato l'immagine scrivendo il nome degli elementi rappresentati, spiega che cosa accadrebbe a questo equilibrio se gli organismi consumatori scomparissero dall'ambiente naturale.

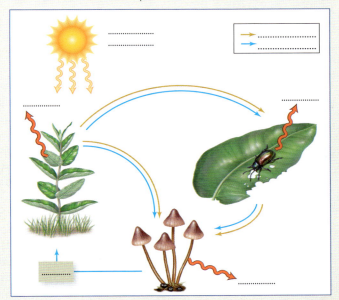

31 Interpretare informazioni Trova in un giornale o in una rivista un articolo che descriva un esperimento. Quali elementi del metodo scientifico sei in grado di riconoscere?

32 Inglese Can a theory be proven wrong?
- A No, theories are the same as facts
- B No, because there is no good way to test a theory
- C Yes, theories are the same as opinions and they can be proven wrong by other opinions
- D Yes, a new observation or interpretation of data could disprove a theory
- E Yes, theories are the same as hypotheses

33 Inglese Which of the following statements is true?
- A Two of the three domains contain eukaryotes
- B The three main branches of life are animals, plants, and fungi
- C Humans and plants share the same domain
- D Two species in the same genus can be in different domains
- E All domains can have multicellular organisms

34 Comunicare Descrivi le principali differenze tra la riproduzione sessuata e asessuata. Perché sono entrambe comuni?

35 Calcolare Un gruppo di scienziati sta conducendo un esperimento sui moscerini della frutta. Allevando gli insetti in laboratorio per diverse generazioni, i ricercatori osservano l'insorgenza di una malattia forse dovuta a un elemento inquinante che si trova nell'ambiente. Dopo quattro generazioni di moscerini, gli scienziati hanno raccolto questi dati.

	Insetti osservati	Insetti malati
Generazione 1	100	25
Generazione 2	250	35
Generazione 3	400	50
Generazione 4	300	60

a. Osservando la tabella, determina se le seguenti affermazioni sono vere o false.
- La percentuale di insetti malati aumenta con il passare delle generazioni V F
- La percentuale di insetti malati è la stessa in ogni generazione V F
- La terza generazione mostra la più alta percentuale di insetti sani V F
- La quarta generazione ha la più alta percentuale di insetti malati V F

b. Dopo aver somministrato un farmaco a tutti gli insetti malati delle quattro generazioni, i ricercatori osservano che il 60% degli individui trattati sopravvive. Esprimi in numero la percentuale di moscerini che non sopravvive.

36 Metodo scientifico
Chernobyl, microbi "malati" e vegetazione secca
I microbi nell'area circostante Chernobyl non sono più in grado di svolgere la loro principale funzione, quella di "decompositori", ossia di organismi in grado di trasformare la sostanza organica morta in sostanza inorganica, di cui si nutrono le piante. Ne deriva che la vegetazione morta rimane secca e aumenta il rischio di incendio, con conseguente diffusione della radioattività. È il risultato dell'ultimo studio realizzato nella zona dove il 26 aprile 1986 esplose la centrale nucleare, e appena pubblicato nella rivista *Oecologia*.
(Il Fatto Quotidiano, 27 marzo 2014)

a. Dopo aver letto il brano, determina se le seguenti affermazioni sono vere o false.
- Esiste il pericolo di una nuova esplosione nucleare a Chernobyl V F
- L'ecosistema dell'area studiata dipende anche dall'attività di organismi decompositori V F
- Il pericolo di incendio dipende dalla quantità di radiazioni V F
- Gli organismi decompositori non sono stati influenzati dal disastro di Chernobyl V F

b. Quale fattore potrebbe ridurre il rischio di una nuova diffusione di radiazioni?
- Una stagione particolarmente piovosa
- L'ulteriore riduzione di organismi decompositori
- L'introduzione nell'ecosistema di nuove specie animali

La relazione di laboratorio: un articolo scientifico in miniatura

Nel mondo della scienza, un'intera ricerca così come un singolo esperimento sono destinati a essere messi nero su bianco sotto forma di un articolo scientifico o di una relazione di laboratorio.

La possibilità di avere a disposizione una memoria dettagliata di quanto scoperto è d'aiuto al ricercatore per la riproducibilità dei suoi esperimenti e costituisce una base di sapere condiviso per la comunità scientifica. L'articolo scientifico, così come la relazione di laboratorio, è un veicolo di persuasione; quando viene pubblicato, è a disposizione di altri ricercatori per la revisione. Se i risultati resistono alla critica, diventano parte integrante della conoscenza scientifica. *Ma quali sono le regole per scrivere una relazione di laboratorio o un articolo scientifico?*

Una relazione o un articolo devono essere sempre articolati in sette sezioni:

1 Titolo   **5** Risultati
2 Riassunto   **6** Discussione
3 Introduzione   **7** Bibliografia
4 Materiali e metodi

Vediamo nel dettaglio come scrivere le diverse sezioni utilizzando come guida un vero articolo scientifico.

1 Il TITOLO è conciso, essenziale e informativo

I titoli scientifici devono riflettere il contenuto dell'articolo in 10-15 parole. Non occorre catturare la fantasia del lettore. Ecco un esempio.

> **Botswana: una mappa di idoneità del paesaggio per la conservazione di sei grandi carnivori africani.**

2 Il RIASSUNTO: una sintesi dell'articolo

Lo scopo di un riassunto è quello di permettere al lettore di avere un'idea immediata del contenuto dell'articolo per capire se è il caso di continuare a leggerlo. Un buon riassunto deve rappresentare una sintesi (1800-2000 battute) della finalità dell'articolo, dei dati presentati e le principali conclusioni degli autori.

> I grandi carnivori spesso oltrepassano i confini delle aree protette, sconfinando nelle aree abitate dagli uomini. Per garantire la sopravvivenza di questi animali e sviluppare piani di salvaguardia nazionali è indispensabile mappare gli habitat potenzialmente idonei a ospitarli e identificare le aree caratterizzate da elevati livelli di minaccia alla loro sopravvivenza. I parametri da tenere in considerazione per dichiarare un habitat idoneo a ospitare grandi carnivori sono: la disponibilità di prede, la competizione interspecifica e il conflitto con gli esseri umani. In questo studio è stato utilizzato un nuovo approccio per mappare e identificare le aree idonee e quelle non idonee in Botswana, uno stato africano popolato da grandi carnivori come il leone (*Panthera leo*), il leopardo (*Panthera pardus*), la iena maculata (*Crocuta crocuta*), la iena marrone (*Hyaena brunnea*), il ghepardo (*Acinonyx jubatus*) e il cane selvatico africano (*Lycaon pictus*). Per identificare le diverse aree idonee a sostenere le popolazioni di carnivori, è stata valutata la distribuzione della biomassa di ungulati selvatici presenti in Botswana e predati dai sei grandi carnivori. Nelle aree in cui è stata individuata una notevole biomassa di grandi prede, la competizione interspecifica osservata tra i predatori dominanti e subordinati era elevata. Questo riduce l'idoneità di tali aree per la conservazione dei predatori subordinati. Il calcolo della percentuale di biomassa di prede disponibile sul totale di prede (ungulati selvatici e bestiame) è stato il parametro utilizzato per identificare le aree a elevato rischio di conflitto tra esseri umani e carnivori, come le aree agricole. Sono stati rilevati cospicui livelli di biomassa di prede di grandi dimensioni solo nelle zone dedicate alla tutela e alla conservazione delle specie selvatiche, mentre elevati livelli di biomassa di prede di piccole dimensioni sono diffusi uniformemente in vaste parti del paese. Ciò richiede strategie di conservazione diverse per i carnivori che preferiscono cibarsi di grandi prede, rispetto a quelli che possono cibarsi nelle aree agricole. È stata realizzata quindi una mappa delle aree critiche e di quelle ideali per garantire la connettività tra popolazioni di carnivori e prede all'interno e al di fuori del Botswana.

3 L'INTRODUZIONE definisce l'oggetto dell'articolo

L'introduzione illustra in maniera sintetica lo stato dell'arte e lo scopo della ricerca svolta dando al lettore gli elementi sufficienti per comprendere il resto del lavoro.
Una buona introduzione deve rispondere ad alcune domande:

- Perché è stato effettuato questo studio?
- Quali sono le conoscenze acquisite in precedenza da altri studiosi sull'argomento dello studio?
- Qual è lo scopo dello studio?

4 I MATERIALI E METODI sono gli strumenti della ricerca

Come suggerisce il nome, i materiali e i metodi utilizzati negli esperimenti che caratterizzano il lavoro sono riportati in questa sezione. La difficoltà nello scrivere questo capitolo è quella di fornire dettagli sufficienti al lettore/ricercatore affinché possa capire l'esperimento ed eventualmente replicarlo in autonomia. Se i metodi utilizzati sono specificati in altri testi o articoli bisogna citare la fonte da cui sono stati presi.

5 I RISULTATI presentano i dati

La sezione dei risultati riassume i dati degli esperimenti senza discutere le loro implicazioni. I dati devono essere organizzati in tabelle o grafici numerati separatamente e indicati nel testo. Tutte le figure e le tabelle devono avere titoli descrittivi e includere una legenda che spieghi i simboli, le abbreviazioni e i metodi specifici utilizzati. Le rappresentazioni grafiche dei dati devono essere auto-esplicative, ossia il lettore dovrebbe essere in grado di capirle, senza riferimento al testo.

[Nota. La lingua principalmente utilizzata nella letteratura sientifica è quella inglese. La tabella 1 e la figura 1 sono in lingua inglese perché sono dell'articolo originale.]

cies	Common name	Body weight (kg)	LSU
e prey			
a camelopardalis	Giraffe	750	1.47
erus caffer	Buffalo	450	1.00
elaphus oryx	Eland	340	0.81
otragus equinus	Roan	220	0.58
s burchelli	Zebra	200	0.54
otragus niger	Sable	185	0.51
ochaetes taurinus	Wildebeest	165	0.51
gazelle	Gemsbok	150	0.44
elaphus strepsiceros	Greater kudu	136	0.41
s ellipsiprymnus	Waterbuck	135	0.41
aphus buselaphus	Hartebeest	125	0.38
aliscus lunatus	Tsessebe	110	0.35
s leche	Lechwe	72	0.25
hio camelus	Ostrich	68	0.24

Tabella 1. Le prede tipiche dei grandi carnivori africani in Botswana. Le diverse specie di prede sono elencate in ordine di peso corporeo (espresso in kg) e di unità di biomassa animale (large stock unit, LSU). Unità di biomassa animale = peso corporeo medio^{0,75}/100 km^2.

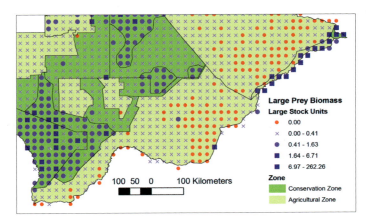

Figura 1. Biomassa di grandi prede. Mappa della distribuzione della biomassa di grandi prede nelle zone dedicate alla conservazione e utilizzate per scopi agricoli. Le grandi prede sono rappresentate dagli ungulati selvatici (peso superiore ai 60 kg) che popolano il Botswana, come il facocero e lo struzzo, predate dai leoni (*Panthera leo*). L'elefante è una preda non convenzionale ed è stato escluso dallo studio. Unità di biomassa animale (large stock unit, LSU) = peso corporeo medio^{0,75}/100 km^2.

6 La DISCUSSIONE enfatizza l'interpretazione dei dati

Questa sezione non deve essere solo una riaffermazione dei risultati, ma deve enfatizzare l'interpretazione dei dati, mettendoli in relazione alla teoria e alle conoscenze esistenti. Sempre in questa sezione è possibile includere speculazioni e suggerimenti per le ricerca futura. Nello scrivere la discussione è necessario spiegare la logica che permette di accettare o rifiutare le ipotesi originarie.

7 La BIBLIOGRAFIA elenca gli articoli o i libri citati

Normalmente i riferimenti bibliografici sono numerati seguendo l'ordine di citazione nel testo. La formattazione dei riferimenti non è univoca, ogni rivista ha le proprie regole. Nell'esempio la voce bibliografica n°1 riporta nell'ordine: cognome e iniziali dei nomi di ogni autore, anno di pubblicazione dell'articolo, titolo dell'articolo, nome abbreviato della rivista, numero della rivista, l'intervallo di pagine dell'articolo.

1. Winterbach HEK, Winterbach CW, Somers MJ, Hayward MW (2013) Key factors and related principles in the conservation of large African carnivores. *Mamm Rev* 43: 89–110.

Puoi trovare un esempio di istruzioni per la redazione di un articolo sul sito della rivista scientifica a libero accesso PLoS ONE (http://www.plosone.org/static/guidelines.action)

Laboratori di biologia

Comprendere una ricerca scientifica

37 **Problem solving** Con un gruppo di compagni leggi i seguenti materiali, discutili seguendo la traccia di lavoro e proponi alla classe la risposta che il tuo gruppo ha dato alle domande.

Prerequisiti
Progettare un esperimento. Il metodo scientifico.

Competenze attivate
Comunicare le scienze naturali nella madrelingua. Metodo scientifico. Problem solving.

Contesto
Immagina di leggere questa pubblicità di un prodotto per fertilizzare le piante di pomodoro.

Decenni di ricerca scientifica hanno portato allo sviluppo di un nuovo fertilizzante che promuove la crescita delle piante più di qualsiasi altro prodotto in commercio.
La superiorità di SuperPomo è dimostrata scientificamente! Ecco la prova. In due campi sono stati coltivati pomodori della stessa varietà: uno è stato fertilizzato con SuperPomo, l'altro no. Alla fine della stagione, i nostri ricercatori hanno raccolto alcuni campioni di pomodori e hanno misurato l'altezza delle piante. La differenza nei risultati è sorprendente: le piante fertilizzate con SuperPomo sono alte in media 11 cm più delle altre. Questi dati dimostrano scientificamente la superiorità di SuperPomo rispetto a CresciBene.

Il problem solving come lavoro di gruppo
Analizzate in gruppo la validità scientifica della pubblicità che hai letto rispondendo ad alcune domande. A turno, uno studente farà il moderatore per facilitare la discussione dei compagni e poi scriverà la risposta concordata.

a. La base scientifica.
- Che cosa sostengono i produttori di SuperPomo sull'efficacia del loro fertilizzante?
- I produttori non identificano un meccanismo biologico per cui il loro fertilizzante possa promuovere la crescita delle piante. Spiega perché questa informazione è fondamentale per una valutazione corretta della tesi dei produttori.
- Spiega perché tutti i cittadini – e non solo gli scienziati – dovrebbero conoscere il metodo scientifico.

b. Il progetto sperimentale.
- Identifica nello studio condotto su SuperPomo: il gruppo di controllo; il gruppo sperimentale; la variabile dipendente; la variabile indipendente; le variabili standard.
- L'esperimento descritto è adeguato per testare l'efficacia del fertilizzante?
- Qual è lo scopo del gruppo di controllo in una ricerca?

c. L'analisi dei dati e le conclusioni.
- C'è una descrizione dell'analisi statistica dei dati? Perché è importante usare un metodo statistico per analizzare i dati?
- Quali conclusioni puoi trarre dai dati forniti dal produttore?
- Perché le testimonianze e gli aneddoti hanno un valore limitato nella ricerca scientifica?

d. La validità delle conclusioni.
- Immagina di dover valutare lo studio su SuperPromo in un processo di peer review: quali commenti e domande rivolgeresti ai ricercatori?
- Per testare la tesi della pubblicità di SuperPomo, quale studio potresti proporre? Cerca di identificare il gruppo di controllo, il gruppo sperimentale, le variabili dipendente e indipendente e le variabili standard.

Dopo aver discusso con i compagni di gruppo e concordato ogni risposta, presentate alla classe le conclusioni a cui siete arrivati.

Autovalutazione
Potresti applicare questo tipo di analisi a prodotti realmente pubblicizzati?

38 **Metodo scientifico** Metti alla prova quanto hai imparato dalla discussione analizzando uno stralcio di articolo scientifico.

Contesto
Immagina di leggere questo stralcio di un articolo scientifico.

I produttori del repellente per insetti *Pussavia* hanno studiato un esperimento per testare l'efficacia del prodotto (**Fig. 1**). Hanno coinvolto 300 volontari, ai quali è stato spruzzato su un braccio il repellente da testare, mentre l'altro braccio non è stato trattato. I volontari hanno inserito entrambe le braccia in un contenitore pieno di 500 zanzare; dopo un minuto, hanno estratto gli arti in modo che i ricercatori potessero contare le punture su ogni braccio.

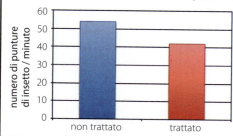

Fig. 1 – Effetto del repellente *Pussavia*

Ora tocca a te
Nell'esperimento descritto, individua:
- Variabile dipendente
- Variabile indipendente
- Gruppo sperimentale
- Gruppo di controllo
- Variabile standard

La selezione naturale all'opera: una questione di gusto

39 **Laboratorio** Leggi il protocollo, procurati i materiali e, con l'aiuto dell'insegnante, realizza in classe l'esperimento.

Prerequisiti
La selezione naturale. L'evoluzione.

Competenze attivate
Comunicare le scienze naturali nella madrelingua. Metodo scientifico. Competenze digitali.

Contesto
Non è facile osservare in diretta il fenomeno della selezione naturale perché avviene in tempi molto lunghi. Possiamo però studiare alcune caratteristiche degli organismi attuali, e cercare di capire come possa aver agito la selezione naturale per favorire un tratto invece di un altro.
Un esempio è il senso del gusto: non tutti abbiamo la stessa capacità di percepire i sapori. Esistono casi di popolazioni che si differenziano proprio per i gusti che riescono a riconoscere. Prova a studiare la diversità del senso del gusto nella tua classe, confrontando la tua capacità di sentire sapori con quella dei compagni.

Materiali
- Bastoncini cotonati impregnati di succo di pompelmo
- Bastoncini cotonati impregnati di sciroppo di glucosio
- Un pezzo di cavolo fresco pulito
- Un barattolo di miele
- Caffè forte non zuccherato
- Stuzzicadenti per assaggiare i campioni di cavolo
- Cucchiai di plastica puliti per assaggiare il miele e il caffè
- Accesso a internet

Procedimento
Si parte dai bastoncini cotonati impregnati di succo di pompelmo appena spremuto e di sciroppo di glucosio: a turno ognuno deve appoggiare un bastoncino sulla punta della lingua per 30 secondi **a**.
Uno studente si dovrà occupare di riportare su una tabella la reazione di ciascun compagno ai due tipi di bastoncini **b**: che sensazione ha provato? Ha riconosciuto un sapore specifico? Per ogni sapore, dovrà indicare l'intensità percepita su questa scala: poco-abbastanza-molto.
Finita questa fase, si può passare agli assaggi. Un altro studente è incaricato di documentare in una tabella, con la stessa scala, il gradimento di cavolo, miele e caffè per ciascun compagno.

Attenzione!
Ricordati di risciacquare la bocca con un po' di acqua tra un test e l'altro perché non ti rimanga memoria del sapore precedente.
Il tempo impiegato per impregnare ogni bastoncino dovrà essere costante (per esempio un'immersione di 10 secondi) in modo che ciascun compagno sia esposto alla stessa quantità di succo di pompelmo o di sciroppo di glucosio.

Analisi dei dati
Dopo aver registrato per tutti i compagni la sensibilità ai bastoncini impregnati e le preferenze per i campioni di cibo, prova a fare un confronto tra questi dati: la capacità di percepire un sapore è legata all'apprezzamento di un particolare cibo?

Conclusioni
La percezione di alcuni sapori è legata anche a componenti genetiche. Non tutti per esempio riconoscono il sapore amaro. Fai una breve ricerca su internet per scoprire in che modo la capacità di percepire questo sapore cambia nelle varie aree del mondo.

Autovalutazione
Qual è stata la maggiore difficoltà che hai incontrato durante l'esperimento?
Pensi che sia più facile lavorare da solo o in un piccolo gruppo per un esperimento di questo tipo?
Quale aspetto del lavoro potrebbe essere migliorato?

Una ricerca demografica

40 **Comunicazione**
La capacità di raccogliere e organizzare i dati in modo da poterli visualizzare, analizzare e condividere è una caratteristica essenziale di ogni esperimento scientifico.
Cerca di riprodurre in classe l'attività di un ricercatore impegnato nella raccolta e rappresentazione dei suoi risultati. Realizza una ricerca demografica sull'andamento delle nascite durante l'anno.
- Quale campione di persone scegli?
- Quali informazioni decidi di raccogliere?
- Quali sono i risultati dell'indagine?

Per rispondere alle domande clicca sull'icona e segui le istruzioni.

▲ L'esistenza degli atomi fu teorizzata dai Greci già 2400 anni fa.

▼ Un contenitore di plastica sepolto in discarica può rimanere intatto per 50 000 anni.

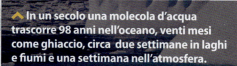
▲ In un secolo una molecola d'acqua trascorre 98 anni nell'oceano, venti mesi come ghiaccio, circa due settimane in laghi e fiumi e una settimana nell'atmosfera.

▼ La quantità di carbonio contenuta in un essere umano sarebbe sufficiente a produrre 9000 matite.

◀ Il corpo di un uomo adulto è così composto: 65% acqua, 16% proteine, 13% lipidi, 5% sali minerali, 1% carboidrati.

▲ La puntura di ape è definita "acida" mentre quella di vespa è "basica".

2 La chimica della vita

La stretta relazione tra chimica e biologia è un dato di fatto. Come può la chimica influenzare la complessità della vita?

Quando pensiamo alla chimica, spesso ci vengono in mente immagini di ricercatori in camice bianco che manovrano soluzioni fumanti in laboratorio. Di conseguenza è difficile associare l'idea che abbiamo della chimica allo studio della vita.
Nella realtà, un essere umano è un insieme complesso e ordinato di centinaia di composti chimici a noi familiari: acidi nucleici, zuccheri, proteine e grassi. Ma la chimica della vita non si limita a questo elenco. Le piante e gli animali, per esempio, possono produrre un gran numero di altre sostanze che usano per scoraggiare o avvelenare l'eventuale predatore.
Se volessimo però identificare il composto chimico per eccellenza che caratterizza la vita sulla Terra, dovremmo parlare dell'acqua e delle sue proprietà; ed è proprio quello che faremo in questo capitolo.

A CHE PUNTO SIAMO
5%

Questo capitolo fornirà le basi di chimica necessarie per lo studio della biologia a partire dal primo livello di organizzazione gerarchica dei viventi. In particolare introdurremo concetti come gli elementi, le molecole organiche e le proprietà dell'acqua, conoscenze indispensabili per comprendere la struttura e la fisiologia di cellule e organismi.

2.1 La materia è fatta di atomi

Vi è mai capitato di toccare una pianta in un ristorante per controllare se fosse vera? Possiamo capirlo perché sappiamo tutti, in maniera intuitiva, di che tipo di materiale sono fatti gli esseri viventi. Una foglia vera è umida e flessibile; una artificiale è asciutta e rigida. Ma cosa può dirci la chimica sulla composizione degli esseri viventi?

Una scrivania, un libro, il vostro corpo, un panino e una pianta di plastica: tutti gli oggetti esistenti nell'Universo – compresi gli esseri viventi che popolano la Terra – sono fatti di materia ed energia.

Si chiama **materia** qualunque cosa che occupa uno spazio, come gli organismi, le rocce, gli oceani e i gas atmosferici. L'energia è definita dai fisici come la capacità di compiere un lavoro (in questo contesto, per lavoro si intende lo spostamento di materia): il calore, la luce e i legami chimici sono tutti forme di energia. In questo capitolo e nel prossimo ci occuperemo della composizione della materia vivente; nel Capitolo 4 parleremo dell'energia dei processi biologici.

A. Gli elementi sono un tipo fondamentale di materia

La materia di cui sono fatte tutte le cose dell'Universo consiste di uno o più elementi. Un **elemento** chimico è una sostanza pura che non può essere ridotta in altre sostanze con mezzi chimici. Per esempio, sono elementi l'ossigeno (O), il carbonio (C), l'azoto (N), il sodio (Na) e l'idrogeno (H).

Già dalla metà dell'Ottocento gli scienziati avevano notato regolarità nel comportamento chimico degli elementi; molti proposero schemi per organizzare gli elementi in categorie, finché il chimico russo Dmitrij Mendeleev inventò la **tavola periodica**, lo schema che usiamo ancora oggi. La tavola è detta "periodica" perché le proprietà chimiche degli elementi si ripetono in ogni colonna dello schema. La tavola periodica della figura 1 è una versione parziale che mette in risalto gli elementi che costituiscono gli organismi (puoi esplorare la tavola periodica completa cliccando sull'icona).

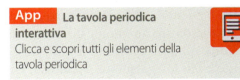

App La tavola periodica interattiva
Clicca e scopri tutti gli elementi della tavola periodica

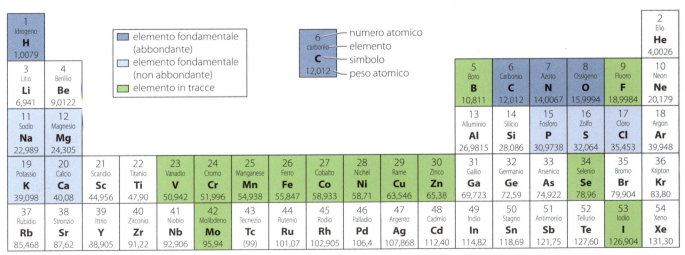

Figura 1 Tavola periodica degli elementi. Ogni elemento ha un simbolo che deriva di solito dal suo nome greco o latino (He, per l'elio, dal greco *helios*; Na, per il sodio, dal latino *natrium*), o più di rado da un'altra lingua (Sr, per lo stronzio, dal nome della città scozzese Strontian). In questa versione sono rappresentati solo i primi 54 elementi. Una tavola periodica completa è disponibile cliccando sull'icona e a fine libro.

Per la vita sono essenziali circa venticinque elementi. Quelli necessari in grandi quantità sono detti **elementi fondamentali** perché costituiscono la maggior parte di ciascuna cellula vivente. I quattro elementi fondamentali più abbondanti negli organismi sono carbonio (C), idrogeno (H), ossigeno (O) e azoto (N). Altri elementi fondamentali, ma meno abbondanti, sono fosforo (P), sodio (Na), magnesio (Mg), potassio (K) e calcio (Ca). Fra gli elementi essenziali ci sono poi gli **elementi in tracce**, come il ferro (Fe) e lo zinco (Zn), necessari in piccolissime quantità.

La carenza dietetica di un elemento essenziale può causare malattie anche serie. La tiroide, per esempio, è una ghiandola che per funzionare ha bisogno di iodio (I): se la dieta non ne contiene abbastanza, la tiroide si ingrossa fino a formare una massa chiamata gozzo. Allo stesso modo, il sangue ha bisogno di ferro (Fe) per trasportare l'ossigeno ai tessuti: una dieta povera di ferro può causare anemia.

B. Gli atomi sono formati da protoni, neutroni ed elettroni

Un **atomo** è la più piccola parte di un elemento che mantiene le caratteristiche dell'elemento stesso. Gli atomi sono composti di tre tipi di particelle subatomiche (figura 2 e tabella 1). I **protoni**, dotati di carica elettrica positiva, e i **neutroni**, senza carica, formano insieme il **nucleo atomico**. Gli **elettroni**, dotati di carica elettrica negativa, circondano il nucleo. L'elettrone è piccolissimo rispetto a neutroni e protoni.

Per semplicità, la maggior parte delle illustrazioni degli atomi mostrano gli elettroni collocati vicino al nucleo. In realtà, se il nucleo di un atomo di idrogeno avesse la dimensione di una polpetta, l'elettrone appartenente a quell'atomo potrebbe trovarsi anche fino a 1 kilometro di distanza. La maggior parte della massa di un atomo è concentrata nel nucleo, mentre la nube elettronica occupa quasi tutto il suo volume.

Come è possibile che questa nuvola di elettroni, costituita per la maggior parte da spazio vuoto, dia luogo alla sensazione di solidità che ci rimanda il mondo intorno a noi? Gli elettroni sono sempre in movimento e ciò spiega questo paradosso. Una buona analogia è quella con un ventilatore a soffitto: quando il ventilatore è fermo, le mani possono passare fra le pale; quando è in funzione, le pale si comportano come un disco solido impedendo il passaggio delle mani.

Ogni elemento ha un suo **numero atomico**, che corrisponde al numero di protoni nel nucleo. L'idrogeno, l'atomo più semplice, ha numero atomico 1; un atomo di argento ha numero atomico 47, cioè ha 47 protoni. Nella tavola periodica gli elementi sono ordinati secondo il loro numero atomico, che appare sopra il simbolo (figura 1 a pagina precedente).

Quando il numero di protoni è uguale al numero di elettroni, l'atomo è elettricamente neutro, cioè non possiede carica elettrica. Uno **ione** è un atomo, o un gruppo di atomi, che ha acquisito o perso elettroni e quindi possiede una carica negativa o positiva. Fra i più comuni ioni con carica positiva, detti **cationi**, ci sono idrogeno (H^+), sodio (Na^+) e potassio (K^+). Gli ioni più comuni con carica negativa, o **anioni**, sono idrossido (OH^-) e cloro (Cl^-). I più comuni ioni partecipano a molti processi biologici, tra cui la trasmissione dei segnali nel sistema nervoso. Inoltre formano i legami ionici, di cui parleremo più avanti.

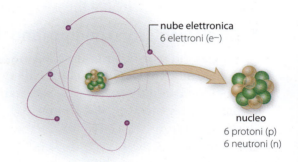

Figura 2 Anatomia di un atomo. Il nucleo di un atomo è composto di protoni e neutroni. Una nube di elettroni circonda il nucleo. L'atomo della figura ha sei protoni, quindi è un atomo di carbonio.

Tabella 1 Tipi di particelle subatomiche

Particella	Carica	Massa (unità di massa atomica)	Posizione
Elettrone	−	Quasi 0	Intorno al nucleo
Neutrone	Nessuna	Circa 1	Nucleo
Protone	+	Circa 1	Nucleo

C. Gli isotopi differiscono per il numero di neutroni

Il **numero di massa** (A) di un atomo è il numero totale dei protoni e dei neutroni presenti nel suo nucleo. Sottraendo il numero atomico dal numero di massa si ottiene il numero di neutroni di un atomo.
Tutti gli atomi di uno stesso elemento hanno lo stesso numero atomico, ma non necessariamente lo stesso numero di neutroni.
Gli **isotopi** sono atomi di uno stesso elemento con un diverso numero di neutroni (figura 3 e tabella 2). Per esempio, il carbonio ha tre isotopi: ^{12}C (con sei neutroni, si legge «carbonio dodici» e si può scrivere anche carbonio-12), ^{13}C (con sette neutroni) e ^{14}C (con otto neutroni). Il numero in apice a sinistra del simbolo indica il numero di massa.

> **Calcola e risolvi** Il più abbondante isotopo del ferro (Fe) ha numero di massa 56. In base alle informazioni della tavola periodica, calcola quanti neutroni ha un atomo di ^{56}Fe.

Spesso uno degli isotopi di un elemento è molto abbondante, mentre gli altri sono molto rari. Per esempio, circa il 99% degli isotopi del carbonio è costituito da ^{12}C, e solo l'1% da ^{13}C o ^{14}C.
La **massa atomica** (detta anche peso atomico) di un elemento è la media della massa di tutti i suoi isotopi. Dato che quasi tutti gli atomi di carbonio contengono sei neutroni, la massa atomica del carbonio è molto vicina a 12 nella tavola periodica.
Il ^{14}C fu scoperto nel 1940. Trova utilizzo nei sistemi di datazione, ma anche in biologia, come altri isotopi, come sostanza tracciante: è cioè un marcatore che consente di riconoscere e studiare specifiche funzioni di parti di un organismo. Per esempio, il ^{14}C è impiegato nello studio del metabolismo degli acidi grassi.

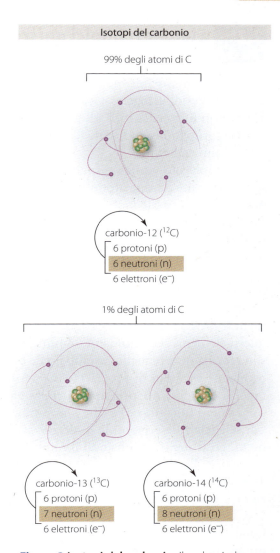

Figura 3 Isotopi del carbonio. Il carbonio ha numero atomico 6 quindi il suo nucleo contiene sei protoni. I tre isotopi del carbonio hanno un numero di neutroni diverso tra loro.

Tabella 2 Piccolo glossario della materia

Termine	Definizione
Elemento	Sostanza pura che non può essere ridotta in altre sostanze mediante reazioni chimiche
Atomo	La più piccola parte di una sostanza che ne mantiene le proprietà
Numero atomico	Il numero di protoni nel nucleo di un atomo (Z)
Numero di massa	Il numero totale di protoni e neutroni nel nucleo di un atomo (A)
Isotopi	Varie forme di un elemento che si distinguono per il numero di neutroni
Massa atomica	La massa media di tutti gli isotopi di un elemento

Rispondi in un tweet

1. Quali elementi chimici sono necessari agli organismi in grandi quantità?
2. In un atomo, dove sono collocati i protoni, i neutroni e gli elettroni?
3. Cosa indica il numero atomico di un elemento?
4. Qual è la relazione fra il numero di massa di un atomo e la sua massa atomica?
5. In che modo differiscono i diversi isotopi di uno stesso elemento?

2.2 I legami chimici uniscono gli atomi

Come tutti gli organismi, anche noi siamo composti per lo più di atomi di carbonio, idrogeno, ossigeno e azoto. L'organizzazione di questi atomi non è casuale: tutti gli atomi che compongono il nostro corpo sono raggruppati in molecole. Una **molecola** è fatta da due o più atomi legati chimicamente.
Alcune molecole, come i gas idrogeno (H_2), ossigeno (O_2) o azoto (N_2), sono costituite da due atomi dello stesso elemento e sono dette diatomiche. Più spesso, le molecole sono fatte da due o più elementi diversi: in questo caso sono chiamate **composti**. L'acqua, per esempio, contiene due atomi di idrogeno e uno di ossigeno. Molti composti biologici, inclusi il DNA e le proteine, sono fatti di decine di migliaia di atomi. Le caratteristiche di un composto possono essere diversissime da quelle dei suoi elementi costitutivi. Prendiamo il cloruro di sodio, o sale da cucina. Il sodio (Na) è un metallo solido argenteo, altamente reattivo, mentre il cloro (Cl) è un gas giallo e corrosivo; ma, quando atomi di questi elementi si combinano in numero uguale, il composto che ne risulta forma quei bianchi cristalli di sale che spargiamo sul cibo: ecco un eccellente esempio di proprietà emergente. Un altro esempio è il metano, il componente principale del gas naturale, fatto da carbonio (un solido nero fuligginoso) e idrogeno (un gas leggero e infiammabile).
Gli scienziati descrivono le molecole scrivendo i simboli dei loro elementi costituenti e indicando il numero di atomi di ciascun elemento in pedice. Per esempio, il metano è indicato con CH_4, cioè quattro atomi di idrogeno legati a un atomo di carbonio. Questa rappresentazione è chiamata **formula molecolare**. La formula del sale da cucina è NaCl, quella dell'acqua è H_2O e quella del diossido di carbonio è CO_2. Quali forze tengono insieme gli atomi che costituiscono ciascuna di queste molecole? Per capirlo, dobbiamo prima imparare qualcosa di più sulla localizzazione degli elettroni intorno al nucleo.

A. Gli elettroni determinano i legami chimici

Gli elettroni occupano precisi livelli energetici intorno al nucleo. Sono costantemente in moto, per cui è impossibile determinare la posizione esatta di un elettrone in un dato istante: i chimici parlano di **orbitali** per descrivere la più probabile posizione di un elettrone rispetto al suo nucleo. Ogni orbitale può contenere fino a due elettroni; di conseguenza, se un atomo ha più elettroni saranno occupati più orbitali.
Gli orbitali elettronici hanno diversi **livelli di energia**. Gli orbitali appartenenti a uno stesso livello sono detti "guscio"; il loro numero determina il numero di elettroni che possono occupare quel livello. Il guscio corrispondente al livello energetico più basso, per esempio, contiene solo un orbitale e può quindi essere occupato al più da due elettroni. Il livello successivo contiene fino a otto elettroni, distribuiti in quattro orbitali.
Gli elettroni occupano il più basso livello energetico disponibile, a partire da quello più interno. Man mano che i gusci si riempiono, ogni elettrone che si aggiunge deve andare sul guscio successivo. Possiamo quindi visualizzare gli elettroni di un atomo come se occupassero una serie di livelli energetici concentrici, ciascuno con energia maggiore di quello più interno. In questo modello, che si rifà al modello ato-

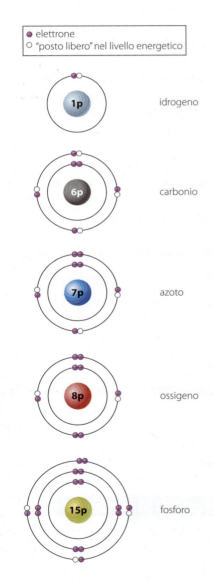

Figura 4 Livelli energetici. Rappresentazione secondo il modello di Bohr degli atomi più comuni negli organismi viventi.

mico, gli elettroni sono spesso illustrati come puntini che si muovono lungo circonferenze bidimensionali intorno al nucleo (figura 4). Queste illustrazioni, sono utili per visualizzare le interazioni e la formazione di legami fra atomi. Tuttavia, il modello di Bohr non è una rappresentazione perfetta della struttura tridimensionale degli atomi.

Gli atomi sono stabili quando il loro guscio più esterno è completo. I gas elio (He) e neon (Ne), per esempio, sono inerti: dato che i loro livelli energetici esterni sono completi, infatti, non si combinano spontaneamente con altri atomi.

La maggior parte degli atomi, però, ha il guscio più esterno occupato solo in parte: per raggiungere la stabilità, allora, gli atomi possono condividere, acquistare o cedere elettroni. Il risultato è un **legame chimico**, una forza attrattiva che tiene insieme gli atomi.

B. Nel legame covalente gli atomi condividono coppie di elettroni

Un **legame covalente** si forma quando due atomi condividono elettroni. Gli elettroni condivisi si muovono intorno a entrambi i nuclei, formando un forte legame fra gli atomi. La maggior parte dei legami nelle molecole biologiche sono covalenti.

Il metano è un esempio eccellente. L'atomo di carbonio ha sei elettroni, due dei quali completano il guscio più interno; gli altri quattro elettroni si trovano nel secondo livello energetico, che può accoglierne otto. Di conseguenza, al carbonio servono altri quattro elettroni per riempire il suo guscio più esterno: può ottenerli da quattro atomi di idrogeno, ognuno con un solo elettrone. La molecola risultante è il metano, CH_4 (figura 5a). La figura 5b mostra i legami covalenti tra ossigeno e idrogeno quando si combinano per produrre l'acqua.

Un legame covalente di solito è rappresentato come una linea fra gli atomi coinvolti.

Un legame singolo coinvolge due elettroni, provenienti dai due atomi. Ma gli atomi possono condividere anche due coppie di elettroni, formando legami covalenti doppi.

La molecola diatomica O_2, per esempio, ha un legame doppio (figura 6). Maggiore è il numero degli elettroni condivisi, più forte sarà il legame. Un legame covalente triplo (tre coppie di elettroni in condivisione), come quello che unisce i due atomi in N_2, è quindi molto forte.

Un legame covalente implica una condivisione, ma non è per forza un rapporto alla pari. L'**elettronegatività** è una misura della capacità di un atomo di attrarre elettroni. L'ossigeno, per esempio, attira elettroni con forza maggiore rispetto a carbonio e idrogeno, che sono meno elettronegativi.

Il **legame covalente apolare** è un'unione "paritaria", nella quale gli atomi esercitano un'attrazione circa equivalente sugli elettroni condivisi. Un legame fra due atomi dello stesso elemento è apolare: in effetti, il legame fra due atomi identici non può che essere elettricamente bilanciato. H_2, N_2 e O_2 quindi sono tutte molecole apolari. Il carbonio e l'idrogeno hanno elettronegatività simile, quindi anche un legame carbonio-idrogeno è apolare.

Il **legame covalente polare** è invece un'unione sbilanciata, nella quale uno dei due nuclei esercita una forza di attrazione maggiore sugli elettroni condivisi rispetto all'altro. Il legame polare si forma ogni volta che un

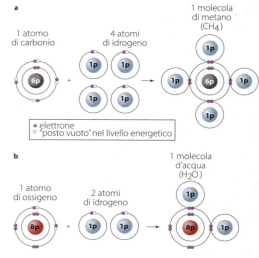

Figura 5 Nei legami covalenti gli atomi condividono elettroni. (**a**) Nel metano (CH_4) un atomo di carbonio e quattro di idrogeno completano il loro livello più esterno condividendo gli elettroni e formando legami covalenti. (**b**) Una molecola d'acqua (H_2O) ha due legami covalenti.

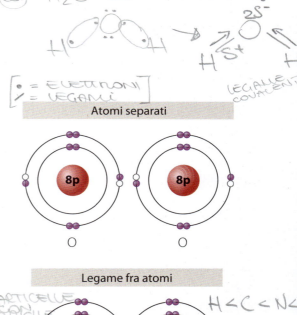

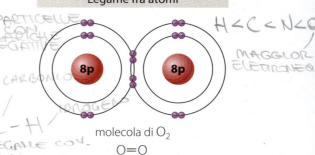

Figura 6 Doppi legami. Due atomi possono condividere due coppie di elettroni, formando un doppio legame covalente.

atomo molto elettronegativo come l'ossigeno condivide gli elettroni con un partner meno elettronegativo, come il carbonio o l'idrogeno.
I legami covalenti polari sono fondamentali in biologia. Come diremo più avanti, sono alla base dei legami a idrogeno, responsabili non solo delle proprietà uniche dell'acqua, ma anche della forma di DNA e proteine.

C. Nel legame ionico un atomo cede elettroni a un altro

Quando due atomi hanno una differenza di elettronegatività molto alta, uno dei due può sottrarre elettroni all'altro.
Ricordiamo che un atomo è nel suo stato di massima stabilità se il suo guscio elettronico più esterno è completo. Gli atomi più elettronegativi, come il cloro (Cl), di solito hanno solo un posto vuoto nel loro livello esterno. Al contrario, il sodio (Na) e altri atomi debolmente elettronegativi hanno solo un elettrone nel loro livello energetico più esterno. Né al cloro né al sodio conviene condividere un elettrone: il sodio raggiunge il suo stato più stabile se cede il suo elettrone di troppo al cloro, mentre il cloro ha bisogno di questo elettrone "rubato" per completare il proprio guscio esterno.
L'atomo che ha perso elettroni è uno ione con carica positiva; quello che ne ha acquisiti è uno ione con carica negativa. Il **legame ionico** è il risultato dell'attrazione elettrica fra due ioni con cariche opposte. Di solito, legami di questo tipo si formano fra un atomo il cui livello più esterno è quasi vuoto e uno il cui livello esterno è quasi completo. Per cui, quando il sodio cede il suo elettrone al cloro, i due atomi si uniscono con un legame ionico formando NaCl (figura 7).
Nel cloruro di sodio, la configurazione più stabile di Na⁺ e Cl⁻ è un cristallo tridimensionale. I legami ionici nei cristalli sono robusti, come dimostra la stabilità del sale nella saliera. Questi stessi cristalli, però, si dissolvono a contatto con l'acqua: come vedremo, le molecole d'acqua spezzano i legami ionici.
I legami covalenti apolari, i legami covalenti polari e i legami ionici possono essere pensati come tappe lungo un continuo. Due atomi con elettronegatività simile condividono equamente gli elettroni nei legami covalenti apolari. Se uno dei due atomi attrae l'elettrone condiviso più del compagno, si ha un legame covalente polare.
E se uno degli atomi è così elettronegativo da strappare elettroni dal livello esterno dell'altro, si forma un legame ionico. È importante notare

Animazione
Legame ionico vs. legame covalente
Attrazione o condivisione?

Figura 7 Il sale da cucina è una molecola con legami ionici. (**a**) Un atomo di sodio (Na) può cedere l'unico elettrone presente nel suo livello più esterno all'atomo di cloro (Cl), che invece ha sette elettroni nel livello più esterno. A questo punto, i livelli esterni di entrambi gli atomi sono completi. Gli ioni risultanti (Na⁺ e Cl⁻) formano il composto cloruro di sodio (NaCl). (**b**) Gli ioni che costituiscono NaCl si dispongono in una struttura regolare a cristalli.

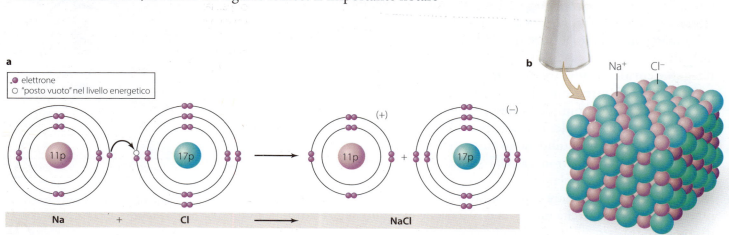

per l'acqua. Le sostanze **idrofile** (dal greco *hýdor*, acqua, e *philéo*, amare) sono polari o dotate di carica elettrica, quindi si sciolgono con rapidità in acqua. Sono idrofili lo zucchero, il sale e gli ioni. Gli elettroliti sono ioni contenuti nei fluidi corporei: il gusto salato del sudore dimostra che l'acqua è in grado di scioglierli. Gli integratori sportivi reintegrano l'acqua, ma anche gli ioni sodio, potassio, magnesio e calcio persi con la traspirazione durante l'attività fisica intensa. Questi elettroliti sono essenziali per molte funzioni del corpo, inclusi il funzionamento del cuore e del sistema nervoso.

Non tutte le sostanze sono solubili in acqua. Le molecole apolari composte soprattutto di carbonio e idrogeno, come i grassi e gli oli, si definiscono **idrofobe** (dal greco *hýdor*, acqua, e *phóbos*, timore), perché non si sciolgono in acqua e non formano legami a idrogeno con le molecole d'acqua. Per questo l'acqua da sola non riesce a rimuovere il grasso dalle mani, dai piatti o dai vestiti. Nei lavaggi a secco, le tintorie usano solventi apolari per togliere le macchie di grasso dai tessuti. Invece i comuni detergenti contengono molecole capaci di attirare sia l'acqua sia i grassi, in modo da rimuovere le sostanze grasse e trascinarle via con l'acqua sporca.

C. L'acqua regola la temperatura

Un'altra proprietà dell'acqua è la sua capacità di resistere ai cambiamenti di temperatura. Quando le molecole assorbono energia si muovono più velocemente, ma i legami a idrogeno fra le molecole d'acqua tendono a opporsi all'agitazione termica: per questo è necessario molto più calore per alzare la temperatura dell'acqua di quanto ne serva per la maggior parte degli altri liquidi, come gli alcol. Dato che i fluidi corporei sono soluzioni acquose, vale lo stesso effetto: un organismo può resistere a un calore molto elevato prima che la sua temperatura corporea raggiunga livelli di pericolo. Allo stesso modo, il corpo si raffredda lentamente quando la temperatura esterna scende. Inoltre, i legami a idrogeno richiedono molto calore per far evaporare l'acqua.

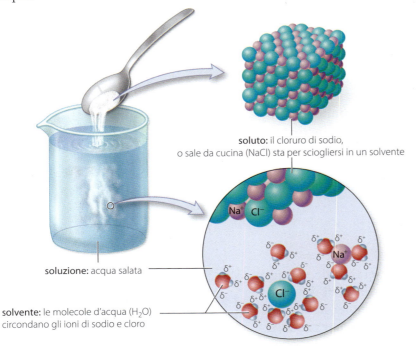

Figura 11 Le soluzioni sono miscele di molecole. Man mano che i cristalli di sale si sciolgono, molecole d'acqua polari circondano ciascuno ione di sodio e cloro.

L'**evaporazione** è il passaggio dallo stato liquido a vapore. Quando il sudore evapora dalle pelle, le singole molecole d'acqua si staccano dalla goccia di liquido e fluttuano nell'atmosfera. Le molecole superficiali devono assorbire energia per spezzare i legami a idrogeno e liberarsi: in questo modo sottraggono energia alle molecole che rimangono, e quindi calore al corpo. Questa è una parte importante del meccanismo che regola la temperatura corporea.

D. Quando congela, l'acqua si espande

Anche la tendenza dell'acqua a espandersi quando congela ha effetto sugli esseri viventi. Nell'acqua allo stato liquido, i legami a idrogeno si formano e si spezzano in continuazione, e le molecole sono relativamente vicine tra loro. In un cristallo di ghiaccio, invece, i legami a idrogeno sono stabili, e le molecole sono bloccate in una struttura grosso modo esagonale. Il ghiaccio, di conseguenza meno denso, galleggia quindi sulla superficie dell'acqua liquida, che è più densa (figura 12). Questa caratteristica è utile agli organismi acquatici. Quando la temperatura dell'acqua scende, una piccola quantità di acqua congela alla superficie e questo strato solido di ghiaccio conserva il calore nell'acqua sottostante. Se in seguito al congelamento il ghiaccio diventasse più denso, sprofonderebbe verso il fondale e i laghi a poco a poco si trasformerebbero in ghiaccio, a partire dal basso, intrappolando gli organismi che li abitano.

Tuttavia, la formazione di cristalli di ghiaccio all'interno delle cellule può essere mortale, perché la dilatazione del ghiaccio dentro una cellula congelata può romperne la delicata membrana esterna, uccidendola. Come fanno allora gli organismi a sopravvivere nei climi estremamente freddi? I mammiferi hanno spessi strati di pelliccia e grasso isolante che mantengono caldi i loro corpi (figura 13). I pesci che vivono sotto zero nelle acque dell'Artico si sono adattati al loro ambiente: producono sostanze antigelo che impediscono alle loro cellule di congelare.

E. L'acqua partecipa alle reazioni chimiche dei viventi

La vita esiste grazie a migliaia di reazioni chimiche che avvengono in contemporanea. In una **reazione chimica**, due o più molecole si scambiano gli atomi dando luogo a molecole diverse; in altre parole, alcuni legami chimici si spezzano e altri si formano. I chimici descrivono le reazioni come equazioni. I **reagenti**, o materiali di partenza, stanno a sinistra di una freccia; e i **prodotti**, che sono il risultato della reazione, a destra.

Per esempio, consideriamo cosa succede quando il metano contenuto nel gas naturale brucia in una caldaia o in una stufa:

$$CH_4 + 2O_2 \longrightarrow CO_2 + 2H_2O$$
$$\text{metano + ossigeno} \longrightarrow \text{diossido di carbonio + acqua}$$

Tradotto in parole, significa che una molecola di metano si combina con due molecole di ossigeno per produrre una molecola di diossido di carbonio e due molecole di acqua. I legami delle molecole di metano e ossigeno si spezzano, e nuovi legami si formano nei prodotti della reazione.

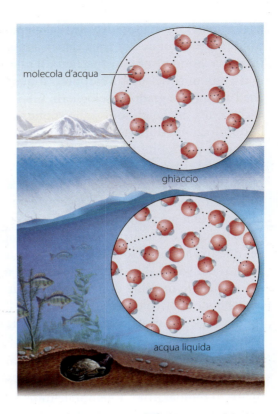

Figura 12 Il ghiaccio galleggia. Grazie ai legami a idrogeno, i cristalli di ghiaccio sono meno densi dell'acqua liquida, quindi alle basse temperature il ghiaccio galleggia sulla superficie di un lago.

Figura 13 Proteggersi dal ghiaccio. La pelliccia e uno spesso strato di grasso aiutano il cucciolo di foca a sopravvivere in un ambiente estremamente freddo.

Notiamo che il numero totale di atomi di ciascun elemento è lo stesso in entrambi i membri dell'equazione: un atomo di carbonio, quattro di idrogeno e quattro di ossigeno. Nelle reazioni chimiche, infatti, gli atomi non si creano e non si distruggono.

Quasi tutte le reazioni chimiche dei processi vitali avvengono nelle soluzioni acquose che riempiono e circondano le cellule. Inoltre, l'acqua è un reagente o un prodotto in molte di queste reazioni. Nella fotosintesi, per esempio, le piante usano l'energia del Sole per assemblare cibo a partire da due reagenti: diossido di carbonio e acqua.

2.4 Gli organismi controbilanciano l'eccesso di acidi e basi

Gli esseri viventi hanno bisogno di molta acqua, ma di rado l'acqua è chimicamente pura.

È curioso notare che una delle più importanti sostanze disciolte in acqua è anche una delle più semplici: gli ioni H^+. Ogni ione H^+ è un atomo di idrogeno a cui è stato strappato il suo unico elettrone: in altri termini è solo un protone, che tuttavia ha effetti enormi sui sistemi viventi. L'eccesso o la carenza di H^+, per esempio, possono rovinare la forma di alcune molecole chiave all'interno delle cellule, impedendo loro di funzionare.

Una fonte di H^+ è l'acqua pura. In ogni istante, circa una molecola di acqua su un milione si scinde spontaneamente in due pezzi e uno degli atomi di idrogeno si separa dal resto della molecola. Quando questo accade, l'atomo di ossigeno – dotato di forte elettronegatività – trattiene presso di sé l'elettrone dell'atomo di idrogeno fuggitivo. Il risultato è la formazione di uno ione idrogeno (H^+) e di uno ione idrossido (OH^-):

$$H_2O \longrightarrow H^+ + OH^-$$

Nell'acqua pura, il numero di ioni idrogeno deve bilanciare perfettamente il numero di ioni idrossido. Così una **soluzione neutra** contiene la stessa quantità di H^+ e di OH^-. In alcune sostanze, tuttavia, gli ioni non sono bilanciati.

Un **acido** è una sostanza chimica che apporta H^+ a una soluzione, in modo che la concentrazione di ioni H^+ superi quella di ioni OH^-. Esempi di acidi sono l'acido cloridrico (HCl), l'acido solforico (H_2SO_4) e anche alcuni cibi aspri, come l'aceto e il succo di limone. L'aggiunta di acido solforico all'acqua rilascia ioni H^+ nella soluzione:

$$H_2SO_4 \longrightarrow 2H^+ + SO_4^{2-}$$

Dato che nessuno ione OH^- è stato aggiunto alla soluzione, l'equilibrio di H^+ rispetto agli OH^- si sposta verso gli H^+.

Una **base** è l'opposto di un acido: fa sì che la concentrazione di ioni OH^- superi la concentrazione di ioni H^+. Le basi possono funzionare in due modi: si scindono, rilasciando direttamente ioni OH^- nella soluzione, oppure assorbono ioni H^+. Il risultato finale è lo stesso: l'equilibrio fra H^+ e OH^- si sposta verso gli OH^-. Due basi di uso domestico sono il bicarbonato di sodio e l'idrossido di sodio (NaOH).

Rispondi in un tweet

10. Perché adesione e coesione sono importanti per la vita?

11. Qual è la differenza fra molecole idrofile e idrofobe?

12. In che modo l'acqua aiuta gli organismi a regolare la temperatura corporea?

13. Che effetto ha la differenza di densità fra acqua e ghiaccio sui viventi?

14. Cosa accade durante una reazione chimica?

Quest'ultimo, noto anche come soda caustica, è un ingrediente nei prodotti per la pulizia dei forni e degli scarichi dei lavelli. Quando l'idrossido di sodio si scioglie in acqua, rilascia OH⁻ nella soluzione:

$$NaOH \longrightarrow Na^+ + OH^-$$

Cosa accade se si mescolano un acido e una base? L'acido rilascia protoni, mentre la base può assorbire gli H⁺ o rilasciare OH⁻. Acidi e basi quindi si neutralizzano. Sia gli acidi sia le basi sono importanti per la vita di tutti i giorni. Il sapore aspro dello yogurt e del latte andato a male sono dovuti agli acidi prodotti da batteri. Lo stomaco produce acido cloridrico che uccide i microbi e attiva gli enzimi che partecipano al processo di digestione del cibo. I farmaci antiacido contengono basi che neutralizzano l'eccesso di acidi nello stomaco. Nell'ambiente esterno, alcuni inquinanti dell'aria ritornano a terra sotto forma di piogge acide, che nuocciono alle piante e alla fauna acquatica e danneggiano edifici e monumenti.

A. La scala del pH misura acidità e alcalinità

Per misurare il grado di acidità o basicità di una soluzione, gli scienziati usano un sistema di misurazione chiamato **scala del pH**. La scala va da 0 a 14. Il valore 7 indica una soluzione neutra come l'acqua distillata (figura 14). Una soluzione acida ha un pH minore di 7, mentre una soluzione **alcalina**, o basica, ha un pH maggiore di 7. Notiamo che questa è una scala "rovesciata", nel senso che a una più alta concentrazione di ioni H⁺ corrisponde un pH più basso: 0 rappresenta una soluzione fortemente acida, mentre 14 rappresenta una soluzione estremamente basica (bassa concentrazione di H⁺).
Ogni unità sulla scala del pH rappresenta una variazione di 10 volte nella concentrazione di H⁺. Una soluzione con pH pari a 4 è 10 volte più acida di una con pH pari a 5, e 100 volte più acida di una soluzione con pH pari a 6. Tutte le specie hanno livelli di pH ottimali. Alcuni organismi, come i batteri che causano l'ulcera nello stomaco umano, si sono adattati a un ambiente a basso pH (figura 15). Il pH normale del sangue umano varia fra 7,35 e 7,45. L'insufficienza respiratoria o quella renale possono far scendere il pH sanguigno sotto 7. Al contrario, il vomito, l'iperventilazione e certi tipi di droghe alcaloidi possono aumentare il pH del sangue sopra 7,8. Quando ci si allontana dal normale livello di pH, in entrambe le direzioni, è pericoloso per l'organismo.

Calcola e risolvi La fiala A contiene 100 ml di una soluzione a pH 5. Dopo l'aggiunta di 100 ml della soluzione contenuta nella fiala B, il pH nella fiala A sale a 7. Qual è il pH della soluzione contenuta nella fiala B?

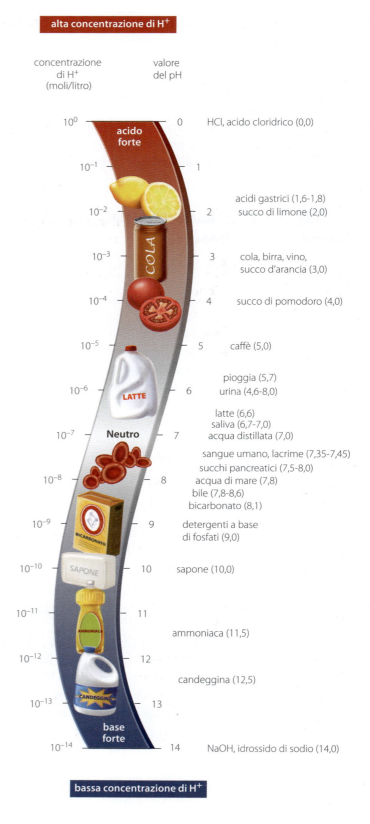

Figura 14 Scala del pH. La scala del pH indica la concentrazione degli ioni idrogeno (H⁺). Minore è il pH, maggiore è la concentrazione di ioni H⁺ liberi, e più acida risulta la soluzione. Al contrario, maggiore è il pH, maggiore è la concentrazione di ioni idrossido (OH⁻) liberi, e più alcalina (o basica) è la soluzione.

B. Gli organismi regolano il pH con sistemi tampone

Il mantenimento del corretto pH dei fluidi corporei è fondamentale, eppure gli organismi incontrano molto spesso situazioni che potrebbero alterare il loro pH interno. Come riescono a mantenere l'equilibrio? Ricorrendo a **sistemi tampone**, cioè coppie coniugate di acidi e basi deboli che contrastano i cambiamenti di pH.

Consideriamo l'acido cloridrico: è un acido molto forte perché rilascia tutti i suoi ioni H⁺ quando si scioglie in acqua. Come si vede nella figura 14, il suo pH è 0. Un acido debole, invece, non rilascia tutti i suoi ioni H⁺ in soluzione. Un esempio di acido debole è l'acido carbonico, H_2CO_3. In soluzione acquosa, l'acido carbonico è soggetto a questa reazione:

$$H_2CO_3 \rightleftharpoons H^+ + HCO_3^-$$
acido carbonico ⇌ ione idrogeno + bicarbonato

La freccia bidirezionale indica che la reazione può avvenire in entrambe le direzioni, a seconda del pH della soluzione.

La coppia acido carbonico-bicarbonato è uno dei sistemi tampone del corpo umano, e contribuisce a mantenere il pH del sangue intorno a 7,4. Se in un fluido corporeo l'aggiunta di una base sottrae H⁺ dalla soluzione, la reazione si sposta verso destra per produrre nuovi H⁺ e riportare il fluido alla sua acidità iniziale. Se invece l'aggiunta di un acido fornisce H⁺ alla soluzione, la reazione si sposta verso sinistra e consuma l'eccesso di H⁺. Questa azione mantiene relativamente costante il pH del fluido, ma non è infallibile.

In condizioni patologiche come il diabete non trattato, o dopo un eccessivo consumo di alcol, l'acidificazione del sangue è tale da non poter essere più compensata dai sistemi tampone fisiologici. Questa condizione si chiama *acidosi metabolica* e deve essere trattata con farmaci e in tempi rapidi per prevenire eventuali danni all'organismo.

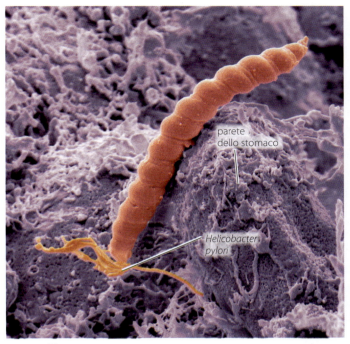

Figura 15 Batteri e ulcera. Il batterio *Helicobacter pylori* è in grado di sopravvivere all'ambiente acido dello stomaco umano grazie a un enzima che lo protegge.

Animazione

Le soluzioni tampone
Una "soluzione" per mantenere costante il pH

Rispondi in un tweet

15. In che modo acidi e basi influenzano la concentrazione di H⁺ di una soluzione?
16. Cosa indicano i valori 0, 7 e 14 della scala del pH?
17. In che modo i sistemi tampone regolano il pH di un fluido?

2.5 Le molecole organiche determinano forma e funzione dei viventi

Gli organismi sono composti in gran parte di acqua e **molecole organiche**, composti chimici che contengono sia carbonio sia idrogeno. Come vedremo, le piante e altri organismi autotrofi producono da soli tutte le molecole organiche di cui hanno bisogno, mentre gli eterotrofi – inclusi gli esseri umani – devono procurarsele attraverso l'alimentazione.

I viventi sintetizzano e usano una grande varietà di composti organici. Le molecole costituite quasi interamente da carbonio e idrogeno si chiamano idrocarburi, e il metano (CH_4) ne è l'esempio più semplice. Dato che un atomo di carbonio forma quattro legami covalenti, questo elemento può essere la base di molecole molto più complesse, come lunghe catene, ramificazioni intricate e anelli. Oltre a carbonio e idrogeno, i composti organici possono incorporare anche altri elementi come l'ossigeno, l'azoto, il fosforo e lo zolfo.

I quattro tipi di molecole organiche presenti in abbondanza negli esseri viventi sono: carboidrati, lipidi, proteine e acidi nucleici.

A. Le grandi molecole organiche sono formate da unità più piccole

Le proteine, gli acidi nucleici e alcuni carboidrati sono molecole organiche che hanno in comune una caratteristica strutturale: sono **polimeri**, cioè composti costituiti da lunghe catene di piccole unità molecolari chiamate **monomeri**. Un polimero quindi è formato da una sequenza di monomeri legati fra loro come le carrozze di un treno. Proprio come un vagone presenta due raccordi – in testa e in coda – che permettono l'aggancio di altre vetture, così le molecole organiche possiedono piccoli gruppi di atomi che svolgono la medesima funzione. Questi connettori molecolari sono chiamati gruppi funzionali e ciascuno di essi presenta proprietà chimiche specifiche che "trasmette" alla molecola di cui fa parte.

La tabella 3 riassume nomi e formule dei quattro gruppi più comuni nelle molecole organiche di importanza biologica.

Come fanno le nostre cellule a produrre ogni giorno nuovi polimeri? Attraverso una sintesi chimica chiamata **reazione di condensazione**, che lega i monomeri (figura 16a). Nel corso di una reazione di con-

Tabella 3 Alcuni gruppi funzionali

Nome	Struttura	Formula
Gruppo ossidrilico o ossidrile	—O—H	—OH
Gruppo carbossilico	—C(=O)O—H	—COOH
Gruppo amminico	—N(H)(H)	—NH_2
Gruppo fosfato	—O—P(=O)(O⁻)O⁻	—PO_4^{2-}

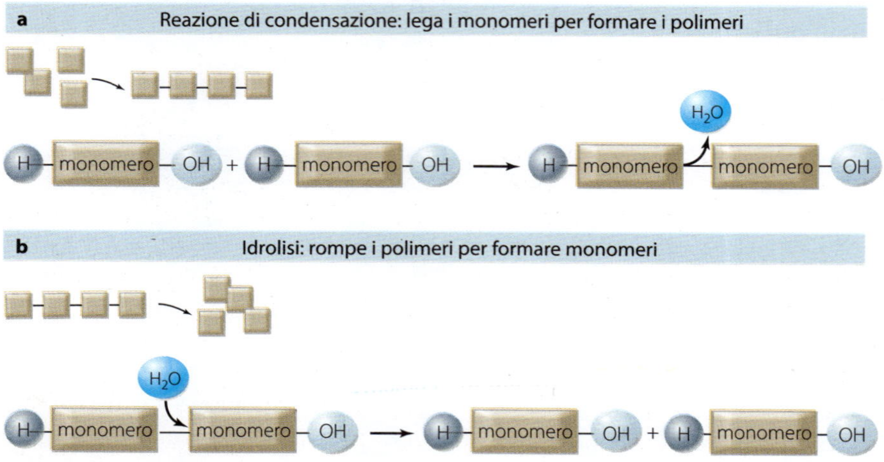

a Reazione di condensazione: lega i monomeri per formare i polimeri

H—monomero—OH + H—monomero—OH ⟶ H—monomero—monomero—OH (H_2O)

b Idrolisi: rompe i polimeri per formare monomeri

H—monomero—monomero—OH (H_2O) ⟶ H—monomero—OH + H—monomero—OH

Figura 16 Reazioni opposte. (**a**) Nella reazione di condensazione si forma un legame covalente fra due monomeri, rimuovendo una molecola di acqua. (**b**) Nell'idrolisi, l'acqua reagisce con i legami covalenti di un polimero, li rompe e produce i monomeri.

Infografica

densazione, una proteina chiamata enzima rimuove un gruppo ossidrilico (—OH) da un monomero e un atomo di idrogeno da un altro, formando un legame covalente fra i due e liberando una molecola d'acqua. Ripetendo molte volte questa reazione, le cellule possono sintetizzare polimeri molto grandi, composti di migliaia di monomeri.

La reazione inversa alla condensazione è l'**idrolisi** (dal greco *hýdor*, acqua, e *lýsis*, rottura). Nell'idrolisi, gli enzimi usano molecole d'acqua per rompere un legame covalente di un polimero, aggiungere un gruppo ossidrilico a un monomero e un atomo di idrogeno all'altro (figura **16 b**). Reazioni di idrolisi avvengono dopo ogni pasto nel nostro stomaco quando gli enzimi digestivi degradano proteine e altri polimeri presenti nel cibo.

B. I carboidrati sono zuccheri semplici e complessi

I **carboidrati** sono molecole organiche che contengono carbonio, idrogeno e ossigeno, spesso nella proporzione 1:2:1.

Nelle cellule, i carboidrati sono i più semplici fra i quattro gruppi principali di composti organici, perché sono sintetizzati a partire da pochi tipi di monomeri. I carboidrati possono essere suddivisi in due gruppi: semplici e complessi.

Carboidrati semplici (zuccheri)

I **monosaccaridi** sono unità monomeriche che contengono di solito cinque o sei atomi di carbonio (figura **17a**). I monosaccaridi che condividono lo stesso numero di atomi di carbonio possono differire per la tipologia dei legami chimici che caratterizzano le loro strutture. Per esempio, il glucosio (lo zucchero presente nel sangue) e il fruttosio (lo zucchero della frutta) sono entrambi monosaccaridi a sei atomi di carbonio che condividono la stessa formula molecolare $C_6H_{12}O_6$ ma non la struttura.

Un **disaccaride** è costituito da due monosaccaridi legati attraverso una reazione di condensazione. La figura **17b** rappresenta la sintesi del saccarosio (lo zucchero da tavola), a partire da una molecola di glucosio e una molecola di fruttosio. Il lattosio (lo zucchero del latte) è anch'esso un disaccaride.

L'insieme di monosaccaridi e disaccaridi costituisce la classe dei carboidrati semplici, chiamati zuccheri perché dolci al palato. Questi forniscono energia pronta all'uso, rilasciata quando i loro legami chimici si spezzano. Per esempio, la linfa della canna da zucchero e le radici delle barbabietole contengono abbondante saccarosio, che le piante usano per crescere. Il disaccaride maltosio fornisce l'energia ai semi che germogliano, mentre i birrai lo usano per favorire la fermentazione.

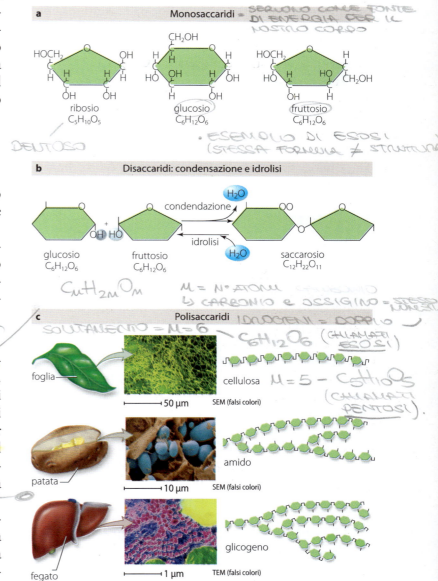

Figura 17 Carboidrati, semplici e complessi. (**a**) Sono monosaccaridi le molecole semplici di zucchero, come il glucosio e il fruttosio. (**b**) I disaccaridi si formano per reazione di condensazione. In questo esempio, il glucosio e il fruttosio si legano a formare il saccarosio. (**c**) I polisaccaridi sono lunghe catene di monosaccaridi come il glucosio. Le diverse posizioni dei legami covalenti generano specifiche caratteristiche nei polimeri.

Audio · I carboidrati – *Carbohydrates*

Carboidrati complessi

Le catene di monosaccaridi costituiscono la classe dei carboidrati complessi. Gli **oligosaccaridi** sono carboidrati di lunghezza intermedia, composti di un numero di monomeri che varia da tre a 100. Una proteina che lega un oligosaccaride si chiama glicoproteina. Queste macromolecole svolgono diverse funzioni importanti. Per esempio, le glicoproteine collocate sulla superficie delle cellule sono importanti per il sistema immunitario. Negli esseri umani l'appartenenza a un gruppo sanguigno – A, B, AB o 0 – dipende dalla combinazione di glicoproteine presenti sulle membrane dei globuli rossi. La trasfusione di un tipo sanguigno sbagliato può scatenare una reazione immunitaria molto pericolosa.

I **polisaccaridi** sono molecole enormi composte di centinaia o migliaia di monosaccaridi (figura **17c** a pagina precedente). I polisaccaridi più comuni sono: cellulosa, chitina, amido e glicogeno. Questi polimeri sono tutti costituiti da lunghe catene di glucosio, ma differiscono fra loro per la disposizione dei legami fra i monomeri.

La cellulosa fa parte della parete cellulare delle cellule vegetali. Cotone, legno e carta sono fatti di cellulosa. Anche se è il più comune composto organico in natura, gli esseri umani non sono in grado di digerirla. Eppure la cellulosa è un componente importante della nostra alimentazione, visto che costituisce la gran parte della "fibra".

Come la cellulosa, anche la chitina conferisce robustezza alle cellule. Le pareti cellulari dei funghi contengono chitina, così come l'esoscheletro flessibile di insetti, ragni e crostacei (figura **18a**). La chitina è il secondo polisaccaride più diffuso in natura. Assomiglia a un polimero di glucosio, ma il gruppo ossidrilico di ogni monomero è sostituito da un gruppo azotato. Dato che è robusta, flessibile e biodegradabile, la chitina è impiegata nella fabbricazione dei fili chirurgici (figura **18b**).

L'amido e il glicogeno hanno strutture e funzioni simili. Entrambe le molecole rappresentano riserve di glucosio, e si scindono rapidamente in monomeri quando le cellule hanno urgente bisogno di energia. La maggior parte delle piante immagazzina amido. Le patate, il riso e il grano sono tutti ricchi di amido e sono considerati cibi energetici. Il glicogeno è presente nelle cellule animali e in quelle dei funghi. Negli esseri umani, il muscolo scheletrico e il fegato sono importanti siti di stoccaggio del glucosio sotto forma di glicogeno.

C. Le proteine sono polimeri complessi e svolgono diverse funzioni

Nelle cellule, le proteine svolgono più funzioni di qualunque altra molecola organica. Il nostro corpo produce centinaia di tipi di proteine che quindi rappresentano i veri controllori di tutte le attività biologiche; infatti un difetto o la mancanza di una sola proteina può avere serie conseguenze per la salute. Per esempio, la proteina insulina controlla il livello di glucosio nel sangue; se l'organismo non riesce a sintetizzare questa macromolecola, sviluppa una patologia come il diabete mellito di tipo I.

Struttura e legame degli amminoacidi

Una **proteina** è una catena di monomeri chiamati **amminoacidi**. La struttura di ogni amminoacido ha al centro un atomo di carbonio il

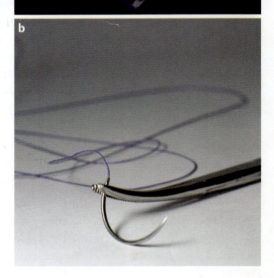

Figura 18 La chitina è un polisaccaride versatile. (**a**) L'esoscheletro della cicala è costituito da chitina, un biopolimero utilizzato anche per (**b**) la produzione di fili chirurgici.

quale lega quattro altri atomi o gruppi di atomi (figura **19a**): idrogeno, gruppo carbossilico (—COOH), gruppo amminico (—NH$_2$), gruppo R o catena laterale. Quest'ultimo rappresenta un gruppo di venti strutture chimiche diverse; a seconda del gruppo R che si lega al carbonio si possono distinguere venti amminoacidi differenti, tutti utilizzati dagli organismi viventi. La figura **19a** ne illustra tre esempi.

Le caratteristiche delle catene laterali determinano struttura tridimensionale e proprietà chimiche degli amminoacidi cui appartengono. Un gruppo R può essere semplice come l'atomo di idrogeno dell'amminoacido glicina, o complesso come i due anelli dell'amminoacido triptofano. Alcuni gruppi R sono acidi e altri basici; alcuni sono idrofobi, altri idrofili.

Così come le lettere dell'alfabeto si combinano per formare un numero quasi infinito di parole, allo stesso modo venti amminoacidi danno origine a proteine diverse l'una dall'altra per forma e funzione.

Una caratteristica comune a tutte le proteine è rappresentata dal tipo di legame covalente che si forma per reazione di condensazione fra un amminoacido e il suo vicino: il **legame peptidico** (figura **19b**). Due amminoacidi legati fra loro formano un dipeptide, tre un tripeptide. Le catene costituite da meno di cento monomeri si chiamano oligopeptidi, quelle con cento monomeri o più sono dette **polipeptidi**. Un polipeptide può essere definito proteina quando si ripiega per assumere una certa struttura funzionale, anche se in un gran numero di casi le proteine possono essere formate da più catene polipeptidiche.

Da dove provengono gli amminoacidi di cui siamo fatti? La maggior parte riusciamo a sintetizzarla a partire dai gruppi chimici di cui è formata; otto amminoacidi, detti essenziali, devono invece essere assunti nutrendoci di cibo ricco di proteine come carne, pesce, latticini, legumi e uova. Non appena ingerite, le proteine sono idrolizzate da enzimi digestivi che rompono i legami peptidici rilasciando gli amminoacidi. Il corpo userà poi questi monomeri per costruire i propri polipeptidi.

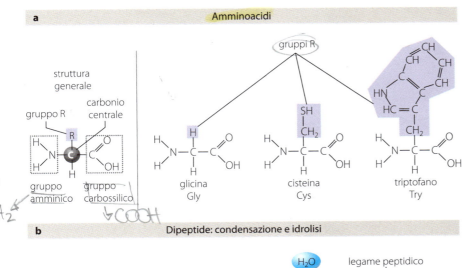

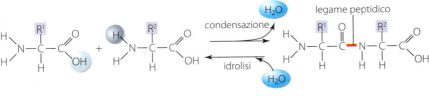

Figura 19 Amminoacidi. (**a**) A sinistra: un amminoacido è composto di un gruppo amminico, un gruppo carbossilico, un atomo di idrogeno e una delle venti varianti possibili di gruppo R, tutti legati a un atomo di carbonio centrale. A destra: tre esempi di amminoacidi. (**b**) Un legame peptidico si forma per reazione di condensazione fra due amminoacidi; viceversa un legame peptidico si rompe, per idrolisi, rilasciando due amminoacidi.

Ripiegamento delle proteine

A differenza dei polisaccaridi, la maggior parte delle proteine non appare come una lunga catena polimerica all'interno delle cellule, ma si presenta invece ripiegata in una particolare struttura tridimensionale. La conformazione di una proteina è determinata dall'ordine e dal tipo di amminoacidi che la compongono. I biologi distinguono quattro livelli di organizzazione strutturale delle proteine (figura 20).

DIZIONARIO VISUALE

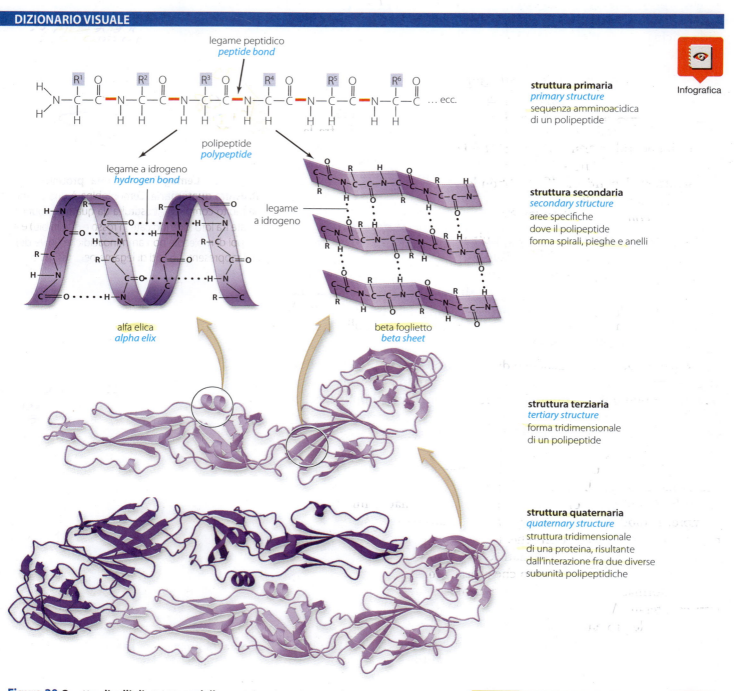

struttura primaria
primary structure
sequenza amminoacidica di un polipeptide

struttura secondaria
secondary structure
aree specifiche dove il polipeptide forma spirali, pieghe e anelli

struttura terziaria
tertiary structure
forma tridimensionale di un polipeptide

struttura quaternaria
quaternary structure
struttura tridimensionale di una proteina, risultante dall'interazione fra due diverse subunità polipeptidiche

Figura 20 Quattro livelli di struttura delle proteine. La sequenza di amminoacidi di un polipeptide costituisce la struttura primaria, mentre i legami a idrogeno fra amminoacidi non contigui creano le strutture secondarie ad alfa elica e foglietto beta. La struttura terziaria è la forma tridimensionale della proteina. L'interazione di molteplici subunità polipeptidiche dà origine alla struttura quaternaria.

Audio — La struttura delle proteine: dal semplice al complesso

Capitolo 2 **La chimica della vita**

- **Struttura primaria**: la sequenza ordinata degli amminoacidi in una catena polipeptidica. Questa struttura determina i successivi livelli strutturali.

- **Struttura secondaria**: una sovrastruttura con una forma definita dai legami a idrogeno che si possono instaurare fra regioni diverse di un polipeptide. A questo livello di organizzazione la catena forma spirali, pieghe e anelli. La figura 20 illustra i due tipi principali di struttura secondaria: alfa elica e foglietto beta.

- **Struttura terziaria**: la forma tridimensionale di un polipeptide, che risulta soprattutto dall'interazione fra i gruppi R e l'acqua. All'interno della cellula, infatti, ogni polipeptide è circondato da molecole d'acqua che spingono i gruppi R idrofobi a disporsi verso l'interno della proteina. Inoltre, si formano legami a idrogeno e (più di rado) legami ionici fra la struttura peptidica e alcuni gruppi R. I legami covalenti fra atomi di zolfo – ponti disolfuro – appartenenti ad alcuni gruppi R rinforzano la struttura. I ponti disolfuro abbondano nelle proteine strutturali come la cheratina di cui sono fatti capelli, squame, becchi, piume, lana e zoccoli.

- **Struttura quaternaria**: la forma risultante dall'interazione fra le diverse subunità polipeptidiche – ripiegate nella conformazione terziaria – che possono costituire una proteina. Questa struttura caratterizza solo alcuni tipi di proteine: una di queste è l'emoglobina, che trasporta l'ossigeno nel sangue ed è composta di quattro subunità (figura 21). Un esempio di proteina formata da due polipeptidi è schematizzato nella figura 20.

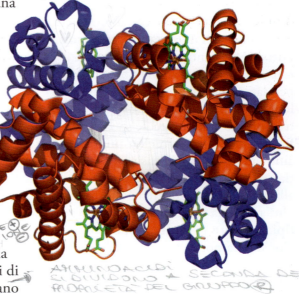

Figura 21 L'emoglobina è una proteina con struttura quaternaria. L'emoglobina è una proteina molto complessa, costituita da quattro subunità legate fra loro (due indicate in rosso e due in blu) e a gruppi di molecole non amminoacidiche (in verde), che rappresentano i siti di legame per l'ossigeno.

Come vedremo, il codice genetico di ogni organismo definisce l'ordine degli amminoacidi che costituiscono ciascuna proteina. Una mutazione genetica può quindi cambiare la struttura primaria di una proteina determinando poi variazioni nel ripiegamento delle strutture successive. Le mutazioni genetiche possono essere pericolose se danno luogo a proteine mal ripiegate e non funzionali.

Molti biologi studiano la struttura delle proteine perché questo tipo di ricerca ha molte applicazioni pratiche. La conoscenza delle strutture proteiche è molto importante nel campo delle malattie infettive. Per esempio, il morbo della mucca pazza è causato da proteine patogene mal ripiegate chiamate prioni che si trasmettono attraverso l'alimentazione. O ancora, se gli scienziati identificassero la struttura di una proteina specifica dell'organismo che causa la malaria potrebbero usare questa informazione per creare nuovi farmaci mirati e con minimi effetti collaterali. Anche alcuni prodotti di largo consumo sfruttano la struttura delle proteine: i trattamenti per lisciare o arricciare i capelli, per esempio, funzionano spezzando i ponti disolfuro della cheratina, per poi ricostituirli fra gruppi R differenti quando i capelli sono nella forma desiderata.

Denaturazione: perdita di funzione

La funzione di una proteina dipende dalla sua forma. La figura 22 illustra le principali categorie funzionali delle proteine: struttura, contrazione, trasporto, accumulo e catalisi enzimatica. Se osserviamo la varietà delle conformazioni proteiche, possiamo intuire come ogni forma sia

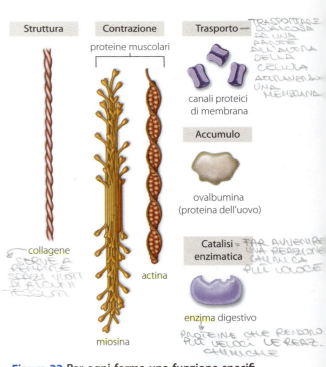

Figura 22 Per ogni forma una funzione specifica. La funzione di una proteina è una conseguenza diretta della sua forma. Questi esempi di proteine rappresentano solo una piccola parte delle migliaia conosciute.

in stretta relazione con il lavoro cellulare che deve compiere. Un enzima digestivo, per esempio, è una proteina che possiede delle strutture a tasca con le quali trattiene le grosse molecole di cibo affinché gli elementi nutritivi possano essere frammentati. Le proteine che costituiscono i muscoli formano lunghe fibre allineate che scivolano le une sulle altre per dare luogo alle contrazioni muscolari. I canali proteici immersi nelle membrane biologiche sono caratterizzati da pori che riconoscono e trasportano solo molecole specifiche.

La forma di una proteina può essere alterata da diverse condizioni ambientali di natura fisica o chimica. Calore, eccesso di sali e variazioni di pH possono influenzare il numero dei legami a idrogeno alla base della conformazione della struttura secondaria e terziaria. Una proteina si definisce **denaturata** se la sua forma – quindi il suo ripiegamento – risulta modificata tanto da distruggerne la funzione. Consideriamo, per esempio, ciò che accade quando si cuoce un uovo: le proteine si srotolano con il calore, poi si raggrumano e si ripiegano a caso determinando la variazione di colore dell'albume da trasparente a bianco (figura 23).

Nella maggior parte dei casi la denaturazione è irreversibile, infatti non c'è modo di far tornare crudo un uovo cotto. Tuttavia, se il processo di denaturazione non è estremo, può essere reversibile. La polvere di gelatina commestibile, ottenuta da carni bovine e suine, è costituita dalla proteina strutturale per eccellenza: il collagene. Le fibre di collagene sono formate da catene amminoacidiche avvolte le une sulle altre a formare minuscole corde. Quando un cuoco scioglie in acqua calda la polvere di gelatina, provoca lo svolgimento delle corde e quindi la denaturazione del collagene. Nel momento in cui la gelatina si raffredda, alcune corde riassumono la loro conformazione originale contribuendo alla formazione del gel. La reversibilità della denaturazione del collagene, infatti, causa il processo di gelificazione della polvere in acqua: quando le corde si riformano intrappolano piccole sacche di liquido, creando la struttura gelatinosa.

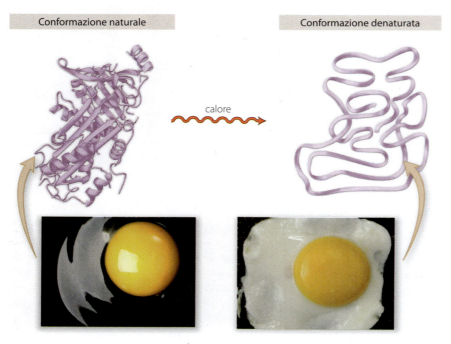

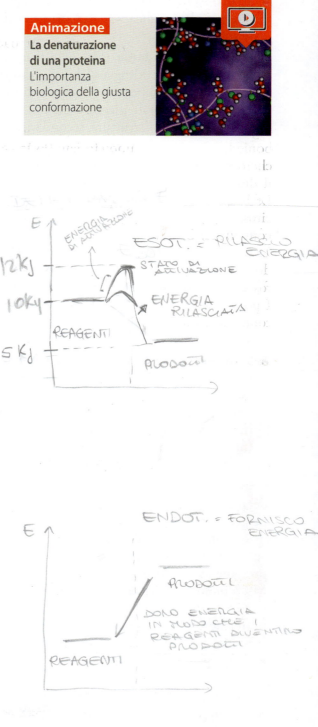

Figura 23 Proteine denaturate. Il calore trasmesso dalla padella all'uovo determina la denaturazione delle proteine. Il processo di riarrangiamento della conformazione proteica è responsabile del cambiamento di stato dell'albume che da liquido e trasparente si trasforma in solido e bianco.

D. Gli acidi nucleici custodiscono e trasmettono l'informazione genetica

Come fa una cellula a sapere quali amminoacidi legare per formare una particolare proteina? La risposta è nella sequenza dell'**acido nucleico**, un polimero composto di monomeri chiamati nucleotidi. Le cellule contengono due tipi di acidi nucleici, l'**acido desossiribonucleico** (**DNA**) e l'**acido ribonucleico** (**RNA**).

Ogni **nucleotide** è costituito da: uno zucchero a cinque atomi di carbonio (pentoso), un gruppo fosfato (PO_4^{2-}) e una **base azotata**. Lo zucchero che caratterizza l'RNA è il ribosio, mentre nel DNA è presente il desossiribosio che ha un atomo di ossigeno in meno (figura **24a**). Le basi azotate sono cinque: adenina (A), guanina (G), timina (T), citosina (C) e uracile (U). Il DNA contiene A, C, G, T, mentre l'RNA contiene A, C, G, U.

La reazione di condensazione lega due nucleotidi (figura **24b**), formando un legame covalente fra lo zucchero di un nucleotide e il gruppo fosfato del monomero adiacente.

I polimeri di RNA sono lunghi filamenti di nucleotidi che permettono alle cellule di utilizzare le informazioni contenute nel DNA per

Animazione
La struttura del DNA
Tutti i dettagli di una macromolecola informazionale

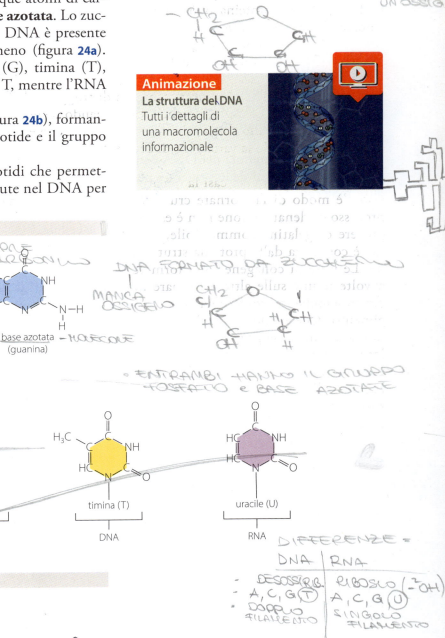

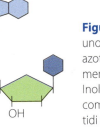

Figura 24 Nucleotidi. (a) Un nucleotide è fatto da uno zucchero, uno o più gruppi fosfato e una base azotata. Nel DNA, lo zucchero è il desossiribosio, mentre i nucleotidi dell'RNA contengono ribosio. Inoltre, la base timina è presente solo nel DNA; così come l'uracile si trova solo nell'RNA. (b) Due nucleotidi si legano per reazione di condensazione.

sintetizzare le proteine.

Il DNA, invece, è formato da due lunghi filamenti di nucleotidi avvolti in una doppia elica che assomiglia a una scala a chiocciola. Zuccheri e gruppi fosfato alternati formano i corrimano, le strutture esterne della scala, mentre le basi azotate formano i gradini (figura **25**). I legami a idrogeno fra le basi legano insieme i due filamenti di nucleotidi: A si combina sempre con T, C sempre con G.

L'appaiamento obbligato fra basi azotate dipende dalla loro struttura chimica e determina la complementarietà dei due filamenti che correranno, quindi, in direzioni opposte (figura **25**).

La funzione principale del DNA è di custodire l'informazione genetica. Ogni organismo eredita il DNA dai propri genitori (o dall'unico genitore, nel caso della riproduzione asessuata).

Le piccole modifiche nella sequenza di DNA, trasmesse di generazione in generazione, e la selezione naturale sono i processi biologici alla base di molti cambiamenti evolutivi accaduti nella storia della vita sulla Terra.

L'informazione contenuta nel DNA è utilizzata, con l'aiuto dell'RNA, per dirigere la sintesi delle proteine; ma da dove provengono tutte le altre molecole organiche? La risposta è nelle molteplici funzioni delle proteine: gli enzimi possono guidare la sintesi di carboidrati, acidi nucleici e lipidi essenziali per la sopravvivenza delle cellule.

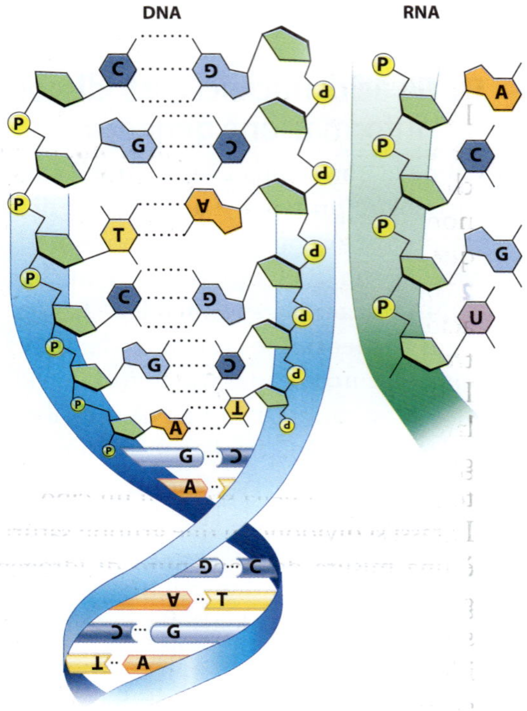

E. I lipidi sono idrofobi e ricchi di energia

I **lipidi** sono composti organici che non si sciolgono nell'acqua. Sono idrofobi perché grosse porzioni delle loro molecole sono caratterizzate da legami apolari carbonio-carbonio e carbonio-idrogeno. A differenza di carboidrati, proteine e acidi nucleici, i lipidi non sono polimeri costituiti da lunghe catene di monomeri, ma hanno strutture chimiche molto diverse fra loro.

In questo paragrafo studieremo tre gruppi di lipidi: i trigliceridi, gli steroli e le cere. Nel Capitolo 3 studieremo i fosfolipidi, un gruppo importante che costituisce la maggior parte delle membrane biologiche.

Figura 25 Acidi nucleici: DNA e RNA. Il DNA è composto di due filamenti di acidi nucleici avvolti su se stessi a formare una struttura a doppia elica. L'RNA è di solito composto di un filamento unico.

Biology FAQ What is junk food?

Your favourite potato chips contain carbohydrates, proteins, and fats – three of the four organic molecules. If you must obtain these molecules from your diet, why are potato chips considered a junk food?

In general junk foods like chips and candy are high in fats or sugar (or both) but low in proteins and complex carbohydrates. They also typically have few vitamins and minerals. Junk foods therefore are high in calories but deliver little nutritional value.

Many junk foods also contain chemical additives. One common ingredient in packaged cookies, pies, and other baked goods is partially hydrogenated vegetable oil, a type of chemically processed fat. Partial hydrogenation causes fats to remain solid at room temperature: it also produces trans fats, which have been linked to several diseases.

Some junk foods also contain artificial colours, flavour enhancers, and artificial flavours that make food look or taste more appealing without adding nutritional value. One example is monosodium glutamate. This chemical consists of an amino acid and a sodium atom connected by an ionic bond. It enhances the flavour of many packaged snacks and fast foods, imparting a savoury taste. Moreover, preservatives

such as BHA and BHT increase the shelf life of many junk foods. These chemicals prevent oxygen from interacting with fat, so it takes longer for the food to become stale. Potato chips, fries, candy bars, snake cakes, and other junk foods are hard to resist because they tap into our desire to eat sweet, salty, and fatty foods. But for a more nutritious diet, reach for whole grains, fresh fruits, and vegetable instead.

preservatives	conservanti
shelf life	durata a scaffale
fat	grasso
junk food	cibo spazzatura

Capitolo 2 **La chimica della vita** 47

Trigliceridi

I **trigliceridi** sono costituiti da tre catene di atomi di carbonio, chiamate **acidi grassi**, legate a **glicerolo**, una molecola a tre atomi di carbonio che forma la spina dorsale della macromolecola. Anche se i trigliceridi non sono formati da lunghe sequenze di monomeri simili, sono comunque sintetizzati dalle cellule attraverso reazioni di condensazione (figura **26a**). Gli enzimi legano il gruppo carbossilico (—COOH) di ciascun acido grasso a ognuno dei tre gruppi ossidrilici del glicerolo, liberando tre molecole d'acqua per molecola di trigliceride formata.

La carne rossa, il burro, la margarina, l'olio, la panna, il formaggio, il lardo, i fritti e il cioccolato sono tutti esempi di cibo ad alto contenuto di grassi. Le etichette nutrizionali indicano la composizione di ogni alimento per aiutarci nella scelta di un cibo.

I grassi si dividono in due gruppi: saturi e insaturi. Il grado di saturazione è una misura del contenuto di idrogeno di un acido grasso. Un acido grasso **saturo** presenta solo atomi di carbonio uniti fra loro da legami semplici, e quindi ogni atomo di carbonio è legato anche a due atomi di idrogeno (le catene dritte nella figura **26a**). I grassi animali sono saturi e si presentano in forma solida a temperatura ambiente, come il burro o la parte bianca del prosciutto. Molti nutrizionisti raccomandano una dieta a basso contenuto di acidi grassi saturi, perché queste molecole sono coinvolte nell'insorgenza dell'aterosclerosi (occlusione lipidica delle arterie).

Un acido grasso è **insaturo** se è caratterizzato da almeno un doppio legame fra atomi di carbonio (la catena piegata nella figura **26b**).

Figura 26 Trigliceridi. (a) Un trigliceride è composto di tre acidi grassi legati a una molecola di glicerolo. Nei grassi saturi, come il burro, le catene di acidi grassi contengono solo legami semplici carbonio-carbonio. (b) Nei grassi insaturi, la presenza di uno o più legami doppi tra atomi di carbonio piega le molecole, rendendo più fluidi i lipidi. Gli oli vegetali sono costituiti da acidi grassi insaturi.

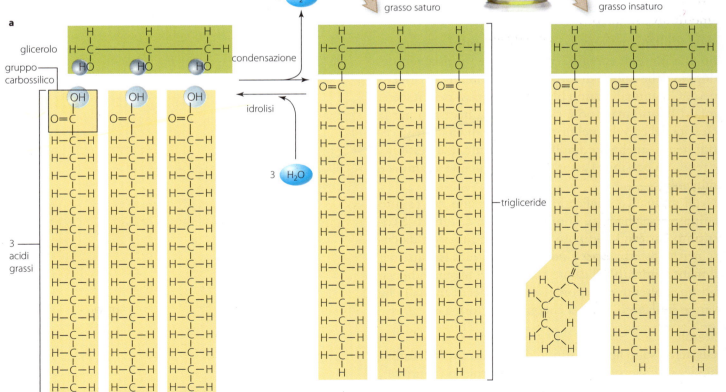

I doppi legami causano la formazione di gomiti nelle molecole, che non permettono alle stesse di impacchettarsi conferendo al grasso una consistenza liquida a temperatura ambiente. L'olio d'oliva, per esempio, è un grasso insaturo, così come la maggior parte dei lipidi vegetali. Questi grassi sono di gran lunga più sani dei grassi saturi.

La spiegazione dello stato fisico di grassi saturi e insaturi risiede nelle forme che assumono le tre code di acidi grassi dei trigliceridi. Le code dritte formano un trigliceride ben impacchettato; le code piegate si distanziano le une dalle altre e formano un trigliceride meno ordinato. Possiamo paragonare i trigliceridi del burro a dei fogli di carta impilati alla perfezione, mentre i trigliceridi dell'olio d'oliva assomigliano a fogli di carta crespa che lasciano spazi vuoti se sovrapposti.

La margarina è invece un esempio di olio vegetale convertito in grasso solido attraverso un processo di trasformazione industriale. La tecnica prevede l'aggiunta di idrogeno all'olio, che quindi diventa solido perché gli acidi grassi insaturi che lo compongono si trasformano chimicamente in saturi. Un sottoprodotto di questo processo sono i **grassi trans**: grassi insaturi che presentano una conformazione dritta, senza gomiti (figura 27). I grassi trans sono spesso contenuti nei cibi da fast food, nei fritti e in molti prodotti da forno. I nutrizionisti raccomandano di limitare l'assunzione di questi prodotti, e quindi di grassi trans, perché aumentano il rischio di aterosclerosi, ancor più dei grassi saturi.

Nonostante la reputazione di cibo poco sano, i grassi sono fondamentali per la vita. I trigliceridi rappresentano una fonte di energia eccellente, che fornisce più del doppio delle calorie di carboidrati e proteine, a parità di peso. Gli animali hanno bisogno dei grassi per crescere; infatti il latte materno è ricco di lipidi necessari per la crescita del cervello nei primi due anni di vita. I trigliceridi hanno anche il compito di rallentare la digestione, e rendono possibile l'assorbimento di alcune vitamine e minerali.

Negli animali, i trigliceridi si accumulano nel tessuto adiposo. Negli adulti, la maggior parte del grasso è costituito da tessuto adiposo bianco, che funziona da cuscinetto protettivo per gli organi e da strato isolante per il mantenimento del calore corporeo. Il tessuto adiposo bruno, presente nei neonati e nelle specie animali che vanno in letargo, rilascia energia sotto forma di calore.

Steroli

Gli steroli sono lipidi costituiti da quattro anelli di carbonio legati fra loro e chiamati nucleo steroideo (figura 28). Questa struttura conferisce una certa rigidità a molecole di steroli come il colesterolo, la vitamina D e il cortisone.

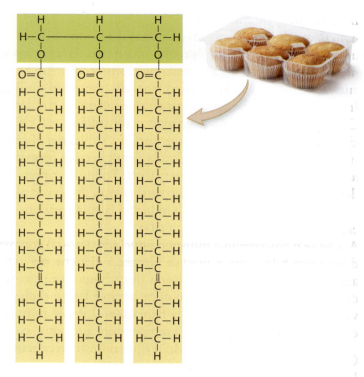

Figura 27 Grassi trans. I prodotti da forno di origine industriale o i cibi da fast food come gli hamburger possono essere caratterizzati da un elevato contenuto di grassi trans. L'acido grasso trans è una molecola idrocarburica con doppi legami particolari, che non producono gomiti nella molecola. La conformazione del grassi trans facilita il loro impacchettamento, rendendoli solidi a temperatura ambiente.

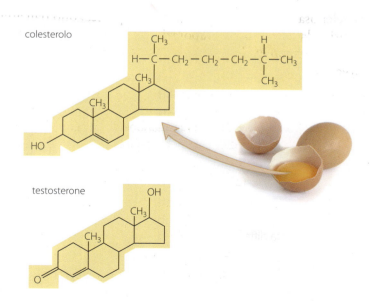

Figura 28 Steroli. Tutti gli steroli, come il colesterolo e il testosterone, sono costituiti da quattro anelli collegati fra loro.

Il colesterolo, sintetizzato nel fegato, è il principale sterolo dei tessuti animali in quanto componente essenziale delle membrane cellulari. Presenta una piccola testa polare (il gruppo ossidrilico) e un corpo idrocarburico non polare (il nucleo steroideo e la relativa catena laterale). Anche altri eucarioti, come piante e funghi producono steroli simili al colesterolo. Invece, i batteri non sono in grado di sintetizzarli.

Oltre a essere componenti delle membrane cellulari, gli steroli sono precursori di diversi prodotti con specifiche attività biologiche. Gli ormoni steroidei come il testosterone, per esempio, sono potenti molecole segnale che regolano il nostro metabolismo. I sali biliari sono derivati polari del colesterolo e agiscono come detergenti nell'intestino, emulsionando i lipidi alimentari per renderli più accessibili al processo di digestione enzimatica.

Anche se il colesterolo è indispensabile per la nostra sopravvivenza, una dieta poco bilanciata o predisposizioni genetiche possono indurre un aumento dei livelli di colesterolo nell'organismo e quindi nel sangue e di conseguenza facilitare l'insorgenza di malattie aterosclerotiche, dovute all'accumulo del colesterolo nelle pareti dei vasi, come l'infarto cardiaco o l'ictus cerebrale.

Cere

Le cere biologiche sono formate da acidi grassi saturi e insaturi a lunga catena combinati con alcoli e altri idrocarburi. Questa struttura le rende rigide e idrorepellenti. Il loro punti di fusione (60 °C-100 °C) sono in genere più elevati rispetto a quelli dei trigliceridi. Di norma, quindi, le cere sono solide a temperatura ambiente; costituisce un'eccezione l'olio di jojoba, usato nei prodotti cosmetici. Le cere possono svolgere diverse funzioni. Nel plancton – i microrganismi alla base della catena alimentare marina – le cere sono una forma di riserva energetica (figura **29a**). Altre specie viventi producono cere per rivestire e rendere idrorepellenti pelo, piume, foglie, frutti e steli. Gli uccelli, in particolare quelli acquatici, secernono cere da ghiandole poste sul becco, che poi depositano sulle piume per renderle impermeabili all'acqua (figura **29b**). Le foglie lucide di piante come l'agrifoglio, il rododendro o l'edera velenosa sono rivestite da cere che le proteggono dall'attacco dei parassiti e da un'eccessiva evaporazione di acqua dalla superficie fogliare. Le celle esagonali dei favi, dove le api custodiscono polline, miele e larve, sono fatte di cera (figura **29c**).

Figura 29 Cere biologiche. (**a**) Nei microrganismi che nuotano liberamente nelle acque marine, le cere rappresentano una riserva di energia. (**b**) Gli uccelli acquatici secernono cere per rivestire il loro piumaggio e renderlo idrorepellente. (**c**) Questo favo è fatto di cera, quindi è solido a temperatura ambiente e resistente all'acqua.

> ### Rispondi in un tweet
> 18. Qual è la relazione fra idrolisi e reazione di condensazione?
> 19. Descrivi i monomeri che formano i polisaccaridi, le proteine e gli acidi nucleici.
> 20. Elenca alcuni carboidrati, lipidi, proteine e acidi nucleici, e descrivi la loro funzione.
> 21. Qual è il significato della forma di una proteina, e come può essere alterata?
> 22. In che cosa differiscono RNA e DNA?
> 23. Descrivi la composizione di un trigliceride.
> 24. Elenca le tipologie di acidi grassi e le loro differenti funzioni.
> 25. Descrivi la struttura e le funzioni del colesterolo.
> 26. Che cosa sono le cere?

Tavola 1 Le macromolecole biologiche

Tipo di molecola		Struttura chimica	Funzioni
Carboidrati	Zuccheri semplici	Monosaccaridi e disaccaridi	Forniscono energia utilizzabile in tempi rapidi
	Zuccheri complessi (cellulosa, chitina, amido, glicogeno)	Polimeri di monosaccaridi o polisaccaridi	Sostengono la struttura di cellule e organismi (cellulosa, chitina); costituiscono una riserva di energia (amido, glicogeno)
Proteine		Polimeri di amminoacidi	Svolgono numerose funzioni cellulari
Acidi nucleici (DNA, RNA)		Polimeri di nucleotidi	Conservano l'informazione genetica e la trasmettono alla generazione successiva
Lipidi	Trigliceridi (grassi, oli)	Glicerolo + tre acidi gassi	Costituiscono una riserva di energia
	Fosfolipidi	Glicerolo + due acidi grassi + gruppo fosfato	Formano la maggior parte delle membrane biologiche
	Steroli	Quattro anelli fusi, composti in gran parte di C e H	Stabilizzano le membrane animali; costituiscono gli ormoni sessuali
	Cere	Acidi grassi + altri idrocarburi o alcoli	Rendono impermeabile

Carboidrati (amido); lipidi

Proteine; lipidi

Carboidrati (cellulosa)

Ecco perché   Colesterolo buono e colesterolo cattivo

Sempre più spesso in televisione trasmettono pubblicità di prodotti in grado di abbassare i livelli di colesterolo nell'organismo. Perché preoccuparci così tanto di mantenere la concentrazione fisiologica di questo steroide? Per comprendere la risposta dobbiamo conoscerlo meglio.

Il colesterolo non è solubile in acqua e, come gli altri lipidi, può essere trasportato nel sangue solo se avvolto da proteine. I pacchetti di colesterolo e proteine sono chiamati lipoproteine, e sono di due tipi. Le lipoproteine del primo tipo sono a bassa densità (LDL) e trasportano il colesterolo verso i tessuti periferici (muscolo e tessuto adiposo). Il colesterolo LDL in eccesso non entra nelle cellule e può accumularsi nelle pareti interne dei vasi sanguigni, ostacolando lo scorrimento del sangue e stimolando la formazione di coaguli.

Ecco perché un alto livello di colesterolo LDL (chiamato in modo famigliare "colesterolo cattivo") aumenta il rischio di aterosclerosi e quindi di infarto cardiaco o di ictus cerebrale.

Le lipoproteine del secondo tipo sono ad alta densità (HDL) e trasportano il colesterolo dai tessuti periferici verso il fegato, un organo in grado di eliminare il colesterolo dal sangue. Un alto livello di colesterolo HDL (il "colesterolo buono") è considerato salutare.

Alcuni farmaci, come le statine, riducono il livello di colesterolo LDL nei pazienti che presentano elevate concentrazioni di questo lipide nel sangue. Le statine agiscono bloccando la sintesi di colesterolo nel fegato e migliorandone la capacità di eliminare LDL.

Organizzazione delle conoscenze

Capitolo 2   La chimica della vita

La chimica della vita: ricapitoliamo

Rispondi alle domande che seguono facendo riferimento alla mappa, al riepilogo visuale e ai contenuti del capitolo.

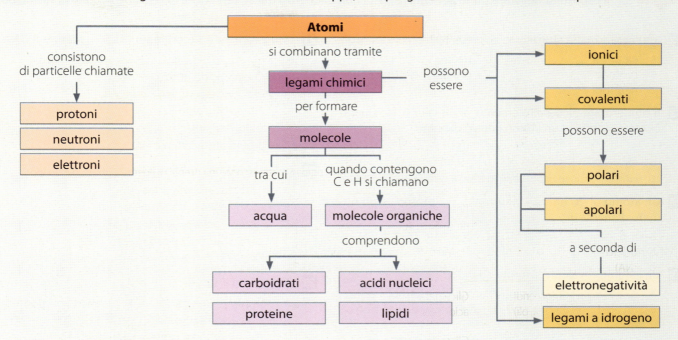

1. Pensa a ioni e isotopi: come potresti inserirli nella mappa concettuale?
2. Oltre all'acqua, quali altre molecole sono essenziali per la vita?
3. Descrivi come si formano i legami a idrogeno.
4. Aggiungi alla mappa i termini monomeri, polimeri, reazione di condensazione e idrolisi.
5. Scrivi due esempi per ciascuna della molecole organiche contenute nella mappa.
6. Perché la distinzione tra legami polari e apolari si basa sull'elettronegatività?
7. Come si chiama un monomero di una proteina?
8. Guardando l'immagine, spiega perché una reazione di condensazione è importante per la formazione di macromolecole.
9. Come si chiama la reazione che rompe i legami tra monomeri?
10. Quali sono le funzioni dei polimeri raffigurati nell'immagine?

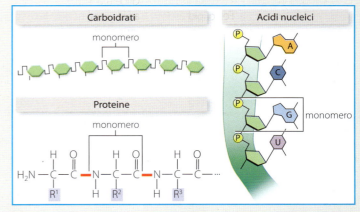

Il glossario di biologia

11. Costruisci il tuo glossario bilingue di biologia, completando la tabella seguente con la traduzione italiana o inglese dei termini proposti.

Termine italiano	Traduzione inglese	Termine italiano	Traduzione inglese
Materia		Legami covalenti	
Elementi			Adhesion
	Electron	Solvente	
	Charge	Sistemi tampone	
	Mass number		Carbohydrates
	Atomic weight	Trigliceridi	

Autoverifica delle conoscenze

Dalle cellule ai vertebrati

Simula la parte di biologia di una prova di accesso all'università. Rispondi alle domande 12-26 in 25 minuti e calcola il tuo punteggio in base alle soluzioni che trovi in fondo al libro. Considera: 1,5 punti per ogni risposta esatta; -0,4 punti per ogni risposta sbagliata; 0 punti per ogni risposta non data. Trovi questi test anche in versione interattiva sul ME•book.

12 Il numero di massa di un atomo rappresenta il numero totale di:
- A elettroni
- B protoni
- C neutroni
- D neutroni + protoni
- E protoni + elettroni

13 Il numero atomico dell'elemento neon (Ne) è 10. Quanti elettroni contiene un atomo neutro di neon?
- A 5
- B 15
- C 10
- D 20
- E Non è possibile rispondere in base a questa informazione

14 Un atomo di ^{14}C ha …… neutroni, …… protoni, e un numero di massa di …… .
- A 8; 6; 14
- B 6; 8; 14
- C 7; 7; 14
- D 8; 6; 12
- E 6; 8; 12

15 Un legame covalente si forma quando:
- A gli elettroni sono presenti in un guscio esterno
- B un elettrone è rimosso da un atomo e aggiunto a un altro
- C una coppia di elettroni è condivisa tra due atomi
- D l'elettronegatività di un atomo è maggiore di quella di un altro atomo
- E due molecole si trovano vicine

16 Quanti legami covalenti può formare l'idrogeno?
- A 1
- B 6
- C 2
- D 8
- E 12

17 Un legame ionico si forma quando:
- A c'è un'attrazione elettrica tra due atomi di carica diversa
- B due elettroni sono condivisi tra due atomi
- C si forma un'attrazione apolare tra due atomi
- D un elettrone è condiviso tra due atomi
- E due atomi hanno elettronegatività simile

18 Una sostanza idrofila può:
- A formare legami covalenti con l'idrogeno
- B sciogliersi in acqua
- C fare da tampone in una soluzione
- D mescolarsi con solventi apolari
- E sciogliere il grasso

19 Che tipo di legame chimico si forma durante una reazione di condensazione?
- A Covalente
- B Ionico
- C A idrogeno
- D Polimero
- E Nessuna delle precedenti

20 …… sono monomeri che formano polimeri chiamati …… .
- A I nucleotidi; acidi nucleici
- B Gli amminoacidi; acidi nucleici
- C I monogliceridi; trigliceridi
- D I carboidrati; monosaccaridi
- E Gli amminoacidi; carboidrati

21 Uno zucchero è un esempio di ……, mentre il DNA è un …… .
- A Proteina; acido nucleico
- B Acido nucleico; lipide
- C Carboidrato; proteina
- D Lipide; proteina
- E Carboidrato; acido nucleico

22 La forma di una proteina è determinata da:
- A la sequenza di amminoacidi
- B i legami chimici tra amminoacidi
- C la temperatura a cui si trova
- D il pH dell'ambiente circostante
- E tutte le risposte precedenti sono corrette

23 I trigliceridi insaturi:
- A sono formati a partire da acidi grassi con doppi legami nella catena carboniosa
- B sono presenti unicamente nei vegetali
- C sono formati a partire da un minor numero di molecole di acidi grassi rispetto a un trigliceride saturo
- D sono formati a partire da acidi grassi con catena più corta di quelli di un trigliceride saturo
- E contengono più atomi di idrogeno dei trigliceridi saturi con lo stesso numero di atomi di carbonio

24 Si definiscono amminoacidi essenziali quelli che:
- A non possono essere sintetizzati dall'organismo umano
- B sono presenti in tutte le proteine
- C hanno un elevato contenuto energetico
- D contengono solo gruppi laterali apolari
- E sono indispensabili per definire la struttura proteica

25 Quali strutture proteiche possono influenzare i legami a idrogeno?
- A Secondaria, terziaria e quaternaria
- B Primaria e terziaria
- C Primaria e secondaria
- D Primaria, secondaria e terziaria
- E Terziaria soltanto

26 Il candidato indichi la risposta ERRATA.
- A Il colesterolo si assume solo dai cibi
- B Il colesterolo si trova nelle membrane cellulari
- C Il colesterolo è sintetizzato nel fegato ed è presente in alcuni cibi
- D Alte concentrazioni di colesterolo nel sangue sono associate all'aterosclerosi
- E Alcuni ormoni sessuali sono sintetizzati nell'uomo a partire dal colesterolo

Verso l'ammissione all'università

Attività

Sviluppo delle competenze

Capitolo 2 La chimica della vita

27 Calcolare Il manganese (Mg) è un elemento molto importante per la vita. Consultando una tavola degli elementi, e sapendo che il numero di massa del manganese è 24, sai calcolare quanti neutroni ha un atomo di questo elemento?

28 Interpretare immagini Consulta la scala del pH e osserva gli alimenti rappresentati nelle foto. Quale può causare acidità di stomaco? Quali sostanze si potrebbero assumere per ridurre questa acidità? Sai spiegare perché?

29 Lessico Definisci i seguenti termini, facendo alcuni esempi: soluto, solvente, soluzione.

30 Classificare Spiega le differenze tra legami covalenti apolari, legami covalenti polari e legami ionici.

31 Fare connessioni logiche Completa e spiega la seguente analogia: una proteina sta a un maglione di lana come una proteina denaturata sta a ...

32 Formulare ipotesi Le molecole apolari come CH_4 possono partecipare a legami idrogeno? Motiva la tua risposta.

33 Comunicare Prova a spiegare le seguenti proprietà dell'acqua fornendo per ognuna un esempio preso dalla vita quotidiana: coesione, adesione, capacità di dissolvere soluti e resistenza a cambiamenti di temperatura.

34 Inglese Which of the following is/are true about hydrogen bonds between water molecules? 1) They are weak bonds, 2) They are strong bonds, 3) They are temporary bonds, 4) They require hydrolysis to break.
- A 1 and 3 only
- B 1 only
- C 2 and 3 only
- D 1 and 4 only
- E 2 and 4 only

35 Inglese Which one of the following molecules will contain the greatest number of different elements?
- A Amino acids
- B Water
- C Lipids
- D Polysaccharide carbohydrates
- E Monosaccharide carbohydrates

36 Problem solving I cibi ricchi di grassi saturi si conservano più a lungo rispetto agli alimenti ricchi di grassi insaturi. Sapresti spiegare perché?

37 Digitale Regolare la temperatura corporea è essenziale per la sopravvivenza. Fai una breve ricerca su Internet e cerca l'esempio di un organismo in grado di sopravvivere a temperature molto alte. Quali caratteristiche deve avere per evitare che l'elevata temperatura distrugga la struttura terziaria delle sue proteine?

38 Problem solving I cetrioli e molti altri alimenti sono conservati in sostanze acide, per esempio nell'aceto. Sapresti spiegare perché un acido è un buon conservante?

39 Metodo scientifico Alcuni popolari video su Internet mostrano grandi fontane di schiuma fuoriuscire da bottiglie di cola dopo l'immersione di una caramella alla menta. Un gruppo di fisici statunitensi ha studiato il fenomeno e ha osservato che a causare queste "eruzioni" sono diversi fattori: rugosità e densità della caramella, presenza di aspartame e gomma arabica, che abbassano la tensione superficiale del liquido.

a. È possibile verificare queste affermazioni attraverso un'indagine scientifica?
- Le bevande light, ricche di aspartame, possono generare spruzzi di schiuma maggiore V F
- Le caramelle più buone generano eruzioni più alte V F
- La temperatura del liquido influisce sulla schiuma prodotta V F
- L'acidità della bevanda è responsabile dell'esplosione di schiuma V F

b. Alcune persone sostengono che questa reazione possa causare danni anche all'apparato digerente umano. Fai una breve ricerca su Internet per valutare se si tratta di una falsa credenza.

40 Metodo scientifico
Dove andare alla ricerca di pianeti abitabili.
La capacità di un pianeta di conservare sulla propria superficie acqua allo stato liquido è tradizionalmente considerata una delle condizioni essenziali perché possa svilupparsi la vita. In tempi recenti, tuttavia, alcuni ricercatori hanno proposto di includere tra le zone da considerare abitabili anche i pianeti aridi perché troppo vicini alla loro stella, perché potrebbero conservare acqua allo stato liquido negli strati sottostanti alla superficie.

(il Fatto Quotidiano, 27 marzo 2014)

Dopo aver letto l'articolo, determina se le seguenti affermazioni sono vere o false.
- Non esistono pianeti abitabili oltre alla Terra
- L'acqua allo stato liquido è normalmente considerata necessaria allo sviluppo della vita
- I pianeti troppo vicini al loro sole potrebbero nascondere riserve di acqua in profondità V F
- Secondo alcuni ricercatori la zona abitabile dovrebbe essere ristretta V F

Fare una ricerca su Internet

Basta digitare alcune parole e schiacciare il tasto "cerca", ed ecco che in pochi millisecondi lo schermo è inondato di informazioni. Se hai già effettuato una ricerca su Internet con un motore di ricerca avrai sperimentato che non sempre è facile orientarsi tra tutti i risultati ottenuti. Come possiamo fare per scremare le informazioni non pertinenti? E soprattutto, possiamo fidarci di quello che troviamo?

Che cos'è un motore di ricerca?

Un motore di ricerca è uno strumento che analizza un insieme di informazioni e le classifica in base a quanto siano pertinenti alla richiesta inserita. Il risultato è un elenco dei dati che sono più vicini alla domanda dell'utente. I motori di ricerca usati su Internet prevedono l'inserimento di una o più parole chiave, o di un'intera frase, quello che otterremo sarà una lista di link che il sistema ha giudicato idonei a rispondere alla nostra richiesta.
Alcuni motori di ricerca sono vere e proprie celebrità: basta pensare a Google, ormai da molti associato a qualsiasi tipo di ricerca su Internet. Anche Yahoo!, Microsoft Bing e Ask.com sono sistemi molto utilizzati per cercare informazioni dalla rete.

Una buona ricerca su Internet: come si parte

La base di una ricerca di successo è una buona domanda. Gli attuali motori di ricerca non sono ancora in grado di comprendere perfettamente il nostro linguaggio: sarà quindi necessario adattare la tua richiesta al loro sistema di elaborazione delle informazioni.
Un esempio: immagina di dover fare una ricerca su un fenomeno evolutivo osservato "in diretta" da scienziati contemporanei. Chiedere esplicitamente al motore di ricerca "Qual è un fenomeno evolutivo osservato in diretta?" non è una buona strategia. Bisogna individuare alcune parole chiave. Puoi partire da "evoluzione": il motore di ricerca ti fornirà però moltissimi risultati. Aggiungendo altre parole puoi iniziare a restringere il campo.
Ti interessa un processo evolutivo che riguarda gli animali o le piante? Vuoi un esempio nel mondo degli insetti o nei mammiferi? Vuoi scoprire se sono coinvolti scienziati italiani? Con l'aggiunta di diverse parole chiave vedrai che la tua ricerca prenderà una strada differente, indirizzandoti verso le informazioni più rilevanti per la tua richiesta.

Operatori booleani, questi sconosciuti

Esiste un modo per indirizzare la tua ricerca in modo ancora più preciso, con l'utilizzo di alcuni strumenti chiamati **operatori booleani**. Devono il loro nome a George Boole, un matematico inglese vissuto nell'Ottocento e considerato il padre della moderna logica simbolica. Si tratta di parole che funzionano come comandi per il motore di ricerca: inseriti tra le parole chiave della ricerca, restringono e affinano i risultati ottenuti.
AND: inserito tra due parole, questo operatore fa in modo che tutti i risultati della ricerca contengano entrambe le parole, e non soltanto una delle due. Se devi fare una ricerca sulla respirazione cellulare, puoi inserire le parole respirazione AND cellule per essere certo di ottenere le informazioni che ti servono.
NOT: questo operatore esclude dalla ricerca i risultati che contengono una certa parola chiave. Per esempio, puoi usare respirazione NOT polmoni per evitare che i risultati contengano documenti non rilevanti per la tua ricerca.
OR: questo operatore può essere utilizzato quando la ricerca comprende diversi termini, e non deve necessariamente includerli tutti. Può essere usato anche in combinazione con i precedenti, con l'utilizzo di parentesi. Considera questo esempio: la ricerca (respirazione AND cellule) OR (energia AND cellule) permetterà di includere i documenti che comprendono almeno una di queste combinazioni di parole.

Qualche altro suggerimento

Oltre ai classici operatori booleani, esistono altri strumenti che permettono di gestire al meglio un motore di ricerca.
Ti interessa cercare i documenti che contengono parole presenti in un ordine specifico? Puoi utilizzare le virgolette: la ricerca "unità di base della vita" ti consentirà di ottenere una lista dei risultati che contengono esattamente queste parole in questo ordine. L'uso delle virgolette può essere molto utile quando cerchi i documenti che contengono una citazione.
NEAR: si tratta di un operatore di prossimità, con un funzionamento simile a quello di AND. Oltre a restituire i risultati che contengono entrambe le parole, restringe ulteriormente la ricerca, includendo soltanto i documenti in cui le due parole si trovano nella stessa frase.

Il motore di ricerca di Google ti permette di restringere la tua richiesta a un tipo di file specifico. Sei alla ricerca di un file pdf? Puoi aggiungere alle parole chiave il comando *filetype:pdf* per ottenere soltanto l'estensione di tuo interesse. Puoi fare lo stesso con altri tipi di file, come .doc, .jpg e così via.

Se vuoi fare una ricerca soltanto all'interno di un sito, puoi utilizzare sul motore di ricerca di Google l'espressione *site:nomedelsitosenzawww* seguita dalle tue parole chiave.

Un'immagine vale più di mille parole

Vuoi arricchire la tua ricerca con alcune fotografie o illustrazioni? Non tutte le risorse grafiche presenti su Internet possono essere scaricate e ridistribuite. Molte fotografie e illustrazioni hanno infatti "tutti i diritti riservati", un'espressione usata per indicare il copyright, o diritto d'autore. Questo significa che per utilizzarle è necessario chiedere il permesso all'autore, e in alcuni casi pagarlo per avere la possibilità di usare il frutto del suo lavoro.

Sono però disponibili in rete diversi archivi di immagini utilizzabili liberamente.

Wikimedia Commons comprende una raccolta molto ricca di immagini, file audio e video con licenza libera. Fai attenzione però a riportare il nome dell'autore quando inserisci l'immagine in un testo o in una presentazione.

Alcune biblioteche, istituzioni governative e organizzazioni scientifiche mettono liberamente a disposizione di tutti un ampio repertorio di immagini storiche o scientifiche. Un esempio è la **British Library**, che ha distribuito sul suo profilo di Flickr, un sito di condivisione di fotografie, un milione di immagini senza alcuna restrizione di uso. Anche **Wellcome Images** è una delle più ricche raccolte di immagini in ambito biomedico, a disposizione di chi voglia utilizzarle per fini non commerciali. Un archivio di immagini sulla storia della medicina è messo a disposizione dalla **National Library of Medicine**, mentre i Centers for Disease Control statunitensi offrono PHIL (**Public Health Image Library**), una collezione molto utile soprattutto se sei alla ricerca di immagini attuali di virus e batteri.

Anche il motore di ricerca di Google ti offre la possibilità di cercare immagini. Per ottenere soltanto quelle utilizzabili liberamente, puoi servirti dell'opzione "ricerca avanzata" e selezionare i "diritti di utilizzo" che ti interessano. La dicitura "risultati utilizzabili e condivisibili liberamente" ti permette di visualizzare tutte le immagini che puoi scaricare e inserire nella tua ricerca a fini non commerciali.

Riconoscere una fonte affidabile

Utilizzare Internet per diffondere informazioni sta diventando sempre più facile: per questo può capitare spesso durante una ricerca di incappare anche in fonti non affidabili, che per diversi motivi distribuiscono dati falsi o non accurati.

In molti casi il primo risultato riportato da un motore di ricerca riguarda la voce di **Wikipedia**.

Si tratta di un'enciclopedia online di natura collaborativa: chiunque può partecipare alla sua creazione e correzione, e non esiste un controllo preventivo sul materiale distribuito. Anche se le informazioni che contiene sono spesso corrette, la sua natura aperta la rende suscettibile a vandalismi e imprecisioni. Per questo è importante valutare con attenzione ogni informazione che si trova in questa enciclopedia!

Utilizza un sistema simile a Wikipedia, ma è affidata soltanto a esperti e soggetta a controllo l'enciclopedia **Scholarpedia**, in lingua inglese.

Esistono anche le versioni delle enciclopedie più tradizionali online: per esempio **Treccani.it**, o **Sapere.it**.

Anche i siti Internet di università, istituti di ricerca e organizzazioni governative possono fornire informazioni affidabili su argomenti scientifici.

Anche alcune riviste o blog di giornalisti o ricercatori possono essere fonti interessanti per una ricerca scientifica. Cerca però sempre di verificare chi è l'autore dei testi diffusi su Internet, e controlla se diverse fonti possono confermare in modo indipendente la stessa notizia.

Ricordati, inoltre, di citare sempre la fonte delle informazioni che inserisci in una ricerca!

Copiare non vale!

Fare una ricerca non significa copiare le informazioni trovate su un sito Internet: i dati e le notizie che trovi devono essere uno spunto per una tua elaborazione individuale.

Ricordati che esistono oggi numerosi software per riconoscere un testo copiato da un'altra fonte, e il tuo insegnante può facilmente capire se la tua ricerca è un prodotto originale o se è il frutto di una mente altrui.

Laboratori di biologia

La chimica della conservazione: l'acidità e la salinità

41 Laboratorio Leggi il protocollo e guarda il filmato sul ME•book poi, con l'aiuto dell'insegnante, prova a riprodurre questa esperienza in laboratorio.

Prerequisiti
Il pH. Le soluzioni. Le reazioni chimiche.

Competenze attivate
Comunicare le scienze naturali nella madrelingua. Metodo scientifico.

Contesto
La catalasi è un enzima coinvolto nella scissione del perossido di idrogeno (l'acqua ossigenata) in acqua e ossigeno. Le vie metaboliche associate all'azione della catalasi causano la degradazione di alcuni alimenti, come le verdure . Versando perossido di idrogeno su una fettina di patata si può osservare la formazione di bolle sulla superficie: questo significa che l'enzima è attivo.
Sfruttando l'attività della catalasi come indicatore di degradazione del cibo, realizza un esperimento per verificare la capacità del pH e di alcune concentrazioni saline di conservare gli alimenti.

a

Materiali
- Una patata
- Strumenti per tagliare in fette sottili la patata
- Piastre di Petri
- Perossido di idrogeno (acqua ossigenata)
- Contagocce
- Soluzioni a diversi pH: 2, 4, 7, 8, 10, 12
- Soluzioni a diverse concentrazioni di sale (cloruro di sodio): 0%, 0,5%, 1%, 3%, 5%, 10%

Procedimento
Taglia la patata in fette sottili **b**, e appoggia ogni fetta su una piastra di Petri. Per l'esperimento, avrai bisogno di tante fette quante sono le condizioni sperimentali: soluzioni con sei diversi pH e con sei diverse concentrazioni di sale, per un totale di dodici piastre **c**. Con un contagocce, deposita una goccia di ciascuna soluzione su una diversa fetta di patata. Aggiungi quindi una goccia di perossido di idrogeno **d** per verificare se si formano bolle **e** sulla superficie della patata, indicando la presenza di attività della catalasi.

Attenzione a...
Ricordati di utilizzare contagocce diversi per le diverse soluzioni, o risciacquali ogni volta dopo averli utilizzati: in questo modo eviterai contaminazioni.

Analisi dei dati
Su una tabella riporta le osservazioni per ogni soluzione: a quali pH l'attività della catalasi è minore? Quali concentrazioni di sali riescono a prevenire la formazione di bolle?

Conclusioni
Dopo aver raccolto i dati, cerca di spiegare perché il funzionamento dell'enzima può essere alterato dal pH o dalla concentrazione di sali nell'ambiente. Ti vengono in mente cibi conservati in sostanze acide? E sotto sale? Quali altri metodi di conservazione del cibo conosci?

Autovalutazione
Qual è stata la maggiore difficoltà che hai incontrato durante l'esperimento?
Sai riconoscere l'applicazione della chimica della conservazione nella tua vita quotidiana?

Rappresentare le abitudini alimentari: un'infografica sulle diete

42 Immaginario Leggi la scheda del documentario e metti alla prova le tue competenze con l'attività proposta.

Prerequisiti
Le macromolecole. Metodo scientifico.

Competenze attivate
Comunicare le scienze naturali nella madrelingua. Metodo scientifico. Competenze digitali. Scienza e società.

Contesto – Il documentario *Super Size Me*
Film: *Super Size Me*, Morgan Spurlock (2004) – Documentario, 98'
Trama: Nel 2002 due adolescenti statunitensi citarono in giudizio una nota catena di fast food, dichiarando: «Se siamo obese è colpa sua». La difesa della multinazionale puntò sulla mancanza di dimostrazione che un'alimentazione basata solo sui fast food aves-

se effetti simili. Questa osservazione ha stimolato il regista a portare avanti un esperimento su se stesso: mangiare solamente cibo spazzatura, tre volte al giorno, per 30 giorni, interrompendo allo stesso tempo ogni attività fisica. Le condizioni di salute di Spurlock sono state monitorate prima, durante e dopo la sperimentazione da un gruppo di medici ed esperti di nutrizione. I risultati dell'esperimento? Il regista, 33 anni, inizialmente magro e in salute, dopo 30 giorni ha guadagnato 11 kg; ha anche provato improvvisi e repentini cambi di umore, preoccupanti alterazioni dei valori ematici, danni al fegato e disfunzioni sessuali. Durante il corso dell'esperimento il regista intervista vari esperti, indagando i fattori che hanno reso gli Stati Uniti il Paese con il tasso di obesità più alto del mondo. La discussione punta in particolare sulla mancanza di cibo sano nelle scuole, sul potere pervasivo della pubblicità, sulla scarsa attenzione dell'industria alimentare verso la salute dei propri clienti.

Dall'immaginario alla pratica

All'inizio del documentario, Spurlock afferma che «circa 100 milioni di americani sono sovrappeso o obesi, il che significa più del 60% degli adulti; dal 1980 il numero delle persone sovrappeso si è raddoppiato, i bambini obesi sono diventati il doppio e gli adolescenti si sono addirittura triplicati».

Se gli americani devono fare i conti con una alimentazione ricca di proteine, grassi animali e zuccheri, in Italia il quadro non è certo incoraggiante: il 27% dei bambini e degli adolescenti è in eccesso di peso e circa quattro adulti su dieci sono obesi o sovrappeso (fonte ISTAT, 2012). In realtà, i dati registrati nel Bel Paese sono il risultato del progressivo abbandono del nostro storico modello alimentare, la dieta mediterranea.

Quali sono le principali differenze in termini di qualità degli alimenti (composizione % in macromolecole) tra dieta fast food e dieta mediterranea?

Ricostruisci una giornata tipo delle due diete. Per farlo, prendi spunto da dati raccolti sui siti istituzionali o dal documentario, considerando per esempio questa battuta del regista: «Durante la mia avventura ho ingurgitato la bellezza di 15 kg di zucchero, ½ kg al giorno; e come se non bastasse ho assunto circa 5 kg di grassi». Sei in grado di rappresentare i risultati della tua ricerca in modo accessibile e addirittura accattivante?

Procedimento

L'infografica è una rappresentazione sintetica di dati complessi, capace di coniugare efficacia ed estetica. È un metodo per visualizzare in forma grafica un argomento o un ragionamento, individuandone gli elementi essenziali e rappresentandone collegamenti e interdipendenze.

Il trucco è trovare il giusto equilibrio tra informazione e grafica e una buona armonia tra immediatezza e leggibilità. Per creare un'infografica sono disponibili sul web, gratuitamente o in versione prova, diversi strumenti utili e facili da usare.

Attenzione!

La visualizzazione dei dati in una infografica non deve essere lasciata alla libera interpretazione, bensì deve fornire agli osservatori una conclusione univocamente determinata. Durante la progettazione, dunque, bisogna innanzitutto analizzare e comprendere i dati senza sacrificare precisione e chiarezza in nome dell'aspetto estetico.

Sitografia

- Per sapere quali sono gli alimenti e le porzioni della dieta mediterranea, puoi consultare le Linee guida nazionali del nostro Ministero della Salute: http://www.piramidealimentare.it
- Strumenti per realizzare un'infografica: Infog.ram, Infoactive, Piktochart, Easel.ly.
- Per calcolare le percentuali di macromolecole per cibo/alimento: Tabelle di composizione degli alimenti dell'INRAN – Istituto Nazionale di ricerca per gli alimenti e la nutrizione (http://nut.entecra.it/646/tabelle_di_composizione_degli_alimenti.html), App iFood Pro, App Calorie Counter.

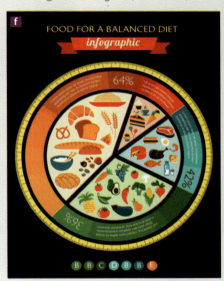

Autovalutazione

Quale è stata la maggiore difficoltà nella selezione dei dati per la rappresentazione?
Il risultato è stato utile e gratificante?

Leggere un'etichetta nutrizionale

> **43 Problem solving**
> Camminando tra gli scaffali di un supermercato ti sarai accorto che quasi tutte le confezioni dei cibi presentano una tabella che indica i valori nutrizionali dell'alimento e la sua composizione in macromolecole. Immagina che il vicino di casa ti chieda di aiutarlo a districarsi nella lettura delle etichette nutrizionali dei cibi per ridurre i suoi livelli di colesterolo nel sangue.
> - Cosa dovresti osservare?
> - Il tuo vicino dovrebbe fare attenzione a quali lipidi? Perché?
>
> Lavorando in gruppi rispondi alle domande, clicca sull'icona e segui le istruzioni.

▲ Un corpo umano adulto è composto da 85 000 miliardi di cellule.

▼ Ogni essere umano è stato una singola cellula per circa mezz'ora.

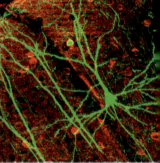

▼ La cellula più lunga del corpo umano è il neurone motorio che va dal midollo spinale all'alluce e misura fino a 1,37 metri.

◄ Nell'essere umano muoiono e vengono rimpiazzati circa 8 milioni di globuli rossi al secondo.

◄ Nell'arco della vita, essere umano perde fino a 18,2 kg di cellule epiteliali.

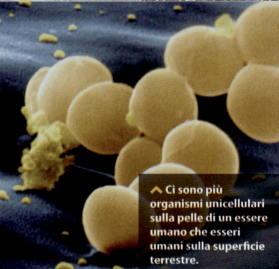

▲ Ci sono più organismi unicellulari sulla pelle di un essere umano che esseri umani sulla superficie terrestre.

3 La cellula

**La cellula è l'unità fondamentale della vita.
Ma perché dovrebbe importarci di cose che si vedono solo al microscopio?**

Pensiamo al sorprendente potere degli antibiotici: uccidono i batteri presenti nel nostro corpo, eppure lasciano incolumi le nostre cellule. Come fanno? Bloccando processi che avvengono solo nelle cellule batteriche.

Oppure consideriamo il tumore, una malattia che causa la moltiplicazione incontrollata delle cellule: in passato le terapie distruggevano indifferentemente cellule malate e sane; oggi, grazie alle ricerche che spiegano cosa distingue le cellule tumorali da quelle normali, siamo in grado di mirare solo alle prime. E possiamo curare malattie che fino a poco tempo fa erano incurabili.

Il tema di questo capitolo è la struttura delle cellule, scrupolosamente documentata da generazioni di biologi cellulari a cui si deve il successo di antibiotici, terapie per i tumori e molte altre incredibili medicine.

A CHE PUNTO SIAMO

17%

Attenzione: stiamo per introdurre termini e concetti rilevanti per tutto il corso di biologia! In particolare questo capitolo farà da base per i prossimi, in cui si descrivono il metabolismo delle cellule e la genetica. Ripartiremo quindi dalla chimica del Capitolo 2 per costruire un dettagliato ritratto della cellula; osserveremo soprattutto le cellule degli organismi eucarioti, i più rilevanti nella vita quotidiana e per la salute dell'uomo.

Capitolo 3 **La cellula** 59

3.1 La cellula è l'unità elementare della vita

Un essere umano, un giacinto, un fungo e un batterio sembrano avere poco in comune, se non il fatto di essere vivi. Eppure, a livello microscopico, questi organismi appaiono molto simili. Per esempio, sono tutti costituiti da strutture microscopiche chiamate **cellule**, le più piccole unità della vita capaci di funzionare in modo autosufficiente. All'interno delle cellule si realizzano processi biochimici complessi che insieme costituiscono le funzioni di base della vita. In questo capitolo introdurremo la cellula, per passare poi a esaminare i processi cellulari nei capitoli che seguono.

A. Una lente rivela la base cellulare della vita

Lo studio delle cellule ebbe inizio nel 1660, quando il fisico e naturalista inglese Robert Hooke perfezionò lenti e sistemi di illuminazione che permettevano l'osservazione di piccoli dettagli. Hooke puntò le sue lenti su aculei, piume, squame di pesci e su diversi insetti. Quando osservò un frammento di sughero, la corteccia di un tipo di quercia, notò che era suddiviso in piccoli compartimenti. Li chiamò cellule, dalla parola latina che indica le stanze dove i monaci studiavano e pregavano. Hooke fu il primo a osservare il contorno di una cellula, anche se non si rese conto del significato delle sue osservazioni. La sua scoperta diede origine a quella branca della scienza che adesso si chiama biologia cellulare.

Nel 1793, l'olandese Antoni van Leeuwenhoek migliorò ulteriormente le tecniche di fabbricazione delle lenti. Nel suo strumento (figure **1a**, **b**) c'era una lente sola, ma produceva un'immagine più nitida e ingrandita rispetto alla maggior parte dei microscopi a due lenti dell'epoca.

B. Nasce la teoria cellulare

Nel corso del XIX secolo, microscopi più potenti, migliorati nelle capacità di illuminare e ingrandire i campioni, rivelarono i dettagli della struttura interna delle cellule.

Nel 1839, i biologi tedeschi Mathias J. Schleiden e Theodor Schwann introdussero una nuova teoria basata sulle loro osservazioni al microscopio. Schleiden aveva notato che le cellule erano le unità di base delle piante; successivamente, Schwann confrontò le cellule animali con quelle vegetali. Dopo aver osservato che diverse cellule animali e vegetali avevano molte caratteristiche in comune, gli scienziati conclusero che le cellule erano «le parti costitutive elementari degli organismi, l'unità di base della loro struttura e funzione». Secondo la **teoria cellulare** di Schleiden e Schwann, tutti gli organismi sono costituiti da una o più cellule, e la cellula è l'unità fondamentale di tutte le forme di vita.

Nel 1855 il fisiologo tedesco Rudolf Virchow aggiunse una terza ipotesi alla teoria cellulare, proponendo che tutte le cellule derivassero da altre cellule preesistenti. Era un'idea incompatibile con una teoria allora in voga, quella della generazione spontanea della vita. Qualche anno più tardi, però, Louis Pasteur, chimico e microbiologo francese, avrebbe dimostrato che la teoria della generazione spontanea era falsa, portando ulteriori prove a favore della teoria cellulare.

Come ogni teoria scientifica anche la teoria cellulare è *potenzialmente* falsificabile; tuttavia, poiché ciascuna delle sue ipotesi ha varie conferme indipendenti, si tratta di una delle idee più forti della biologia.

Figura 1 Primi microscopi. (**a**) Antoni van Leeuwenhoek costruì semplici microscopi monoculari come questo. (**b**) L'oggetto da osservare veniva collocato sulla punta del perno metallico.

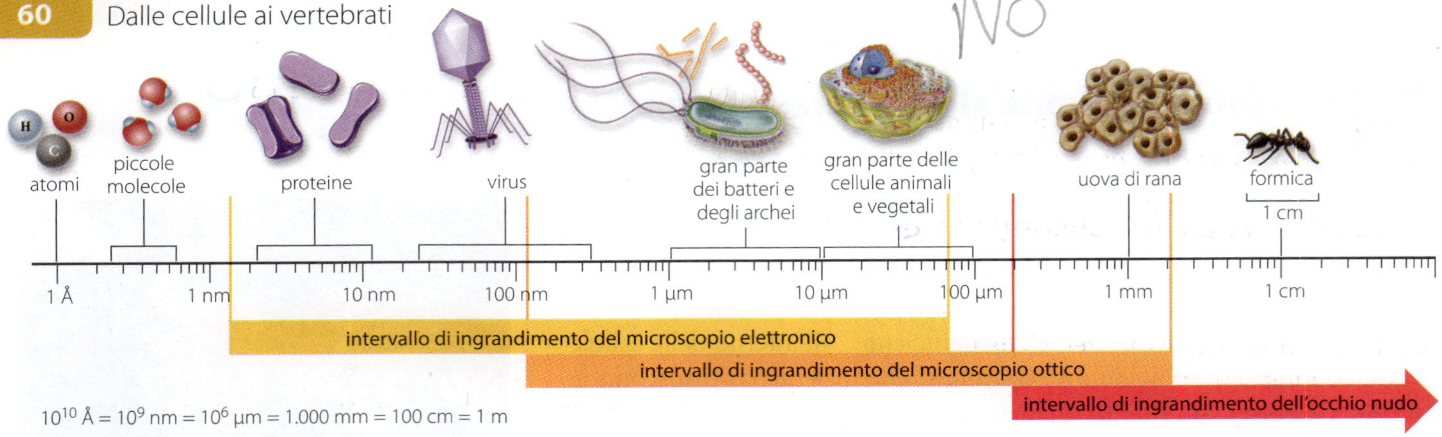

Dalle cellule ai vertebrati

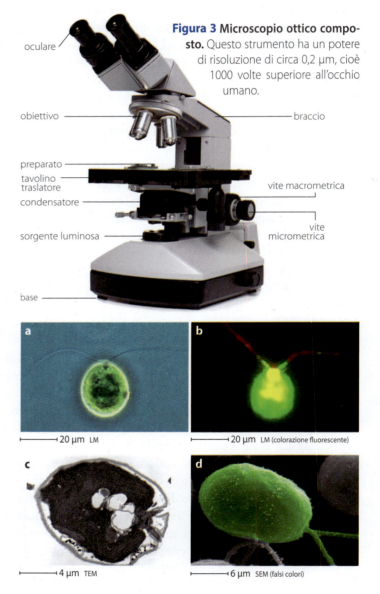

10^{10} Å $= 10^9$ nm $= 10^6$ µm $= 1.000$ mm $= 100$ cm $= 1$ m

Figura 2 Intervallo di risoluzione dei microscopi ottici ed elettronici. I biologi usano i microscopi per osservare un mondo invisibile a occhio nudo. Questi strumenti sono caratterizzati dalla *risoluzione*, cioè dalla distanza minima tra due punti che si riescono a distinguere (se i due punti sono più vicini si confondono). La risoluzione dei microscopi elettronici e di quelli ottici consente di osservare oggetti di dimensioni diverse, che vanno dalle molecole a intere cellule.

C. I microscopi ingrandiscono le strutture cellulari

La maggior parte delle cellule è invisibile a occhio nudo, e per questo lo studio della vita a livello cellulare e molecolare richiede strumenti capaci di ingrandirle (figura 2).

Microscopi ottici

I microscopi ottici (figura 3) sono ideali per ottenere immagini a colori di cellule vive o fissate con un conservante (figure 4a, b). Visto che la luce deve attraversare gli oggetti per rivelarne la struttura interna, è necessario che i campioni siano trasparenti o preparati in sezioni (o fette) molto sottili.
Esistono due modelli: il microscopio composto e il microscopio confocale. Il primo focalizza la luce visibile sul campione mediante due o più lenti; i più potenti ingrandiscono fino a 1600 volte, con una risoluzione di circa 200 nm. Il secondo invece usa un fascio di luce bianca su una piccola porzione del campione da osservare. Combinando più immagini confocali possiamo ottenere spettacolari visualizzazioni tridimensionali.

Microscopi elettronici a trasmissione e a scansione

I microscopi elettronici a trasmissione inviano un fascio di elettroni attraverso il campione da osservare, usando un campo magnetico per focalizzare il fascio. Questo proietta un'immagine bidimensionale ad alta risoluzione, che mostra i dettagli interni degli oggetti osservati (figura 4c). I microscopi a trasmissione ingrandiscono fino a 50 milioni di volte, con una risoluzione inferiore a 1 angstrom (10^{-10} m).
Il microscopio elettronico a scansione invia un fascio di elettroni sulla superficie di un campione tridimensionale metallizzato, ossia ricoperto da uno strato conduttore. Le relative immagini hanno una risoluzione minore rispetto a quelle prodotte dal microscopio a trasmissione: l'ingrandimento massimo è di 250 000 volte, con una

Figura 3 Microscopio ottico composto. Questo strumento ha un potere di risoluzione di circa 0,2 µm, cioè 1000 volte superiore all'occhio umano.

Figura 4 I diversi microscopi rivelano dettagli diversi. Un'alga unicellulare del genere *Chlamydomonas* osservata da differenti microscopi. (**a**) Micrografia ottica. (**b**) Micrografia ottica confocale. (**c**) Micrografia elettronica a trasmissione. (**d**) Micrografia elettronica a scansione.

risoluzione tra 1 e 5 nm. Il vantaggio principale del microscopio a scansione è la possibilità di mettere in risalto fessure e trame sulla superficie dei campioni (figura **4d**).

D. Tutte le cellule condividono alcune caratteristiche

I microscopi e altri strumenti mostrano con chiarezza che le cellule hanno alcune caratteristiche in comune benché appaiano molto diverse tra loro: tutte le cellule, dalle più semplici alle più complesse, condividono strutture e molecole che permettono loro di riprodursi, crescere, rispondere agli stimoli e ottenere energia.

Un'altra caratteristica propria di quasi tutte le cellule è che sono piccole, con diametro di solito inferiore a 0,1 mm (figura **2**). Perché così piccole? Perché le sostanze nutrienti, l'acqua, l'ossigeno, il diossido di carbonio e i prodotti di scarto entrano ed escono dalle cellule attraversando la loro superficie, dunque tale superficie deve essere abbastanza estesa da agevolare questi scambi. Tuttavia, all'aumentare delle dimensioni di un oggetto, il suo volume cresce più velocemente della sua superficie. La figura **5a** illustra questo principio della geometria nel caso dei cubi, ma lo stesso vale per le cellule: la loro piccola dimensione ne ottimizza il rapporto fra superficie e volume.

> **Calcola e risolvi** Per un cubo di 5 cm di lato, calcola il rapporto fra superficie e volume.

Le cellule aggirano il vincolo dell'estensione superficiale in modi diversi: i neuroni (cellule nervose) sono lunghi fino a 1 metro, ma sono anche estremamente sottili, così che il rapporto superficie/volume rimane elevato; i globuli rossi hanno una forma appiattita, che agevola lo scambio di ossigeno e diossido di carbonio cui sono adibiti; le numerose estensioni microscopiche della membrana dell'ameba ne aumentano la superficie per assorbire l'ossigeno e catturare il cibo (figura **5b**).

Inoltre, le cellule sono dotate di un sistema di trasporto interno che fa circolare rapidamente le sostanze nutritive e di scarto.

Il concetto di area superficiale si trova ovunque in biologia. Gli esempi sono moltissimi: i granuli pollinici di pino hanno estensioni che ne massimizzano la capacità di fluttuare sulle correnti d'aria; le radici hanno sottili propaggini che aumentano la superficie in grado di assorbire acqua dal terreno; le enormi orecchie dei conigli che vivono nei deserti aiutano a disperdere il calore del corpo. Secondo il principio inverso, una superficie piccola riduce al minimo gli scambi di materia e calore con l'ambiente: un animale in letargo, per esempio, conserva calore raccogliendo gli arti vicino al corpo.

a

Dimensioni del cubo		
1 cm	2 cm	3 cm
Superficie = base · altezza · numero delle facce		
1 cm · 1 cm · 6 = 6 cm²	2 cm · 2 cm · 6 = 24 cm²	3 cm · 3 cm · 6 = 54 cm²
Volume = base · altezza · profondità		
1 cm · 1 cm · 1 cm = 1 cm³	2 cm · 2 cm · 2 cm = 8 cm³	3 cm · 3 cm · 3 cm = 27 cm³
Rapporto superficie / volume		
6/1 = 6	24/8 = 3	54/27 = 2

b
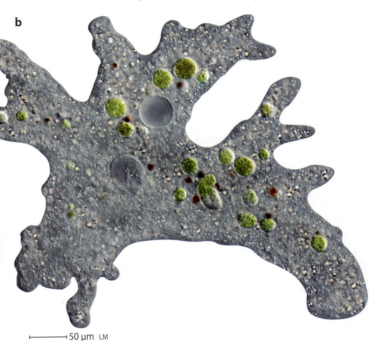
⟵ 50 µm ⟶ LM

Figura 5 Relazione fra superficie e volume. (**a**) Questo esempio mostra che, a parità di forma, gli oggetti più piccoli hanno una superficie maggiore rispetto al loro volume in confronto a oggetti più grandi. (**b**) La membrana di un'ameba è ricca di pieghe e rientranze: in questo modo la sua superficie cellulare è alta rispetto al suo volume.

> **Audio** Come varia il rapporto tra superficie e volume?

Rispondi in un tweet

1. Cos'è una cellula?
2. Quale è stato il contributo dei microscopi allo studio della vita?
3. Quali sono le ipotesi principali della teoria cellulare?
4. Descrivi le differenze fra microscopi ottici e microscopi elettronici.
5. Quali molecole e strutture sono comuni a tutte le cellule?
6. Descrivi le caratteristiche cellulari che aumentano il rapporto superficie/volume.

3.2 I tre domini della vita sono caratterizzati da due tipi di cellule

Fino a poco tempo fa i biologi riconoscevano l'esistenza di due soli tipi di cellule, procariotiche ed eucariotiche. Le cellule **procariotiche** (dal greco *pro*, prima, e *karyon*, nocciolo, che si riferisce al nucleo), le più semplici e antiche forme di vita, sono prive di nucleo. Circa 2,7 milioni di anni fa, dalle cellule procariotiche si sono formate le cellule **eucariotiche** (da *eu*, vero), che contengono un nucleo e altri organuli delimitati da membrane.
Tuttavia, nel 1977, il microbiologo statunitense Carl Woese, studiando alcune molecole chiave per il funzionamento delle cellule, osservò differenze tali da suggerire che alcune cellule considerate procariotiche rappresentassero in realtà una forma di vita completamente diversa. Da allora i biologi dividono gli esseri viventi in tre domini: *Bacteria* (batteri), *Archaea* (archei) ed *Eukarya* (eucarioti) (figura 6). In questo paragrafo ne descriveremo brevemente le caratteristiche.

Figura 6 I tre domini della vita. I biologi distinguono fra *Bacteria*, *Archaea* ed *Eukarya* in base a caratteristiche della struttura e della biochimica cellulare. Il piccolo albero evolutivo mostra che gli archei sono i parenti più stretti delle cellule eucariotiche.

Biology FAQ — What is the smallest living organism?

Since the invention of microscopes, investigators have wondered just how small an organism can be and still sustain life. This seemingly simple question is hard to answer; *life* is hard to define. Some people consider viruses alive because they share some, but not all, characteristics with cells. Viruses are indeed minuscule: the smallest are less than 20 nanometers in diameter. Yet most biologists do not consider them alive, in part because viruses do not consist of cells or reproduce on their own.

Some scientists consider "nanobes" to be the world's smallest microrganisms, at about 20 to 50 nanometers long (figure **A**). Other researchers are skeptical. These minuscule filaments are hard to analyze for hallmarks of life such as DNA, RNA, ribosomes, and protein. Their status remains controversial.

For now, the smallest certifiable living organism are bacteria called mycoplasmas. Beside their small size (150 nanometers and larger), these microrganisms are unusual among bacteria because they lack of cell walls. Biologists have studied mycoplasmas in detail for two reasons. First, some cause human diseases such as urinary infections and pneumonia. Second, with only 482 genes, mycoplasmas have the smallest amount of genetic material of any known free-living cell. Studies on mycoplasmas are helping to reveal which genes are minimally required to sustain life.

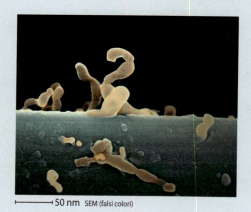

Figure A Nanobes. Alive or not?

skeptical	scettico
nanobes	nanobi
hallmark	segno distinto
disease	patologia

Capitolo 3 **La cellula**

A. Il dominio dei batteri: gli organismi più diffusi

I batteri sono gli organismi più abbondanti e vari presenti sul pianeta. Hanno una struttura cellulare semplice (figura 7a) dotata di **nucleoide**, la zona dove si trova il DNA sotto forma di un'unica molecola circolare. La membrana cellulare della maggior parte dei batteri è circondata da una **parete cellulare** rigida, che protegge la cellula e impedisce che scoppi se assorbe troppa acqua. Inoltre la parete cellulare dà forma alla cellula, di solito a bastoncino, sferica o a spirale (figure 7b, c, d). Molti antibiotici, compresa la penicillina, combattono le infezioni batteriche danneggiando la parete cellulare dei microrganismi.
Molti batteri sono in grado di muoversi nei fluidi usando appendici a forma di coda, chiamate **flagelli**. Uno o più flagelli, ancorati nella parete cellulare e nella membrana sottostante, ruotano sul proprio asse come un'elica, facendo avanzare o indietreggiare la cellula.

B. Il dominio degli archei: procarioti con particolari caratteristiche biochimiche

Gli archei assomigliano per molti versi ai batteri (figura 8): sono più piccoli della maggior parte delle cellule eucariotiche, non hanno un nucleo delimitato da una membrana e non hanno altri organuli. La maggior parte degli archei ha una parete cellulare, e in genere è provvista di flagelli.
I primi archei a essere descritti erano microrganismi metanogeni, cioè che usano il diossido di carbonio e l'idrogeno presenti nell'ambiente per produrre metano. Gli archei divennero poi noti come «estremofili», perché gli scienziati ne scoprirono molti in ambienti particolarmente caldi, acidi o salini. In realtà, oggi sappiamo che gli archei sono presenti anche in ambienti dalle caratteristiche più moderate, come il terreno, le paludi, le risaie, gli oceani e persino la bocca umana.

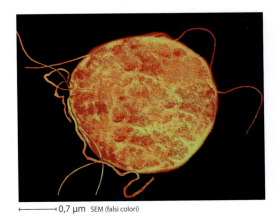

Figura 8 Esempio di archeo. *Sulfolobus acidocaldarius* è dotato di flagelli ben visibili; prospera nelle sorgenti calde, a temperature di 80 °C e con pH 2,0.

DIZIONARIO VISUALE

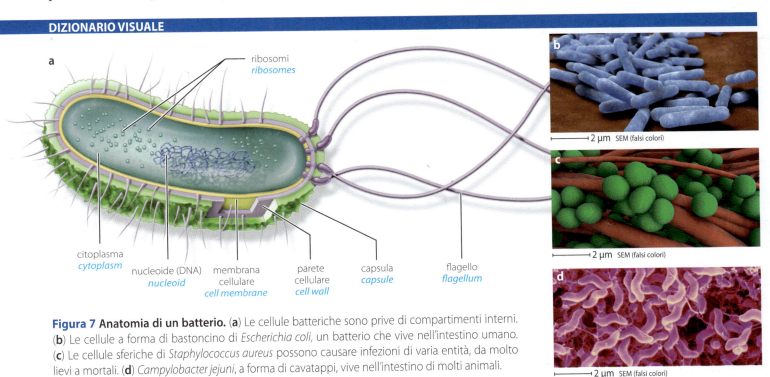

Figura 7 Anatomia di un batterio. (a) Le cellule batteriche sono prive di compartimenti interni. (b) Le cellule a forma di bastoncino di *Escherichia coli*, un batterio che vive nell'intestino umano. (c) Le cellule sferiche di *Staphylococcus aureus* possono causare infezioni di varia entità, da molto lievi a mortali. (d) *Campylobacter jejuni*, a forma di cavatappi, vive nell'intestino di molti animali.

C. Il dominio degli eucarioti: organismi con cellule complesse

Una straordinaria varietà di altri organismi, compresi gli esseri umani, appartengono al dominio degli eucarioti. Sono eucarioti gli animali, i lieviti e i funghi, le piante e i protisti unicellulari come le amebe e i parameci.

Nonostante appaiano molto diversi esteriormente, tutti gli organismi eucarioti condividono varie caratteristiche a livello cellulare.

DIZIONARIO VISUALE

Figura 9 Cellula animale. L'immagine illustra la dimensione relativa e la disposizione dei componenti di una tipica cellula animale. La fotografia a destra, ottenuta al microscopio elettronico, mostra un globulo bianco umano dove sono ben visibili il nucleo e numerosi mitocondri.

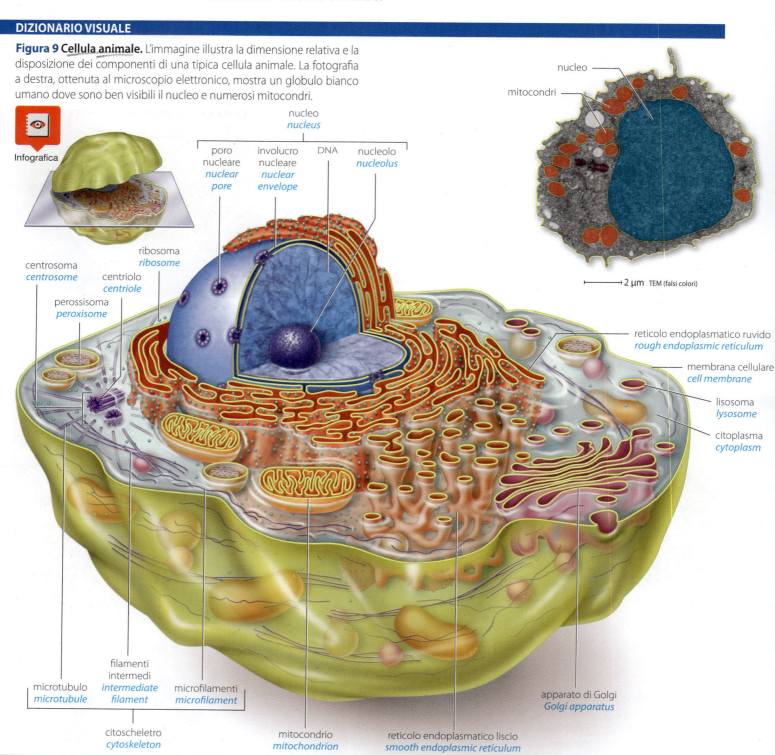

Capitolo 3 **La cellula** 65

Le figure **9** e **10** riproducono esempi generalizzati di cellule animali e vegetali, che hanno molte caratteristiche in comune, ma presentano anche differenze significative: le cellule vegetali hanno cloroplasti e pareti cellulari mentre le cellule animali ne sono prive.

Le cellule eucariotiche sono da dieci a cento volte più grandi rispetto alle cellule procariotiche. Inoltre il citoplasma di una cellula eucariotica è suddiviso in organuli, compartimenti con funzioni specializzate, delimitati da un sistema complesso di membrane interne.

Video
La cellula
Cellula procariotica e cellula eucariotica: trova le differenze

DIZIONARIO VISUALE

Figura 10 Cellula vegetale. Una tipica cellula vegetale. La fotografia a destra, ottenuta al microscopio elettronico, mostra la cellula di una foglia dove sono ben evidenti il nucleo, il vacuolo, i cloroplasti e la parete cellulare.

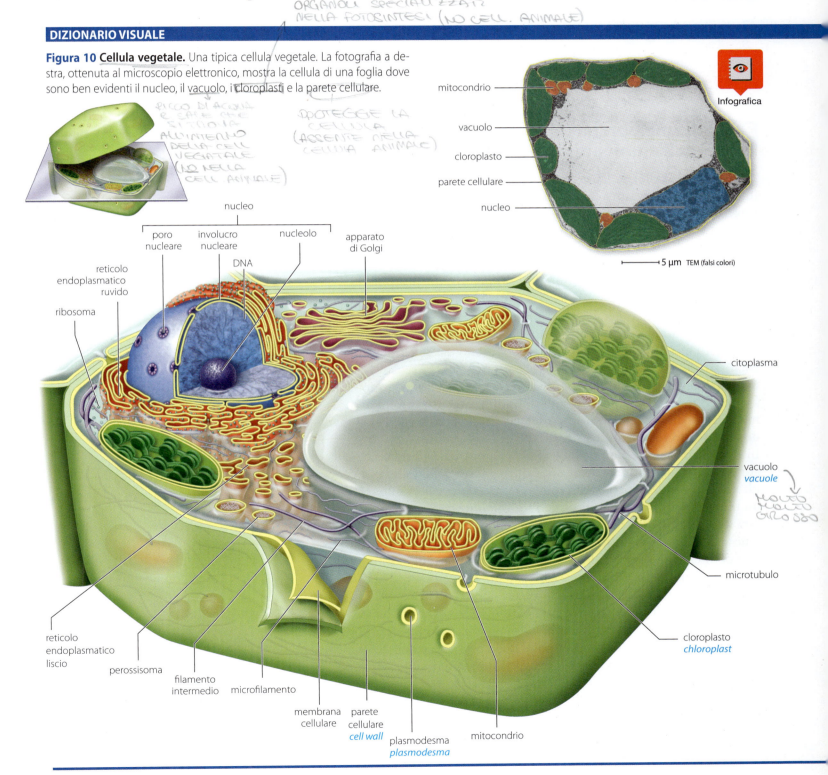

5 μm TEM (falsi colori)

In generale, gli organuli hanno alcune strutture cellulari e biomolecole abbastanza vicine da farle funzionare con efficienza; inoltre, mantengono confinate sostanze che sono potenzialmente dannose per il resto della cellula. La divisione in compartimenti fa risparmiare energia, perché la cellula può avere alte concentrazioni di alcune sostanze nel limitato volume dell'organulo, invece che nell'intera cellula.

Rispondi in un tweet

7. In che cosa differiscono le cellule procariotiche da quelle eucariotiche?
8. Quali caratteristiche comuni hanno batteri e archei? In cosa differiscono?
9. In che modo gli organuli contribuiscono all'efficienza delle cellule eucariotiche?

3.3 La membrana separa ogni cellula dall'ambiente circostante

La membrana cellulare è una caratteristica che accomuna tutte le cellule: separa il citoplasma dall'ambiente extracellulare, trasporta alcune molecole dentro e fuori dalla cellula, riceve gli stimoli esterni e risponde a essi. Nelle cellule eucariotiche, le membrane interne delimitano gli organuli.

La membrana cellulare è composta da molecole organiche chiamate **fosfolipidi** (figura 11). Nei fosfolipidi una molecola di glicerolo è legata a due acidi grassi e a un gruppo fosfato, che presenta una carica elettrica negativa ed è legato a sua volta ad altre molecole.

Questa struttura chimica è responsabile del peculiare comportamento dei fosfolipidi in ambiente acquoso. Il gruppo fosfato (la "testa" della molecola), con i suoi legami covalenti polari, è attratto dalle molecole d'acqua: è cioè idrofilo. Le due "code", composte da acidi grassi, sono idrofobe. In ambiente acquoso, le molecole di fosfolipidi si organizzano spontaneamente nella disposizione più efficiente dal punto di vista energetico: un **doppio strato fosfolipidico** (figura 12).

In questa struttura a tramezzino, le superfici idrofile (il pane) rimangono esposte all'ambiente acquoso, dentro e fuori dalla cellula; le code idrofobe (il companatico) si dispongono verso l'interno. A differenza di un tramezzino, però, il doppio strato fosfolipidico si dispone a formare una sfera tridimensionale, e non una superficie piana.

Grazie al doppio strato fosfolipidico, le membrane biologiche hanno una permeabilità selettiva: lo strato interno idrofobo impedisce a ioni e molecole polari di attraversare liberamente la membrana, ma lascia libero accesso ai lipidi e a piccole molecole apolari come O_2 e CO_2.

Oltre che da fosfolipidi, la membrana cellulare è costituita da steroli, proteine e altre molecole (figura 13). La membrana cellulare è spesso definita **mosaico fluido**, perché molte delle proteine e dei fosfolipidi che la compongono sono liberi di muoversi lungo il doppio strato.

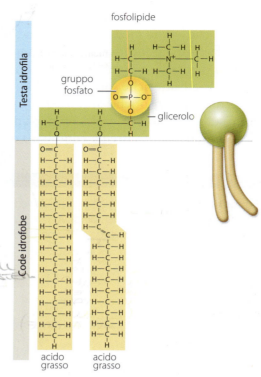

Figura 11 Fosfolipidi che compongono la membrana cellulare. Un fosfolipide è composto da una molecola di glicerolo legata a una testa idrofila che include un gruppo fosfato, e da due code idrofobe composte da acidi grassi. Il disegno a destra mostra la struttura semplificata di un fosfolipide.

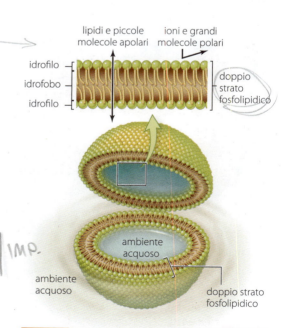

Figura 12 Doppio strato fosfolipidico. In ambiente acquoso, i fosfolipidi si dispongono in una struttura a doppio strato. Le teste idrofile rimangono esposte all'acqua, mentre le code idrofobe si dispongono le une contro le altre, in modo da minimizzare il contatto con l'acqua. La sfera di fosfolipidi è la struttura di base delle membrane cellulari.

Audio Il doppio strato fosfolipidico – *Lipid bilayer*

Capitolo 3 **La cellula** 67

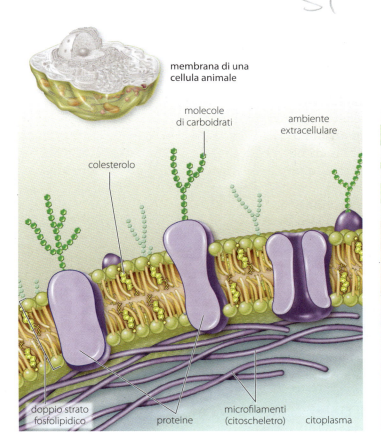
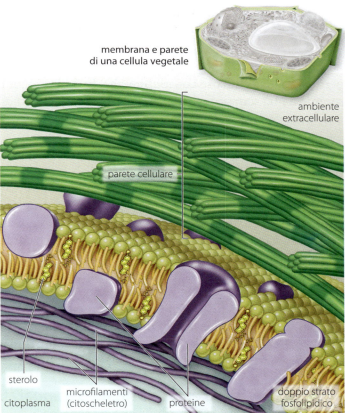

Gli steroli, incluso il colesterolo contenuto nelle cellule animali, mantengono la fluidità della membrana.

Mentre i fosfolipidi e gli steroli conferiscono struttura e fluidità alla membrana, le proteine sono particolarmente importanti per la sua funzione. Alcune attraversano il doppio strato fosfolipidico, mentre altre si affacciano su uno dei due lati della membrana. Le proteine di membrana svolgono molte funzioni diverse.

- **Proteine di trasporto**: inserite nel doppio strato fosfolipidico, creano canali che consentono la diffusione attraverso la membrana di molecole idrosolubili e ioni.

- **Enzimi**: facilitano le reazioni chimiche che altrimenti procederebbero troppo lentamente. Gli enzimi non sono associati solo alle membrane cellulari.

- **Proteine di riconoscimento**: sono molecole di carboidrati legati a proteine che aiutano il corpo a identificare le proprie cellule.

- **Proteine di adesione**: legano le cellule le une alle altre.

- **Recettori**: si legano a molecole presenti all'esterno delle cellule e danno il via a reazioni chimiche all'interno della cellula.

Figura 13 Anatomia della membrana cellulare.
La membrana cellulare è un mosaico fluido di proteine incastrate nel doppio strato fosfolipidico. Le cellule animali, ma non quelle vegetali, contengono colesterolo. La superficie esterna della membrana cellulare animale presenta anche molecole di carboidrati (zuccheri) che si legano alle proteine. Le cellule vegetali sono avvolte da una parete cellulare costituita da fibre di cellulosa.

Rispondi in un tweet

10. In che modo la struttura chimica dei fosfolipidi porta all'organizzazione di un doppio strato in ambiente acquoso?
11. In quale parte della cellula sono presenti i doppi strati fosfolipidici?
12. Descrivi alcune funzioni delle membrane cellulari.

Animazione
Il doppio strato fosfolipidico
Come fa la membrana cellulare a svolgere le sue funzioni di barriera selettiva?

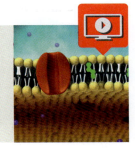

3.4 Gli organuli suddividono i compiti nella cellula eucariotica

Nelle cellule eucariotiche, gli organuli hanno funzioni specializzate. Se pensiamo alla cellula eucariotica come a una casa, ogni organulo corrisponde a una stanza: come la cucina, il bagno e la camera da letto sono attrezzate con oggetti coerenti con la loro funzione, così ogni organulo è dotato di proteine e altre molecole adatte alla sua funzione. I muri di questi compartimenti cellulari sono le membrane, spesso ripiegate su se stesse e costellate di enzimi e altre proteine.

Molte di queste membrane interne fanno parte di un sistema coordinato di **endomembrane** composto di organuli che interagiscono fra loro: l'involucro nucleare, il reticolo endoplasmatico, l'apparato di Golgi, i lisosomi, i vacuoli e la membrana cellulare. Come vedremo, gli organuli del sistema di endomembrane sono collegati fra loro da piccole bolle di membrana che si staccano da un organulo, si spostano nella cellula e vanno a fondersi con un altro organulo. Queste sfere membranose, anch'esse appartenenti al sistema di endomembrane, formano vescicole che trasportano il materiale all'interno della cellula.

In questo paragrafo descriveremo strutture e funzioni degli organuli più importanti, a partire dal sistema di endomembrane.

A. Nucleo, reticolo endoplasmatico e apparato di Golgi interagiscono per secernere sostanze

Gli organuli del sistema di endomembrane permettono alle cellule di produrre, confezionare e rilasciare miscele complesse di biomolecole. Qui ne analizzeremo la funzione osservando ciascuna delle fasi che portano alla produzione e al rilascio di una di queste miscele: il latte.

Alcune cellule specializzate presenti nelle ghiandole mammarie dei mammiferi femmina producono il latte, che contiene proteine, grassi, carboidrati e acqua in proporzione adeguata allo sviluppo del neonato. Per esempio il latte umano è ricco di grassi, necessari per il rapido sviluppo del sistema nervoso del bambino. Il latte contiene anche calcio, potassio e anticorpi che avviano l'attività del sistema immunitario del neonato e

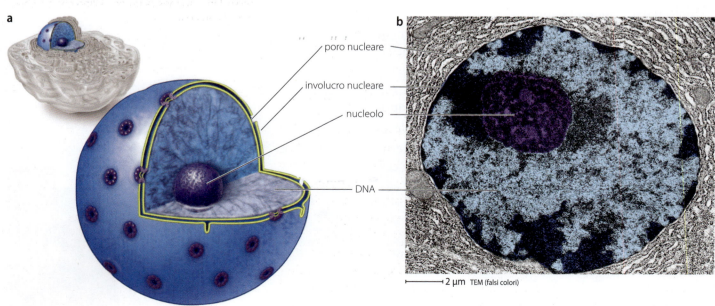

Figura 14 Nucleo. (**a**) Il nucleo contiene il DNA ed è circondato da due strati di membrana, che insieme costituiscono l'involucro nucleare. I pori diffusi nell'involucro nucleare permettono alle proteine di entrare e all'RNA messaggero di uscire dal nucleo. (**b**) Questa micrografia ottenuta con un microscopio elettronico a trasmissione mostra l'involucro nucleare e il nucleolo.

Capitolo 3 **La cellula** 69

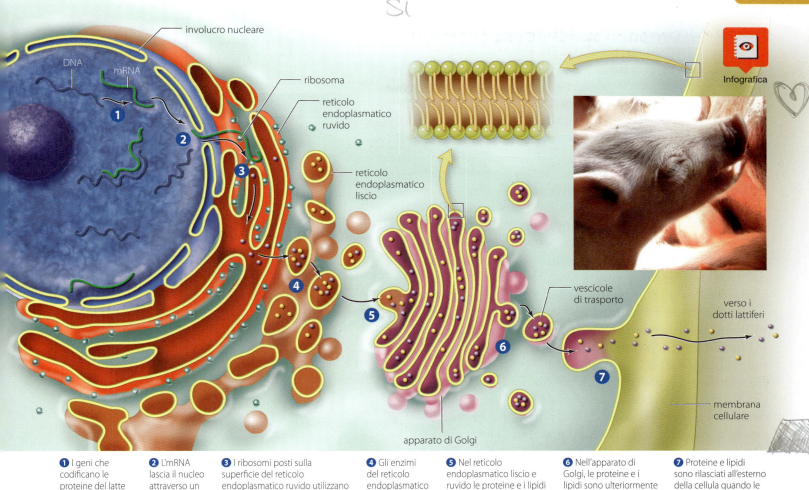

1 I geni che codificano le proteine del latte vengono copiati in RNA messaggero (mRNA).

2 L'mRNA lascia il nucleo attraverso un poro nucleare.

3 I ribosomi posti sulla superficie del reticolo endoplasmatico ruvido utilizzano l'informazione contenuta nell'mRNA per produrre le proteine del latte (le sfere viola).

4 Gli enzimi del reticolo endoplasmatico liscio fabbricano i lipidi (le sfere gialle).

5 Nel reticolo endoplasmatico liscio e ruvido le proteine e i lipidi del latte sono racchiusi in vescicole e trasportati all'apparato di Golgi.

6 Nell'apparato di Golgi, le proteine e i lipidi sono ulteriormente trasformati e confezionati per essere esportati dalla cellula.

7 Proteine e lipidi sono rilasciati all'esterno della cellula quando le vescicole si fondono con la membrana cellulare.

Figura 15 La produzione del latte. Sono molti gli organuli che partecipano alla produzione e alla secrezione del latte dalle cellule nelle ghiandole mammarie; i numeri dall'**1** al **7** indicano l'ordine secondo il quale gli organuli partecipano al processo. L'inserto mostra un porcellino che succhia il latte da una scrofa.

ne aumentano la resistenza alle malattie. Le cellule delle ghiandole mammarie sono inattive per la maggior parte del tempo, ma diventano produttive nei giorni che seguono il parto. Come cooperano gli organuli di ciascuna cellula per produrre il latte?

Nucleo

Il processo di produzione e secrezione del latte ha inizio nel nucleo (figura 15, **1**), l'organulo più evidente nella maggior parte delle cellule eucariotiche. Il nucleo contiene il DNA, una molecola che detiene le informazioni e specifica le proteine che la cellula è in grado di fabbricare (come le proteine del latte o gli enzimi necessari a sintetizzare carboidrati e lipidi). La cellula copia l'informazione contenuta nei geni che codificano per le proteine in un altro acido nucleico, l'RNA messaggero (mRNA). L'mRNA esce dal nucleo attraverso i **pori nucleari**, fori presenti sull'**involucro nucleare**: questo è la doppia membrana che separa il nucleo dal citoplasma (figura 15, **2**, e figura 14). I pori nucleari sono canali altamente specializzati composti da decine di proteine diverse: ogni minuto ciascun poro è attraversato in ingresso da milioni di proteine regolatrici e in uscita dalle molecole di mRNA.
All'interno del nucleo si trova anche il **nucleolo**, una regione ad alta densità dove si assemblano i componenti dei ribosomi. Le subunità ribosomiali lasciano il nucleo attraverso i pori nucleari e si riuniscono nel citoplasma a formare ribosomi completi.

Reticolo endoplasmatico e apparato di Golgi

La parte restante della cellula, dalla superficie esterna del nucleo alla membrana cellulare, è detta **citoplasma**. In tutte le cellule, il citoplasma contiene una mistura acquosa di ioni, enzimi, RNA e altre sostanze. Negli eucarioti, il citoplasma include anche gli organuli e un insieme di fibre e tubuli proteici che costituiscono il citoscheletro.

Una volta arrivato nel citoplasma, l'mRNA proveniente dal nucleo si lega a un ribosoma, dove avviene la sintesi delle proteine che verranno impiegate all'interno della cellula (figura 15, ❸). I ribosomi fluttuano liberamente nel citoplasma. Molte proteine da essi prodotte, però, sono destinate alla membrana cellulare o a essere secrete dalla cellula (come il latte): in questo caso, l'intero complesso composto da ribosoma, mRNA e proteina parzialmente formata si ancora alla superficie del **reticolo endoplasmatico**, un insieme di membrane che formano sacche e tubuli (endoplasmatico significa "interno al citoplasma").

Il reticolo endoplasmatico è in continuità con l'involucro nucleare e si dipana all'interno della cellula. In prossimità del nucleo, la superficie della membrana è costellata di ribosomi che sintetizzano proteine di secrezione, destinate a essere trasportate fuori dalla cellula. Man mano che vengono sintetizzate, le proteine si spostano verso la parte interna, o lume, del reticolo endoplasmatico, dove vengono ulteriormente modificate. Questa parte del reticolo è chiamata **reticolo endoplasmatico ruvido** a causa dell'aspetto conferito dalla presenza di ribosomi (figura 16).

Accanto al reticolo endoplasmatico ruvido, il **reticolo endoplasmatico liscio** sintetizza i lipidi – come quelli che saranno contenuti nel latte – e altri componenti delle membrane (figura 15, ❹, e figura 16). Il reticolo endoplasmatico liscio è anche sede di enzimi che rimuovono le tossine incamerate dall'organismo.

Dopo la sintesi, i lipidi e le proteine lasciano il reticolo endoplasmatico all'interno di vescicole di trasporto. Le vescicole cariche si distaccano dalle terminazioni tubulari della membrana del reticolo endoplasmatico (figura 15, ❺) e trasportano il loro contenuto fino alla stazione successiva della linea di produzione, l'**apparato di Golgi** (figura 17). L'apparato di Golgi ha l'aspetto di un insieme di sacche piatte, separate e impilate una sull'altra – le cisterne – che funzionano come centro di riorganizzazione delle proteine. Le proteine provenienti dal reticolo endoplasmatico passano attraverso questa serie di cisterne, dove vengono ripiegate nella loro forma definitiva e diventano funzionanti (figura 15, ❻).

Inoltre gli enzimi dell'apparato di Golgi sintetizzano

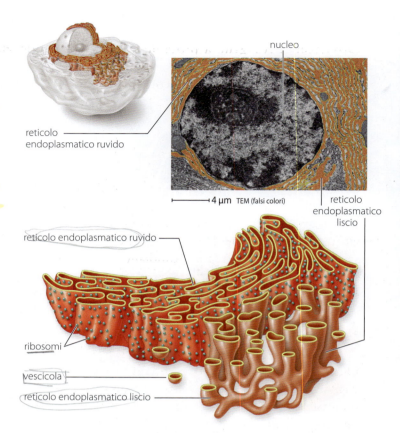

Figura 16 Reticolo endoplasmatico ruvido e liscio. Il reticolo endoplasmatico è una rete di membrane che si estendono dall'involucro nucleare. I ribosomi costellano la superficie del reticolo endoplasmatico ruvido, conferendogli un aspetto «rugoso». Il reticolo endoplasmatico liscio è costituito da una serie di tubuli collegati fra loro: qui avvengono la sintesi dei lipidi e altri processi metabolici.

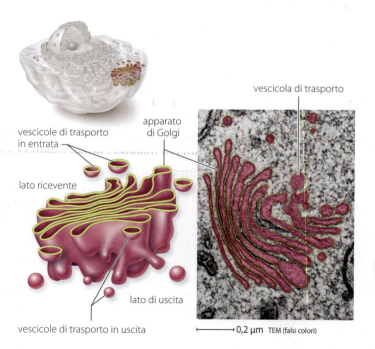

Figura 17 Apparato di Golgi. L'apparato di Golgi è composto di una serie di sacche piatte, oltre a vescicole di trasporto che consegnano e rimuovono materiale. Man mano che si muovono attraverso l'apparato di Golgi, le proteine vengono modificate e smistate, per essere poi indirizzate verso la superficie della cellula o un lisosoma.

carboidrati e li legano a proteine o lipidi, formando glicoproteine o glicolipidi.

L'apparato di Golgi seleziona e confeziona i materiali in vescicole che si muovono in direzione della membrana cellulare. Alcune delle proteine che l'apparato di Golgi riceve dal reticolo endoplasmatico diventano proteine di membrana; altre sostanze, come le proteine e i lipidi del latte, vengono preparate per essere secrete dalla cellula. Nel processo di produzione del latte, le vescicole si fondono con la membrana cellulare e rilasciano proteine e lipidi all'esterno della cellula (figura 15, ❼).

Subito dopo il parto, il processo che abbiamo descritto accade simultaneamente nelle innumerevoli cellule specializzate che rivestono i dotti lattiferi nelle mammelle. Quando il neonato succhia, gli ormoni rilasciati nel corpo della madre stimolano i muscoli intorno alle strutture dove si trovano le cellule che producono latte: i muscoli si contraggono e spruzzano il latte nei dotti che portano al capezzolo.

B. Lisosomi, vacuoli e perossisomi sono i centri di digestione della cellula

Oltre a produrre molecole destinate all'esportazione dalla cellula, le cellule eucariotiche sono dotate di compartimenti specializzati per la demolizione, o digestione, delle molecole. Tutti i centri di digestione della cellula sono organuli a forma di sacchetto circondati da una membrana singola.

Lisosomi

I lisosomi (dal greco *lysis*, dissoluzione e *soma*, corpo) sono organuli che contengono enzimi in grado di smantellare e riciclare particelle di cibo, batteri dannosi, organuli danneggiati e altro materiale di scarto (figura 18).

Gli enzimi contenuti nei lisosomi sono sintetizzati dal reticolo endoplasmatico ruvido. L'apparato di Golgi identifica questi enzimi riconoscendo uno zucchero a loro legato, e li rinchiude in vescicole che diventano lisosomi. I lisosomi, a loro volta, si fondono con le vescicole che trasportano materiale di scarto dall'esterno o dall'interno della cellula. Gli enzimi contenuti nei lisosomi demoliscono per idrolisi le grandi molecole organiche riducendole a unità più piccole, che vengono poi rilasciate nel citoplasma per essere utilizzate dai processi cellulari.

Cosa impedisce a un lisosoma di digerire l'intera cellula? La membrana del lisosoma mantiene il pH interno all'organulo a circa 4,8, molto più acido del pH neutro del resto del citoplasma. Se un lisosoma dovesse esplodere, gli enzimi sarebbero diluiti nel citoplasma; non si troverebbero più al loro pH ottimale quindi non riuscirebbero a digerire il resto della cellula. Solo in casi estremi una cellula danneggiata da qualche forma di stress fisico può scatenare un processo di suicidio cellulare facendo esplodere contemporaneamente tutti i suoi lisosomi.

Alcune cellule sono particolarmente ricche di lisosomi: nei globuli bianchi, per esempio, i lisosomi inglobano ed eliminano i prodotti di scarto e i batteri nocivi; anche alle cellule epatiche ne servono molti per digerire il colesterolo.

Il cattivo funzionamento dei lisosomi può causare patologie da accumulo lisosomiale. Se gli enzimi che digeriscono le sostanze di scarto sono difettosi, la cellula accumula i rifiuti nei lisosomi senza smaltirli fino a raggiungere livelli tossici per la funzionalità e la vitalità cellulare.

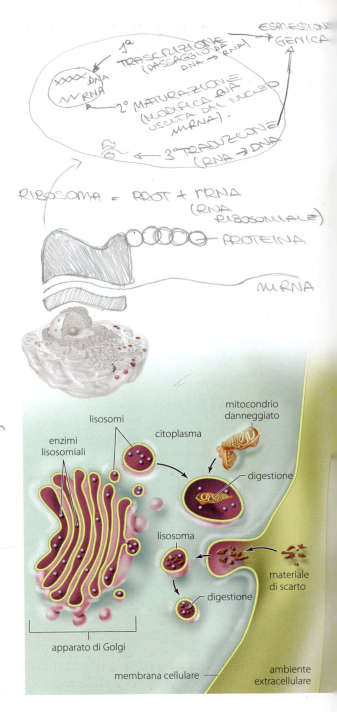

Figura 18 Lisosomi. I lisosomi smantellano organuli danneggiati e altri materiali di scarto, per poi rilasciare i componenti smontati perché vengano utilizzati come materie prime nei processi cellulari.

Animazione
I lisosomi
I crocevia della digestione cellulare: dove e cosa la cellula è in grado di digerire?

Vacuoli

La maggior parte delle cellule vegetali è priva di lisosomi, ma dispone di un organulo che svolge una funzione simile. Nelle cellule vegetali mature il grande vacuolo centrale contiene una soluzione acquosa ricca di enzimi in grado di degradare e riciclare molecole e organuli (figura 10).

Il vacuolo ha anche altri ruoli. Gran parte della crescita di una cellula vegetale è dovuta all'aumento del volume del vacuolo, che può arrivare a occupare il 90% dello spazio. Man mano che il vacuolo si arricchisce di acqua, esercita pressione (turgore) contro la membrana cellulare, contribuendo alla rigidità e al sostegno della pianta.

Oltre ad acqua ed enzimi, il vacuolo contiene sali, zuccheri e acidi deboli. Per questo il pH della soluzione interna al vacuolo è di solito almeno leggermente acido, o anche decisamente acido nel caso degli agrumi (da cui il loro tipico sapore). Il vacuolo contiene anche pigmenti idrosolubili, responsabili dei colori blu, viola e magenta di alcuni petali, foglie e frutti.

I vacuoli sono presenti anche nei protisti, anche se con funzioni differenti rispetto alle piante. Il vacuolo contrattile del paramecio, per esempio, pompa dalla cellula l'acqua in eccesso; nell'ameba, un vacuolo alimentare digerisce le sostanze nutritive inglobate dalla cellula.

Perossisomi

Tutte le cellule eucariotiche sono dotate di perossisomi, organuli che contengono enzimi incaricati di demolire le sostanze tossiche. Nonostante la loro somiglianza con i lisosomi per dimensioni e funzioni, i perossisomi vengono prodotti nel reticolo endoplasmatico invece che nell'apparato di Golgi, e contengono enzimi diversi. In alcuni perossisomi, la concentrazione di enzimi raggiunge livelli così alti che le proteine condensano in cristalli facilmente riconoscibili (figura 19).

I perossisomi proteggono la cellula dai sottoprodotti tossici delle reazioni chimiche cellulari. Per esempio, alcune delle reazioni che avvengono nei perossisomi e in altri organuli producono perossido di idrogeno, H_2O_2 (l'acqua ossigenata), un composto altamente reattivo che produce radicali liberi dannosi per la cellula: per contrastarne l'accumulo, un enzima contenuto nei perossisomi reagisce con il perossido di idrogeno, rimpiazzandolo con innocue molecole d'acqua.

Le cellule epatiche e renali contengono molti perossisomi che contribuiscono a smantellare le tossine presenti nel sangue e a demolire alcuni acidi grassi, producendo colesterolo e altre molecole lipidiche.

C. Nei cloroplasti avviene la fotosintesi

Le piante e molti protisti producono energia con la **fotosintesi**. Questo processo sfrutta la luce solare per produrre glucosio e altre molecole nutrienti, che sostengono non solo l'organismo fotosintetico, ma anche gli organismi (esseri umani inclusi) che se ne cibano.

Negli eucarioti i siti della fotosintesi sono i **cloroplasti** (figura 20). Ogni cloroplasto contiene molti strati di membrana. Due strati esterni racchiudono un fluido ricco di enzimi chiamato stroma. Immerso nello stroma si trova un terzo sistema di membrane ripiegate in sacche piatte chiamate tilacoidi, impilate una sull'altra e collegate fra loro a formare strutture chiamate grani. I pigmenti fotosintetici come la clorofilla sono contenuti nei tilacoidi.

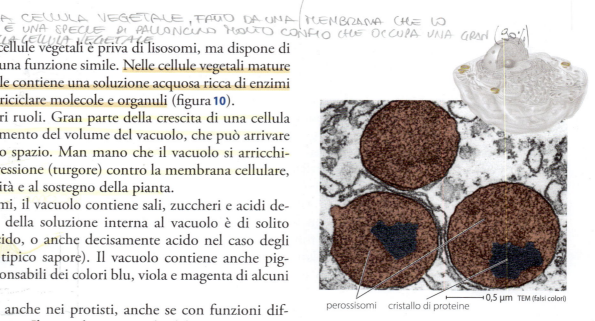

Figura 19 Perossisomi. I cristalli di proteine danno ai perossisomi il loro aspetto caratteristico in una cellula animale.

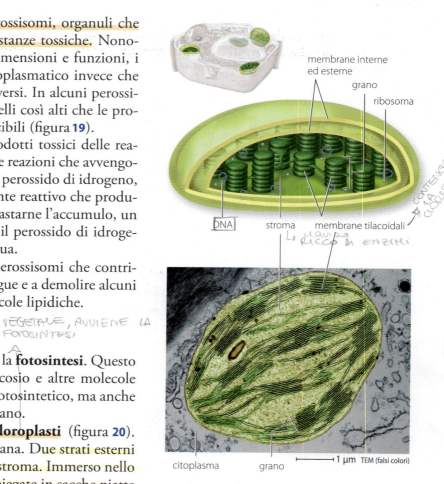

Figura 20 Cloroplasti. La fotosintesi avviene all'interno dei cloroplasti. Ogni cloroplasto contiene pile di tilacoidi che formano i grani, situati nel compartimento interno del cloroplasto, lo stroma.

I cloroplasti fanno parte di una più ampia categoria di organuli vegetali chiamati plastidi. Alcuni plastidi, i cromoplasti, sintetizzano i pigmenti carotenoidi liposolubili di colore rosso, giallo e arancione che si trovano nelle carote e nei pomodori maturi. Altri plastidi, come i leucoplasti, hanno funzione di riserva di sostanze nutritive. Questi ultimi comprendono gli amiloplasti che immagazzinano molecole di amido e risultano importanti per le cellule specializzate nell'accumulo di nutrienti, come quelle che si trovano nelle patate e nei chicchi di mais. Un aspetto che rende i plastidi particolarmente interessanti è che ciascuno può trasformarsi in un plastide di tipo diverso.

A differenza della maggior parte degli altri organuli, tutti i plastidi, inclusi i cloroplasti, contengono il proprio DNA e i propri ribosomi che codificano le proteine specifiche per mantenerne la struttura e il funzionamento, inclusi alcuni degli enzimi necessari alla fotosintesi.

D. I mitocondri estraggono energia dalle sostanze nutrienti

La crescita, la divisione cellulare, la produzione di proteine, la secrezione e molte reazioni chimiche che avvengono nel citoplasma richiedono un rifornimento costante di energia.

I **mitocondri** sono organuli che usano la respirazione cellulare per estrarre energia dalle molecole di cibo. Con l'eccezione di alcuni tipi di protisti, tutte le cellule eucariotiche sono dotate di mitocondri.

Un mitocondrio ha due strati di membrana, una esterna e una interna, fittamente ripiegata su se stessa, che racchiude la matrice mitocondriale (figura 21). La matrice contiene i ribosomi e il DNA che codifica per alcune delle proteine essenziali per il funzionamento del mitocondrio. I ripiegamenti della membrana interna, chiamati **creste**, ne aumentano in modo significativo la superficie: qui è localizzata la maggior parte degli enzimi che catalizzano le reazioni della respirazione cellulare.

Le somiglianze fra cloroplasti e mitocondri – entrambi dotati di DNA e ribosomi propri, ed entrambi circondati da doppie membrane – sono indizi riguardo all'origine delle cellule eucariotiche, un evento che sembra risalire a circa 2,7 miliardi di anni fa.

Secondo la teoria dell'endosimbiosi, un antico organismo inglobò cellule batteriche; invece di trattarle come cibo e digerirle, le trasformò in collaboratori, evolutisi poi in mitocondri e in cloroplasti. Le caratteristiche della struttura e del corredo genetico di batteri, mitocondri e cloroplasti sostengono fortemente l'ipotesi endosimbiotica.

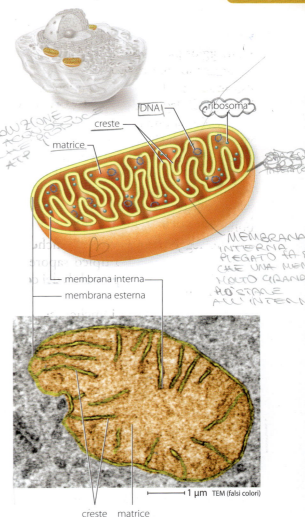

Figura 21 Mitocondri. Ogni mitocondrio contiene una membrana interna ripiegata su se stessa, sede di molte delle reazioni chimiche che danno luogo alla respirazione cellulare.

Video I mitocondri, una questione femminile
Quando un enigmatico organulo può risolvere i misteri della storia...

Rispondi in un tweet

13. Quali organuli interagiscono per produrre e secernere una sostanza complessa come il latte?
14. Che funzione hanno il nucleo e il suo contenuto?
15. Quali organuli costituiscono i centri di riciclo della cellula?
16. Elenca alcune funzioni dei plastidi.
17. In quale organulo avvengono le reazioni chimiche che estraggono l'energia chimica dalle molecole nutrienti?
18. Quali sono i tre organuli che contengono DNA?
19. Illustra la teoria endosimbiontica sull'origine di mitocondri e cloroplasti.

3.5 Il citoscheletro sostiene le cellule eucariotiche

Il citoplasma delle cellule eucariotiche contiene il **citoscheletro**, una rete intricata di binari e tubuli composti da proteine. Il citoscheletro è una struttura di sostegno con molte funzioni. È un sistema di trasporto e permette alla cellula di mantenere la sua forma tridimensionale (figura 22); ha un ruolo importante nella divisione cellulare e contribuisce a collegare le cellule tra loro. Il citoscheletro permette inoltre il movimento della cellula, o di una sua parte.

Il citoscheletro ha tre componenti principali: i microfilamenti, i filamenti intermedi e i microtubuli (figura 23), che si distinguono per le proteine che li compongono, per il loro diametro e per come si aggregano a costituire strutture più estese. Altre proteine fanno da collante fra queste strutture, componendo un fitto reticolo di fibre.

I più sottili componenti del citoscheletro sono i **microfilamenti**, fibre lunghe e sottili dal diametro di appena 7 nm, costituite dalla proteina actina. Reti di microfilamenti di actina sono presenti in quasi tutte le cellule eucariotiche, dove svolgono diverse funzioni: la contrazione delle cellule muscolari, per esempio, avviene grazie ai filamenti di actina, in interazione con la proteina miosina. I microfilamenti permettono inoltre alla cellula di opporre resistenza alle forze di compressione e distensione, e fanno parte del sistema che ancora le cellule tra loro.

I **filamenti intermedi** si chiamano così perché il loro diametro di 10 nm è intermedio fra quelli dei microfilamenti e dei microtubuli. A differenza degli altri componenti del citoscheletro, costituiti da un solo tipo di proteina, i filamenti intermedi hanno una composizione diversa per ogni specializzazione cellulare. Le strutture a forma di corda che costituiscono i filamenti intermedi mantengono l'architettura della cellula formando un'impalcatura nel citoplasma, che si oppone allo stress meccanico. I filamenti intermedi fanno anche parte del sistema che aggancia fra loro cellule adiacenti.

I **microtubuli** sono costituiti da una proteina chiamata tubulina, assemblata in tubi cavi dello spessore di 23 nm. La lunghezza di un microtubulo può variare molto rapidamente, con l'aggiunta o la sottrazione di molecole di tubulina da parte della cellula. I microtubuli svolgono molte funzioni all'interno della cellula eucariotica. Per esempio, separano i cromosomi duplicati durante il processo di divisione cellulare. In diversi tipi di cellula i microtubuli formano un sistema di rotaie lungo le quali scorrono organelli e proteine: alcuni organismi, come i camaleonti e le seppie, cambiano colore rapidamente spostando le molecole di pigmento delle loro cellule epidermiche lungo questo sistema di rotaie.

Negli animali, i microtubuli sono assemblati in strutture chiamate **centrosomi** (le piante ne sono normalmente prive e costruiscono i microtubuli in vari siti all'interno della cellula). Il centrosoma contiene due centrioli, visibili nella figura 9.

I centrioli danno luogo a strutture chiamate corpi basali, che a loro volta si allungano a costruire le estensioni che permettono ad alcune

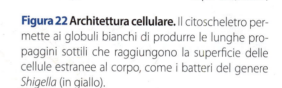

Figura 22 Architettura cellulare. Il citoscheletro permette ai globuli bianchi di produrre le lunghe propaggini sottili che raggiungono la superficie delle cellule estranee al corpo, come i batteri del genere *Shigella* (in giallo).

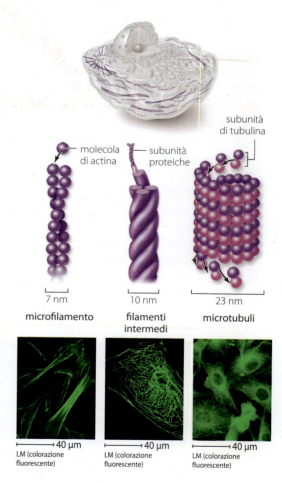

Figura 23 Componenti del citoscheletro. Il citoscheletro è composto da tre tipi di filamenti proteici, ordinati nella figura dal più sottile al più spesso. Le foto al microscopio confocale di cellule trattate con specifici marcatori fluorescenti mostrano filamenti di actina, filamenti intermedi e microtubuli.

Capitolo 3 **La cellula** 75

cellule di muoversi: le ciglia e i flagelli (figura 24).
Le **ciglia** sono corte e numerose, come in una frangia. Alcuni protisti, come i parameci, sono coperti da migliaia di ciglia che permettono loro di spostarsi in ambiente acquoso. Nel tratto respiratorio umano, il movimento coordinato delle ciglia forma un'onda che spinge le particelle in alto e all'esterno. I **flagelli** sono molto più grandi e sono presenti da soli o in coppie come nel caso dell'alga unicellulare del genere *Chlamydomonas* (figura 4). I flagelli assomigliano a code, e le loro oscillazioni, simili al movimento di una frusta, sospingono le cellule. Gli spermatozoi di molte specie animali, compresi gli esseri umani, sono dotati di flagelli.

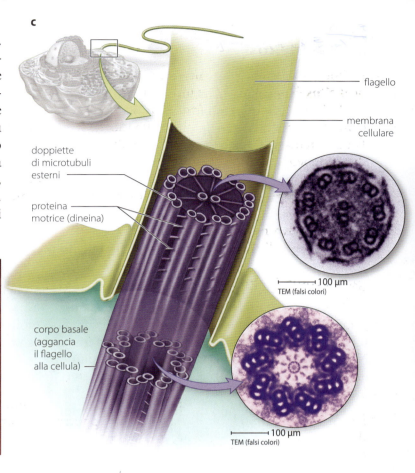

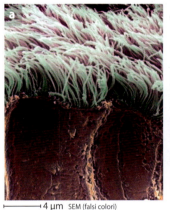 

Figura 24 I microtubuli spostano le cellule. (**a**) Queste ciglia rivestono il tratto respiratorio umano, dove con il loro movimento coordinato spingono verso l'alto le particelle di polvere, che possono così essere espulse. (**b**) I flagelli permettono agli spermatozoi umani maturi di muoversi. (**c**) Le proteine che formano le ciglia e i flagelli eucariotici hanno una caratteristica organizzazione a schema 9+2 di doppiette di microtubuli. Il corpo basale che dà origine a ciascun ciglio o flagello invece è costituito da un anello di triplette di microtubuli.

Rispondi in un tweet

20. Quali funzioni ha il citoscheletro?
21. Quali sono i componenti principali del citoscheletro?
22. Quali caratteristiche accomunano ciglia e flagelli? E in cosa differiscono?

Ecco perché Una cellula, due cellule, un miliardo di cellule

Di quante cellule è fatto un corpo umano? Per gli adulti la stima varia tra 10 000 e 100 000 miliardi, indicando che la questione è più complessa di quando si potrebbe pensare. Prima di tutto, il numero di cellule varia nel corso della vita: per esempio, il corpo di un bambino cresce perché il meccanismo della divisione cellulare aumenta il numero di cellule, e non perché le cellule esistenti si ingrandiscono. Poi non si conosce ancora un metodo per contarle tutte quante: le cellule del corpo hanno forme e dimensioni così diverse che è difficile stimarne il numero totale a partire da un piccolo campione di tessuto (figura **A**). Infine, le cellule nascono e muoiono continuamente, così che non si può parlare di un numero "fisso" di cellule del corpo. Un fatto davvero sorprendente è che nel nostro corpo le cellule non umane siano di gran lunga più numerose di quelle umane. Secondo le stime dei microbiologi, i batteri che vivono all'interno e sulla superficie di un corpo umano sono *dieci volte* più numerosi delle cellule umane! Anche se alcuni possono causare malattie, la maggior parte dei batteri presenti sulla pelle, nella bocca e nel tratto gastrointestinale è innocua o addirittura benefica. Questi numerosissimi ospiti invisibili ci aiutano a estrarre sostanze nutrienti dai cibi e a mantenerci sani.

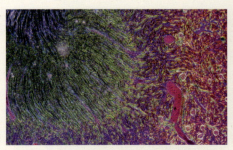

Figura A Quante ce ne sono? Quante cellule riesci a distinguere in questa sezione di tessuto renale osservata al microscopio?

3.6 Le cellule aderiscono e comunicano fra loro

Fino a ora abbiamo considerato le cellule come singole unità, ma gli organismi pluricellulari, inclusi piante e animali, sono composti da molte cellule che lavorano insieme. Che cosa permette a queste cellule di aderire le une alle altre in modo che il nostro corpo, o quello di una pianta, non si sciolga sotto un acquazzone? E come fanno le cellule che sono in contatto diretto a comunicare per coordinare azioni biologiche complesse come lo sviluppo e le risposte all'ambiente? Questo paragrafo descrive come le cellule vegetali e animali aderiscono tra loro e come le cellule vicine condividono i segnali.

A. La parete cellulare è robusta, flessibile e porosa

Le membrane cellulari di quasi tutti i batteri, archei, funghi, alghe e piante sono circondate da una parete cellulare. Ma in realtà la parete non è solo una barriera che delimita la cellula: le dà forma, ne regola il volume, impedisce che scoppi e interagisce con altre molecole per determinare la specializzazione di una cellula in un organismo complesso. Nelle piante, per esempio, una data cellula può diventare una radice, un germoglio o una foglia a seconda delle pareti cellulari con cui entra in contatto.

Una parete cellulare può essere composta di molti materiali. Quelle dei batteri sono composte di peptidoglicano (un polimero), mentre quelle dei funghi contengono il polisaccaride chitina. La maggior parte delle pareti cellulari vegetali è costituita da molecole di cellulosa organizzate in microfibrille, che si raggruppano e si attorcigliano in fibrille più grandi (figura 25), formando una struttura robusta. Altre molecole, come i polisaccaridi emicellulosa e pectina, incollano le cellule adiacenti rendendo l'insieme più forte e flessibile. Le pareti cellulari contengono anche glicoproteine, enzimi e altre proteine. Le cellule vegetali comunicano con le cellule loro vicine attraverso i **plasmodesmi**, tunnel che attraversano le pareti cellulari, mediante i quali il citoplasma, gli ormoni e alcuni organuli possono diffondersi nelle cellule contigue (figura 25).

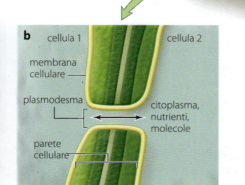

Figura 25 Parete cellulare vegetale. (a) La parete cellulare è costituita da microfibrille. (b) I plasmodesmi collegano il citoplasma di cellule adiacenti.

B. Le cellule animali sono collegate fra loro da diverse giunzioni

A differenza delle cellule vegetali, le cellule animali sono prive di pareti cellulari ma spesso secernono una complessa matrice extracellulare che le tiene unite e coordina diversi aspetti della vita cellulare. In altri tessuti animali, le membrane plasmatiche di cellule adiacenti sono tenute in diretto collegamento fra loro attraverso diversi tipi di giunzione (figura 26).

- Le **giunzioni occludenti** fondono in parte le membrane di cellule adiacenti, creando una barriera impermeabile. Alcune proteine ancorate alle membrane cellulari si saldano all'actina del citoscheletro, formando una sorta di tessuto trapuntato, come quelli che rivestono l'interno del tratto digestivo umano e i tubuli dei reni. Questo tipo di giunzione permette al corpo di controllare il movimento delle molecole idrosolubili, dato che nessun fluido può passare fra cellule adiacenti.

- I **desmosomi** connettono cellule vicine fissando i filamenti intermedi del citoscheletro in un punto, come un bottone automatico. Queste giunzioni, presenti nei tessuti sottoposti a forti trazioni come l'epidermide, ancorano le cellule alla matrice extracellulare.

- Le **giunzioni serrate** sono canali proteici che mettono in collegamento il citoplasma di cellule adiacenti permettendo lo scambio di ioni, sostanze nutritive e altre piccole molecole. Hanno funzione analoga a quella dei plasmodesmi nelle piante. Per esempio, le giunzioni serrate collegano fra loro le cellule cardiache favorendone la contrazione simultanea.

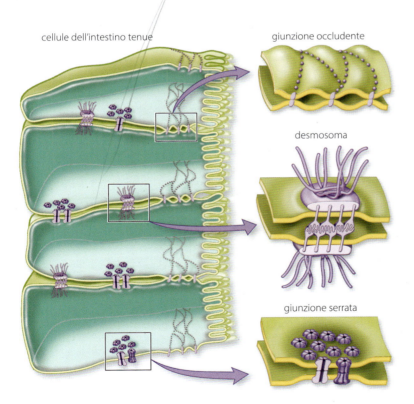

Figura 26 Giunzioni cellulari. Nelle cellule animali sono presenti tre tipi di giunzioni. Le giunzioni occludenti fondono insieme le membrane di cellule vicine, i desmosomi formano punti di saldatura che tengono unite le membrane, e le giunzioni serrate permettono a molecole di piccole dimensioni di spostarsi fra cellule adiacenti.

Rispondi in un tweet

23. Che funzioni hanno le pareti cellulari?
24. Qual è la composizione chimica di una parete cellulare vegetale?
25. Cosa sono i plasmodesmi?
26. Descrivi i tre tipi di giunzione che collegano le cellule animali.

Tavola 1 Struttura e funzione degli organuli eucariotici

Organulo		Struttura	Funzioni	Cellule vegetali?	Cellule animali?
Nucleo		Sacco perforato contenente DNA, proteine e RNA; avvolto da una doppia membrana	Separa il DNA dal resto della cellula; sito della prima fase della sintesi proteica; il nucleolo produce le subunità ribosomiche	Sì	Sì
Ribosoma		Due subunità globulari composte da RNA e proteine	Sito della sintesi proteica	Sì	Sì
Reticolo endoplasmatico ruvido		Rete di membrane costellate di ribosomi	Produce proteine destinate alla secrezione	Sì	Sì
Reticolo endoplasmatico liscio		Rete di membrane prive di ribosomi	Sintetizza i lipidi; rimuove le tossine di farmaci e veleni	Sì	Sì
Apparato di Golgi		Pile di sacche piatte e membranose	Impacchetta i materiali da secernere; produce lisosomi	Sì	Sì
Lisosoma		Sacco contenente enzimi digestivi; avvolto da una membrana singola	Demolisce e ricicla componenti del cibo, particelle estranee, batteri nemici e organuli danneggiati	Di rado	Sì
Vacuolo centrale		Sacco contenente acqua, enzimi, acidi, pigmenti idrosolubili e altri soluti; avvolto da una membrana singola	Produce il turgore; ricicla il contenuto della cellula; contiene pigmenti	Sì	No
Perossisoma		Sacco contenente enzimi, che spesso formano cristalli di proteine visibili; avvolto da una membrana singola	Degrada le tossine; demolisce gli acidi grassi; elimina il perossido di idrogeno	Sì	Sì
Cloroplasto		Due membrane che racchiudono pile di sacche di membrana, le quali contengono pigmenti fotosintetici ed enzimi; contiene DNA e ribosomi	Produce una sostanza nutritiva (il glucosio) attraverso la fotosintesi	Sì	No
Mitocondrio		Una membrana esterna racchiude una membrana interna ripiegata in creste; contiene DNA e ribosomi	Estrae energia dal cibo attraverso la respirazione cellulare	Sì	Sì
Citoscheletro		Rete di filamenti e tubuli proteici	Trasporta gli organuli all'interno della cellula; mantiene la forma cellulare; è alla base di flagelli e ciglia; collega cellule adiacenti	Sì	Sì
Parete cellulare		Barriera porosa composta da cellulosa e altre sostanze (nei vegetali)	Protegge la cellula; fornisce sostegno; collega cellule adiacenti	Sì	No

Organizzazione delle conoscenze

Capitolo 3 — La cellula

La cellula: ricapitoliamo

Rispondi alle domande che seguono facendo riferimento alla mappa, al riepilogo visuale e ai contenuti del capitolo.

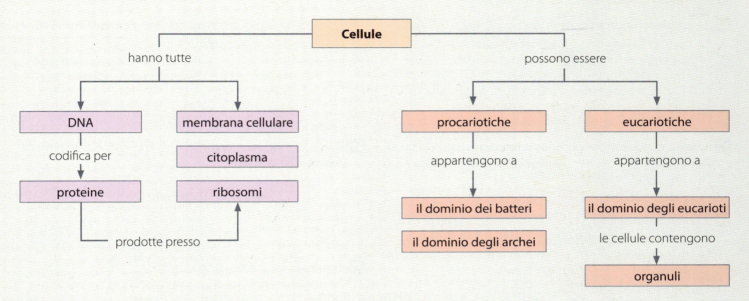

1. Una cellula eucariotica contiene diverse strutture: quali sono le loro funzioni?
2. Guarda la figura: dove è possibile localizzare i ribosomi?
3. Guarda la mappa: in che modo potresti mettere in relazione le proteine e il citoscheletro?
4. Aggiungi alla mappa i tre principali componenti del citoscheletro.
5. Quali sono le differenze tra i domini dei batteri e degli archei?
6. Inserisci nella mappa nucleo, mitocondri, cloroplasti.
7. Quali sono le differenze tra la cellula batterica e la cellula eucariotica?
8. Indica nella figura i mitocondri, i flagelli, il nucleolo.
9. Aggiungi alla mappa i termini lisosoma, apparato di Golgi e vacuolo.
10. Quali tipi di cellule hanno una parete cellulare? Descrivi la funzione di questa struttura.

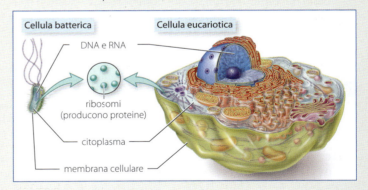

Il glossario di biologia

11. Costruisci il tuo glossario bilingue di biologia, completando la tabella seguente con la traduzione italiana o inglese dei termini proposti.

Termine italiano	Traduzione inglese	Termine italiano	Traduzione inglese
Eucarioti		Vescicola	
Nucleo		Involucro nucleare	
	Fluid mosaic model	Mitocondri	
	Rough endoplasmic reticulum		*Photosynthesis*
	Lysosome		*Cytoskeleton*
Apparato di Golgi			*Tight junction*
	Cell wall	Procarioti	
Reticolo endoplasmatico liscio			*Peroxisome*

Autoverifica delle conoscenze

Dalle cellule ai vertebrati

Simula la parte di biologia di una prova di accesso all'università. Rispondi ai test 12-26 in 25 minuti e calcola il tuo punteggio in base alle soluzioni che trovi alla fine del libro. Considera: 1,5 punti per ogni risposta esatta; -0,4 punti per ogni risposta sbagliata; 0 punti per ogni risposta non data. Trovi questi test anche in versione interattiva sul ME•book.

12 Le cellule sono considerate le più piccole unità della vita…
- A perché è necessario un microscopio per vederle
- B perché la cellula è l'oggetto più piccolo capace di svolgere tutte le funzioni della vita
- C perché le cellule hanno una struttura organizzata
- D perché tutte le cellule contengono un nucleo con il DNA
- E perché sono più piccole di un virus

13 Quale tra i seguenti componenti non si trova in tutte le cellule?
- A Proteine
- B Ribosomi
- C Parete cellulare
- D Membrana cellulare
- E DNA

14 La membrana cellulare è definita a *mosaico fluido* perché:
- A è presente acqua nella membrana
- B la membrana è costituita da lipidi e proteine che possono muoversi
- C forma un doppio strato
- D le proteine di trasporto consentono il movimento di molecole idrosolubili
- E può sciogliersi in acqua

15 Una proprietà che distingue le cellule appartenenti al dominio dei batteri da quelle del dominio degli eucarioti è la presenza di:
- A parete cellulare
- B DNA
- C flagelli
- D organuli avvolti da membrane
- E membrana cellulare

16 Quali dei seguenti organuli sono associati alla funzione di digestione cellulare?
- A I lisosomi e i perossisomi
- B L'apparato e le vescicole di Golgi
- C Il nucleo e il nucleolo
- D Il reticolo endoplasmatico liscio e ruvido
- E I mitocondri

17 Quale dei seguenti componenti della cellula eucariotica NON è delimitato da membrana?
- A Il ribosoma
- B Il mitocondrio
- C Il lisosoma
- D Le cisterne del reticolo endoplasmatico
- E Il nucleo

18 In una cellula, quale dei seguenti elementi ha le dimensioni più piccole?
- A L'involucro nucleare
- B Una molecola fosfolipidica
- C La membrana cellulare
- D Un mitocondrio
- E Un ribosoma

19 I desmosomi sono stabilizzati da filamenti intermedi. Cos'altro serve alle cellule per formare i desmosomi?
- A La parete cellulare
- B La matrice extracellulare
- C Una proteina recettore
- D I plasmodesmi
- E I lisosomi

20 Quale tra le seguenti affermazioni sui plasmodesmi è VERA?
- A Impediscono al citoplasma di trasferirsi tra cellule vicine
- B Sono importanti per la formazione delle giunzioni serrate
- C Possono spostarsi liberamente nel citoplasma oppure legarsi alla membrana
- D Permettono alle cellule vegetali di comunicare tra loro
- E Si trovano in tutte le cellule eucariotiche

21 Quale dei seguenti organuli non appartiene al sistema di membrane interne?
- A L'apparato di Golgi
- B Il reticolo endoplasmatico ruvido
- C Il reticolo endoplasmatico liscio
- D I mitocondri
- E I lisosomi

22 I perossisomi sono organuli cellulari:
- A sede di alcune reazioni di ossidazione
- B presenti in eucarioti e procarioti
- C principale sede della digestione cellulare
- D dotati di genoma proprio
- E non delimitati da membrana

23 Dall'osservazione al microscopio ottico di una cellula si nota che in essa sono presenti mitocondri e ribosomi insieme ad altri organuli. Si può sicuramente escludere che si tratti:
- A di un batterio in forte attività metabolica
- B di una cellula vegetale con attività fotosintetica
- C del micelio di un fungo del terreno
- D di una cellula di calamaro gigante
- E della cellula di un lievito usato per la panificazione

24 Quale delle seguenti affermazioni è ERRATA?
- A La cellula procariotica contiene mitocondri
- B Nella cellula procariotica esternamente alla membrana è presente una parete cellulare
- C Il cromosoma della cellula procariotica è costituito da DNA circolare a doppia elica
- D I procarioti non hanno un nucleo
- E I procarioti hanno membrana plasmatica

25 Quale processo cellulare è coinvolto nella produzione di molecole di mRNA specifiche del latte?
- A Sintesi di proteine
- B Digestione
- C Sintesi di lipidi
- D Respirazione cellulare
- E Produzione di energia

26 Quale caratteristica chimica dei fosfolipidi è fondamentale per la formazione della membrana cellulare?
- A L'atomo di azoto caricato positivamente
- B Il legame covalente tra il gruppo fosfato e il glicerolo
- C Il ripiegamento della coda di acidi grassi
- D La testa idrofila e le code idrofobe
- E La carica negativa del gruppo fosfato

Verso l'ammissione all'università — Attività

Sviluppo delle competenze

Capitolo 3 La cellula

27 Lessico Elenca le caratteristiche comuni a tutte le cellule, poi individua tre strutture che si trovano nelle cellule eucariotiche ma non nei batteri e negli archei.

28 Relazioni Se una cellula eucariotica si può paragonare a una *casa*, in che senso una cellula procariotica è come un *loft*?

29 Fare connessioni logiche Perché gli organismi più grandi sono composti di molte cellule piccole e non di poche cellule grandi?

30 Formulare ipotesi Immagina di trovare un campione di cellule sulla scena di un crimine: quali criteri potresti utilizzare per determinare se le cellule sono procariotiche, vegetali o animali?

31 Interpretare immagini Uno stesso organismo può essere osservato con diversi tipi di microscopi, che forniscono immagini differenti. Osservando le quattro foto dell'alga unicellulare *Chlamydomonas* prova a riconoscere quale microscopio è stato utilizzato per ottenere ciascuna di esse. Quali elementi ti hanno aiutato a distinguere i microscopi utilizzati?

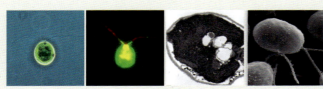

32 Acquisire informazioni Diversi studiosi, tra il XVII e il XIX secolo, hanno contribuito con le loro scoperte alla formulazione della teoria cellulare. Scegli uno di loro e dopo aver fatto una breve ricerca in biblioteca o su internet scrivi un approfondimento sulla sua attività. Quale metodo sperimentale ha utilizzato lo scienziato per confermare la sua scoperta?

33 Inglese The following organelles are involved in processing amino acids into glycoprotein: 1) Golgi apparatus, 2) Ribosome, 3) Rough endoplasmic reticulum. Which sequence is correct for this process?

- A 2 → 3 → 1
- B 1 → 3 → 2
- C 2 → 1 → 3
- D 3 → 1 → 2
- E 1 → 2 → 3

34 Inglese The diagram below represents the fluid mosaic model of the cell (surface) membrane. Only two of the labelled molecules have both hydrophobic and hydrophilic areas. Which two molecules are they?

- A P and Q
- B P and T
- C R and S
- D S and T
- E Q and R

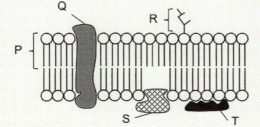

35 Metodo scientifico Un tuo amico sostiene che l'uovo di struzzo sia la cellula più grande, ma tu sei scettico sul fatto che una cellula possa essere così grande. Se tu avessi a disposizione un uovo di struzzo e un microscopio ottico, quali caratteristiche cercheresti per risolvere la questione?

36 Comunicare Descrivi come le cellule animali usano le giunzioni cellulari in modi diversi.

37 Scienza e società Nel 2007, il biologo statunitense Craig Venter ha progettato e sintetizzato un cromosoma artificiale, basato su DNA batterico. Tre anni più tardi Venter ha annunciato al mondo di aver creato la vita artificiale, ossia un batterio costruito interamente in laboratorio. Questa affermazione è stata contestata da altri scienziati.

a. Oltre al cromosoma batterico artificiale, di quali altri ingredienti avrebbe bisogno uno scienziato per riprodurre un batterio in laboratorio?

b. Craig Venter ha depositato un brevetto per la sua scoperta: è giusto secondo te che un elemento biologico sia brevettato? Perché?

c. Ti vengono in mente alcuni benefici o problemi etici legati alla possibilità di creare la vita artificiale?

38 Metodo scientifico

Gli Archaea essenziali per il ciclo dell'azoto

Questi microrganismi, che costituiscono un regno a sé, sopravvivono nelle profondità oceaniche, senza luce e con poco carbonio, sfruttando concentrazioni anche bassissime di ammoniaca.
Grazie alla loro capacità di utilizzare l'ammoniaca, gli Archaea rivestono un ruolo cruciale nel ciclo globale dell'azoto e di conseguenza anche nell'ecologia del pianeta. È questo il risultato pubblicato sulla rivista *Nature* a firma di un gruppo di ricercatori dell'Università di Washington guidati da David Stahl.
Gli Archaea, furono scoperti solo trent' anni fa e al momento la loro presenza è ben documentata solo in ambienti estremi, come le bocche idrotermali, anche se si ipotizza che siano diffusi in un'ampia varietà di ambienti diversi.

(Le Scienze, 1 ottobre 2009)

a. Dopo aver letto l'articolo, determina se le seguenti affermazioni sono vere o false.
- Soltanto gli archei si nutrono di azoto V F
- L'ecologia del pianeta dipende in parte dall'attività degli archei V F
- L'ammoniaca è nociva per gli archei, per questo vivono a basse concentrazioni di questa sostanza V F
- Soltanto gli archei vivono in ambienti estremi V F

b. Quale delle seguenti domande non trova risposta nei dati scientifici? Perché?
- Qual è la più bassa concentrazione di ammoniaca a cui possono vivere organismi viventi?
- Qual è l'impatto dell'attività degli archei sull'ecologia del pianeta?
- Perché gli archei non sono stati scoperti prima?
- Come fanno gli archei a vivere a basse concentrazioni di ammoniaca?
- Qual è l'effetto dell'ammoniaca sugli organismi viventi?

c. Perché gli esseri umani non potrebbero vivere in un ambiente simile a quello descritto nell'articolo?

Laboratori di biologia

Al microscopio: la composizione chimica della cellula

40 **Laboratorio** Leggi il protocollo e guarda il filmato sul ME•book; poi, con l'aiuto dell'insegnante, prova a riprodurre questa esperienza in laboratorio.

Prerequisiti
La cellula e i suoi componenti. Le molecole organiche. Il microscopio.

Obiettivi
Comunicare le scienze naturali nella madrelingua. Metodo scientifico.

Contesto
In questo capitolo hai imparato come sono organizzate le cellule vegetali e animali, e quali sono le loro principali differenze. Tu stesso puoi osservare le loro caratteristiche, con un semplice microscopio ottico e alcune sostanze coloranti.

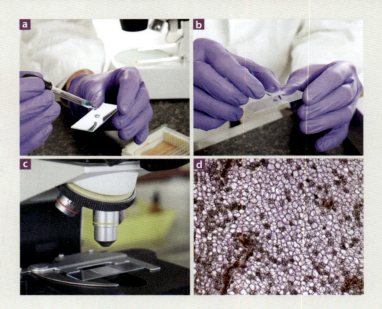

Materiali
- Microscopio ottico
- 8 vetrini porta-oggetti e vetrini copri-oggetti
- Bisturi e pinzette
- Stuzzicadenti
- Dimetilsolfossido (DMSO)
- Ioduro di Potassio o reattivo di Lugol (per colorare l'amido)
- Soluzione di Sudan IV (per colorare i lipidi)
- Reagente biureto (per colorare le proteine)
- Soluzione di ematossilina (per colorare gli acidi nucleici)
- Contagocce
- Patate

Procedimento
Per prima cosa devi preparare i vetrini. Taglia quattro sottili fette di patata, e sistema ciascuna con le pinzette su un vetrino porta-oggetti **a**. Passa poi alle cellule della mucosa della bocca: facendo molta attenzione, strofina con delicatezza lo stuzzicadenti all'interno della bocca, e poi strisciato su altri quattro vetrini porta-oggetti. Aggiungi una goccia di DMSO su ciascun campione.
Poi aggiungi i coloranti, partendo dai vetrini con le fette di patata: il primo vetrino riceverà una goccia di ioduro di potassio, il secondo due gocce di soluzione Sudan IV, il terzo due gocce di reagente biureto, e infine l'ultimo due gocce di soluzione di ematossilina. Ripeti lo stesso procedimento con i vetrini su cui hai strisciato le cellule della mucosa **b**. Dopo aver aspettato un minuto, puoi coprire i preparati con i vetrini copri-oggetti e sistemarli sotto il microscopio **c**. A questo punto comincia l'osservazione **d**.

Attenzione!
Quando sei in laboratorio devi fare attenzione a maneggiare in modo corretto gli strumenti e i materiali. Segui sempre le regole di sicurezza del laboratorio e le indicazioni dell'insegnante.

Analisi dei dati
I vetrini sono sotto al microscopio: che cosa vedi? Per ciascun vetrino, descrivi le strutture messe in evidenza dalle colorazioni. Prova anche a disegnare quello che vedi.

Conclusioni
Da quello che hai osservato, in cosa si distinguono le cellule vegetali da quelle animali? Queste differenze erano quelle che ti aspettavi da quanto hai imparato nel capitolo? Confronta le tue osservazioni con quelle dei compagni: noti qualche differenza? A cosa può essere dovuta?

Autovalutazione
Qual è stata la maggiore difficoltà che hai incontrato?
Pensi che sia più facile lavorare da solo o in un piccolo gruppo per un esperimento di questo tipo?
Saresti capace di istruire qualcuno a ripetere l'esperimento?

A ogni funzione la sua cellula: un atlante di citologia

41 **Immaginario** Leggi la scheda del film e metti alla prova le tue competenze con l'attività proposta.

Prerequisiti
La cellula. I microscopi.

Competenze attivate
Comunicare le scienze naturali nella madrelingua. Metodo scientifico. Competenze digitali.

Contesto – Il film *GATTACA La porta dell'universo*
Film: *GATTACA*, Andrew Niccol (1997) – Fantascienza, 106'
Trama: In un futuro non troppo lontano è possibile programmare il DNA di un bambino selezionandone i caratteri genetici prima che venga al mondo. Coloro che nascono senza l'aiuto di un genetista sono chiamati "non validi" e relegati ai margini della società. Tra loro c'è Vincent Anton Freeman, frutto di una gravidanza naturale, che sogna un destino diverso da quello previsto per lui. La massima aspirazione di Vincent è lavorare per il centro aerospaziale GATTACA, diventare un cosmonauta e raggiungere Titano. L'unico modo per realizzare il suo sogno è assumere l'identità di un "valido", Jerome Eugene Morrow, fini-

Capitolo 3   **La cellula**   83

to sulla sedia a rotelle e suo complice. Per Vincent inizia così un periodo di trasformazione fisica, in cui mette in atto ogni espediente per limitare al massimo la perdita di DNA non valido attraverso una continua sostituzione di sangue, urine, capelli e persino di cellule della pelle. Ma, in procinto di partire per il viaggio nello spazio, Vincent viene sospettato dell'omicidio del direttore di missione e la sua identità rischia di essere compromessa...

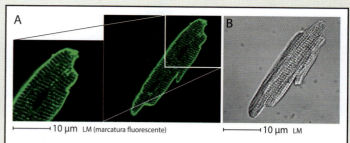

Fig. 1 – Cellula muscolare cardiaca di topo.
La foto (**A**) è stata ottenuta al microscopio confocale utilizzando una marcatura fluorescente. Il riquadro rappresenta un particolare ingrandito. La foto (**B**) è stata ottenuta osservando la stessa cellula al microscopio composto.
L'immagine è contenuta nell'articolo Wu C-YC, Jia Z, Wang W, Ballou LM, Jiang Y-P, et al. (2011) PI3Ks Maintain the Structural Integrity of T-Tubules in Cardiac Myocytes. PLoS ONE 6(9):e24404. doi:10.1371/journal.pone.0024404

Dall'immaginario alla pratica
Il protagonista del film afferma: «Perdiamo circa 500 milioni di cellule al giorno...». Possiamo fidarci di lui?
Se osservassi con un microscopio ogni singolo anfratto del tuo corpo potresti riconoscere ben 200 tipi diversi di cellule, ciascuno specializzato in particolari funzioni che a loro volta conferiscono determinate strutture alle cellule. Per esempio, le cellule del tessuto adiposo, gli adipociti, sono tonde perché presentano grosse gocce di lipidi al loro interno, mentre una cellula nervosa come il neurone motorio presenta lunghe estroflessioni che le permettono di raggiungere i muscoli che dovrà stimolare.
Se con l'aiuto di un conta cellule potessi contare tutte quelle che compongono un adulto di media corporatura, arriveresti a circa 100 000 miliardi. Questo valore non è fisso, ma rimane più o meno costante grazie a continui processi di replicazione e morte cellulare. Alcuni tipi di cellule però si rinnovano più velocemente di altre: una cellula muscolare cardiaca potrebbe non essere mai rimpiazzata, la vita media di un globulo rosso è di circa 120 giorni, mentre una cellula epiteliale muore e viene sostituita in soli 20 giorni.

Procedimento
La branca della biologia che studia la cellula dal punto di vista strutturale e funzionale si chiama **citologia**. Ogni citologo che si rispetti consulta regolarmente l'atlante di citologia e istologia, una collezione di foto al microscopio di tutti i tipi cellulari e tessuti che compongono il corpo umano. In questi album ogni immagine è accompagnata da una didascalia che riporta la tecnica di colorazione del tessuto, il microscopio utilizzato, l'ingrandimento con cui è stata catturata e il tipo di tessuto o cellula rappresentati. Prova a realizzarne uno.
Se non hai a disposizione un laboratorio di citologia e istologia in cui allestire i preparati cellulari o tissutali da osservare e fotografare al microscopio, potrai scaricare le immagini dal web.
Prendendo spunto da GATTACA, seleziona una decina di tipi cellulari diversi, traduci i loro nomi scientifici in inglese e usa questi termini come parole chiave per una ricerca nel sito di PLoS. Per esempio: inserendo nel campo di ricerca la parola *myocyte* (miocita, o cellula muscolare) appariranno tutti gli articoli scientifici sul tipo cellulare selezionato; potrai consultarli e accedere a numerose fotografie con le quali realizzare l'atlante. Le informazioni riguardanti ciascuna foto ti serviranno per scrivere le didascalie come nell'esempio che segue.

Attenzione!
Controlla il copyright! Una fonte di immagini liberamente scaricabili e modificabili è rappresentata dalla rivista scientifica *PLoS* (Public Library of Science). Non dimenticarti di citare la fonte: ogni articolo di *PLoS* ha in prima pagina la "voce" *citation*, che ti fornirà il riferimento bibliografico da riportare per intero nella didascalia.

Sitografia
- Atlante di istologia, Sezione di Istologia del Dipartimento di Medicina Sperimentale dell'Università di Genova: www.istologia.unige.it
- Atlante di citologia e istologia, Dipartimento di Scienze della vita e Biologia dei sistemi dell'Università di Torino: www.atlanteistologia.unito.it
- Sito web della rivista *PLoS*: www.plos.org

Conclusioni
Ora che disponi del tuo atlante di citologia fai un elenco delle cellule e dei tessuti che possiamo disperdere nell'ambiente giorno dopo giorno. Corrispondono a quelli indicati nel film? Lo sceneggiatore ha dimenticato qualcosa? Quali sono le cellule che una volta perse non possono essere rimpiazzate?

Autovalutazione
Qual è stata la maggiore difficoltà che hai incontrato nella realizzazione dell'atlante?
Quale aspetto del lavoro potrebbe essere migliorato?

La dinamica dei mitocondri

42 Biologia in evoluzione

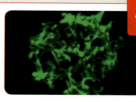

Una recente ricerca dell'Istituto Telethon Dulbecco di Padova ha accertato che i mitocondri sono organelli dinamici, la cui morfologia cambia e si evolve in relazione alle diverse funzioni che sono chiamati a svolgere.
- Cos'è la dinamica mitocondriale?
- In quali funzioni dei mitocondri è coinvolta?

Per rispondere alle domande clicca sull'icona e segui le istruzioni.

▲ Il corpo di una ventenne produce il doppio degli enzimi di una settantenne.

▲ Il metabolismo dei bradipi è tanto lento da renderli i mammiferi con la temperatura corporea più bassa.

▼ Gli organismi termofili sono caratterizzati da enzimi che funzionano a 80 °C.

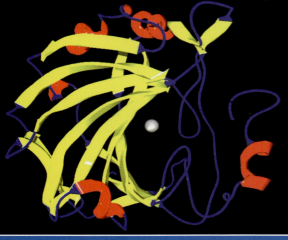

▲ Uno degli enzimi più "veloci" è l'anidrasi carbonica, che catalizza circa 105 reazioni al secondo.

▲ L'effetto "invecchiato" di alcuni jeans è ottenuto attraverso un trattamento enzimatico del tessuto.

▲ L'incapacità di digerire il latte è una sindrome geneticamente determinata dalla mancata produzione dell'enzima lattasi.

4 Gli scambi di energia

«Vorrei avere il tuo metabolismo!» è un'esclamazione molto diffusa. Qual è il significato biochimico della parola metabolismo?

Spesso associamo al termine metabolismo la capacità di bruciare i cibi. Da un punto di vista biologico, invece, il metabolismo è l'insieme di reazioni chimiche che contribuiscono a sintetizzare e degradare molecole in ogni cellula di un organismo. In realtà entrambe le definizioni sono giuste. Il cibo è bruciato durante le reazioni di degradazione per produrre energia indispensabile per le reazioni di sintesi.

Ciascuno di noi ha bisogno ogni giorno di un apporto minimo di energia, e quindi di cibo, per garantire battito cardiaco, respiro, mantenimento della temperatura, attività cerebrale. Altri parametri come lo sport, l'età, il sesso e il peso possono condizionare il nostro metabolismo. In questo capitolo troveremo tutte le informazioni utili a comprendere il metabolismo e quindi come la cellula organizza, regola e alimenta le reazioni chimiche che sostengono la nostra vita.

A CHE PUNTO SIAMO

30%

Le conoscenze finora acquisite su molecole organiche e strutture cellulari ci serviranno come base per approfondire in questo capitolo i concetti di energia e trasporto a livello cellulare. Lo studio degli scambi di energia e la conoscenza dei "mezzi di trasporto" di una cellula ci aiuteranno a comprendere gli argomenti che affronteremo nei capitoli successivi, e a mettere in relazione omeostasi e funzioni cellulari.

4.1 Tutte le cellule usano l'energia che proviene dall'ambiente

Siamo in ritardo. Non abbiamo sentito la sveglia, non c'è tempo per fare colazione e ci aspetta un'intera mattina di scuola. Prendiamo al volo una barretta di cereali e corriamo verso la fermata dell'autobus. Perché ci serve energia per affrontare una giornata di studio?

A. L'energia permette alle cellule di compiere lavoro

I fisici definiscono **energia** la capacità di compiere un lavoro, cioè, nel nostro contesto, di spostare materia. Sembra un'idea astratta, ma è fondamentale anche in biologia. Gli esseri viventi hanno bisogno di modificare la configurazione degli atomi che li compongono e scambiare sostanze attraverso le membrane in modo preciso. Questi movimenti rappresentano lavoro e richiedono energia.

In tutti gli organismi una cellula lavora in ogni istante su scala microscopica. Per esempio, una cellula vegetale lega le molecole di glucosio per formare lunghe fibre di cellulosa, sposta ioni attraverso le sue membrane e compie migliaia di altre azioni tutte nello stesso istante. Allo stesso modo, una pecora bruca l'erba per acquisire energia che le permetterà di svolgere il suo lavoro cellulare, e un lupo mangerà quella pecora per la stessa ragione.

L'energia totale contenuta in un oggetto qualunque è la somma delle due forme che può assumere: energia potenziale ed energia cinetica (figura 1 e tabella 1). L'**energia potenziale** è energia immagazzinata e disponibile per compiere lavoro. Un ciclista in cima a una collina è un esempio di sistema con elevata energia potenziale. Allo stesso modo, la benzina – o la barretta di cereali che abbiamo mangiato – contengono energia potenziale immagazzinata nei legami chimici delle molecole che le compongono.

Tabella 1 L'energia nella biologia

Tipo di energia	Esempi
Energia potenziale	Energia chimica (conservata nei legami chimici)
	Gradiente di concentrazione attraverso una membrana
Energia cinetica	Luce
	Suono
	Movimento di atomi e molecole
	Contrazione muscolare

Figura 1 Energia potenziale ed energia cinetica. Quando i muscoli del ciclista lo spingono in cima alla collina, l'energia potenziale contenuta nei legami chimici del cibo che l'uomo ha consumato è trasformata in energia cinetica. Durante la discesa, l'energia potenziale gravitazionale si trasforma in energia cinetica e il ciclista scende senza sforzo.

L'**energia cinetica** si utilizza per compiere lavoro; ogni oggetto in movimento possiede energia cinetica, come il ciclista che scende dalla collina nella figura 1 nella pagina precedente. Anche i pistoni che si muovono, un autobus in corsa e i muscoli che si contraggono sono dotati di energia cinetica, così come la luce e il suono. All'interno di una cellula, ogni molecola è caratterizzata da energia cinetica: in effetti, tutte le reazioni chimiche necessarie alla vita dipendono dalle collisioni fra molecole che si muovono, e molte sostanze escono ed entrano nella cellula solo per movimento casuale.

Una delle unità di misura dell'energia è la caloria. Una **caloria** (cal) è la quantità di energia necessaria per alzare la temperatura di 1 grammo di acqua da 14,5 °C a 15,5 °C. Il contenuto energetico del cibo è solitamente misurato in **kilocalorie** (kcal), che equivalgono a 1000 calorie. Una barretta di cereali contiene circa 150 kcal di energia potenziale conservata nei legami chimici dei suoi ingredienti: carboidrati, proteine e lipidi.

B. I principi della termodinamica descrivono i trasferimenti di energia

La termodinamica è lo studio delle trasformazioni dell'energia. I primi due princìpi della termodinamica descrivono le trasformazioni di energia necessarie alla vita ma che riguardano anche il mondo dei non-viventi. I princìpi si applicano a tutte le trasformazioni di energia: la combustione della benzina nel motore di una macchina, un pezzo di legno che brucia o una cellula che degrada il glucosio.

Il **primo principio della termodinamica** riguarda la conservazione dell'energia: l'energia non si crea né si distrugge, ma può essere trasformata in altre forme di energia. Questo principio implica che la quantità totale di energia presente nell'Universo è costante.

Ogni aspetto della vita è caratterizzato dalla trasformazione di energia da una forma all'altra (figura 2).

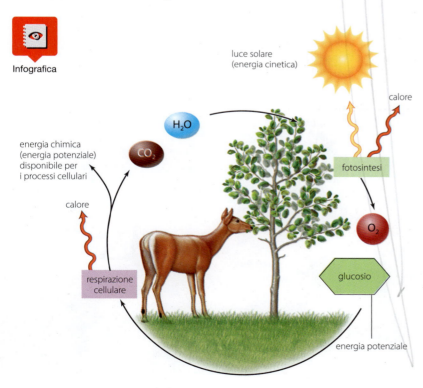

Figura 2 L'energia può assumere molte forme. Nella fotosintesi, le piante trasformano l'energia cinetica della luce solare in energia potenziale contenuta nei legami chimici del glucosio. La respirazione, invece, rilascia l'energia potenziale dello zucchero. Ogni passo di questo processo è accompagnato da una dispersione di calore.

Le più importanti trasformazioni di energia sono la fotosintesi e la respirazione cellulare. Nella fotosintesi, le piante e alcuni microrganismi usano il diossido di carbonio, l'acqua e l'energia cinetica del Sole per costruire molecole di glucosio. I carboidrati sintetizzati attraverso la fotosintesi contengono energia potenziale nei loro legami chimici. Durante la respirazione cellulare, le molecole di glucosio sono degradate a diossido di carbonio e acqua, rilasciando l'energia necessaria alla vita. Le cellule trasformano l'energia potenziale del glucosio in energia cinetica utile per compiere lavoro.

La maggior parte degli organismi ottiene energia dalla luce solare in maniera diretta attraverso la fotosintesi, o indiretta, alimentandosi di altri organismi. Anche l'energia potenziale dei combustibili fossili ha la medesima origine. Solo poche specie di microrganismi estraggono energia potenziale dai legami chimici delle molecole inorganiche, per poi sintetizzare i composti organici di cui hanno bisogno e che altri organismi potranno consumare.

Il **secondo principio della termodinamica** afferma che tutte le trasformazioni di energia sono inefficienti, perché ogni reazione disperde una parte di energia sotto forma di calore.

Se mangiamo una barretta di cereali, le cellule usano l'energia potenziale conservata nei suoi legami chimici per fabbricare proteine, dividersi o compiere qualche altra forma di lavoro. Per il secondo principio della termodinamica, ogni reazione chimica disperde una parte di energia sotto forma di calore. Questa perdita è irreversibile e l'energia termica dispersa non assumerà nessuna altra forma utile.

Se consideriamo che il calore è disordine e che parte dell'energia finisce per trasformarsi in calore, possiamo dedurre che tutte le trasformazioni di energia portano a un aumento complessivo del caos. L'**entropia** è un indice del disordine. In generale, più è disordinato un sistema, maggiore è la sua entropia (figura 3).

L'elevato grado di organizzazione e complessità degli esseri viventi sembrerebbe sfidare la seconda legge della termodinamica. Questa violazione sarebbe giustificata sole se gli organismi fossero sistemi chiusi o isolati, ma non è così. Da un punto di vista termodinamico, gli esseri viventi possono essere considerati sistemi aperti in stato stazionario dinamico, ben lontani da una condizione di equilibrio. Infatti, lo scambio di energia e materia con l'ambiente esterno è continuo e permette loro di conservare l'organizzazione e rimanere in vita. Il secondo principio della termodinamica, infatti, prevede che gli organismi possano aumentare la loro complessità *solo se qualcos'altro riduce la propria complessità in misura maggiore*. In conclusione, la vita rimane ordinata e complessa perché il Sole fornisce energia alla Terra, mentre l'entropia dell'intero Universo, Sole e Terra compresi, continua ad aumentare.

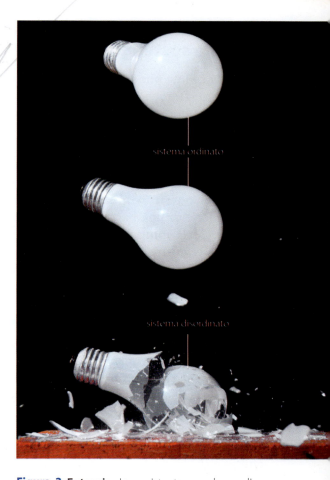

Figura 3 Entropia. In un istante, una lampadina ben organizzata si trasforma in vetro rotto e frammenti di metallo. L'entropia è aumentata in maniera irreversibile; anche se provassimo nuovamente a gettare a terra il vetro e il metallo, i pezzi non si ricomporranno mai a formare una lampadina.

Rispondi in un tweet

1. Elenca alcuni esempi del lavoro compiuto da una cellula.
2. Spiega perché il corpo umano è dotato di energia sia potenziale sia cinetica.
3. Enuncia i primi due principi della termodinamica.
4. Perché l'entropia dell'Universo è in aumento?

4.2 Le reazioni chimiche sono interconnesse e sostengono la vita

Anche la cellula più semplice è impegnata in un numero sconcertante di reazioni chimiche. Migliaia di reagenti e prodotti sono coinvolti in processi metabolici (o vie metaboliche) così intricati da assomigliare a complicate mappe stradali.

Il **metabolismo** rappresenta l'insieme di tutte le reazioni chimiche che avvengono in una cellula, comprese quelle che sintetizzano nuove molecole o degradano quelle esistenti. Ogni reazione assembla atomi per formare nuovi composti, assorbendo o rilasciando energia. Per esempio la digestione di una barretta di cereali, e il successivo utilizzo dei carboidrati che la compongono come carburante per i muscoli, sono tutti processi del nostro metabolismo. Così come la fotosintesi rappresenta solo una parte del metabolismo dell'erba che calpestiamo mentre andiamo di fretta a scuola.

A. Le reazioni chimiche assorbono o rilasciano energia

In base al fabbisogno energetico, le reazioni metaboliche si dividono in due gruppi: endotermiche ed esotermiche (figura 4).
Una **reazione endotermica** richiede un apporto di energia dall'esterno, perché i prodotti contengono più energia potenziale dei reagenti. Di solito questo tipo di reazioni producono molecole complesse partendo da composti più semplici.
La fotosintesi è un esempio di reazione endotermica: il suo prodotto, il glucosio ($C_6H_{12}O_6$), contiene più energia potenziale dei reagenti, ossia

Figura 4 Reazioni endotermiche ed esotermiche. Le reazioni endotermiche richiedono energia per costruire molecole complesse da composti semplici, così come per costruire un palazzo si utilizzano mattoni, travi e forza lavoro. Una reazione esotermica rilascia, invece, energia demolendo molecole complesse. Allo stesso modo, un edificio che collassa in polvere e detriti produce energia sotto forma di suono e calore.

Audio Reazioni esotermiche ed endotermiche: energia in libertà o conservata?

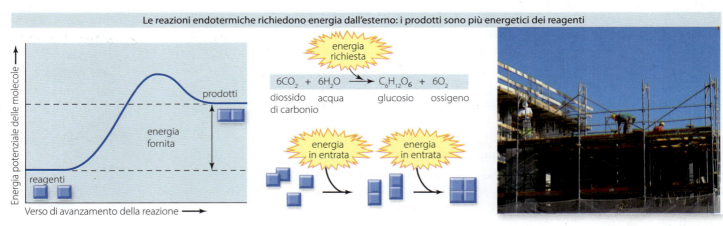

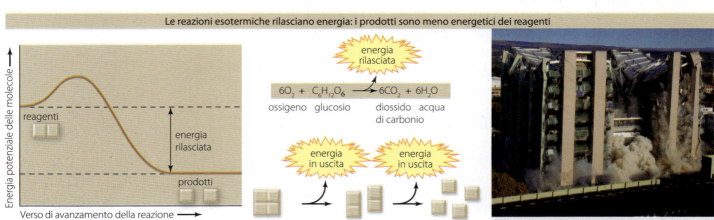

del diossido di carbonio (CO$_2$) e dell'acqua (H$_2$O), mentre l'energia necessaria alla reazione è fornita dalla luce solare.
Una **reazione esotermica**, invece, rilascia energia perché i prodotti contengono meno energia dei reagenti. In questo caso, le reazioni spezzano grandi molecole complesse nei loro componenti più piccoli e semplici. Per esempio, la respirazione cellulare riduce il glucosio nei prodotti diossido di carbonio e acqua, che contengono meno energia dello zucchero. Cosa accade all'energia rilasciata nel corso di una reazione esotermica? Per il secondo principio della termodinamica una parte si disperde come calore, mentre il resto può essere impiegato per svolgere lavoro; nel complesso l'entropia aumenta. La frazione di energia disponibile per compiere lavoro può essere utilizzata dalla cellula per formare altri legami o per rendere possibili altre reazioni endotermiche. Come vedremo, la chimica della vita (o biochimica) è caratterizzata in larga parte da reazioni endotermiche che procedono a spese di quelle esotermiche.

B. Le reazioni di ossidazione e riduzione sono collegate fra loro nelle catene di trasporto degli elettroni

Gli elettroni possono trasportare energia. La maggior parte delle trasformazioni energetiche degli organismi avviene attraverso **reazioni di ossidoriduzione** (redox), che trasferiscono elettroni ricchi di energia da una molecola all'altra. Una reazione redox può essere paragonata al gesto di regalare qualcosa a qualcuno (figura 5).
L'**ossidazione** è la perdita di elettroni da molecole, atomi o ioni. Nella figura 5, il composto che cede i propri elettroni e si ossida è paragonato alla persona che porge il regalo. Al contrario, la **riduzione** è un'acquisizione di elettroni e dell'energia che essi contengono; in questo caso il composto che accetta elettroni e si riduce rappresenta chi riceve il regalo.
Ogni reazione redox associa quindi un processo esotermico a uno endotermico. L'ossidazione è la metà esotermica della reazione perché rimuove gli elettroni ad alta energia dal composto donatore. Ciò significa che il reagente che cede elettroni ha un'energia potenziale più alta quando possiede gli elettroni, prima dell'ossidazione, rispetto a quando li perde. La riduzione, invece, è la metà endotermica grazie alla quale il composto che accetta gli elettroni acquista energia potenziale.
Ossidazione e riduzione avvengono in contemporanea, perché gli elettroni sottratti a una molecola durante l'ossidazione sono trasferiti a un'altra molecola riducendola. Quindi, se un composto si riduce (acquista elettroni), un altro deve obbligatoriamente ossidarsi (perde elettroni).
Riprendendo l'esempio del regalo: chi lo riceve potrebbe decidere di tenerlo per sé o di riciclarlo a qualcun altro. Allo stesso modo, nella cellula, alcune molecole agiscono come trasportatori di elettroni cedendo il carico energetico appena acquisito ad altre molecole.
Alcune proteine sono specialiste del trasferimento di elettroni, e si allineano nelle membrane a formare gruppi chiamati **catene di trasporto degli elettroni**. In questi complessi, ogni proteina riceve un elettrone dalla molecola precedente e lo cede alla successiva, così come un secchio d'acqua è passato di mano in mano per spegnere un incendio (figura 6). A ogni passaggio di elettroni è liberata una piccola quantità di energia che la cellula utilizza in altre reazioni. Le catene di trasporto degli elettroni svolgono un ruolo chiave sia nella fotosintesi sia nella respirazione cellulare.

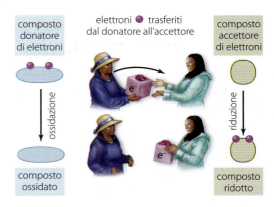

Figura 5 Reazione redox. Il composto che cede elettroni (donatore o agente riducente) si ossida, mentre la molecola che li acquista (accettore o agente ossidante) si riduce.

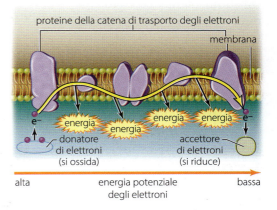

Figura 6 Catena di trasporto degli elettroni. Un composto donatore di elettroni trasferisce un elettrone alla prima proteina della catena. La proteina cede l'elettrone alla sua vicina e così via, fino a quando l'elettrone è trasferito all'accettore di elettroni finale.

Rispondi in un tweet

5. Cos'è il metabolismo cellulare?
6. Spiega la differenza fra reazioni endotermiche ed esotermiche.
7. Definisci i termini *ossidazione* e *riduzione*.
8. Perché una reazione di ossidazione è associata a una di riduzione?
9. Cos'è una catena di trasporto degli elettroni?

4.3 L'ATP è la "moneta" dell'energia cellulare

Tutte le cellule sono caratterizzate da un labirinto intricato di reazioni chimiche che rilasciano e assorbono energia. I legami covalenti dell'**adenosina trifosfato**, o **ATP**, rappresentano i magazzini temporanei dell'energia cellulare. L'ATP conserva l'energia rilasciata durante le reazioni esotermiche – come la digestione di una barretta di cereali – fino a quando è necessaria per fornire il carburante alle contrazioni muscolari e a tutte le altre reazioni endotermiche.

L'ATP è un nucleotide (figura 7) costituito da: la base azotata adenina, il ribosio e tre gruppi fosfato carichi negativamente. Le tre cariche negative, una vicina all'altra, rendono la molecola molto instabile e in grado di rilasciare energia quando i legami covalenti fra i gruppi fosfato sono spezzati. Nelle cellule eucariotiche, la maggior parte dell'ATP è prodotto nei mitocondri. Non sorprende quindi che le cellule a più alto consumo energetico, come quelle di muscoli e cervello, contengano un numero elevato di mitocondri.

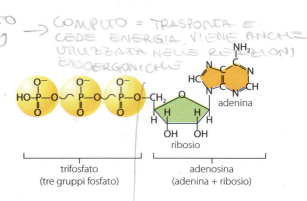

Figura 7 Struttura chimica dell'ATP. L'ATP è un nucleotide composto di adenina, ribosio e tre gruppi fosfato.

A. Reazioni accoppiate rilasciano e accumulano energia nell'ATP

Tutte le cellule utilizzano l'energia potenziale dell'ATP per alimentare le loro attività. Quando una cellula ha bisogno di energia per una reazione endotermica, spende ATP spezzando il legame tra gli ultimi due gruppi fosfato della molecola (figura 8). I prodotti di questa reazione di idrolisi sono l'adenosina difosfato (ADP, con i restanti due gruppi fosfato legati al ribosio), un gruppo fosfato (P$_i$, dove il pedice indica la parola inorganico) ed energia:

$$ATP + H_2O \longrightarrow ADP + P_i + energia$$

Nella reazione inversa, l'energia può essere immagazzinata con l'aggiunta di un gruppo fosfato all'ADP, ottenendo ATP e acqua.

$$ADP + P_i + energia \longrightarrow ATP + H_2O$$

L'energia per questa reazione endotermica è ottenuta da molecole degradate in altri processi, come nella respirazione cellulare.

L'idrolisi e la sintesi dell'ATP sono fondamentali in biologia perché questo nucleotide è il tramite tra reazioni endotermiche ed esotermiche. La simultaneità tra reazioni che cedono energia e reazioni che la consumano è definita **accoppiamento energetico** (figura 9). Le cellule accoppiano l'idrolisi dell'ATP a reazioni endotermiche per compiere un lavoro o sintetizzare nuove molecole.

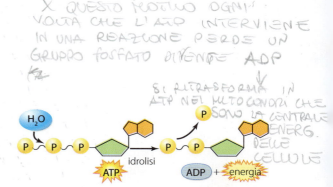

Figura 8 L'idrolisi dell'ATP rilascia energia. La rimozione del gruppo fosfato più esterno rilascia ADP, un gruppo fosfato libero (P$_i$) ed energia che la cellula usa per compiere lavoro.

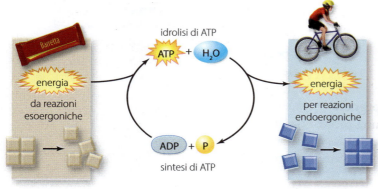

Figura 9 Reazioni accoppiate. Le cellule utilizzano l'idrolisi dell'ATP, una reazione esotermica, per alimentare reazioni endotermiche. L'ATP è poi rigenerato in altre reazioni esotermiche, come la respirazione cellulare.

Audio Accoppiamento energetico – Coupled reactions

B. Il trasferimento di un gruppo fosfato completa lo scambio di energia

Come funziona l'accoppiamento energetico? Le cellule sfruttano l'ATP come fonte di energia attraverso la **fosforilazione**, cioè il trasferimento di un gruppo fosfato dall'ATP a un'altra molecola. Questo passaggio di atomi può avere due conseguenze (figura 10). Nel primo caso, la presenza del gruppo fosfato nella molecola ricevente conferisce energia da sfruttare per legarsi a un'altra molecola, alimentando reazioni endotermiche. Un'altra conseguenza del processo di fosforilazione è il cambiamento conformazionale della molecola fosforilata. Per esempio, l'aggiunta del gruppo fosfato a una proteina può indurla ad assumere una forma diversa; la rimozione del fosfato permette alla proteina di tornare alla struttura originale. La cellula utilizza queste variazioni conformazionali per regolare una moltitudine di processi. Per esempio, la contrazione muscolare è l'effetto coordinato e su larga scala del cambiamento di forma di milioni di molecole, grazie all'energia fornita dall'ATP.

Spesso l'ATP è descritto come una moneta di energia per la cellula. In effetti, noi utilizziamo il denaro per acquistare prodotti diversi, e allo stesso modo tutte le cellule usano l'ATP in molte reazioni chimiche per svolgere compiti differenti. L'ATP, infatti, è coinvolto in numerose attività: trasporto di sostanze attraverso le membrane, movimento dei cromosomi durante la divisione cellulare e sintesi delle macromolecole biologiche.

L'ATP può essere paragonato anche a una pila ricaricabile. Quando la batteria si scarica può ritornare una fonte energetica dopo essere stata ricaricata. Allo stesso modo, una cellula può usare la respirazione per ricostituire la sua scorta di ATP.

C. ATP: una riserva di energia a breve termine

Gli organismi hanno bisogno di enormi quantità di ATP. Un uomo adulto usa l'equivalente di due miliardi di molecole di ATP al minuto solo per mantenersi in vita. Gli organismi riciclano l'ATP a ritmo forsennato: l'intera scorta è rinnovata ogni 60 secondi circa, aggiungendo gruppi fosfato all'ADP e usando l'ATP risultante come carburante per le reazioni chimiche.

Se dovessimo esaurire l'ATP, moriremmo all'istante. Anche se l'ATP è essenziale alla vita, le cellule non lo accumulano in grandi quantità. I legami fosfato ad alta energia rendono l'ATP una molecola troppo instabile per essere immagazzinata a lungo. Le cellule quindi accumulano energia in molecole come lipidi e polisaccaridi. Quando le scorte di ATP si abbassano, le cellule destinano una parte delle loro riserve verso la respirazione cellulare per produrre nuovo ATP.

Rispondi in un tweet

10. Qual è la struttura chimica dell'ATP?
11. In che modo l'idrolisi dell'ATP fornisce energia alle funzioni della cellula?
12. Descrivi i collegamenti fra reazioni endotermiche, idrolisi dell'ATP e respirazione cellulare.

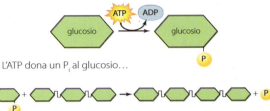

a L'ATP energizza la molecola bersaglio, rendendola capace di legarsi ad altre molecole.

esempio: l'ATP fornisce energia utile per la sintesi di polimeri a partire da subunità più piccole.

L'ATP dona un P$_i$ al glucosio…

… il glucosio-P reagisce quindi con un oligosaccaride per formare una catena più lunga.

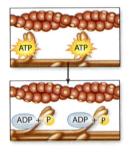

b Il trasferimento di un gruppo fosfato dall'ATP a una molecola bersaglio ne cambia la conformazione.

esempio: il fosfato dell'ATP determina cambiamenti nella forma delle proteine coinvolte nella contrazione muscolare.

Figura 10 Fosforilazione e ATP. Quando l'ATP cede il gruppo fosfato a una molecola, questa (**a**) può essere energeticamente favorita a formare altri legami, oppure (**b**) può subire una variazione conformazionale.

4.4 Gli enzimi accelerano le reazioni biochimiche

Gli enzimi sono fra le biomolecole più importanti. Un **enzima** è una molecola organica che catalizza (cioè, accelera) una reazione chimica senza essere distrutta o modificata in modo definitivo al termine del processo. La maggior parte degli enzimi è di natura proteica, anche se alcuni sono costituiti da RNA.

Molti degli organuli di una cellula – inclusi mitocondri, cloroplasti, lisosomi e perossisomi – sono paragonabili a sacche di enzimi specializzati. Tra i ruoli svolti dagli enzimi ricordiamo: copiare il DNA, costruire le proteine, digerire il cibo, riciclare le parti danneggiate delle cellule e catalizzare le reazioni di ossidoriduzione. Senza l'aiuto degli enzimi, tutte queste reazioni procederebbero troppo lentamente per sostenere la vita.

A. Gli enzimi legano i reagenti avvicinandoli

Gli enzimi accelerano le reazioni abbassando l'**energia di attivazione**, che corrisponde alla quantità di energia necessaria a innescare una reazione (figura **11a**). Persino le reazioni esotermiche, energeticamente favorite, hanno bisogno di una spinta iniziale per poter partire. In pratica, gli enzimi avvicinano fra loro i reagenti (chiamati anche substrati), e in questo modo la reazione ha bisogno di una minore quantità di energia per procedere.

Ecco perché | Spettacolo di luci

Molti organismi emettono luce grazie a un fenomeno chiamato *bioluminescenza*. Alcuni pesci, così come seppie e meduse, ospitano in organi appositi sacche di batteri o protisti luminosi. Questi microrganismi trasformano energia chimica in energia luminosa.

La bioluminescenza è più diffusa nel mare che sulla terraferma, anche se il bagliore delle lucciole è un fenomeno che in molti abbiamo osservato nelle notti d'estate. Esistono più di 1900 specie di lucciole e di solito sono i maschi alati a emettere una serie di lampi luminosi per attrarre l'altro sesso. Le femmine, che volano raramente, si posano sulle foglie ed emettono una luce costante in risposta ai segnali del maschio.

Il bagliore è generato da una successione di reazioni chimiche (figura **A**). Per prima cosa, una molecola chiamata *luciferina* reagisce con l'ATP, producendo un composto intermedio e due gruppi fosfato. L'enzima *luciferasi* catalizza quindi la reazione del composto intermedio con O_2 per produrre *ossiluciferina* e il caratteristico lampo di luce. L'ossiluciferina è quindi ridotta a luciferina, e il ciclo ricomincia.

Anche se comprendiamo la biochimica del bagliore prodotto dalla lucciola, alcuni aspetti del comportamento legato alla bioluminescenza sono ancora un mistero. In particolare, non sappiamo come le lucciole riescano a coordinare le emissioni di luce. Può capitare che, al calar della notte, prima una lucciola e poi un'altra comincino a emettere luce dallo stesso albero. All'inizio i lampi di luce appariranno casuali, ma dopo qualche minuto e con l'arrivo di nuove lucciole, le emissioni cominceranno a sembrare coordinate. In alcune aree limitate, le luci si accenderanno e spegneranno all'unisono. Dopo mezz'ora, sarà l'intero albero a illuminarsi e spegnersi ogni secondo. Gli etologi sono ancora alla ricerca della ragione alla base di questa sorprendente sincronizzazione.

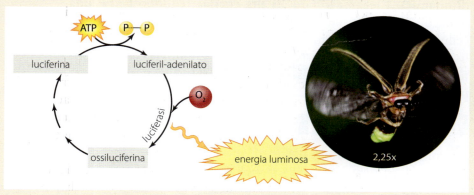

Figura A Il lampo di luce della lucciola. L'idrolisi dell'ATP crea lampi di luce quando l'energia è trasferita a una molecola specializzata chiamata luciferina.

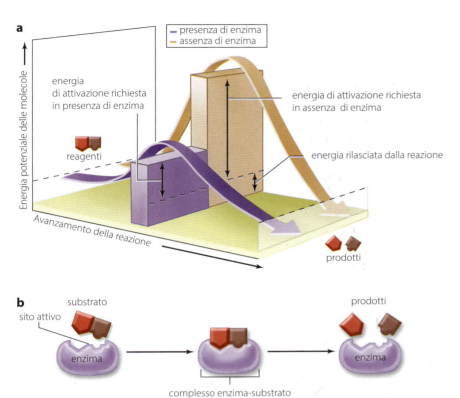

Figura 11 Come funzionano gli enzimi. (a) Gli enzimi accelerano le reazioni chimiche abbassando l'energia di attivazione necessaria per avviarle. (b) Il sito attivo di un enzima ha una forma specifica che si lega a uno o più substrati. Dopo che è avvenuta la reazione, l'enzima rilascia i prodotti.

Audio Come funziona un enzima? Un "aiuto" per le reazioni

La maggior parte degli enzimi può catalizzare solo una reazione o un piccolo gruppo di reazioni. Un enzima che scompone un acido grasso, per esempio, non può demolire anche l'amido di una barretta di cereali. La ragione di questa specificità degli enzimi per i loro substrati è la forma del **sito attivo**, una cavità nella struttura tridimensionale dell'enzima in cui le molecole substrato si legano (figura 11b). I substrati si incastrano nel sito attivo come pezzi di un puzzle e, una volta avvenuta la reazione, l'enzima rilascia i prodotti. La reazione non distrugge e non altera l'enzima: dopo aver catalizzato una reazione, il sito attivo si libera ed è disponibile.

Gli enzimi sono molto sensibili alle condizioni dell'ambiente in cui operano. Un enzima può denaturarsi e smettere di funzionare se variano troppo fattori come pH, concentrazione salina e temperatura (figura 12). Di solito, l'attività degli enzimi accelera con piccoli incrementi di temperatura perché i reagenti sono dotati di maggiore energia cinetica ad alte temperature. Se la temperatura sale troppo, però, gli enzimi si denaturano molto rapidamente e smettono di funzionare.

Gli enzimi hanno un ruolo fondamentale per la nostra sopravvivenza, tanto che se un enzima non funziona o non è prodotto ciò può compromettere il funzionamento dell'organismo. Per esempio, l'intolleranza al lattosio è causata dall'assenza dell'enzima lattasi nell'intestino e quindi dall'impossibilità di digerire il latte. Chi soffre di fenilchetonuria (PKU) non produce l'enzima necessario a degradare l'amminoacido fenilalanina. Il suo accumulo nel sangue può causare danni al cervello, evitabili se non si assumono cibi che contengono fenilalanina, compreso il dolcificante artificiale aspartame.

Gli enzimi popolano anche le nostre case: molti detergenti contengono enzimi che eliminano le macchie di cibo da vestiti o piatti sporchi; nel succo di limone è presente un enzima che demolisce le proteine e quindi rende più teneri carne e pesce.

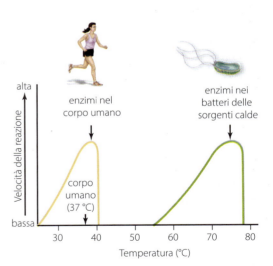

Figura 12 Temperatura e attività enzimatica. Questo grafico mostra come la temperatura influenzi l'attività degli enzimi presenti nel corpo umano (a sinistra) e in un batterio che vive nelle sorgenti calde (a destra). Alcuni microbi producono enzimi resistenti al calore che si denaturano solo a temperature molto alte.

B. Alcuni enzimi hanno bisogno di un aiuto

I **cofattori** sono molecole non proteiche che devono essere presenti perché determinati enzimi possano svolgere la loro attività catalitica. Durante queste reazioni, i cofattori sono spesso ossidati o ridotti, ma ritornano alla loro struttura chimica iniziale dopo il rilascio dei prodotti.

Alcuni cofattori sono metalli come lo zinco, il ferro e il rame. Gli ioni di magnesio (Mg^{2+}), per esempio, contribuiscono a stabilizzare molti enzimi importanti. Altri cofattori sono molecole organiche: un cofattore organico è chiamato **coenzima**. Per produrre coenzimi le cellule utilizzano molte vitamine idrosolubili, incluse le vitamine B_1, B_2, B_6, B_{12}, niacina e acido folico; la vitamina C è anch'essa un coenzima.

Le diete povere di vitamine possono quindi determinare una riduzione di diverse attività enzimatiche e, a lungo andare, l'insorgere di disturbi seri come la pellagra (dovuta alla carenza della niacina) o lo scorbuto (dovuto alla carenza di vitamina C).

C. Le cellule controllano la velocità delle reazioni

L'intricata rete delle vie metaboliche può sembrare caotica, ma in realtà è proprio l'opposto. Le cellule controllano con precisione la velocità con cui le reazioni chimiche avvengono. Se così non fosse, alcuni composti di importanza vitale potrebbero esaurirsi mentre altri si accumulerebbero inutilmente, magari raggiungendo concentrazioni tossiche per la cellula.

Un modo per regolare una via metabolica è il **feedback negativo** (o inibizione retroattiva), attraverso il quale il prodotto di una reazione inibisce l'attività dell'enzima che controlla la sua stessa formazione (figura 13). Man mano che il prodotto si accumula, la reazione rallenta. La produzione di amminoacidi, per esempio, è un processo che avviene attraverso diverse reazioni in successione. Quando l'amminoacido sintetizzato si accumula, si lega a un enzima che agisce all'inizio del processo di sintesi, lo inibisce e interrompe la produzione dell'amminoacido stesso. Nel momento in cui i livelli di prodotto tornano a scendere, il blocco dell'enzima è rimosso e la cellula ricomincia a produrre l'amminoacido.

Il feedback negativo agisce in due modi per impedire l'accumulo eccessivo delle sostanze (figura 14): nell'**inibizione non competitiva**, il prodotto si lega all'enzima in un sito diverso dal sito attivo, in modo da alterare la forma dell'enzima e impedire che leghi un substrato; in alternativa, nell'**inibizione competitiva**, il prodotto di una reazione si lega al sito attivo dell'enzima, impedendogli di legare un substrato. Si dice "competitiva" perché il prodotto compete con il substrato per occupare il sito attivo.

L'inibizione enzimatica ha diverse applicazioni pratiche: molti antibiotici uccidono i microrganismi ma non le altre cellule inibendo specifici enzimi assenti dalle cellule umane; l'acido acetilsalicilico allevia il dolore legandosi a un enzima che le cellule usano per produrre molecole coinvolte nella sensazione dolorosa. Allo stesso modo, alcuni erbicidi contengono sostanze in grado di inibire competitivamente un enzima presente nelle cellule vegetali ma non in quelle animali.

Il fenomeno opposto al feedback negativo è il più raro **feedback po-**

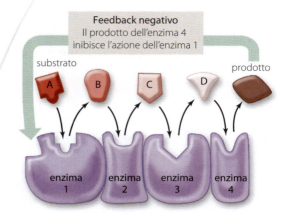

Figura 13 Feedback negativo. Alcune vie metaboliche sono costituite da diversi enzimi che lavorano in successione. Quando il prodotto finale delle reazioni si accumula, inibisce l'attività del primo enzima coinvolto nel processo, interrompendo temporaneamente la sintesi del prodotto stesso.

Audio Inibizione retroattiva – *Feedback inhibition*

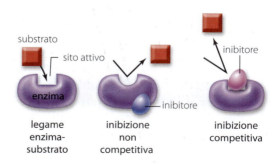

Figura 14 Inibitori enzimatici. Nell'inibizione non competitiva, una sostanza si lega a un enzima in un sito diverso dal sito attivo, cambiando la forma della proteina e quindi del sito attivo. Un inibitore competitivo si lega al sito attivo di un enzima, spiazzando il giusto substrato.

sitivo, nel quale il prodotto attiva la via metabolica che porta alla sua stessa produzione. La coagulazione del sangue, per esempio, ha inizio quando una lesione in un vaso sanguigno stimola la sintesi della fibrina, una proteina filamentosa. I prodotti delle reazioni successive nella via della coagulazione stimolano gli enzimi che catalizzano la produzione di fibrina. La fibrina si accumula sempre più velocemente, fino a frenare il flusso di sangue. Quando si forma un coagulo e il flusso sanguigno si ferma, la via metabolica della coagulazione si arresta (altro esempio di feedback negativo).

4.5 La vita dipende dalla fotosintesi

È primavera. Un seme germina, le sue radici tenere e lo stelo giallo pallido crescono in una corsa contro il tempo. Per ora, l'unica fonte di energia di cui la piantina dispone è la sostanza nutriente immagazzinata nel seme insieme all'embrione. Se il germoglio non raggiungerà la luce prima che finiscano le sue riserve, la piantina morirà; altrimenti, diventerà verde e produrrà foglioline che si distenderanno per catturare la luce. La piantina comincerà a nutrirsi e una nuova vita indipendente avrà inizio.

Gli organismi che producono in autonomia il loro cibo sono alla base di ogni ecosistema della Terra. Quindi, se chiedessimo a un biologo di indicare la via metabolica più importante risponderebbe sicuramente: la **fotosintesi**, ossia il processo attraverso il quale le piante, le alghe e alcuni microrganismi catturano l'energia della luce solare e la trasformano in energia chimica. Con l'eccezione delle comunità di microrganismi che abitano vicino alle sorgenti idrotermali sottomarine, tutta la vita sulla Terra dipende dalla fotosintesi.

La maggior parte delle piante è facile da far crescere (almeno rispetto agli animali) perché ha bisogni semplici. Basta dare a una pianta acqua, elementi essenziali presenti nel suolo, diossido di carbonio e luce, e produrrà cibo e ossigeno non solo per sé, ma anche per una moltitudine di consumatori. Come possono le piante fare tanto con materiali di partenza così semplici?

Nella fotosintesi, molecole di pigmento contenute nelle cellule vegetali catturano l'energia del Sole (figura 15). Con una serie di reazioni chimiche, quell'energia è poi utilizzata per costruire il carboidrato glucosio ($C_6H_{12}O_6$) partendo da molecole di diossido di carbonio (CO_2). Durante questo processo, la pianta usa acqua e rilascia ossigeno gassoso (O_2).

Le reazioni che avvengono durante la fotosintesi possono essere riassunte in questo modo:

$$6CO_2 + 6H_2O \xrightarrow{\text{luce solare}} C_6H_{12}O_6 + 6O_2$$

La fotosintesi è un processo di ossidoriduzione che sottrae elettroni agli atomi di ossigeno dell'H_2O (ossidandoli). Gli elettroni saranno poi usati per ridurre il carbonio del CO_2. Dato che gli atomi di ossigeno attraggono gli elettroni con più forza rispetto agli atomi di carbonio, lo spostamento degli elettroni dall'ossigeno al carbonio richiede energia. Per questa reazione endotermica, la fonte di energia è la luce del Sole.

> **Rispondi in un tweet**
> 13. Qual è il ruolo degli enzimi all'interno delle cellule?
> 14. In che modo un enzima abbassa l'energia di attivazione di una reazione?
> 15. Spiega la differenza fra enzima e coenzima.
> 16. Qual è il ruolo dei sistemi di feedback negativo e positivo?
> 17. Elenca tre fattori che influenzano l'attività enzimatica.

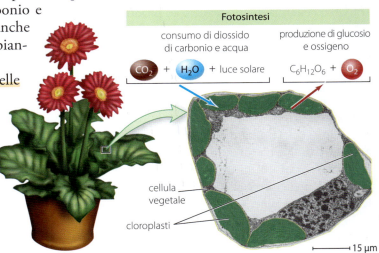

Figura 15 Zucchero dal Sole. I prodotti della fotosintesi, glucosio e O_2, sono i materiali di partenza della respirazione cellulare.

Audio La fotosintesi – *Photosythesis summary*

La fotosintesi rappresenta una fonte di energia e nutrienti non solo per le piante ma anche per la maggior parte degli organismi eterotrofi; perfino il prodotto di scarto di questo processo, l'O_2, è essenziale per la vita sulla Terra. Vivendo a stretto contatto con le piante, potremmo erroneamente pensare che siano loro le maggiori responsabili della fotosintesi; in realtà più della metà dei processi fotosintetici avviene negli oceani grazie ad alghe e batteri. Diversi gruppi di batteri sono fotosintetici e in alcuni casi usano pigmenti e processi metabolici differenti rispetto alle piante. Per esempio, alcuni microrganismi fotosintetici non usano l'acqua come fonte di elettroni e non rilasciano ossigeno.

4.6 Le cellule usano l'energia del cibo per sintetizzare ATP

Nessuna cellula può funzionare senza ATP, l'adenosina trifosfato. Senza ATP, una pianta non potrebbe estrarre dal suolo le sostanze nutrienti, crescere o produrre fiori, frutti e semi. Come una macchina senza benzina, una cellula senza ATP, semplicemente, smette di funzionare. La costante richiesta di ATP è la ragione per la quale gli esseri viventi hanno bisogno di assumere cibo regolarmente: tutti gli organismi usano l'energia potenziale contenuta nel cibo per fabbricare ATP.

Da dove arriva il cibo? Nella maggior parte degli ecosistemi, le piante e gli altri organismi autotrofi usano la fotosintesi per sintetizzare molecole organiche come il glucosio ($C_6H_{12}O_6$) a partire da diossido di carbonio (CO_2), acqua (H_2O) ed energia solare. Il glucosio prodotto dalla fotosintesi nutre non solo gli autotrofi, ma anche tutti gli animali, i funghi e i microbi che condividono l'ecosistema.

Tutte le cellule hanno bisogno di ATP, ma non tutte lo producono allo stesso modo. Le vie metaboliche che generano ATP a partire dal cibo si dividono in tre categorie. Nella respirazione cellulare aerobica le cellule usano ossigeno gassoso (O_2) e glucosio per generare ATP. Le piante, gli animali e molti microrganismi, specie quelli che vivono in ambienti ricchi di O_2, utilizzano la respirazione aerobica. Le altre due vie metaboliche, la respirazione anaerobica e la fermentazione, generano ATP partendo dal glucosio senza utilizzare ossigeno. Questi due processi sono i più diffusi fra i microrganismi.

L'equazione generale che descrive la **respirazione aerobica** è in pratica l'inverso della fotosintesi:

$$C_6H_{12}O_6 + 6O_2 \longrightarrow 6CO_2 + 6H_2O + 36ATP$$

Quindi, nella respirazione cellulare aerobica gli organismi devono assumere O_2 ed espellere CO_2 (figura 16).

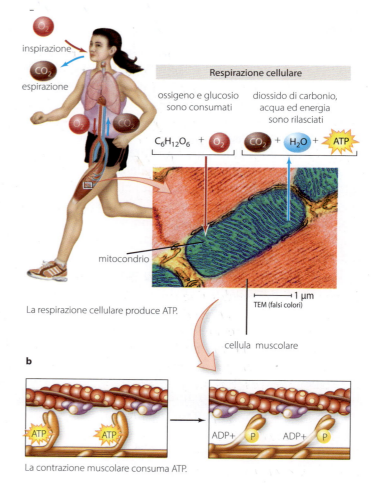

Figura 16 La respirazione polmonare è collegata alla respirazione cellulare. (**a**) L'atleta inspira O_2, che è poi distribuito a tutte le cellule. Una volta raggiunti i mitocondri, l'O_2 partecipa alle reazioni chimiche della respirazione cellulare e il CO_2 viene espirato come scarto metabolico. (**b**) L'ATP generata durante la respirazione può essere utilizzata per sostenere la contrazione muscolare e altre attività.

Questi gas si diffondono attraverso la membrana cellulare degli organismi unicellulari, mentre i pluricellulari possiedono organi specializzati per lo scambio dei gas (branchie e polmoni). Negli esseri umani e in molti altri animali, l'ossigeno dell'aria inalata si diffonde nel flusso sanguigno passando attraverso le pareti di microscopiche sacche contenute nei polmoni. Il sistema circolatorio trasporta l'O_2 inalato fino alle cellule, dove avviene lo scambio gassoso; poi l'O_2 si diffonde nei mitocondri, dove avviene la respirazione cellulare. Allo stesso tempo, il CO_2 abbandona la cellula e passa nel flusso sanguigno; quindi, dopo essere passato dal sangue ai polmoni, viene espirato.

Pensare che le piante, in quanto organismi fotosintetici, non utilizzino la respirazione cellulare è un errore: le piante ricorrono all'O_2 per generare circa metà del glucosio che producono. Tendiamo a considerarle produttrici di O_2, invece che consumatrici, perché incorporano molto del glucosio rimanente in scorte di cellulosa, amido e altre molecole organiche; quindi assorbono molto più CO_2 nella fotosintesi di quanto ne rilascino nella respirazione, e rilasciano molto più O_2 di quanto ne consumino.

Rispondi in un tweet

18. Perché tutti gli organismi hanno bisogno di ATP?
19. Quali sono le tre vie metaboliche che generano ATP partendo dal cibo, e da quali organismi vengono utilizzate?
20. In che modo l'O_2 può raggiungere le cellule?
21. Come fanno le piante a rilasciare durante la fotosintesi più O_2 di quanto ne consumino con la respirazione?

4.7 Il trasporto di membrana può richiedere o rilasciare energia

La membrana cellulare è un luogo molto movimentato. Come per una frontiera trafficata fra due Paesi, i materiali grezzi entrano nella cellula e gli scarti escono in un flusso continuo.

Come fanno le membrane a regolare il traffico in entrata e in uscita dalla cellula? La membrana è un doppio strato di fosfolipidi caratterizzato dalla presenza di diverse proteine, ed è proprio questa struttura che la rende selettivamente permeabile: alcune sostanze attraversano liberamente il doppio strato mentre altre – come gli zuccheri provenienti da una barretta di cereali – hanno bisogno dell'assistenza delle proteine.

Grazie alla regolazione del trasporto di membrana, l'interno di una cellula è chimicamente diverso dall'esterno. La concentrazione di alcune sostanze disciolte nell'ambiente acquoso (i soluti) è più alta all'interno che all'esterno della cellula, mentre è più bassa per altre. Allo stesso modo, l'interno di un organulo può essere chimicamente molto diverso rispetto al citoplasma. Il termine *gradiente* descrive proprio questi tipi di differenze fra due regioni adiacenti. In un **gradiente di concentrazione**, un soluto è più concentrato in una regione rispetto alla vicina (figura 17).

Nella tavola 1 a fine capitolo è illustrato un esempio di gradiente di concentrazione nel quale la soluzione a destra della membrana è più concentrata della soluzione a sinistra; se una sostanza si muove da destra verso sinistra, si può affermare che stia "seguendo" il suo gradiente di concentrazione. Man mano che un numero maggiore di molecole si muove secondo gradiente, questo si dissipa.

Qualsiasi gradiente di concentrazione si dissipa *a meno che non si spenda energia per mantenerlo*. Perché? Il movimento casuale delle molecole tende sempre a un aumento del disordine (entropia), quindi serve energia per contrastare questa naturale tendenza. Per la stessa ragione un gradiente di concentrazione rappresenta una scorta di energia potenziale. Di conseguenza, le cellule spendono ATP per mantenere le differenze di concentrazione dei diversi soluti nei vari compartimenti cellulari in modo da poter poi sfruttare l'energia potenziale accumulata per compiere lavoro.

Figura 17 Gradiente di concentrazione. (**a**) Se aggiungiamo del colorante in una beuta piena d'acqua, le molecole della sostanza celeste tenderanno a muoversi seguendo il loro gradiente di concentrazione. (**b**) All'equilibrio, quando il gradiente si dissipa, la soluzione nella beuta sarà colorata in modo omogeneo.

A. Il trasporto passivo non richiede energia

Nel **trasporto passivo** una sostanza attraversa una membrana senza consumare energia. Tutte le forme di trasporto passivo utilizzano la **diffusione**, il movimento spontaneo di una sostanza da una regione dove è più concentrata verso una dove lo è meno. Dato che la diffusione comporta la dissipazione di un gradiente – e la perdita di energia potenziale – non richiede apporto di energia.

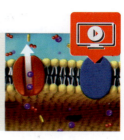

Animazione
La diffusione
Un trasporto senza sforzi: l'energia non è indispensabile

Per esempio, possiamo osservare in tempo reale un gradiente di concentrazione appena immergiamo una bustina di tè in una tazza d'acqua bollente: vicino alla bustina ci sono molte più molecole scure di tè che nel resto della tazza (figura 18). Dopo pochi minuti, il colore scuro si diffonde fino a creare un infuso uniforme.

Come fa una sostanza a sapere in quale direzione diffondersi? Naturalmente, atomi e molecole non sanno nulla. La diffusione avviene perché tutte le sostanze sono caratterizzate da un certo valore di energia cinetica, sono cioè in moto costante e casuale. Riprendiamo l'esempio del tè e supponiamo che ogni molecola possa muoversi in una di dieci traiettorie (in realtà, il numero delle direzioni possibili è infinito). Supponiamo che solo una di queste direzioni riconduca alla bustina di tè. Dato che nove traiettorie su dieci puntano in direzione opposta alla bustina di tè, le molecole di tè tendono a diffondersi, cioè si spostano secondo gradiente. Se la diffusione continua abbastanza a lungo, il gradiente si dissipa e *sembra* che la diffusione si interrompa. In realtà le molecole non smettono di muoversi, continuano invece a spostarsi avanti e indietro alla stessa velocità, così che all'equilibrio la concentrazione è uniforme in tutta la soluzione.

Diffusione semplice: le proteine non partecipano

La **diffusione semplice** è il movimento di una sostanza secondo gradiente che non richiede l'intervento di molecole di trasporto. Le sostanze possono entrare o uscire da una cellula per semplice diffusione solo se riescono ad attraversare liberamente la membrana.

I lipidi e le piccole molecole non polari come l'ossigeno gassoso (O_2) e il diossido di carbonio (CO_2), per esempio, si diffondono facilmente attraverso la parte idrofoba delle membrane biologiche.

Figura 18 Diffusione in una tazza. Le particelle di soluto della bustina di tè possono muoversi in tutte le direzioni, ma solo poche traiettorie possibili riconducono al punto di partenza. Dopo poco tempo, il soluto si distribuisce uniformemente nel volume della tazza.

Se i gradienti si dissipano senza apporto di energia, come può una cellula usare la diffusione semplice per procurarsi sostanze essenziali o eliminare scarti tossici? La cellula mantiene i gradienti consumando o producendo le sostanze che quindi si diffondono verso l'interno o verso l'esterno. Per esempio, i mitocondri consumano O_2 appena si diffonde all'interno della cellula, mantenendo il gradiente e favorendo la continua diffusione del gas verso l'interno. D'altra parte, la respirazione produce CO_2 che si diffonde verso l'esterno perché la sua concentrazione è sempre più alta all'interno della cellula rispetto all'esterno.

Osmosi: l'acqua si diffonde attraverso una membrana semipermeabile

Cosa accade se due soluzioni acquose a diversa concentrazione sono separate da una membrana a permeabilità selettiva, che permette il passaggio dell'acqua ma non dei soluti? L'acqua si sposterà secondo gradiente verso la soluzione caratterizzata dalla concentrazione più elevata. Il processo di diffusione semplice dell'acqua attraverso una membrana semipermeabile è chiamato **osmosi** (figura 19).

Un globulo rosso può aiutarci per comprendere il fenomeno dell'osmosi (figura 20). L'interno di questa cellula del sangue è normalmente **isotonico** (dal greco *ísos*, uguale, e *tónos*, tensione) rispetto al plasma in cui è sospesa, cioè la concentrazione dei soluti nel plasma è la stessa dell'ambiente intracellulare. L'acqua si muove quindi attraverso la membrana del globulo rosso alla stessa velocità in entrambi i versi. Se l'ambiente extracellulare fosse **ipotonico** (dal greco *hypó*, al di sotto), cioè caratterizzato da una concentrazione di soluti più bassa rispetto all'interno della cellula, l'acqua si muoverebbe per osmosi verso il globulo rosso che, privo di parete cellulare, potrebbe persino scoppiare. Al contrario, in un ambiente **ipertonico** (dal greco *hypér*, al di sopra) la concentrazione dei soluti sarebbe più alta rispetto al citoplasma della cellula, che quindi perderebbe acqua raggrinzendosi e morendo per disidratazione.

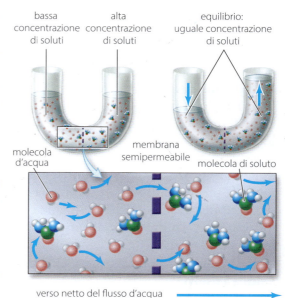

Figura 19 Osmosi. La membrana semipermeabile che divide questo tubo a forma di U permette il passaggio dell'acqua ma non dei soluti. L'acqua diffonde dal lato sinistro verso il lato destro. All'equilibrio, il flusso dell'acqua è uguale in entrambe le direzioni.

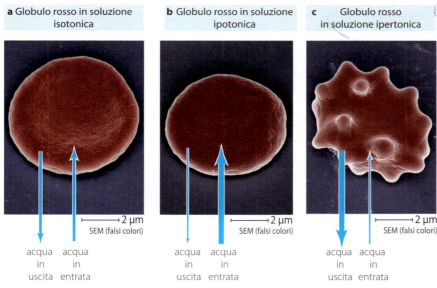

Figura 20 L'osmosi ha effetto sulla forma della cellula. (**a**) Il citoplasma di un globulo rosso umano è isotonico rispetto al plasma circostante. L'acqua entra ed esce dalla cellula con la stessa velocità e la cellula mantiene la sua forma scavata. (**b**) Quando la concentrazione di soluti nel plasma diminuisce, l'acqua entra nella cellula più velocemente di quanto ne esca. Le cellule si gonfiano e possono scoppiare. (**c**) In un ambiente ricco di soluti la cellula perde acqua e si raggrinzisce.

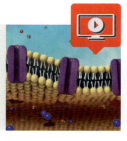

Animazione

L'osmosi

Quando una membrana fa da "filtro" selettivo ma permette il libero passaggio dell'acqua

Ipotonico e ipertonico sono termini relativi che possono riferirsi all'ambiente che circonda una cellula o al suo interno. La stessa soluzione può essere ipertonica per una cellula ma ipotonica per un'altra, a seconda della concentrazione dei soluti nell'ambiente cellulare.

Le radici di una pianta sono spesso ipertoniche rispetto al suolo, soprattutto dopo la pioggia. L'acqua entra attraverso le radici e i vacuoli centrali delle cellule vegetali si espandono fino a quando le pareti cellulari lo consentono. La **pressione di turgore** è il risultato della forza dell'acqua contro la parete della cellula vegetale (figura 21). Una foglia di lattuga appassita e floscia è un esempio di ciò che accade quando si perde la pressione di turgore. La foglia può tornare a essere croccante se messa nell'acqua, poiché le singole cellule si espandono come palloncini gonfi. La pressione di turgore contribuisce a mantenere erette le piante.

Calcola e risolvi
Una soluzione salina allo 0,9% (p/v) è isotonica per i globuli rossi umani. Cosa accadrebbe se immergessimo un globulo rosso in una soluzione salina al 2,0% (p/v)?

Diffusione facilitata: l'intervento delle proteine
Gli ioni e le molecole polari non possono attraversare liberamente la parte idrofoba del doppio strato fosfolipidico. Le proteine di trasporto permettono a queste sostanze di attraversare le membrane attraverso la formazione di veri e propri pori. La **diffusione facilitata** è una forma di trasporto passivo nel quale una proteina di membrana aiuta il movimento secondo gradiente di un soluto polare. Questo processo non richiede energia perché il soluto si muove da una zona a maggiore concentrazione verso una a minore concentrazione.

Per esempio, il glucosio entra nei globuli rossi attraverso la diffusione facilitata. Lo zucchero è troppo idrofilo per attraversare liberamente la membrana, ma le proteine trasportatrici di glucosio formano canali che ne permettono il passaggio. La degradazione del monosaccaride all'interno dei globuli rossi poi mantiene il gradiente di concentrazione.

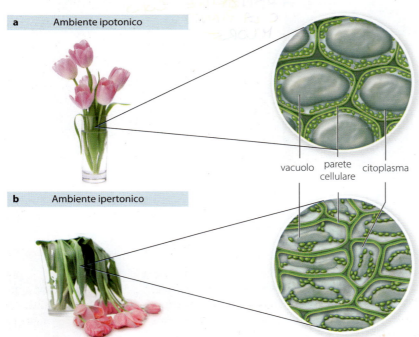

Figura 21 Le cellule vegetali conservano la loro forma regolando la pressione di turgore. (**a**) La parte interna di una cellula vegetale di solito contiene più soluti rispetto all'ambiente circostante; l'acqua entra nella cellula per osmosi e genera pressione di turgore. (**b**) In un ambiente ipertonico la pressione di turgore è bassa e i tulipani appassiscono.

Altre proteine di membrana possono accelerare l'osmosi. Anche se le membrane sono parzialmente permeabili all'acqua, l'osmosi può comunque essere molto lenta. Le cellule di molti organismi, compresi batteri, piante e animali, ricorrono a proteine di membrana chiamate acquaporine per aumentare la velocità del flusso dell'acqua. Le cellule dei reni controllano la quantità d'acqua delle urine regolando il numero di acquaporine delle loro membrane.

B. Il trasporto attivo richiede energia

Sia la diffusione semplice sia la diffusione facilitata dissipano un gradiente di concentrazione esistente. Spesso però una cellula deve fare il contrario: creare e mantenere un gradiente di concentrazione. Nel **trasporto attivo**, la cellula utilizza una proteina di trasporto per spostare una sostanza contro gradiente di concentrazione – da dove è meno concentrata a dove lo è di più. Dato che un gradiente è una forma di energia potenziale, la cellula deve spendere energia per crearlo. L'energia per il trasporto attivo è spesso fornita dall'ATP.

Per svolgere le loro funzioni, le cellule hanno bisogno di mantenere alta la concentrazione interna di ioni potassio (K^+) e bassa quella di ioni sodio (Na^+). Negli animali, per esempio, i gradienti di Na^+ e K^+ sono essenziali per il funzionamento di neuroni e muscoli. Esiste, quindi, un sistema di trasporto attivo presente nella maggior parte delle cellule animali chiamato **pompa sodio-potassio**: una proteina che usa l'energia dell'ATP per espellere tre Na^+ ogni due K^+ in ingresso nel citoplasma (figura 22). Mantenere costanti i gradienti ionici richiede molta energia: il milione o più di pompe sodio-potassio nella membrana cellulare consuma circa il 25% di tutto l'ATP della cellula.

I gradienti di concentrazione sono una fonte importante di energia potenziale che le cellule utilizzano per compiere lavoro. Per esempio, le cellule creano gradienti di concentrazione di ioni idrogeno (H^+) durante la fotosintesi e la respirazione. Controllando questi gradienti, i cloroplasti o i mitocondri possono trasformare l'energia potenziale immagazzinata nel gradiente in un'altra forma di energia potenziale: l'energia chimica dei legami dell'ATP.

C. L'endocitosi e l'esocitosi trasportano le sostanze per mezzo di vescicole

La maggior parte delle molecole disciolte in acqua è di piccole dimensioni e può attraversare le membrane cellulari per diffusione semplice, diffusione facilitata o trasporto attivo. Le particelle molto grandi o le macromolecole

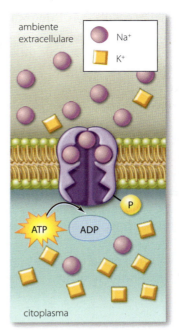
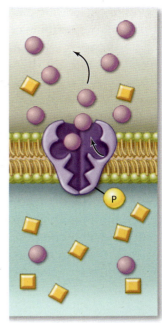

❶ L'ATP e tre Na^+ provenienti dal citoplasma si legano alla proteina di trasporto. L'ATP trasferisce un gruppo fosfato alla proteina.

❷ Il gruppo fosfato cambia la forma della proteina e gli ioni Na^+ sono rilasciati nell'ambiente extracellulare.

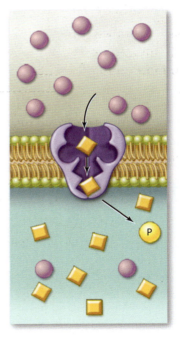
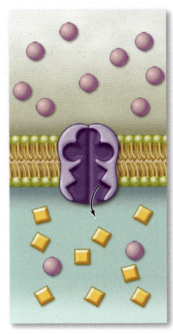

❸ Due K^+ dell'ambiente extracellulare si legano alla proteina di trasporto causando il rilascio del gruppo fosfato.

❹ Il rilascio del gruppo fosfato cambia la forma della proteina che trasferisce gli ioni K^+ nel citoplasma.

Figura 22 La pompa sodio-potassio. La proteina che attraversa il doppio strato fosfolipidico usa l'energia, rilasciata dall'idrolisi dell'ATP, per trasferire K^+ dentro la cellula e Na^+ nell'ambiente extracellulare. In entrambi i casi, gli ioni si muovono da una zona dove sono meno concentrati a una dove lo sono di più.

devono invece entrare e uscire dalle cellule con l'aiuto di vescicole che si formano dalla membrana cellulare.

Nell'**endocitosi**, la cellula ingloba fluidi e grandi molecole e li introduce al suo interno (figura 23). Durante questo processo il citoscheletro si deforma per generare una piccola rientranza nella membrana cellulare; la rientranza diventa una tasca che si richiude su se stessa formando una vescicola in grado di intrappolare qualunque cosa sia all'esterno della membrana.

I due tipi principali di endocitosi sono la pinocitosi e la fagocitosi. Nella **pinocitosi**, la cellula porta al suo interno piccole quantità di fluido e sostanze disciolte. Nella **fagocitosi**, la cellula cattura e incorpora grosse particelle o anche intere cellule. La vescicola che si stacca dalla membrana si fonde poi con un lisosoma, dove enzimi idrolitici digeriscono il suo contenuto.

Quando negli anni Trenta i biologi osservarono per la prima volta l'endocitosi nei globuli bianchi, pen-

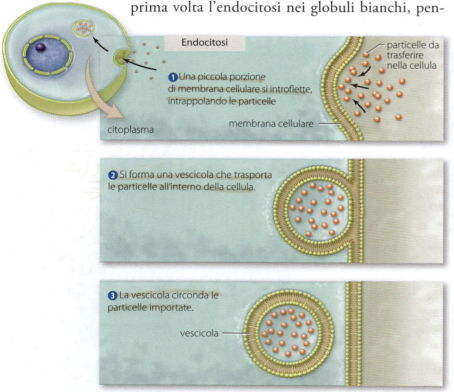

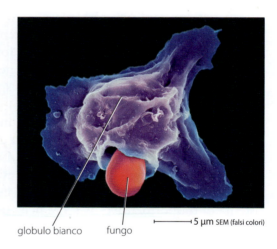

Figura 23 Endocitosi. Una particella di grandi dimensioni entra nella cellula per endocitosi. La foto (a destra) mostra un globulo bianco che incorpora un fungo patogeno per fagocitosi.

Biology FAQ — What causes headaches?

Headaches have many triggers. Muscle tension, night-time teeth-grinding, stress and anxiety, bright lights, and some food ingredients are just a few examples. Dehydration can also cause headaches. The body becomes dehydrated when a person does not drink enough fluids to compensate for water lost in urine, sweat, and breathing. The concentration of ions in body fluids therefore climbs, drawing water out of body cells by osmosis and impairing their function.

The infamous "hangover headache" associated with a night of heavy drinking is likely a result of dehydration. The cause-and-effect relationship between alcohol consumption and dehydration originates at kidneys. Normally, when the concentration of solutes in blood is too high, the brain releases a hormone that stimulates the kidneys to conserve water. As the kidneys return more water to the bloodstream, urine production declines.

Alcohol however, interferes with the "water conservation" hormone. The kidneys produce more urine, and the body becomes dehydrated. A headache soon follows. To prevent or cure this painful side effect, experts recommend drinking more water, both with the alcohol and after the merriment ends.

dehydration — deidratazione
osmosis — osmosi
solute — soluto

sarono che una cellula potesse inglobare qualsiasi cosa si trovasse a contatto con la sua superficie. Oggi sappiamo che esiste una forma più specifica del processo chiamata "endocitosi mediata da recettori", che si compone di vari passaggi. Un componente dell'ambiente extracellulare si lega a una specifica proteina recettore ancorata sulla superficie esterna della membrana di una cellula. Questo legame induce una introflessione della membrana che quindi avvolge la sostanza trascinandola dentro la cellula. Le cellule epatiche usano l'endocitosi mediata da recettori per assorbire le proteine che trasportano colesterolo dal flusso sanguigno.

Nell'**esocitosi**, l'opposto dell'endocitosi, le vescicole espellono dalla cellula fluido e grosse particelle (figura 24). All'interno di una cellula, l'apparato di Golgi produce vescicole piene di sostanze che devono essere secrete dalla cellula. Le vescicole si muovono verso la membrana cellulare e si fondono con essa, rilasciando le sostanze all'esterno. Per esempio, le terminazioni dei neuroni rilasciano per esocitosi i neurotrasmettitori, che stimolano o inibiscono gli impulsi nervosi nella cellula vicina. La secrezione del latte nei dotti lattiferi è un altro esempio di esocitosi (figura 3.14).

Animazione

Endocitosi vs Esocitosi
Come fa una cellula a ricevere e organizzare consegne e spedizioni?

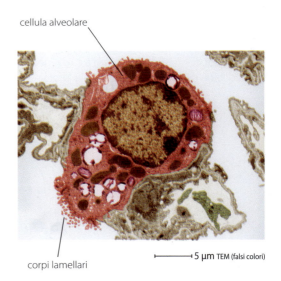

Figura 24 Esocitosi. Le cellule confezionano le sostanze da espellere in vescicole che si fondono con la membrana cellulare per rilasciare il loro contenuto verso l'esterno. La foto (a destra) mostra una cellula alveolare dei polmoni mentre secerne i corpi lamellari, granuli ricchi di una sostanza che impedisce il collasso del tessuto.

Rispondi in un tweet

22. Cos'è la diffusione?
23. Quali sostanze si diffondono liberamente attraverso una membrana cellulare?
24. In che modo le diverse concentrazioni dei soluti danno luogo all'osmosi?
25. Perché una cellula deve impiegare energia per mantenere un gradiente di concentrazione?
26. Spiega la differenza fra diffusione semplice, facilitata e trasporto attivo.
27. In che modo l'esocitosi e l'endocitosi utilizzano le vescicole per trasportare materiale attraverso le membrane?

Tavola 1 Trasporto di membrana

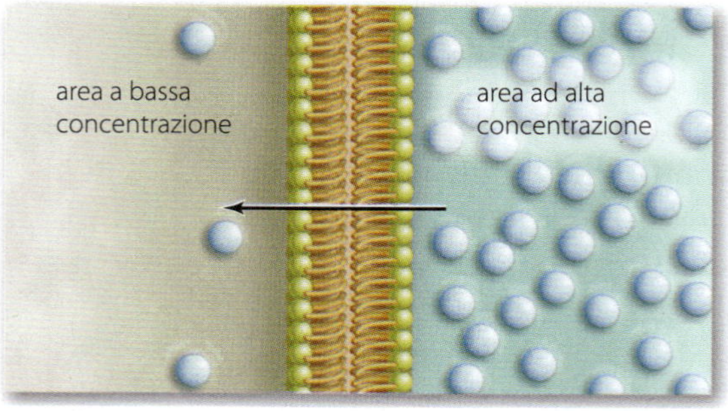

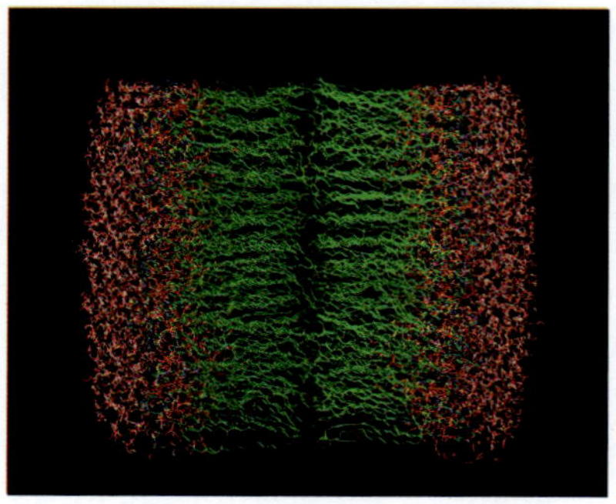

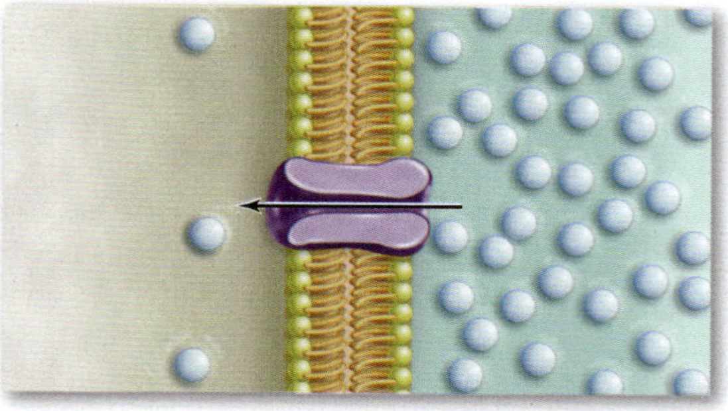

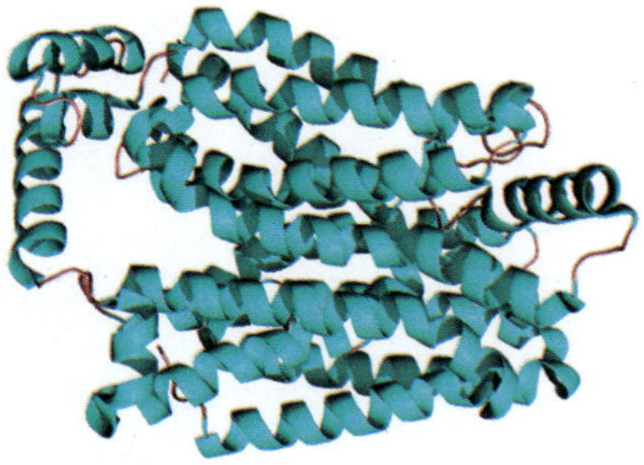

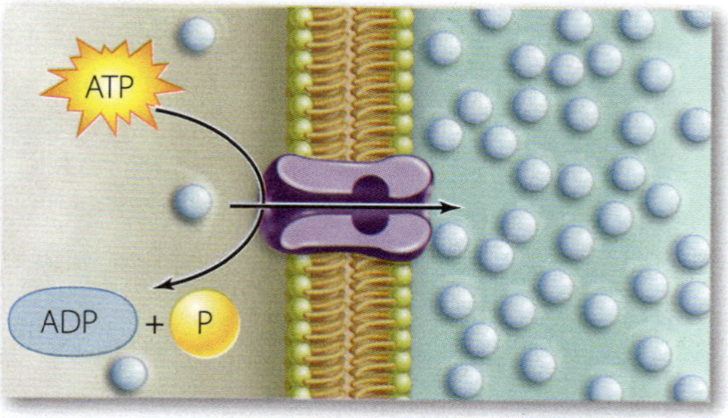

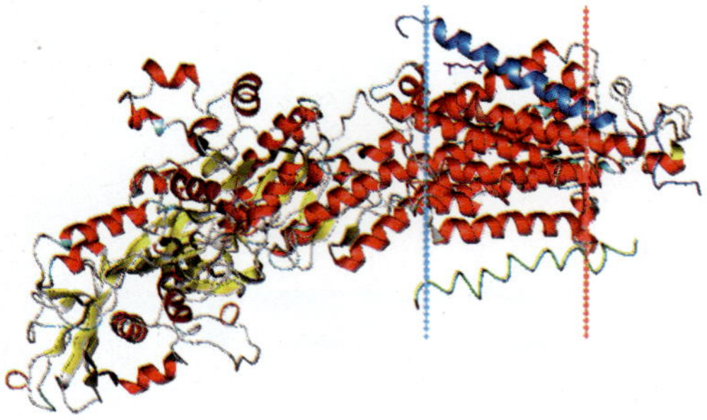

Meccanismo	Caratteristiche	Esempio
Trasporto passivo	Moto secondo gradiente di concentrazione; non richiede apporto di energia	Diffusione semplice, osmosi, diffusione facilitata
Diffusione semplice	Le sostanze alle quali la membrana è permeabile la attraversano senza l'assistenza delle proteine di trasporto	L'O_2 e il CO_2 si diffondono attraverso le membrane biologiche
Osmosi	L'acqua si diffonde attraverso una membrana semipermeabile (i canali proteici chiamati acquaporine aumentano la velocità degli scambi osmotici in molte cellule)	L'acqua è riassorbita nel sangue dai tubuli renali
Diffusione facilitata	Le sostanze a cui la membrana non è permeabile la attraversano con l'aiuto delle proteine di trasporto	Il glucosio entra nelle cellule attraverso dei trasportatori proteici di membrana – GLUT – che ne facilitano l'ingresso
Trasporto attivo	Le proteine di trasporto muovono le sostanze contro il loro gradiente di concentrazione; richiede energia, spesso fornita dall'ATP	La pompa sodio-potassio è una proteina che usa l'energia dell'ATP per espellere tre Na^+ ogni due K^+ in ingresso nel citoplasma
Trasporto per mezzo di vescicole	Vescicole formate da membrana trasportano molecole dentro e fuori dalla cellula	Endocitosi, esocitosi
Endocitosi	La membrana racchiude una sostanza e la porta dentro la cellula	Il globulo bianco può riconoscere e fagocitare i corpi estranei
Esocitosi	Una vescicola si fonde con la membrana cellulare, rilasciando sostanze all'esterno della cellula	Le cellule nervose come i neuroni rilasciano i neurotrasmettitori chimici attraverso vescicole

Organizzazione delle conoscenze

Capitolo 4 **Gli scambi di energia** 105

Gli scambi di energia: ricapitoliamo

Rispondi alle domande che seguono facendo riferimento alla mappa, al riepilogo visuale e ai contenuti del capitolo.

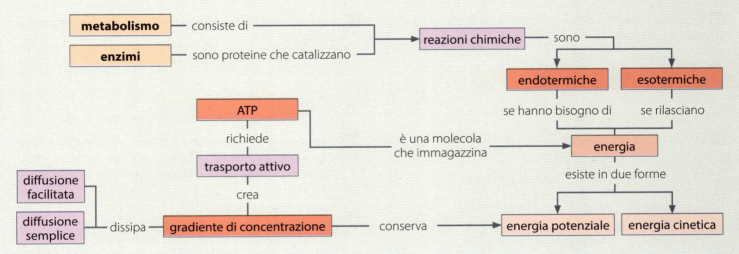

1. Inserisci nella mappa i termini inibitore competitivo e inibitore non competitivo.
2. Sapresti fare alcuni esempi di energia potenziale ed energia cinetica?
3. Inserisci nella mappa i termini substrato, sito attivo ed energia di attivazione.
4. Dove potrebbe collocarsi il trasporto passivo in questa mappa concettuale?
5. Spiega in che modo il gradiente di concentrazione può dipendere dalle proteine di membrana.
6. Che tipi di molecole sono ATP ed enzimi?
7. Oltre alla produzione di ATP raffigurata nell'immagine, fai un esempio di un'altra reazione endotermica.
8. Inserisci nella mappa concettuale i termini trasporto passivo e osmosi.
9. Prova a disegnare uno schema dell'accoppiamento energetico.
10. Descrivi l'importanza della fosforilazione.

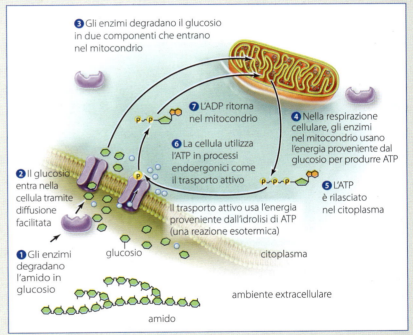

Il glossario di biologia

11. Rispondi alle domande che seguono facendo riferimento alla mappa, al riepilogo visuale e ai contenuti del capitolo.

Termine italiano	Traduzione inglese	Termine italiano	Traduzione inglese
Energia potenziale			*Reactant*
Termodinamica		Cofattore	
	Metabolism		*Competitive inhibition*
	Endergonic reaction	Diffusione facilitata	
Reazione esotermica			*Active transport*
	Redox reaction	Ipotonico	
Catena di trasporto di elettroni			*Vesicle*
	Enzyme	Endocitosi	

Autoverifica delle conoscenze

Dalle cellule ai vertebrati

Simula la parte di biologia di una prova di accesso all'università. Rispondi ai test dal 12 al 24 in 22 minuti e calcola il tuo punteggio in base alla griglia di soluzioni che trovi alla fine del libro. Considera: 1,5 punti per ogni risposta esatta; − 0,4 punti per ogni risposta sbagliata; 0 punti per ogni risposta non data. Trovi questo test anche in versione interattiva sul ME·book.

12 Quale tra i seguenti è il migliore esempio di energia potenziale in una cellula?
- A La divisione cellulare
- B Una molecola di glucosio
- C Il movimento di un flagello
- D Un insieme di fibre di cellulosa
- E Il citoscheletro

13 In una reazione esotermica:
- A viene assorbita energia
- B i prodotti contengono più energia dei reagenti
- C l'entropia aumenta
- D si possono produrre molecole complesse partendo da componenti più semplici
- E Tutte le risposte precedenti sono corrette

14 Che cosa caratterizza una reazione endotermica?
- A Un rapido rilascio di energia
- B Ha bisogno di una fonte di energia
- C La fosforilazione
- D Si verifica spontaneamente
- E L'aumento dell'entropia

15 Quale ruolo ha l'ATP nelle reazioni accoppiate?
- A L'idrolisi dell'ATP alimenta le reazioni endotermiche
- B La sintesi di ATP alimenta le reazioni endotermiche
- C L'idrolisi dell'ADP alimenta le reazioni esotermiche
- D La sintesi di ATP alimenta le reazioni esotermiche
- E Nessuna delle risposte precedenti è corretta

16 In che modo un enzima è in grado di influenzare l'energia di una reazione?
- A L'energia di attivazione si abbassa
- B L'energia di attivazione aumenta
- C L'energia netta rilasciata si abbassa
- D L'energia dei reagenti aumenta
- E L'energia dei prodotti aumenta

17 Da dove proviene l'energia per la fotosintesi?
- A Da un cloroplasto
- B Dall'ATP
- C Dal Sole
- D Dal glucosio
- E La fotosintesi non ha bisogno di energia

18 Se non innaffi una pianta a sufficienza, puoi vedere le sue foglie appassirsi. Quale processo biochimico è alla base di questo fenomeno?
- A La disidratazione induce reazioni di ossido-riduzione
- B L'acqua è stata trasportata all'esterno per esocitosi
- C Le cellule hanno smesso di produrre cloroplasti
- D Le proteine prive di acqua non possono svolgere funzioni di trasporto
- E Le cellule hanno perso pressione di turgore

19 Il movimento delle molecole di acqua durante l'osmosi è dovuto a:
- A diffusione semplice
- B trasporto attivo
- C pinocitosi
- D endocitosi
- E Tutte le risposte precedenti possono essere vere

20 Immagina di accendere un calorifero in una stanza fredda. In un primo momento, l'aria è più calda vicino al calorifero, ma il calore si diffonde poi nella stanza. Questo esempio illustra:
- A la diffusione facilitata
- B la diminuzione dell'entropia
- C l'osmosi
- D la diffusione semplice
- E il trasporto attivo

21 I parameci sono organismi che vivono in acqua dolce, dotati di un vacuolo pulsante specializzato nell'espellere l'acqua in eccesso. Ponendoli in acqua distillata si nota la contrazione ritmica del vacuolo che espelle l'acqua. Ponendoli in acqua salata la contrazione del vacuolo cessa. Ciò può essere spiegato perché:
- A nell'acqua salata non è necessario espellere attivamente l'acqua perché essa tende a uscire spontaneamente
- B il sale inibisce il meccanismo di espulsione dell'acqua del vacuolo
- C nell'acqua salata i parameci bloccano tutte le proprie attività metaboliche
- D nell'acqua salata i parameci muoiono
- E nell'acqua salata l'acqua entra liberamente nella cellula del paramecio

22 Un'alterazione a carico delle proteine trasportatrici può modificare la permeabilità delle membrane di una cellula. Per quale dei seguenti ioni o molecole, più verosimilmente, la permeabilità NON verrà modificata?
- A Ossigeno
- B Ioni Idrogeno
- C Glucosio
- D Ioni Sodio
- E Ioni Cloro

23 La pompa sodio-potassio è un esempio di:
- A una proteina che scambia ioni dall'interno all'esterno della cellula
- B un sistema di trasporto attivo
- C un utilizzo di energia dell'ATP
- D un sistema di controllo della concentrazione di ioni
- E Tutte le risposte precedenti sono corrette

24 In quali circostanze la cellula utilizza endocitosi?
- A Per introdurre grandi molecole nel citoplasma
- B Quando si trova in soluzioni isotoniche
- C Quando le proteine di trasporto non funzionano
- D Per creare un gradiente di concentrazione
- E Per espellere grandi molecole dal citoplasma

Verso l'ammissione all'università — Attività

Sviluppo delle competenze

Capitolo 4 Gli scambi di energia

25 Lessico Spiega le differenze tra diffusione, diffusione facilitata, trasporto attivo ed endocitosi. Fai un esempio per ciascuno di questi fenomeni.

26 Relazioni In che senso la funzione di un enzima è simile a un gruppo di ingegneri che scavano un tunnel attraverso una montagna invece che costruire una strada sulla sua vetta?

27 Classificare Come potresti classificare le reazioni di ossidazione e le reazioni di riduzione: come processi esotermici o endotermici?

28 Fare connessioni logiche La diffusione è un sistema di trasporto efficiente sulle piccole distanze. In che modo questo è in relazione con il rapporto tra la superficie e il volume di una cellula?

29 Fare connessioni logiche Le cellule del fegato contengono molto glucosio. Se la concentrazione di glucosio nelle cellule del fegato è più alta di quella dell'ambiente circostante, quale meccanismo potrebbero usare le cellule per importare ancora più glucosio? Perché soltanto questo sistema di trasporto funzionerebbe?

30 Interpretare immagini Oltre alla temperatura, anche il pH è un fattore che influenza il funzionamento di un enzima. Il grafico qui sotto mostra la dipendenza dal pH dell'attività enzimatica di tre diversi enzimi: la pepsina, un enzima che si trova nello stomaco, l'amilasi, presente nella saliva, e l'arginasi, un enzima che si trova nel fegato. Descrivi il grafico e cerca di spiegare perché le curve dei tre enzimi sono diverse.

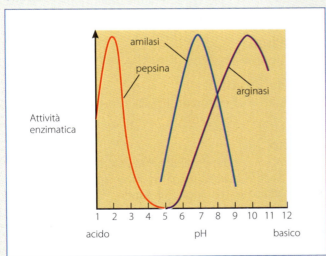

31 Metodo scientifico Immagina di immergere una cellula in una soluzione in grado di degradare le proteine: quale sarebbe l'effetto sul trasporto cellulare?

32 Metodo scientifico Immagina di leggere su un sito Internet che bere troppa acqua porterebbe a un rigonfiamento delle cellule del cervello. Come giudicheresti questa informazione? Con quali basi potresti confermarla, o dimostrare che è errata?

33 Inglese A concentration gradient is an example of:
- A oxidation-reduction
- B potential energy
- C entropy
- D equilibrium
- E usable heat energy

34 Inglese A cell is at osmotic equilibrium with its environment. If you added salt to the surrounding solution, what would happen to the cell?
- A There would be no change
- B It would swell and burst
- C It would exhibit turgor pressure
- D It would shrink
- E It would lose the cellular membrane

35 Problem solving Prova a immaginare un possibile uso commerciale di un enzima prelevato da archei che vivono a temperature oltre i 200 °C.

36 Scienza e società Numerosi studi sull'invecchiamento mostrano che alcune vie metaboliche possono accelerare o ridurre questo processo negli esseri umani. Regolando alcuni enzimi, potrebbe forse essere possibile rallentarlo.

a. Quali potrebbero essere i principali rischi per la salute nel regolare gli enzimi dell'invecchiamento? Quali i possibili benefici?

b. Se esistesse la possibilità di conoscere dal profilo genetico di una persona la velocità con cui invecchierà, pensi che il test dovrebbe essere accessibile al pubblico? Saresti interessato a conoscere questa informazione?

37 Metodo scientifico Le tecniche utilizzate oggi per conservare gli alimenti prevedono metodi termici, come il riscaldamento o il raffreddamento, e metodi chimici, come l'aggiunta di conservanti. Lo scopo di queste diverse tecniche è di bloccare o rallentare il metabolismo dei microrganismi che vivono negli alimenti, o di distruggere gli enzimi presenti nei cibi. La corretta conservazione degli alimenti è fondamentale per la nostra sicurezza alimentare. Molte intossicazioni da cibo si verificano a causa di una scorretta gestione domestica degli alimenti.

a. È possibile rispondere alle seguenti domande attraverso un'indagine scientifica?
- Quante persone leggono le etichette di conservazione dei cibi? Sì No
- A quale temperatura si blocca l'azione di germi contaminanti? Sì No
- I cibi cotti sono più gustosi? Sì No
- Quali microrganismi sono distrutti dalla cottura? Sì No

b. Spiega in che modo il raffreddamento potrebbe aiutare a conservare gli alimenti.

c. Fai una piccola ricerca nella tua cucina: leggendo le etichette di alcuni prodotti alimentari, cerca le indicazioni per la conservazione e riporta alcuni esempi. Quali alimenti devono essere conservati in frigorifero? Per quanti giorni? Quali possono stare a temperatura ambiente?

Tuberi e trasporti: l'osmosi

38 Laboratorio Leggi il protocollo e guarda il filmato sul ME•book; poi, con l'aiuto dell'insegnante, prova a riprodurre questa esperienza in laboratorio.

Prerequisiti
Le cellule. Il trasporto passivo.

Competenze attivate
Comunicare le scienze naturali nella madrelingua. Metodo scientifico. Competenze digitali.

Contesto
L'ambiente può avere diversi effetti su equilibrio e forma di una cellula. La diffusione di liquidi verso l'interno o l'esterno di una cellula dipende dalla concentrazione di sali nel citoplasma e nell'ambiente extracellulare. L'osmosi è un esempio di diffusione semplice, in cui l'acqua si sposta attraverso una membrana semipermeabile, guidata da una differenza di concentrazione di soluti. Prova a verificare l'effetto di diverse soluzioni su un organismo vivente, per esempio una patata.

Materiali
- Patate
- Acqua distillata
- Strumenti per tagliare le patate
- Zucchero
- Sale
- Cucchiaino
- Becher da 250 ml
- Bilancia
- Pennarello per vetro cancellabile

Procedimento
Lavorando da solo o in un piccolo gruppo taglia tre cubetti di patata di circa 1 cm per lato **a**. Prendi tre becher graduati e versa in ognuno 200 ml di acqua distillata. Aggiungi 4 cucchiaini di sale in un becher e 6 cucchiaini di zucchero in un secondo recipiente. Mescola fino a che non si sciolgono. Pesa **b** ogni cubetto di patata, e poi immergi ciascuno di essi in una delle soluzioni: acqua distillata, soluzione salina e soluzione zuccherata.
Compila una tabella riportando il peso iniziale di ogni cubetto prima dell'immersione.
Dopo un giorno, osserva i cubetti, fotografali e pesali ancora una volta avendo cura di farli sgocciolare per bene. Che cosa è cambiato?

Attenzione!
Nel compilare la tabella prima e dopo l'immersione, fai attenzione a quale campione stai misurando: è importante essere precisi quando si raccolgono i dati. Per aiutarti a identificare le diverse soluzioni, puoi utilizzare un pennarello per vetro cancellabile in modo da indicare su ciascun becher la soluzione contenuta.

Analisi dei dati
Completata la tabella, puoi calcolare se il peso dei cubetti di patata è cambiato dopo l'immersione. Raccogli anche i dati dei tuoi compagni di classe, e costruisci un grafico che riassuma le informazioni e mostri il cambiamento percentuale nel peso dei campioni di patata utilizzati.

Conclusioni
Qual è l'effetto delle diverse soluzioni sui campioni utilizzati nell'esperimento? Se utilizzassi diverse concentrazioni di zucchero o di sale, avresti risultati diversi? La temperatura può influenzare il risultato dell'esperimento? Come?

Autovalutazione
Qual è stata la maggiore difficoltà che hai incontrato durante l'esperimento?
Pensi che sia più facile lavorare da solo o in un piccolo gruppo per un esperimento di questo tipo?
Quale aspetto del lavoro potrebbe essere migliorato?

Gli enzimi al supermercato

39 Comunicazione Segui le indicazioni riportate e realizza una relazione scientifica.

Prerequisiti
Progettare un esperimento. Il metodo scientifico.

Competenze attivate
Comunicare le scienze naturali nella madrelingua. Metodo scientifico. Competenze digitali.

Contesto
Gli enzimi sono indispensabili per la vita, ma possono essere isolati, purificati e utilizzati dagli esseri umani per scopi differenti. Passeggiando per i corridoi di un supermercato o di una farmacia puoi trovare con facilità prodotti che sono stati trattati o che contengono enzimi, come il latte ad alta digeribilità, o alcuni integratori alimentari **c**.

La relazione scientifica

Scegli un prodotto commerciale che utilizzi enzimi, per esempio: detergenti per il bucato, soluzioni per le lenti a contatto, integratori alimentari per combattere i gas intestinali o aiutare la digestione del latte, o addirittura i jeans sottoposti a *stone-wash* per sembrare usati.

Leggi i componenti sull'etichetta del prodotto o fai una ricerca su Internet per stabilire quali siano gli enzimi contenuti o utilizzati per il suo trattamento. Fai attenzione alle fonti di informazioni che utilizzi: è più affidabile consultare i siti di università, istituti di ricerca o organizzazioni ufficiali che si occupano di salute e sicurezza. Una volta raccolto il materiale, prepara una relazione **d**. Una relazione è generalmente organizzata secondo uno schema preciso: un titolo, un piccolo riassunto del lavoro svolto, un'introduzione del problema, la descrizione dei metodi usati nella ricerca, l'esposizione dei risultati e una conclusione **e**. Alla fine della relazione è opportuno citare le fonti utilizzate, in modo che i lettori possano risalire alle informazioni. Puoi arricchire inoltre il lavoro con immagini, fotografie, disegni o grafici: se le immagini non sono tue, assicurati di citarne l'autore.

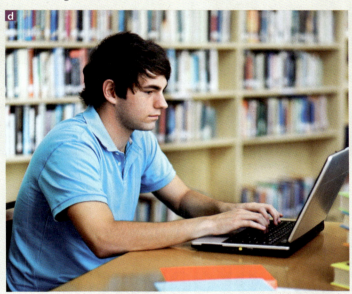

Definizione dell'obiettivo da raggiungere

- **Soggetto della ricerca**: quale prodotto vuoi analizzare?
- **Tempistiche**: quando dovrà essere pronta la relazione?
- **Materiali**: che cosa serve per la raccolta dei dati e per la loro elaborazione?
- **Relazione finale**: a chi possono essere presentati i risultati della ricerca? In che formato?

Attenzione!

Per non sbagliare l'impostazione della tua relazione, puoi consultare la scheda di approfondimento sul metodo per scrivere una relazione a p. 20.
In una relazione non sono importanti solo i contenuti: anche la forma vuole la sua parte. Il testo dovrà essere corretto, ordinato e di facile lettura. Se utilizzi un programma di videoscrittura è meglio utilizzare pochi colori e caratteri.

Sitografia

Dopo aver consultato le pagine web dell'azienda che ha messo in commercio il prodotto selezionato, puoi consultare i siti di università e istituti di ricerca che si occupano di enzimi per scopo industriale e alimentare. Alcune organizzazioni nazionali e internazionali si occupano di sicurezza dei prodotti alimentari; puoi usare i loro siti come fonti di informazioni.

- L'EFSA – Autorità europea per la sicurezza alimentare – ha dedicato una sezione del proprio sito web agli enzimi alimentari (http://www.efsa.europa.eu/it/).
- L'AMFEP – Association of Manufacturers and Formulators of Enzyme Products – è un'organizzazione europea che rappresenta le industrie che utilizzano enzimi nei loro prodotti (http://www.amfep.org).

Autovalutazione

Hai rispettato le scadenze?
Qual è stata la maggiore difficoltà nella raccolta delle informazioni?
La relazione finale presenta risultati interessanti?
Sei riuscito a presentare i tuoi risultati anche in forma grafica?

Termodinamica ed evoluzione

40 Problem solving

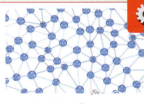

Alcune persone con una conoscenza superficiale delle leggi della termodinamica sostengono che la teoria dell'evoluzione violi il principio dell'entropia. Per esempio, i creazionisti utilizzano questa supposizione per confutare le basi dell'evoluzionismo. Immagina di discutere con una di queste persone.
- Quali potrebbero essere gli argomenti del tuo interlocutore?
- Perché il secondo principio della termodinamica non esclude la teoria dell'evoluzione?

Per rispondere alle domande clicca sull'icona, analizza e discuti in gruppo la traccia di lavoro proposta.

▽ Il più antico seme germinato appartiene a una pianta di lupino artico (*Lupinus arcticus*) di 10 000 anni fa.

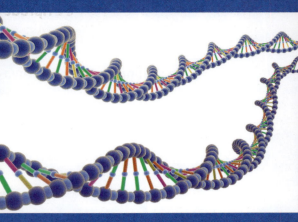
▲ Nei batteri la duplicazione del DNA procede alla velocità di circa un milione di coppie di basi al minuto; negli eucarioti varia da 500 a 5000 coppie di basi al minuto.

▲ I globuli rossi umani si dividono a una velocità tale da produrre 2,5 milioni di nuove cellule al secondo.

▽ La cellule del fegato possiedono più nuclei, rendendo più difficile la replicazione cellulare.

▲ Tutti gli esseri umani sono geneticamente identici al 99%.

▲ La colchicina, una molecola prodotta dalle piante del genere *Colchicum*, è considerata un potente veleno perché impedisce la divisione cellulare.

5 Divisione cellulare e riproduzione degli organismi

Una questione di altezza. Che cosa determina la nostra statura?

Ai concerti alcuni di noi non riescono a vedere il palco perché i ragazzi davanti sono troppo alti. Secondo l'ISTAT – Istituto nazionale di statistica – negli ultimi cento anni la statura degli italiani è aumentata di 12 cm raggiungendo un valore medio di 1,74 m. Questo dato, in realtà, non spiega le grandi variazioni di altezza che possiamo osservare a occhio nudo guardando una qualsiasi folla a un concerto o a un comizio.

La statura di una persona adulta dipende dalla replicazione delle sue cellule durante l'infanzia e l'adolescenza, in particolare delle cellule che compongono le ossa. A ogni divisione una cellula progenitrice produce due cellule figlie; se migliaia di cellule si replicano all'estremità di un osso nello stesso momento, l'osso si allunga e la persona cresce.

In questo capitolo capiremo in che modo i tessuti crescono e si riparano attraverso la divisione cellulare e come gli organismi si riproducono.

A CHE PUNTO SIAMO
52%

Grazie alle conoscenze su struttura delle cellule e DNA acquisite in precedenza, in questo capitolo descriveremo le fasi del ciclo cellulare e la riproduzione di cellule e organismi. Distinguendo i processi di mitosi e meiosi nel dettaglio, approfondiremo i principi della riproduzione asessuata e di quella sessuata e introdurremo argomenti indispensabili per la comprensione dei capitoli successivi.

5.1 Le cellule si dividono e muoiono

Le nostre cellule sono troppo piccole per essere viste senza l'aiuto di un microscopio, così è difficile renderci conto di quante ne perdiamo ogni giorno mentre siamo impegnati a dormire, lavorare o divertirci. Per esempio, in ogni minuto della giornata decine di migliaia di cellule morte si staccano dalla nostra pelle; se non ci fosse un modo per sostituirle, il nostro corpo si consumerebbe poco a poco. Non ci consumiamo perché le cellule negli strati profondi della pelle si dividono e sostituiscono le cellule perse. Ogni nuova cellula vive in media circa 35 giorni, così si può dire che cambiamo pelle più o meno una volta al mese senza neanche accorgercene.

La divisione cellulare fornisce di continuo nuove cellule che sostituiscono quelle perse, ma ha anche altre funzioni: è indispensabile sia per la riproduzione di tutti i viventi sia per l'accrescimento e lo sviluppo degli organismi pluricellulari.

In questo capitolo esploreremo la proliferazione e la morte cellulare, due fenomeni opposti eppure legati fra loro.

A. La riproduzione sessuata comprende mitosi, meiosi e fecondazione

Perché una specie continui a esistere, gli organismi che ne fanno parte devono riprodursi, cioè generare altri individui come loro.

Per un organismo unicellulare, il modo più semplice e più antico di riprodursi è la **riproduzione asessuata**, attraverso la quale il materiale genetico si duplica e il contenuto della cellula si divide in due. Fatta eccezione per modifiche casuali nella sequenza di DNA (mutazioni), la riproduzione asessuata genera figli geneticamente identici. Per esempio, la maggior parte dei batteri e degli archei si riproduce per scissione binaria, la forma più semplice di divisione cellulare asessuata. Anche molti protisti e organismi eucarioti pluricellulari si riproducono allo stesso modo.

Nella **riproduzione sessuata**, invece, la prole è dotata di un patrimonio genetico proveniente da entrambi i genitori. Ogni genitore contribuisce con una cellula sessuale, o **gamete**, e la fusione di queste cellule segna l'inizio di una nuova generazione. Dato che la riproduzione sessuata mescola e ricombina il DNA paterno con quello materno, i figli sono geneticamente diversi gli uni dagli altri. La figura 1 illustra come due tipi di divisione cellulare, meiosi e mitosi, interagiscono in un ciclo vitale sessuale. Negli esseri umani e in molte altre specie, il genitore di sesso maschile fornisce spermatozoi e la femmina ovuli. La **meiosi** è il processo di divisione cellulare che genera gameti geneticamente diversi fra loro, e la diversità genetica dei gameti spiega perché due figli degli stessi genitori sono diversi fra loro.

La **fecondazione** è l'unione di uno spermatozoo e di un ovulo, che insieme costituiscono lo **zigote**, ossia la prima cellula di un nuovo individuo. Subito dopo la fecondazione entra in gioco un altro tipo di divisione cellulare, la mitosi. La **mitosi** suddivide l'informazione genetica contenuta in una cellula eucariotica fra due cellule figlie identiche.

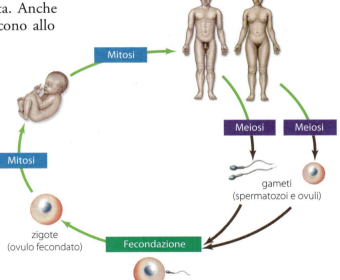

Figura 1 Riproduzione sessuata. Durante il ciclo vitale degli esseri umani e di molti altri organismi, gli adulti producono gameti attraverso la meiosi. La fecondazione unisce spermatozoi e ovuli in zigoti. La mitosi permette lo sviluppo degli zigoti in organismi adulti.

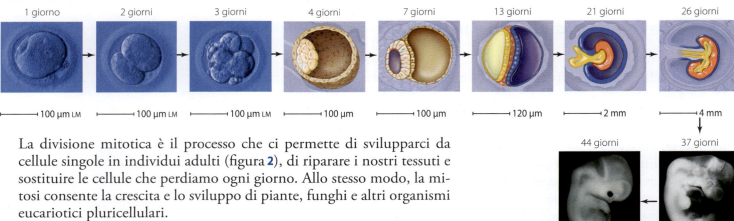

La divisione mitotica è il processo che ci permette di svilupparci da cellule singole in individui adulti (figura 2), di riparare i nostri tessuti e sostituire le cellule che perdiamo ogni giorno. Allo stesso modo, la mitosi consente la crescita e lo sviluppo di piante, funghi e altri organismi eucariotici pluricellulari.

Ognuna dei miliardi di cellule nel nostro corpo contiene lo stesso patrimonio genetico presente nella prima cellula fecondata. Ispirato dalla stupefacente precisione con cui questo avviene, il genetista Herman J. Müller scrisse nel 1947: «In un certo senso conteniamo noi stessi, avvolti in noi stessi, ripetuti per miliardi di volte». Questa citazione esprime con eloquenza l'idea che ogni cellula del corpo è il risultato di innumerevoli cicli di divisione cellulare, che ogni volta formano due cellule caratterizzate dallo stesso patrimonio genetico.

Figura 2 Crescita e sviluppo dell'essere umano. Le foto illustrano lo sviluppo di un feto umano a partire da uno zigote. La mitosi produce le cellule che costituiscono il corpo.

B. La morte cellulare è parte della vita

Lo sviluppo di un organismo pluricellulare richiede qualcos'altro oltre alla divisione cellulare. Le cellule non solo si dividono, ma muoiono secondo schemi precisi, formando e modellando l'organismo. La morte cellulare è quindi parte integrante dello sviluppo ed è detta **apoptosi**. Come la divisione cellulare, anche l'apoptosi è caratterizzata da una sequenza di eventi precisi, strettamente regolati; per questo è chiamata anche "morte cellulare programmata".

Nelle fasi iniziali dello sviluppo, la divisione cellulare e l'apoptosi danno forma a nuove strutture di un organismo. Per esempio, all'inizio dello sviluppo sia le anatre sia i polli hanno zampe palmate, ma mentre le prime conservano la membrana fra le dita, nei secondi le cellule fra un dito e l'altro muoiono (figura 3). Allo stesso modo, le cellule che costituiscono la coda dei girini muoiono quando le giovani rane diventano adulte.

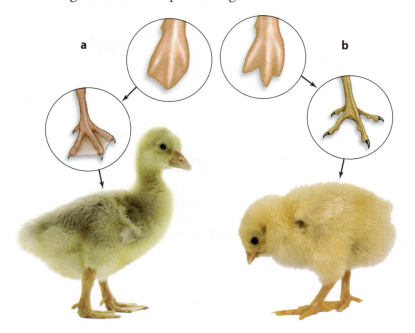

Figura 3 L'apoptosi dà la forma alle zampe. Nelle prime fasi dello sviluppo embrionale le zampe dei polli e dalle anatre hanno dita unite da una membrana. (**a**) La zampa di un'anatra conserva una membrana fra le dita. (**b**) La zampa del pollo acquista la sua forma quando le cellule della membrana muoiono.

Per tutta la vita di un organismo pluricellulare, i processi di divisione e morte si mantengono in equilibrio, in modo che i tessuti non crescano o si rimpiccioliscano troppo. La divisione cellulare compensa la morte di cellule della pelle e del sangue, un po' come quando si aggiunge neve fresca (la divisione cellulare) a un pupazzo di neve che si sta sciogliendo (apoptosi). Sia la divisione cellulare sia l'apoptosi svolgono anche un ruolo di protezione dell'organismo. Per esempio, la cellule si dividono per riparare un ginocchio sbucciato, mentre l'apoptosi elimina le cellule ustionate dai raggi UV che potrebbero diventare tumorali.

Prima di imparare di più su mitosi e apoptosi, è importante capire come il materiale genetico in una cellula eucariotica sia in grado di copiare se stesso e prepararsi alla divisione cellulare.

Rispondi in un tweet

1. Spiega quali sono i ruoli di mitosi, meiosi e fecondazione nel ciclo vitale umano.

2. Perché divisione cellulare e apoptosi sono necessarie per lo sviluppo di un organismo?

5.2 La duplicazione del DNA precede la divisione cellulare

Prima di dividersi – per scissione binaria, mitosi o meiosi – ogni cellula deve duplicare il suo intero **genoma**, cioè tutto il materiale genetico in essa contenuto. Il genoma può essere organizzato in uno o più **cromosomi**, ossia singole molecole di DNA compattate da particolari proteine. Potremmo paragonare tutto questo materiale genetico cellulare a un insieme di libri di cucina (i cromosomi), che contengono ricette (i geni) per la sintesi di decine di migliaia di proteine. Durante la duplicazione del DNA, la cellula copia tutta questa informazione, lettera dopo lettera (figura 4). Questa modalità di duplicazione, è definita **semiconservativa**, perché ogni nuova doppia elica di DNA conserva un filamento della molecola originale.

Ricordiamo che il DNA è un acido nucleico a doppio filamento. Ognuno dei due filamenti della doppia elica è composto da nucleotidi uniti dai legami a idrogeno che si instaurano fra le basi azotate: l'adenina (A) si appaia alla sua base complementare, la timina (T); la citosina (C) si combina con la guanina (G).

Figura 4 La duplicazione del DNA: i passaggi essenziali. ❶ I filamenti di DNA si srotolano e si separano. ❷ Nuovi nucleotidi formano coppie di basi complementari con i filamenti esposti. ❸ Il processo termina con due molecole di DNA a doppio filamento identiche.

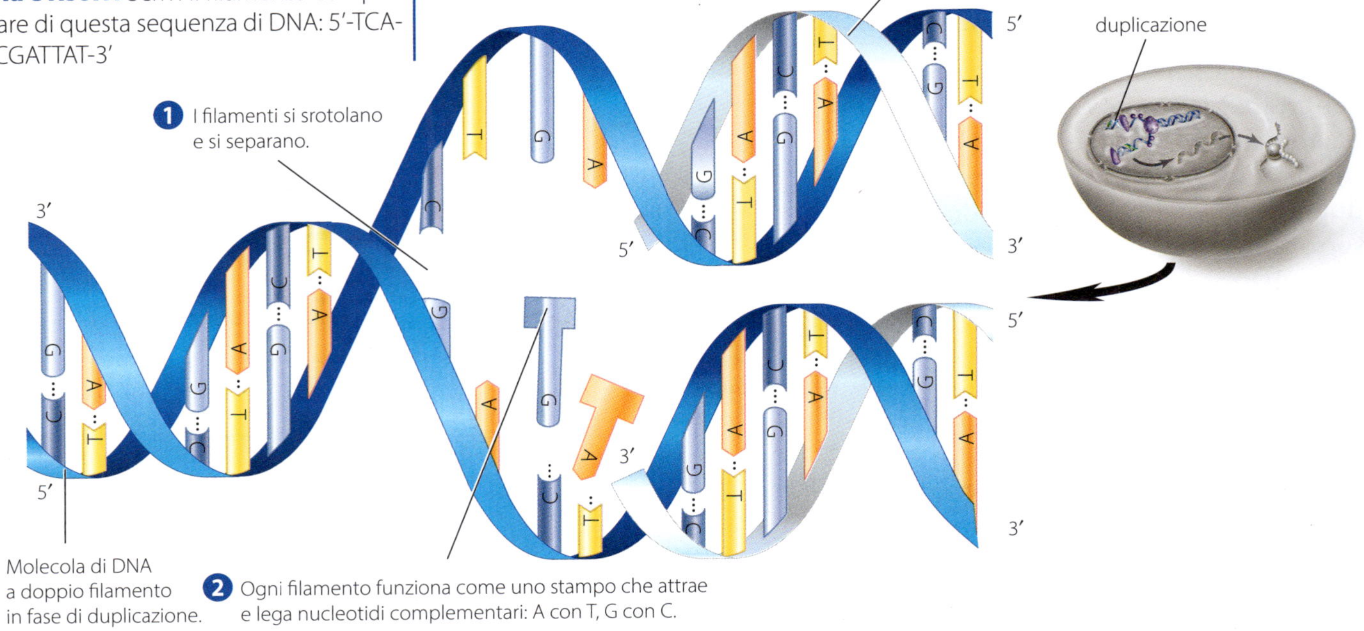

❸ Ogni nuova molecola di DNA a doppio filamento consiste di un filamento genitore e uno figlio, risultanti dalla duplicazione semiconservativa.

Calcola e risolvi Scrivi il filamento complementare di questa sequenza di DNA: 5'-TCAATACCGATTAT-3'

❶ I filamenti si srotolano e si separano.

duplicazione

Molecola di DNA a doppio filamento in fase di duplicazione.

❷ Ogni filamento funziona come uno stampo che attrae e lega nucleotidi complementari: A con T, G con C.

Quando James Watson e Francis Crick riuscirono a individuare la struttura del DNA, si resero conto di avere scoperto anche la chiave per la sua duplicazione. Nell'articolo in cui descrissero la loro intuizione, affermarono: «Non è sfuggito alla nostra attenzione che gli appaiamenti specifici da noi postulati suggeriscono immediatamente un possibile meccanismo di copiatura del materiale genetico». I due ricercatori immaginavano che il DNA venisse srotolato in singoli filamenti, esponendo basi non appaiate che avrebbero attratto le loro basi complementari, guidando così la sintesi di due doppie eliche.

Il DNA non si duplica da solo: una schiera di enzimi copia l'intero genoma poco prima che la cellula si divida. Questi enzimi lavorano simultaneamente in centinaia di punti, le **origini di duplicazione**, su ciascuna molecola di DNA (figura 5). È un processo equivalente a dividere i fogli di un documento da copiare su più fotocopiatrici, facendole funzionare tutte allo stesso tempo. Grazie a questa divisione del lavoro, copiare i miliardi di nucleotidi dei 46 cromosomi di una cellula umana richiede solo 8-10 ore.

La duplicazione del DNA è molto accurata. Come per la correzione delle bozze di un libro, anche durante la sintesi delle nuove sequenze di nucleotidi esistono diversi sistemi di controllo che riducono la percentuale di errore a un nucleotide errato su un miliardo. Speciali enzimi riparatori assicurano l'accuratezza della duplicazione eliminando e sostituendo i nucleotidi non corretti. Nonostante i sistemi di controllo, però, a volte alcuni errori rimangono. Il risultato è una **mutazione**, ovvero un cambiamento nella sequenza del DNA della cellula. Per continuare con l'analogia del libro di cucina, una mutazione è equivalente a un refuso rimasto in una delle ricette.

La duplicazione del DNA richiede un forte investimento di energia, dato che una grande molecola di acido nucleico contiene molta più energia potenziale di quanta risieda nei singoli nucleotidi. L'energia è necessaria per sintetizzare i nucleotidi e per creare i legami covalenti che li assemblano nel nuovo filamento di DNA. Inoltre, molti degli enzimi che partecipano alla duplicazione del DNA richiedono energia sotto forma di ATP per catalizzare le loro reazioni.

Rispondi in un tweet

3. Perché il DNA deve duplicarsi?
4. Cosa si intende per duplicazione semiconservativa?
5. Cosa accade se durante la duplicazione del DNA si crea un errore?

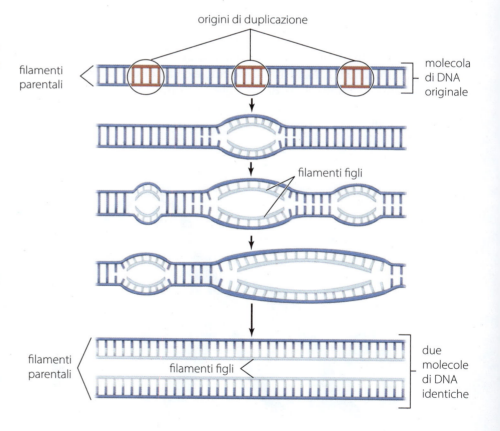

Figura 5 Origini di duplicazione. La duplicazione del DNA avviene simultaneamente in molti punti diversi lungo lo stesso cromosoma.

5.3 I procarioti si dividono per scissione binaria

Come tutti gli organismi, anche i batteri e gli archei trasmettono il DNA da una generazione all'altra attraverso la riproduzione. Nei procarioti, la riproduzione avviene per **scissione binaria**, un processo asessuato attraverso il quale il DNA si duplica e si distribuisce (insieme ad altri componenti della cellula) in due cellule figlie (figura 6). Ogni cellula procariotica contiene un cromosoma circolare. Quando la cellula si prepara a dividersi, il suo DNA si duplica e il cromosoma parentale e la sua copia si agganciano alla superficie interna della cellula. A questo punto la membrana cellulare cresce fra le due molecole di DNA, separandole; di conseguenza la cellula si divide a metà formando le due figlie.

In condizioni ottimali, alcune cellule batteriche riescono a dividersi ogni 20 minuti. I pochi microbi che rimangono in bocca dopo che ci siamo lavati i denti riescono facilmente a ripopolare il cavo orale mentre dormiamo; la loro attività metabolica è la causa dell'alito cattivo al nostro risveglio.

Rispondi in un tweet
6. Quali tipi di cellula si dividono per scissione binaria?
7. Come avviene la scissione binaria?

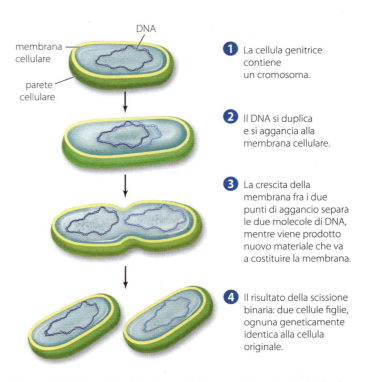

1. La cellula genitrice contiene un cromosoma.
2. Il DNA si duplica e si aggancia alla membrana cellulare.
3. La crescita della membrana fra i due punti di aggancio separa le due molecole di DNA, mentre viene prodotto nuovo materiale che va a costituire la membrana.
4. Il risultato della scissione binaria: due cellule figlie, ognuna geneticamente identica alla cellula originale.

Figura 6 Scissione binaria. Una cellula procariotica che si divide duplica il suo DNA, aumenta di dimensioni e poi si scinde, dando luogo a due cellule.

5.4 Prima della divisione cellulare, il DNA si duplica e si spiralizza

La scissione binaria è poco complessa perché il materiale genetico delle cellule procariotiche consiste solo di una singola molecola circolare di DNA. In una cellula eucariotica, invece, la distribuzione del DNA alle cellule figlie è un processo ben più complicato, perché l'informazione genetica è suddivisa in molti cromosomi contenuti nel nucleo. Ogni specie ha un numero di cromosomi caratteristico. Le cellule di una zanzara presentano 6 cromosomi; quelle di una cavalletta, una pianta di riso o un pino ne hanno 24; gli esseri umani 46; i cani e i polli 78; una carpa 104. Questi numeri sono tutti pari, perché gli organismi che si riproducono sessualmente ereditano due corredi cromosomici, uno da ciascun genitore. Gli spermatozoi e gli ovuli umani, per esempio, contengono 23 cromosomi ciascuno; la fecondazione produce quindi un figlio con 46 cromosomi in ogni cellula.

Con così tanto materiale genetico, una cellula eucariotica deve soddisfare due esigenze: avere accesso alle informazioni contenute nel DNA e poter organizzare il suo materiale genetico in una forma che sia trasferibile con facilità alle due cellule figlie. Per capire come la cellula riesca a bilanciare queste due necessità, dobbiamo

Animazione
La duplicazione del DNA
Perché è necessario che il DNA si duplichi prima della divisione cellulare?

esaminare più da vicino la struttura dei cromosomi.
I cromosomi delle cellule eucariotiche sono composti da **cromatina**, un termine con il quale si indica tutto il DNA della cellula e le proteine a esso legate. Queste ultime comprendono gli enzimi che contribuiscono a duplicare il DNA e a trascriverlo in una sequenza di RNA, e le proteine di supporto attorno alle quali si avvolge il DNA prima di essere sistemato ordinatamente dentro la cellula.

Per capire l'importanza del ripiegamento (o spiralizzazione) del DNA dobbiamo considerare due dati: se srotolassimo il DNA di una nostra cellula, misurerebbe circa 2 metri da un capo all'altro; inoltre, se le basi del DNA di tutti i 46 cromosomi contenuti nella medesima cellula fossero stampate come A, C, T e G, i miliardi di lettere risultanti riempirebbero 4000 libri da 500 pagine ciascuno. Come fa dunque una cellula di soli 100 micron di diametro a contenere così tanto materiale? Grazie ai differenti gradi di spiralizzazione del DNA (figura 7). Il primo livello è costituito dai **nucleosomi**, composti da un segmento di DNA avvolto attorno a otto proteine (**istoni**). Un filamento continuo di DNA collega i nucleosomi come un filo collega le perle di una collana. Fra una divisione cellulare e la successiva, la cromatina, che rappresenta il secondo livello di spiralizzazione, si vede appena perché i nucleosomi sono poco compatti; il DNA, infatti, è poco spiralizzato in modo che la cellula possa accedere alle informazioni che contiene per produrre le proteine necessarie alla sua attività metabolica. Anche la duplicazione del DNA, che precede la divisione cellulare, richiede una spiralizzazione piuttosto lassa per consentire l'accesso degli enzimi (figura 8).

L'aspetto del materiale genetico cambia subito dopo la sua duplicazione. I nucleosomi si ripiegano a formare strutture sempre più grandi, fino a far apparire la configurazione compatta del cromosoma. La spiralizzazione del DNA equivale in qualche modo ad avvolgere un filo lunghissimo su una spoletta: così come il filo occupa meno spazio ed è più facile da trasportare rispetto a un mucchio di filo sciolto, allo stesso modo per la cellula il DNA impacchettato in cromosomi è più facile da gestire rispetto a un groviglio di cromatina.

Una volta duplicato e addensato, il cromosoma presenta parti facilmente identificabili (figura 7): due molecole di DNA compatte e identiche chiamate **cromatidi fratelli**, uniti da una piccola regione di DNA e proteine chiamata **centromero**. Quando il materiale genetico di una cellula si divide, il centromero si scinde, e i cromatidi fratelli si separano. In quel momento, ogni cromatidio diventa un cromosoma.

> ### Rispondi in un tweet
> 8. Che relazione c'è fra cromosomi e cromatina?
> 9. Cosa accadrebbe se la spiralizzazione del DNA fallisse?

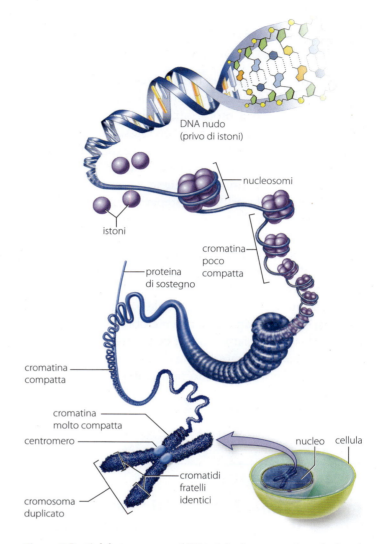

Figura 7 Parti del cromosoma. Il DNA si duplica poco prima che la cellula si divida, poi la cromatina si addensa nella sua tipica forma compatta.

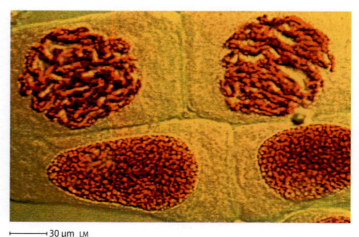

Figura 8 Il DNA in due forme diverse. Nelle cellule in basso, il materiale che assomiglia a un disco solido è DNA poco spiralizzato. Dopo la duplicazione, il DNA si avvolge a formare i cromosomi compatti visibili nelle cellule in alto.

5.5 La mitosi genera copie identiche della cellula

Immaginiamo di sbucciarci un ginocchio cadendo. All'inizio la ferita sanguinerà, poi il sangue si coagulerà e si formerà una crosta. Sotto la crosta, le cellule del sistema immunitario si daranno da fare per liberare la ferita da sporco e cellule morte, e allo stesso tempo le cellule integre intorno ai bordi della ferita cominceranno a dividersi ripetutamente, producendo nuove cellule figlie che andranno a sostituire quelle dell'area danneggiata. L'esempio delle cellule della pelle che si dividono più volte può essere utile per descrivere il **ciclo cellulare**: la serie di eventi che si succedono fra una divisione cellulare e quella seguente. Il ciclo cellulare si divide in fasi: durante l'**interfase** la cellula non si divide ma è impegnata a sintetizzare proteine, duplicare il DNA e svolgere altri processi metabolici. Questa fase termina con l'inizio della mitosi, durante la quale si divide il contenuto del nucleo; segue la **citodieresi**, ossia la divisione della cellula. Dopo il completamento della citodieresi, le cellule figlie entrano in interfase e il ciclo ricomincia.

Ogni minuto nel nostro corpo avvengono circa 300 milioni di divisioni mitotiche utilizzate per sostituire cellule danneggiate o morte. Ciascuna cellula in mitosi produce due cellule figlie che ricevono un identico patrimonio genetico, oltre a molecole e organuli necessari alle attività metaboliche.

A. L'interfase è un periodo di grande attività della cellula

Nel passato si confondeva l'interfase con il periodo di riposo per la cellula, perché la cromatina è poco spiralizzata e visibile e la cellula sembra poco attiva. In realtà, una cellula in interfase svolge le sue funzioni specifiche e anche la duplicazione del DNA avviene durante questa fase.

L'interfase (figura 9) è divisa in sottofasi G (dalla parola inglese *gap*, intervallo): G_1, G_0 e G_2, separate da una sottofase S (da "sintesi"). Durante la **sottofase G_1** la cellula cresce, svolge le sue normali funzioni e produce le molecole necessarie a costituire gli organuli e gli altri componenti che serviranno per la divisione cellulare. Alcune cellule passano dalla sottofase G_1 a quella G_0, nella quale non si verifica la divisione cellulare. Nella **sottofase G_0**, la cellula continua a funzionare ma non duplica il suo DNA e non si divide. La maggior parte delle cellule del corpo umano si trova in G_0. Alcune, come quasi tutti i neuroni del sistema nervoso, dopo la loro formazione entrano per sempre in G_0.

Durante la **sottofase S**, gli enzimi duplicano il materiale genetico della cellula e riparano il DNA danneggiato.

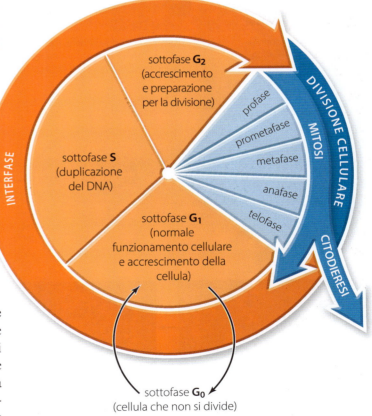

Figura 9 Il ciclo cellulare. L'interfase comprende le sottofasi G_1 e G_2, durante le quali la cellula cresce e alcuni organuli si duplicano. Le cellule che non si dividono passano dalla fase G_1 a quella G_0. Durante la sottofase S il DNA si duplica. La mitosi suddivide poi in due nuclei il materiale genetico duplicato. Quindi, la citodieresi separa il citoplasma, producendo due cellule figlie identiche.

Durante la sottofase S, nelle cellule animali si verifica anche la duplicazione del centrosoma. I **centrosomi** sono strutture che dirigono lo spostamento dei cromosomi durante la mitosi. Ogni centrosoma racchiude una coppia di strutture proteiche cave chiamate centrioli. La maggior parte delle cellule vegetali non hanno centrioli e le proteine responsabili del movimento dei cromosomi sono sparse per tutta la cellula.

Nella **sottofase G$_2$**, la cellula continua a crescere e allo stesso tempo si prepara alla divisione producendo le proteine che contribuiranno a guidare la mitosi. Il DNA si avvolge più strettamente, e l'inizio dell'addensamento dei cromosomi indica che la mitosi è imminente.

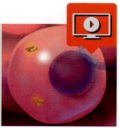

Animazione
L'interfase
Un'attenta preparazione alla divisione o una fase di attesa?

B. I cromosomi si dividono durante la mitosi

La mitosi separa il materiale genetico che è stato duplicato durante la sottofase S. Nonostante la mitosi sia un processo continuo, si suddivide in fasi per renderlo più comprensibile; la figura **10** ne riassume gli eventi principali.

Durante la **profase**, il DNA si avvolge molto strettamente, accorciando e inspessendo i cromosomi (figura **7**) che quindi diventano visibili se vengono colorati e osservati al microscopio. In questa fase, i cromosomi

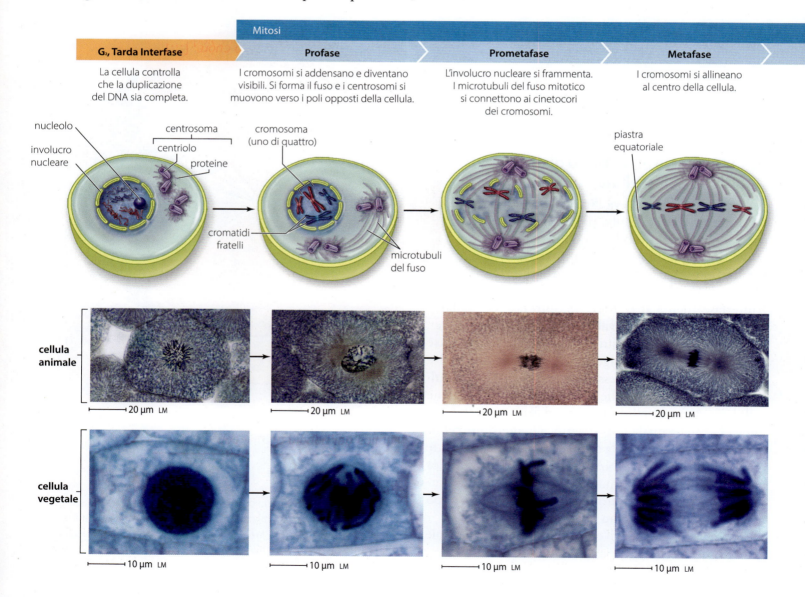

sono distribuiti a caso all'interno del nucleo, mentre il nucleolo (l'area scura all'interno del nucleo) non è più visibile. Sempre durante la profase, i due centrosomi migrano ai poli opposti della cellula e comincia a formarsi il fuso. Il **fuso mitotico** è un insieme di microtubuli che coordina i movimenti dei cromosomi durante la mitosi. Nelle cellule animali, i centrosomi sono responsabili dell'organizzazione dei microtubuli che costituiscono il fuso.

La **prometafase** segue la formazione del fuso. L'involucro nucleare e il reticolo endoplasmatico associato si frammentano, permettendo ai microtubuli del fuso di raggiungere i cromosomi. Allo stesso tempo, strutture proteiche chiamate **cinetocori** si addensano su ciascun centromero connettendo i cromosomi al fuso.

Quando inizia la **metafase**, il fuso allinea i cromosomi lungo la linea centrale, o **piastra equatoriale**, della cellula. L'allineamento garantisce che ogni cellula figlia riceva una copia di ciascun cromosoma.

Nell'**anafase** si separano i cromatidi fratelli (da questo momento considerati i nuovi cromosomi figli) che si muovono in direzione dei poli opposti della cellula. Il movimento dei cromosomi è il risultato dell'interazione fra fuso e cinetocori. Accorciandosi, i microtubuli del fuso trascinano con loro i cromosomi verso i poli; allo stesso tempo, le fibre

Animazione
La mitosi
La divisione cellulare in cui l'identità genetica è conservata

Figura 10 Fasi della mitosi. La mitosi comprende fasi simili in tutti gli eucarioti, inclusi piante e animali. Osserviamo che la cellula ha quattro cromosomi all'inizio della mitosi (due indicati in rosso e due in blu), così come ciascuna delle due cellule figlie.

Audio La mitosi: una perfetta duplicazione cellulare

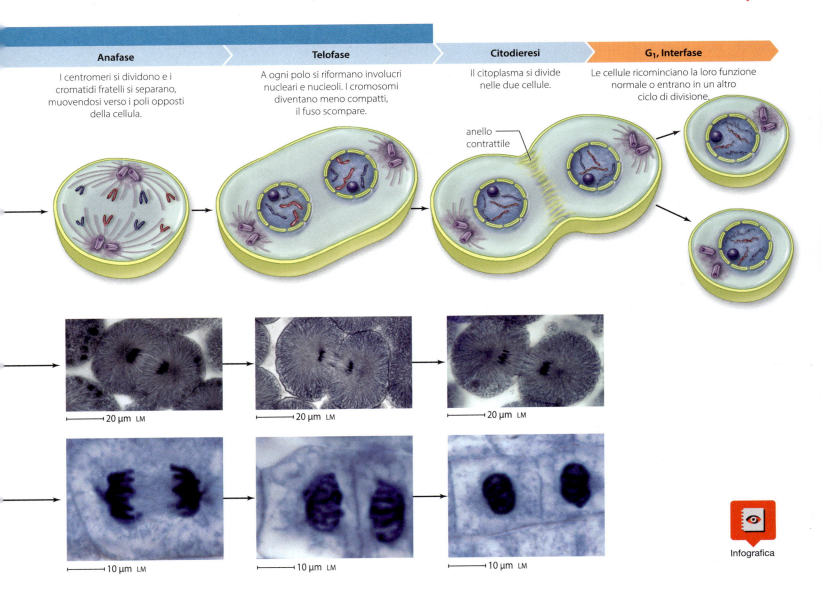

del fuso allontanano i poli, allungando la cellula che si sta dividendo. La **telofase** in un certo senso ripercorre al contrario gli eventi di profase e prometafase. Il fuso si dissolve e i cromosomi cominciano a despiralizzarsi; a ogni estremità della cellula si formano un involucro nucleare e un nucleolo. Alla fine della telofase la suddivisione del materiale genetico è completa e la cellula contiene due nuclei.

C. Il citoplasma si divide nella citodieresi

Durante la **citodieresi**, gli organuli e le macromolecole sono distribuiti nelle due cellule figlie, che poi si separano fisicamente, con un processo diverso per piante e animali (figura 11).

La citodieresi inizia con il **solco di separazione**, un leggero ripiegamento della membrana intorno alla parte centrale della cellula. Il solco è prodotto da un anello contrattile formatosi all'interno della membrana cellulare. Le proteine si contraggono come un cordoncino che chiude un sacchetto e separano le cellule figlie.

A differenza delle cellule animali, le cellule vegetali sono circondate da pareti cellulari. Una cellula vegetale che si divide deve quindi costruire una nuova parete cellulare che separi le due cellule figlie. La costruzione di una nuova parete ha inizio con la formazione di una **piastra cellulare** fra le cellule figlie.

Vescicole provenienti dall'apparato di Golgi si spostano lungo i microtubuli, trasportando verso il centro della cellula in divisione il materiale di costruzione della parete: fibre di cellulosa, altri polisaccaridi e

Animazione
La citodieresi
La divisione che si differenzia tra animali e vegetali

Figura 11 Citodieresi. (**a**) In una cellula animale, il primo segno della citodieresi è un ripiegamento chiamato solco di separazione e prodotto da un anello contrattile composto dalle proteine actina e miosina. (**b**) Nelle cellule vegetali, la formazione di una piastra cellulare è il primo passo per la formazione di una nuova parete cellulare.

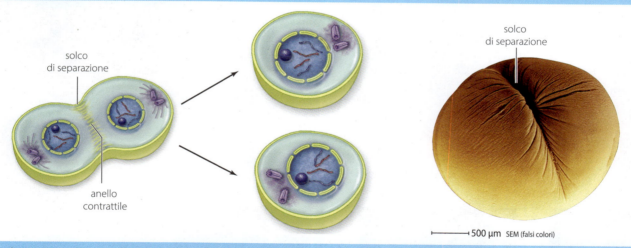

a: Citodieresi di una cellula animale

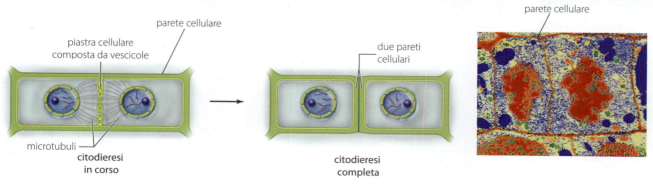

b: Citodieresi di una cellula vegetale

proteine. Lo strato di fibre di cellulosa e i materiali che lo circondano costituiscono una parete rigida e robusta che dà forma alla cellula vegetale.

Di norma la mitosi è seguita dalla citodieresi, ma esistono eccezioni. Alcuni tipi di alghe verdi e di muffe mucillaginose, per esempio, sono costituiti da enormi cellule con migliaia di nuclei, il prodotto di numerosi cicli di mitosi senza citodieresi.

5.6 Perché esiste il sesso?

Il modo di riprodursi degli esseri umani ci è così familiare che di rado ricordiamo che ci sono altre strade per generare figli. La riproduzione infatti può avvenire in due modi: può essere asessuata o sessuata (figura 12).

Nella **riproduzione asessuata**, un organismo copia il suo DNA e divide il contenuto di una cellula in due. Una parte del materiale genetico può mutare durante la duplicazione del DNA, ma i figli sono in pratica identici. Fra gli organismi asessuati ci sono i batteri, gli archei, gli eucarioti unicellulari. Anche molte piante, funghi e altri organismi pluricellulari si riproducono per via asessuata.

La **riproduzione sessuata** richiede la presenza di due genitori. Il genitore maschio fornisce spermatozoi, uno dei quali feconda un ovulo della femmina. Come vedremo, ogni volta che un maschio produce spermatozoi rimescola l'informazione genetica che ha ereditato dai suoi genitori, e un processo simile accade per le femmine che producono ovuli. Ciò determina un'alta variabilità genetica fra le cellule sessuali che assicura figli geneticamente diversi fra loro.

Come si è evoluta la riproduzione sessuata? Il più antico processo di ricombinazione del materiale genetico proveniente da due individui è apparso circa 3,5 miliardi di anni fa. Durante la **coniugazione** una cellula batterica usa una piccola estroflessione, chiamata pilo, per trasferire materiale genetico a un altro batterio. Questa modalità di trasferimento di materiale genetico è ancora la più diffusa fra i batteri. Il microrganismo *Paramecium*, un eucariote unicellulare, ricorre a un processo appena diverso scambiando i nuclei attraverso un ponte di citoplasma. Grazie alla coniugazione i batteri e *Paramecium* possono acquisire nuove informazioni genetiche dai loro vicini, anche se si riproducono per via asessuata.

Le alghe verdi unicellulari del genere *Chlamydomonas* effettuano una forma molto semplice di riproduzione sessuata, attraverso la quale due cellule geneticamente diverse si fondono per formare un nuovo individuo. È molto probabile che le forme più antiche di riproduzione sessuata, apparse circa 1,5 miliardi di anni fa, assomigliassero a quella che osserviamo oggi in *Chlamydomonas*.

Attrarre partner sessuali o produrre e disperdere spermatozoi e ovuli richiede molta energia, eppure il fatto che la riproduzione sessuata sia ancora presente dopo miliardi di anni e in tante specie diverse è la prova del suo successo.

Perché continua a esistere una modalità di riproduzione così dispendiosa,

Rispondi in un tweet

10. Quali sono i tre eventi principali del ciclo cellulare?
11. Cosa accade durante l'interfase?
12. Immagina che un centromero non si scinda durante l'anafase. Descrivi i cromosomi nelle cellule figlie.
13. Descrivi la differenza fra mitosi e citodieresi.

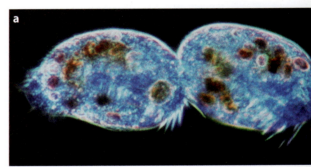

Figura 12 Riproduzione asessuata e sessuata. (a) Un protozoo unicellulare si riproduce per via asessuata e, dividendosi, genera due figli identici. (b) Questi tre gattini sono stati concepiti per riproduzione sessuata. Sono diversi fra loro perché ognuno ha ricevuto una diversa combinazione del DNA di ciascuno dei genitori.

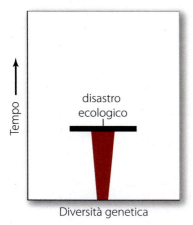 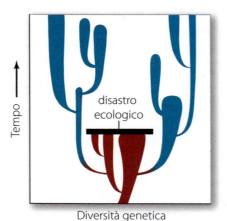

a: Popolazione geneticamente identica (riproduzione asessuata)

b: Popolazione geneticamente varia (riproduzione sessuata)

Figura 13 Perché il sesso? (**a**) In un organismo che si riproduce per via asessuata, i membri di una popolazione sono di solito molto simili fra loro; un singolo cambiamento nell'ambiente può sterminare l'intera popolazione. (**b**) La riproduzione sessuata dà luogo a variabilità genetica che aumenta la possibilità di sopravvivenza di qualche membro della popolazione (in blu) in un ambiente che cambia.

e perché la riproduzione asessuata è più rara? Anche se nessuno ha una risposta definitiva a queste domande, molti studi sostengono che il vantaggio della diversità genetica in un mondo che cambia sia alla base del successo della riproduzione sessuata (figura 13). La produzione di un gran numero di figli identici può avere senso in un ambiente che non muta mai, ma nel mondo reale le condizioni ambientali non sono costanti. Le temperature aumentano o diminuiscono, i predatori spariscono e appaiono nuovi parassiti. La variabilità genetica aumenta la possibilità che almeno alcuni individui siano dotati di una combinazione di caratteristiche in grado di garantire loro la sopravvivenza e quindi la riproduzione; se alcuni individui sono poco adatti moriranno. Di solito, a differenza della riproduzione sessuata, la riproduzione asessuata non riesce a creare e mantenere questa diversità genetica.

> **Rispondi in un tweet**
> 14. Come differiscono la riproduzione sessuata e asessuata?
> 15. Come può un organismo che si riproduce per via asessuata acquisire nuove informazioni genetiche?
> 16. Perché la riproduzione sessuata è così diffusa?

5.7 Le cellule diploidi contengono due serie di cromosomi

Prima di continuare a studiare la riproduzione sessuata, diamo uno sguardo veloce alle caratteristiche dei cromosomi. Abbiamo già definito un **cromosoma** come una singola molecola fatta di DNA e proteine.

Un organismo che si riproduce per via sessuata è composto in larga parte da **cellule diploidi** ($2n$), ossia cellule che contengono due serie di cromosomi, ciascuna trasmessa da un genitore. Ogni cellula diploide umana, per esempio, contiene 46 cromosomi (figura 14). Il **cariotipo** è una mappa in cui tutti i cromosomi di una cellula sono disposti secondo la loro dimensione. Nell'uomo i 46 cromosomi sono ordinati in 23 coppie e i membri di ciascuna coppia sono ereditati uno dal padre e l'altro dalla madre.

Delle 23 coppie di cromosomi delle cellule umane, 22 coppie sono composte da **autosomi**, cioè cromosomi simili in entrambi i sessi. La coppia rimanente è costituita da cromosomi sessuali, o **eterosomi**, che determinano se un individuo è maschio o femmina. Le femmine hanno due cromosomi X, mentre i maschi hanno un cromosoma X e uno Y.

La maggior parte delle coppie è costituita da **cromosomi omologhi**, ossia cromosomi che hanno lo stesso aspetto e la stessa sequenza di informazioni genetiche o geni.
Ricordiamo che un gene è un tratto di DNA che contiene l'informazione per sviluppare una determinata caratteristica dell'organismo.
La somiglianza fisica fra i cromosomi omologhi è evidente nella figura 15: hanno la stessa dimensione, il centromero nella stessa posizione, e la stessa sequenza di bande di colorazione. Quello che il cariotipo non può mostrare è che i due membri di una coppia di cromosomi omologhi hanno anche la stessa sequenza di geni.
I cromosomi omologhi non sono però identici; dopo tutto, nessuno ha genitori identici fra loro. I due omologhi differiscono nella combinazione di **alleli**, o versioni, dei geni presenti sul cromosoma (figura 15).
Ogni gene, infatti, può assumere diverse forme, o alleli, in relazione a piccole modifiche nella sua sequenza.
Di norma, su un cromosoma è presente un allele di ciascun gene, così una persona eredita per ogni gene una coppia di alleli derivanti ciascuno da un genitore. I due alleli possono essere identici o diversi, ma in generale esistono sempre delle piccole differenze.
Tutte le coppie di autosomi sono omologhe; l'eccezione è rappresentata dalla coppia XY. Il cromosoma X è molto più grande del cromosoma Y, inoltre i geni di X e Y sono completamente diversi. Nonostante ciò, nei maschi i cromosomi sessuali si comportano come cromosomi omologhi durante la meiosi.

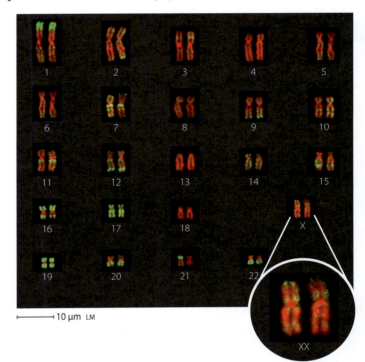

Figura 14 Il cariotipo umano. Una cellula umana diploide contiene 23 coppie di cromosomi. I cromosomi di ciascuna coppia sono ereditati uno dal padre e uno dalla madre. I cromosomi numerati da 1 a 22 sono autosomi; i cromosomi X e Y sono eterosomi, o cromosomi sessuali. I due inserti mostrano i cromosomi sessuali di una femmina (XX) e di un maschio (XY).

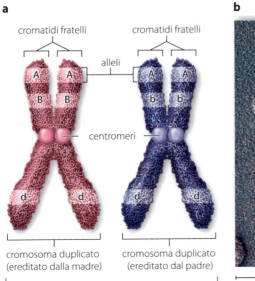
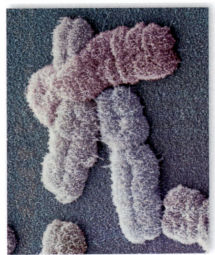

Figura 15 Cromosomi omologhi. (**a**) Su questi cromosomi omologhi, entrambi gli alleli del gene A sono uguali, così come quelli del gene d. Gli alleli del gene B sono invece diversi fra loro (B, b). (**b**) Immagine al microscopio elettronico a scansione di cromosomi umani.

Rispondi in un tweet

17. Cosa sono autosomi ed eterosomi?
18. Quanti cromosomi trasmette ciascun genitore umano al figlio?.

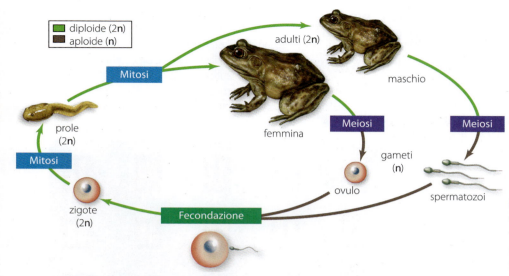

Figura 16 La riproduzione sessuata. Tutti i cicli di vita sessuati includono meiosi e fecondazione; la mitosi poi permette all'organismo di crescere. La foto mostra un rospo maschio che si accoppia con una femmina e feconda i suoi ovuli.

5.8 La meiosi è essenziale nella riproduzione sessuata

Tra le specie che si riproducono per via sessuata ci sono gli esseri umani, le felci e le muffe che crescono sul pane. Vediamo le caratteristiche comuni ai cicli di vita sessuali.

A. I gameti sono cellule sessuali aploidi

La riproduzione sessuata pone subito un problema pratico: mantenere il numero corretto di cromosomi. Abbiamo già visto che la maggior parte delle cellule nel corpo umano contiene 46 cromosomi. Dunque, se un essere umano ha origine dall'unione di uno spermatozoo di un uomo e un ovulo di una donna, perché il bambino che nascerà non avrà cellule con 92 cromosomi (46 da ogni genitore)? E se quel figlio si riproducesse, la generazione successiva non dovrebbe avere 184 cromosomi?

In realtà, il numero di cromosomi non raddoppia a ogni generazione e ciò accade perché le cellule coinvolte nella riproduzione sessuata (spermatozoi e ovuli) non sono diploidi, ma **cellule aploidi** (n): contengono cioè solo una sola serie di cromosomi anziché due. Queste cellule aploidi, chiamate **gameti**, sono le cellule sessuali che si combinano per formare un nuovo individuo.

La **fecondazione** unisce i gameti dei due genitori creando una nuova cellula, lo **zigote** diploide, che è la prima cellula di un nuovo organismo (figura 16). Lo zigote è dotato di due serie di cromosomi, una da ciascun genitore. Nella maggior parte delle specie, incluse piante e animali, lo zigote comincia a dividersi per mitosi appena dopo la fecondazione.

Quindi, un organismo pluricellulare che si riproduce per via sessuata ha bisogno di due meccanismi che distribuiscano il DNA nelle cellule figlie. La **mitosi** suddivide i cromosomi di una cellula eucariotica in due identiche cellule figlie. La divisione cellulare per mitosi produce le cellule necessarie per la crescita, lo sviluppo e la riparazione dei tessuti. La **meiosi** forma i gameti, cellule geneticamente diverse usate nella riproduzione; ogni gamete contiene la metà dei cromosomi delle cellule diploidi dell'organismo.

B. La meiosi avviene solo in linee cellulari specializzate

Solo alcune cellule possono dividersi per meiosi e produrre gameti. Negli esseri umani e negli altri animali, queste speciali cellule diploidi, chiamate **cellule germinali**, sono presenti solo nelle ovaie e nei testicoli. Nelle piante, le cellule specializzate nella produzione di gameti si trovano nei fiori e in altre parti dell'organismo addette alla riproduzione. Il resto delle cellule diploidi del corpo, chiamate **cellule somatiche**, non partecipa direttamente alla riproduzione. Le cellule delle foglie, delle radici, dei muscoli, della pelle e del sistema nervoso sono esempi di cellule somatiche. La maggior parte delle cellule somatiche può dividersi per mitosi, ma non per meiosi.

Per capire meglio questo processo, consideriamo l'origine di una vita umana che comincia quando un piccolo spermatozoo paterno, che possiede 23 cromosomi, si fa strada fino all'enorme ovulo materno, che contiene anch'esso 23 cromosomi. Il momento del concepimento coincide con la fecondazione dell'ovulo da parte dello spermatozoo per formare uno zigote unicellulare, con 46 cromosomi. Questa prima cellula comincia a dividersi per mitosi generando un embrione, poi un feto, un neonato, un bambino e quindi un adulto. Una volta raggiunta la maturità sessuale, le cellule diploidi nei testicoli o nelle ovaie produrranno a loro volta gameti aploidi. I gameti rappresentano le uniche cellule aploidi nel nostro ciclo di vita; tutte le altre cellule sono diploidi. In natura, molti animali si riproducono nel nostro stesso modo, ma la riproduzione sessuata può assumere molte altre forme. Per esempio in alcuni organismi, tra cui le piante, sia la fase aploide sia quella diploide sono pluricellulari.

C. La meiosi dimezza il numero di cromosomi e rimescola gli alleli

In tutte le specie, la meiosi porta a due risultati (figura 17). Prima di tutto, i gameti prodotti per meiosi contengono la metà dei cromosomi rispetto al resto delle cellule del corpo, evitando che il numero di cromosomi raddoppi a ogni nuova generazione. La seconda funzione della meiosi è di rimescolare l'informazione genetica, così che due genitori generino figli geneticamente diversi dai genitori stessi e fra loro.

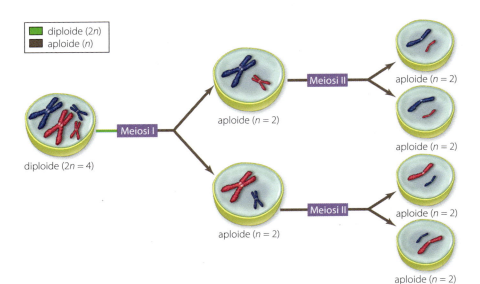

Figura 17 La meiosi, in sintesi. Nella meiosi, un nucleo diploide dà luogo a quattro nuclei aploidi che contengono un misto di cromosomi di ciascun genitore. Per semplicità, la figura illustra la meiosi di un nucleo diploide che contiene quattro cromosomi (due coppie omologhe).

Malgrado la meiosi abbia funzioni diverse rispetto alla mitosi, molte fasi dei due processi sono simili e condividono esattamente gli stessi nomi. Per esempio, come la mitosi, anche la meiosi è preceduta dall'interfase e la distribuzione del materiale genetico è seguita dalla citodieresi. Nonostante queste somiglianze, la meiosi ha due caratteristiche proprie. La meiosi include due divisioni che portano alla formazione di quattro cellule aploidi a partire da una cellula diploide specializzata. Inoltre, il processo meiotico rimescola l'informazione genetica, in modo che ogni nucleo aploide riceva una combinazione unica di alleli.

Rispondi in un tweet

19. Che differenza c'è fra cellule somatiche e cellule germinali?
20. In che cosa i nuclei delle cellule aploidi differiscono da quelli delle diploidi?
21. Che ruolo hanno la meiosi, la formazione di gameti e la fecondazione nel ciclo vitale sessuale?
22. Che cos'è uno zigote?

5.9 Nella meiosi il DNA si duplica una volta, ma il nucleo si divide due volte

Prima di andare incontro al processo meiotico, una cellula diploide attraversa l'interfase. La cellula cresce durante la fase G_1 e sintetizza le molecole necessarie alla divisione. Tutto il DNA della cellula si duplica durante la fase S, al termine della quale ognuno dei cromosomi della cellula è composto da una coppia di cromatidi fratelli identici, uniti dal centromero. La cellula produce anche proteine e altri enzimi necessari alla divisione cellulare. Infine, nella fase G_2, la cromatina comincia ad addensarsi e la cellula produce le proteine del fuso che poi si occuperà di spostare i cromosomi. A questo punto, la cellula è pronta per l'inizio della meiosi. Per convenzione, le due divisioni meiotiche si chiamano meiosi I e meiosi II. Durante la **meiosi I**, ogni cromosoma si allinea fisicamente al suo omologo e le coppie omologhe si dividono in due cellule. La **meiosi II** suddivide poi il materiale genetico in quattro cellule aploidi (figura 18).

Animazione
La meiosi
La divisione cellulare che produce variabilità genetica

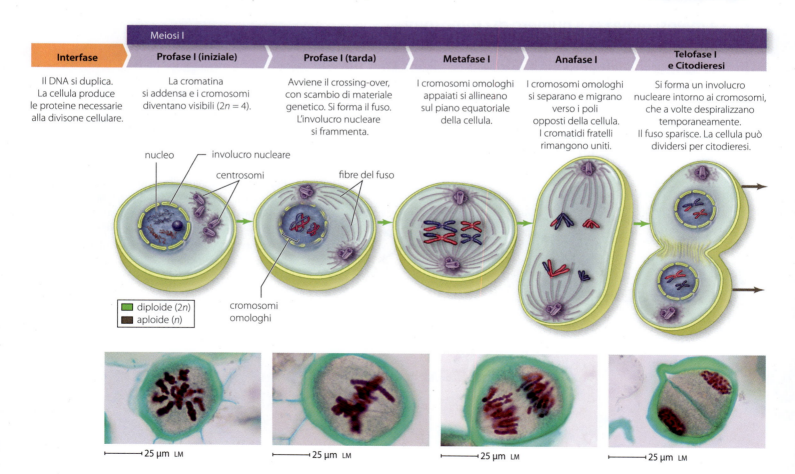

A. Nella meiosi I avviene il crossing-over

Durante la **profase I** (cioè la profase della meiosi I), i cromosomi duplicati si spiralizzano. I microtubuli radunati all'altezza del centrosoma cominciano a organizzarsi in un **fuso** e i punti di aggancio del fuso, i **cinetocori**, si addensano su ciascun centromero. Allo stesso tempo, l'involucro nucleare si sfalda, permettendo alle fibre del fuso di raggiungere i cromosomi. Gli eventi descritti finora assomigliano a quelli della profase della mitosi, ma durante la profase I della meiosi accade qualcosa di particolare: i cromosomi omologhi si allineano per tutta la loro lunghezza l'uno all'altro. Questo appaiamento prende il nome di **sinapsi**. Durante la sinapsi i quattro cromatidi fratelli di ciascuna coppia di cromosomi omologhi formano una struttura chiamata **tetrade**. Nei punti di contatto fra cromatidi appartenenti ai due cromosomi omologhi, detti **chiasmi**, avviene un processo di scambio di sequenze di DNA chiamato **crossing-over**. Il crossing-over, rimescolando il materiale genetico fra coppie di omologhi, è alla base della variabilità genetica prodotta dalla meiosi (figura 19 a pagina seguente).
Nella **metafase I** il fuso allinea le tetradi lungo la piastra equatoriale della cellula. Entrambi i cromatidi di ciascun cromosoma sono ancorati allo stesso lato del fuso, in modo che l'intero cromosoma possa poi migrare verso uno dei poli della cellula. È tutto pronto per la separazione delle coppie omologhe. Nell'**anafase I** le fibre del fuso tirano i cromosomi e separano le coppie omologhe ai due poli; in questa fase i cromatidi fratelli che costituiscono ciascun cromosoma rimangono uniti. Durante la **telofase I** i cromosomi completano il movimento verso poli opposti; segue la citodieresi, che divide in due la cellula originale.

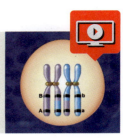

Animazione
Il crossing-over
Uno scambio di sequenze genetiche tra cromatidi (variabilità genetica 1)

Figura 18 Fasi della meiosi. Nella meiosi si parte da una cellula diploide (2n) e si ottengono 4 cellule aploidi (n).

Audio La meiosi: la divisione cellulare che forma i gameti

Meiosi II				
Profase II	Metafase II	Anafase II	Telofase II e Citodieresi	
Si forma il fuso. Si frammenta l'involucro nucleare.	I cromosomi si allineano sul piano equatoriale della cellula.	I centromeri si separano e i cromatidi si spostano verso i poli opposti della cellula.	Si formano gli involucri nucleari intorno alle cellule figlie. I cromosomi perdono compattezza. Il fuso sparisce. La cellula si divide per citodieresi.	Si formano quattro cellule aploidi con materiale genetico diverso (n = 2).

→ 25 µm LM   → 25 µm LM   → 25 µm LM   → 25 µm LM

Infografica

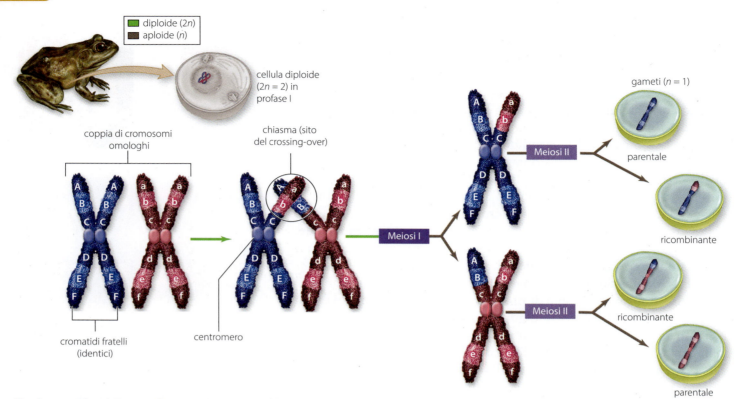

Figura 19 Crossing-over. Il crossing-over tra cromosomi omologhi genera la variabilità genetica, caratteristica della meiosi, rimescolando il DNA dei genitori (parentale) e creando nuovi cromatidi (ricombinanti). Le lettere in maiuscolo e minuscolo indicano i diversi alleli dei sei geni rappresentati.

B. La meiosi II produce quattro cellule aploidi

In molte specie, la meiosi II è preceduta da una seconda interfase, durante la quale i cromosomi si despiralizzano fino ad assumere l'aspetto di filamenti sottili; le due cellule sintetizzano proteine, ma il materiale genetico non si duplica una seconda volta.

La meiosi II assomiglia a una mitosi. Il processo ha inizio con la profase II, durante la quale i cromosomi si spiralizzano ancora una volta e diventano visibili. Segue la metafase II, in cui il fuso allinea i cromosomi lungo la piastra equatoriale di ogni cellula. Nell'anafase II, i centromeri si separano e i singoli cromatidi fratelli si muovono in direzioni opposte. Durante la telofase II si forma un involucro nucleare intorno a ciascuna serie di nuovi cromosomi. La citodieresi, infine, separa i nuclei in cellule distinte. Il risultato finale delle due meiosi? Una cellula diploide si è divisa in quattro cellule aploidi.

Calcola e risolvi Una cellula che entra nella profase I contiene una quantità __ di DNA rispetto a una cellula figlia alla fine della meiosi.

Rispondi in un tweet

23. Cosa accade durante l'interfase?
24. In che modo gli eventi delle meiosi I e II producono quattro cellule aploidi a partire da una cellula diploide?

Biology FAQ — If mules are sterile, then how are they produced?

A mule is the hybrid offspring of a mating between a male donkey and a female horse. The opposite cross (female donkey with male horse) yields a hybrid called hinny.

Mules and hinnies may be male or female, but they are usually sterile. Why?

A peek at the parents' chromosomes reveals the answer. Donkeys have 31 pairs of chromosomes, whereas horses have 32 pairs. When gametes from horse and donkey unite, the resulting hybrid zygote has 63 chromosomes (31 + 32). The zygote divides mitotically to yield the cells that make up the mule or hinny.

These hybrid cells cannot undergo meiosis for two reasons. First, they have an odd number of chromosomes, which disrupts meiosis because at least one chromosome lacks a homologous partner.

Second, donkey and horses have slightly different chromosome structures, so the hybrid's parental chromosomes cannot align properly during prophase I.

The result: an inability to produce sperm and egg cells. The only way to produce more mules and hinnies is to again mate horses with donkeys.

mule	mulo
hinny	bardotto
donkey	asino
chromosome	cromosoma

5.10 Mitosi e meiosi hanno funzioni diverse: una sintesi

Mitosi e meiosi (figura 20) hanno molti eventi in comune: la cellula duplica il suo DNA nell'interfase al termine della quale i cromosomi si spiralizzano e sono trasportati nella cellula attraverso i microtubuli del fuso. I due processi differiscono però per molti aspetti:

- La mitosi avviene nelle cellule somatiche del corpo e durante tutto il ciclo vitale. La meiosi si verifica solo nelle cellule germinali e in determinate fasi della vita.
- I cromosomi omologhi non si allineano durante la mitosi, come in-

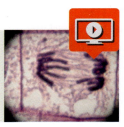

Video Mitosi e meiosi
Un modo per crescere, ripararsi, riprodursi: i due processi a confronto

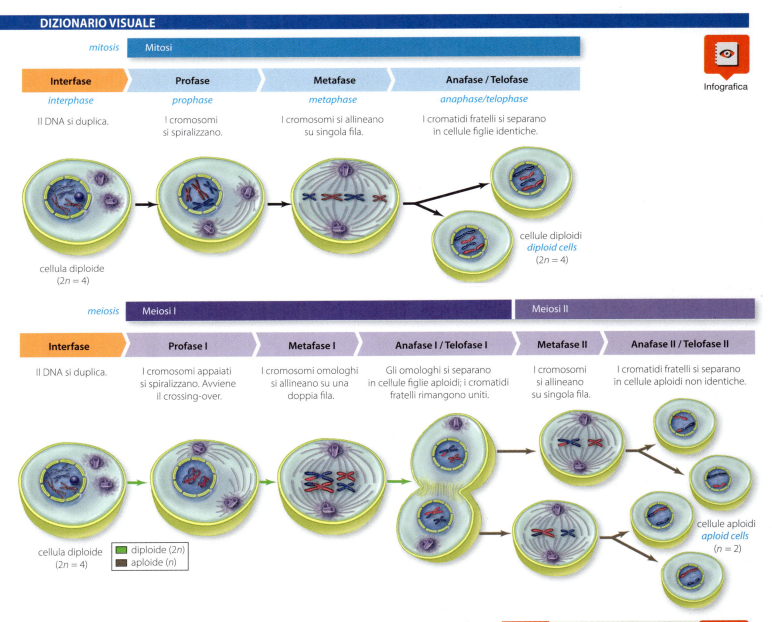

DIZIONARIO VISUALE

mitosis — **Mitosi**

Interfase	Profase	Metafase	Anafase / Telofase
interphase	*prophase*	*metaphase*	*anaphase/telophase*
Il DNA si duplica.	I cromosomi si spiralizzano.	I cromosomi si allineano su singola fila.	I cromatidi fratelli si separano in cellule figlie identiche.

cellula diploide ($2n = 4$)

cellule diploidi *diploid cells* ($2n = 4$)

meiosis — **Meiosi I** — **Meiosi II**

Interfase	Profase I	Metafase I	Anafase I / Telofase I	Metafase II	Anafase II / Telofase II
Il DNA si duplica.	I cromosomi appaiati si spiralizzano. Avviene il crossing-over.	I cromosomi omologhi si allineano su una doppia fila.	Gli omologhi si separano in cellule figlie aploidi; i cromatidi fratelli rimangono uniti.	I cromosomi si allineano su singola fila.	I cromatidi fratelli si separano in cellule aploidi non identiche.

cellula diploide ($2n = 4$)

☐ diploide ($2n$)
☐ aploide (n)

cellule aploidi *aploid cells* ($n = 2$)

Figura 20 Meiosi e mitosi a confronto. La divisione per mitosi aggiunge e sostituisce cellule identiche, mentre la meiosi produce nuclei aploidi e nuove combinazioni di materiale genetico (alcune fasi dei processi sono state omesse per maggiore chiarezza).

Audio Mitosi vs meiosi – *Mitosis vs meiosis*

vece fanno nella meiosi. L'allineamento permette il crossing-over.

- La mitosi produce cellule figlie identiche per la crescita dell'organismo, la riparazione dei tessuti e la riproduzione asessuata. La meiosi genera cellule figlie geneticamente variabili, destinate alla riproduzione sessuata. La variabilità fra i gameti è il risultato del crossing-over e dell'**assortimento indipendente** (figura **21**), ossia della distribuzione casuale degli omologhi nelle cellule figlie (un fenomeno che ha inizio con il loro orientamento in metafase I).

- Dopo la mitosi, avviene una citodieresi per ogni evento di duplicazione del DNA. Il risultato della mitosi è quindi due cellule figlie. Nella meiosi, la citodieresi si verifica due volte, anche se il DNA si duplica una volta sola. Una cellula produce quindi quattro cellule figlie.

- Al termine di una mitosi, il numero di cromosomi nelle cellule figlie è lo stesso della cellula genitore. A seconda della specie, sia le cellule aploidi sia quelle diploidi possono dividersi per mitosi. Invece, solo le cellule diploidi possono dividersi per meiosi, producendo quattro cellule figlie aploidi.

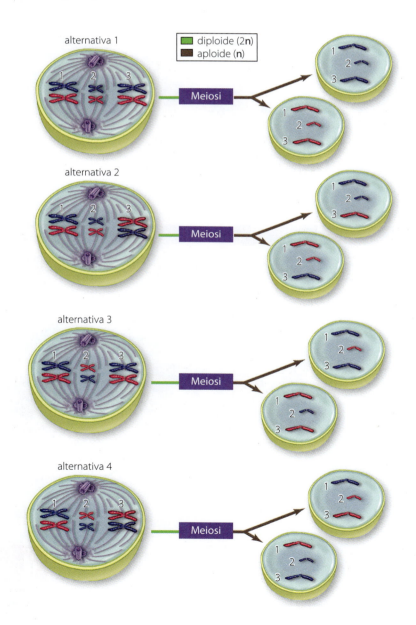

Animazione
L'assortimento indipendente
La casualità dell'appaiamento dei cromosomi (variabilità genetica 2)

Figura 21 Assortimento indipendente. Una cellula diploide che contiene tre coppie di cromosomi omologhi (2n = 6) ha quattro possibilità diverse di orientare i cromosomi in metafase I. Si possono formare quindi otto possibili gameti (n = 3). Dobbiamo ricordare che in questo calcolo non è stata aggiunta la variabile crossing-over, la quale aumenterebbe di molto il numero di gameti possibili.

Rispondi in un tweet

25. In cosa meiosi e mitosi sono simili?
26. In cosa meiosi e mitosi sono diverse?

Organizzazione delle conoscenze

Capitolo 5 **Divisione cellulare e riproduzione degli organismi**

Divisione cellulare e riproduzione degli organismi: ricapitoliamo

Rispondi alle domande che seguono facendo riferimento alla mappa, al riepilogo visuale e ai contenuti del capitolo.

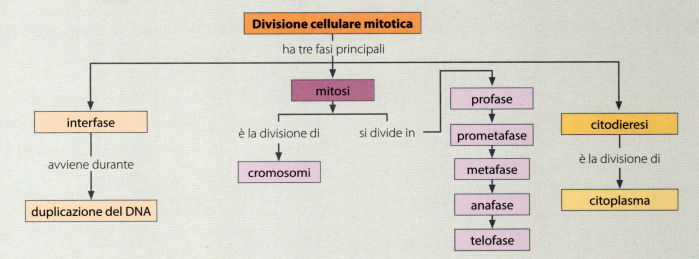

1. Inserisci nella mappa concettuale i termini filamenti, nucleotidi e appiamento complementare delle basi.
2. Qual è la relazione tra divisione cellulare mitotica e apoptosi?
3. Aggiungi alla mappa i termini crescita cellulare e riparazione dei tessuti.
4. Che cosa avviene durante la profase della mitosi?
5. In quale fase della mitosi i cromatidi fratelli si separano?
6. Descrivi gli eventi che avvengono durante la fase I della meiosi.
7. Quali sono i processi della fase I della meiosi che generano variabilità genetica tra i gameti?
8. Perché organismi diploidi producono gameti aploidi?
9. Da dove provengono le due serie di cromosomi omologhi in una cellula diploide?
10. Prova a disegnare una mappa concettuale che comprenda i seguenti termini: gamete, coppia omologa, autosomi. Dovrai probabilmente aggiungere altri termini nella mappa.
11. In che cosa si differenziano le anafasi di mitosi e meiosi?

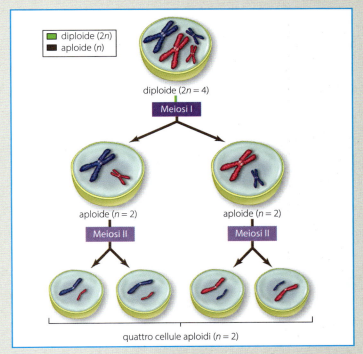

Il glossario di biologia

12. Costruisci il tuo glossario bilingue di biologia, completando la tabella seguente con la traduzione italiana o inglese dei termini proposti.

Termine italiano	Traduzione inglese	Termine italiano	Traduzione inglese
Meiosi			*Histone*
Gameti		Cariotipo	
	Fertilization	Mutazione	
	Sexual reproduction		*Chromatin*
Apoptosi		Interfase	
	Chromosomes		*Cytokinesis*

Autoverifica delle conoscenze

Simula la parte di biologia di una prova di accesso all'università. Rispondi alle domande da 13 a 25 in 25 minuti e calcola il tuo punteggio in base alle soluzioni in fondo al libro. Considera: 1,5 punti per ogni risposta esatta; -0,4 punti per ogni risposta sbagliata; 0 punti per ogni risposta non data. Trovi questi test anche in versione interattiva sul ME•book.

13 Perché in alcuni momenti un cromosoma è composto da due cromatidi?
- A Perché i nucleosomi sono ripiegati
- B Perché il cromosoma contiene l'intero genoma di una cellula
- C Perché il DNA si è duplicato
- D Perché la cellula ha due genitori
- E Perché la cellula in questo modo può evitare mutazioni

14 In che modo la sottofase G_0 è diversa dalla sottofase G_1?
- A In G_0 la cellula sta duplicando il suo DNA
- B Nella sottofase G_1 la cellula si sta preparando a dividersi, ma durante G_0 la cellula si è già divisa
- C G_0 si verifica alla fine dell'interfase
- D In G_1 la cellula può continuare a dividersi, mentre in G_0 la cellula non si divide
- E Nessuna delle precedenti risposte è corretta

15 Che cosa succederebbe se una cellula animale andasse ripetutamente in interfase e in mitosi ma non facesse citodieresi?
- A Il numero di nuclei nella cellula aumenterebbe nel tempo
- B La quantità di DNA nella cellula diminuirebbe nel tempo
- C La cellula entrerebbe in G_0
- D La cellula non formerebbe una nuova parete cellulare
- E La cellula andrebbe incontro ad apoptosi

16 Rispetto ad altre forme di riproduzione, la caratteristica specifica della riproduzione sessuata è:
- A la capacità di una cellula di dividersi
- B la produzione di figli
- C la capacità di generare nuove combinazioni genetiche
- D la capacità di produrre numerosi figli
- E Tutte le risposte precedenti sono corrette

17 Una cellula ...... è ...... e un gamete è ......
- A Spermatica; diploide; aploide
- B Somatica; diploide; aploide
- C Germinale; aploide; diploide
- D Somatica; aploide; diploide
- E Spermatica; aploide; diploide

18 La fecondazione ha come risultato la formazione di:
- A uno zigote diploide
- B un gamete aploide
- C una cellula somatica diploide
- D uno zigote aploide
- E una cellula spermatica aploide

19 Qual è la relazione tra cromosomi omologhi?
- A Sono copie esatte
- B Contengono gli stessi geni in ordine differente
- C Provengono da un solo genitore
- D Si trovano in regioni vicine del DNA
- E Contengono versioni diverse degli stessi geni

20 Quanti cromatidi sono visibili in una cellula umana all'inizio dell'anafase I?
- A 23
- B 92
- C 46
- D 184
- E Nessuna delle precedenti risposte è corretta

21 Rispetto a una cellula animale, una cellula vegetale al termine della mitosi:
- A possiede la metà dei cromosomi
- B non entra più in una fase mitotica
- C forma una piastra cellulare tra le cellule figlie
- D deve costruire una nuova parete cellulare per separare le due cellule figlie
- E Sia la risposta C sia la risposta D sono corrette

22 Se si escludono mutazioni genetiche, tutte le cellule eucariotiche che si originano da una divisione mitotica:
- A hanno sempre lo stesso corredo genetico della cellula madre
- B hanno sempre lo stessa strutture della cellula madre
- C sono sempre identiche sia geneticamente sia per aspetto alla cellula madre
- D hanno un contenuto di DNA pari alla metà della cellula madre
- E hanno un contenuto di DNA pari al doppio della cellula madre

23 Senza tener conto degli effetti del crossing-over, qual è il numero di gameti diversi che possono essere prodotti in seguito alla meiosi in una specie dotata di numero diploide pari a 8?
- A 16
- B 4
- C 8
- D 64
- E Più di 64

24 In una cellula animale in metafase mitotica possiamo trovare:
- A una coppia di centrioli in ogni centro di organizzazione dei microtubuli
- B due coppie di centrioli localizzati nella piastra metafasica
- C una coppia di centrioli nel nucleo
- D un centriolo in ogni centro di organizzazione dei microtubuli
- E nessun centriolo

25 Le cellule somatiche che in un tessuto mitoticamente attivo hanno una quantità di DNA pari alla metà di altre cellule dello stesso tessuto si trovano in:
- A G_1
- B G_2
- C Metafase
- D Profase
- E Anafase

Verso l'ammissione all'università — Attività

Sviluppo delle competenze

Capitolo 5 Divisione cellulare e riproduzione degli organismi

26 Calcolare Disegna tutte le possibili combinazioni di allineamento dei cromosomi durante la metafase I per una cellula con numero diploide 8. Quanti gameti diversi sono possibili per questa specie? Questo numero è sottostimato o sovrastimato? Perché?

27 Formulare ipotesi Se una cellula per qualche motivo saltasse la sottofase G_1 dell'interfase per molti cicli cellulari, in che modo cambierebbero le cellule figlie?

28 Formulare ipotesi Che cosa succederebbe a una cellula se avvenisse l'interfase ma non la mitosi?

29 Relazioni Disegna uno schema che illustri le relazioni tra mitosi, meiosi e fecondazione in un ciclo di vita sessuale.

30 Inglese Which one of the following is NOT correct about human chromosomes?
- A They can attach to the spindle at the centriole
- B They are made of DNA and protein
- C They are sometimes found in pairs
- D They contain regions called genes
- E They are sometimes not found in pairs

31 Inglese Meiosis explains why:
- A you inherited half of your DNA from each of your parents
- B the sister chromatids in a chromosome are identical to each other
- C each of your somatic cells contains the same DNA
- D zygotes contain half as much DNA as somatic cells
- E none of the previous answers is correct

32 Metodo scientifico Immagina una situazione in cui la riproduzione asessuata potrebbe essere più probabile della riproduzione sessuata. Quale esperimento potresti fare per valutare se la tua ipotesi è corretta?

33 Problem solving Alcuni ricercatori vogliono studiare il numero e le caratteristiche dei cromosomi di una nuova specie. Quale fase della meiosi è il momento migliore per questa analisi?

34 Acquisire informazioni Fai una ricerca su Internet per cercare informazioni su Henrietta Lacks e il suo contributo alla ricerca medica. Al tempo stesso, considera i problemi legati al consenso informato, alla bioetica e all'appartenenza del materiale biologico. In che modo sono cambiati gli standard etici della ricerca medica dal tempo di Henrietta Lacks? Quali problemi etici rimangono aperti oggi?

35 Comunicare Fai alcuni esempi per sostenere o confutare questa affermazione: «I prodotti della meiosi sono sempre cellule aploidi, mentre i prodotti della divisione mitotica sono sempre cellule diploidi.»

36 Scienza e società Durante la guerra del Vietnam è stato utilizzato un erbicida, chiamato Agente Orange, per sfoltire le foreste e la vegetazione del paese durante il conflitto. Molti veterani statunitensi sostengono che i loro figli nati dopo la guerra abbiano riportato difetti alla nascita a causa di una sostanza contaminante contenuta nell'erbicida.

a. Quali tipi di cellule devono essere state danneggiate dalla sostanza per causare difetti nei figli dei soldati molti anni dopo? Perché?

b. A quale di queste domande si potrebbe rispondere attraverso un'indagine scientifica?
- Qual è la percentuale di soldati esposti all'erbicida Agente Orange? Sì No
- Qual è il meccanismo molecolare coinvolto nel danno causato dall'erbicida? Sì No
- È etico utilizzare sostanze tossiche durante una guerra? Sì No
- Quali difetti alla nascita possono essere riconducibili all'Agente Orange? Sì No
- È giusto che il governo statunitense risarcisca i soldati danneggiati? Sì No

c. La sostanza tossica presente nell'Agente Orange è la diossina. Fai una breve ricerca per trovare altri casi in cui la diossina rilasciata nell'ambiente o in alcuni prodotti ha causato un rischio per la salute umana.

37 Metodo scientifico
L'evoluzione del sesso e le mutazioni
Una delle principali sfide a cui la teoria dell'evoluzione per selezione naturale è chiamata ancora a rispondere riguarda l'origine della riproduzione sessuale. [...] Sono state proposte numerose ipotesi volte a spiegare l'origine di questa modalità di riproduzione a partire dalla condizione ancestrale. [...] Tra queste, una delle più accreditate riguarda la possibilità di prevenire l'accumulo di mutazioni leggermente deleterie all'interno del genoma: nelle specie asessuate, infatti, una mutazione che avviene in un genitore si trasmette identica nella prole. [...] D'altro canto, la riproduzione sessuale porterebbe alla ricombinazione di questi genotipi [...]. In sostanza, il sesso avrebbe come effetto la diluizione delle mutazioni all'interno della popolazione e la controselezione dei portatori di più mutazioni leggermente deleterie.
(Pikaia, 2 febbraio 2010)

a. Per testare questa ipotesi, alcuni ricercatori hanno studiato una specie di chiocciola, la *Potamopyrgus antipodarum* (in figura), che può praticare entrambi i tipi di riproduzione. Durante le fasi di riproduzione asessuata, hanno osservato gli scienziati, le mutazioni deleterie si accumulavano più in fretta rispetto alle fasi di riproduzione sessuata. Che cosa si può affermare da questa osservazione?

- La riproduzione asessuata è associata all'accumulo di più mutazioni deleterie. V F
- La riproduzione asessuata scomparirà perché è sfavorita. V F
- La riproduzione sessuata e quella asessuata possono convivere in tutti gli organismi. V F
- Nessun organismo può praticare entrambi i tipi di riproduzione. V F

b. Spiega in che modo la riproduzione sessuata può prevenire l'accumulo di mutazioni deleterie nelle generazioni successive.

Costruire una mappa concettuale

Ci affidiamo a una mappa o a un GPS per orientarci in un luogo che non ci è familiare, ma che cosa ci può aiutare a districarci tra le nuove conoscenze? Le mappe concettuali sono strumenti che cercano di rispondere a questa esigenza.

Che cos'è una mappa concettuale?

È negli anni Settanta del secolo scorso che Joseph Novak, un professore di didattica della biologia alla Cornell University, ha introdotto la tecnica delle mappe concettuali per rappresentare la conoscenza scientifica degli studenti. Questi strumenti sono stati poi utilizzati nella didattica, per facilitare e arricchire l'apprendimento degli studenti.

Una mappa concettuale è una rappresentazione grafica delle relazioni tra diversi concetti. Riflette il modo in cui la tua mente raffigura un argomento e gli elementi che lo compongono, e può essere un modo efficace per rielaborare le informazioni acquisite e approfondire le relazioni che le legano.

Una mappa concettuale è costituita da diversi elementi:
- Parole-concetto – generalmente inseriti in una forma geometrica, come un rettangolo o un ovale
- Frecce – stabiliscono la relazione tra diversi concetti
- Parole di connessione – definiscono il tipo di relazione indicato dalla freccia

Come costruire una mappa concettuale

Il primo passo per la costruzione di una mappa concettuale è la definizione in un argomento: quale sarà il focus della tua rappresentazione?
Immagina di voler costruire una mappa sulla struttura delle cellule. Questa sarà quindi la prima parola-concetto da raffigurare:

Cellule

Il punto di partenza da cui vuoi organizzare la tua mappa dovrà essere localizzato in alto e al centro. Da questo concetto si svilupperanno, in una o più direzioni, altre catene di concetti in relazione tra loro.

Quali sono le informazioni che vuoi includere? Prima di inserirle nella mappa, scrivi un elenco dei concetti che la dovranno popolare. Prova quindi a organizzarli in modo gerarchico, partendo da quelli più generali e inclusivi, e passando poi a quelli più specifici. Una volta identificati i concetti, stabilisci le relazioni che li legano. Queste saranno rappresentate come frecce nella mappa concettuale, accompagnate da una parola o una breve frase che descrive la tipologia della relazione.

Ecco un esempio:

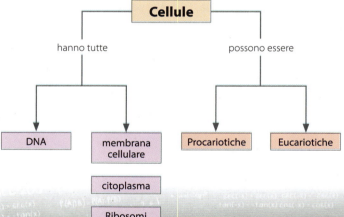

Non esiste mai un'unica mappa concettuale di un argomento: le informazioni da inserire e il modo in cui si sviluppano nella mappa riflettono il modo in cui le nozioni sono organizzate nella tua mente. Una volta inseriti i primi concetti, le diramazioni successive dipendono dalle informazioni che sono più rilevanti per te e per lo scopo della mappa.

Per esempio, se vuoi focalizzarti sugli elementi molecolari che compongono la cellula, la tua mappa potrebbe prendere questa forma:

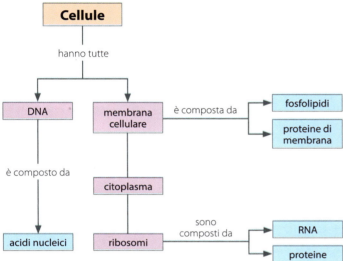

Costruita la mappa, puoi decidere di differenziare alcuni sotto-argomenti: puoi utilizzare colori diversi per indicare i concetti che appartengono allo stesso gruppo. Oppure puoi identificare in modo diverso le frecce che connettono i concetti: per esempio utilizzando il rosso quando la freccia indica che un oggetto è composto da alcuni elementi, e il blu quando indica che un oggetto ha una determinata funzione.

Cerca di essere sintetico: la mappa non deve contenere tutte le informazioni che hai su un argomento, ma soltanto quelle più importanti.

Una mappa concettuale è uno strumento aperto: potrai infatti sempre inserire nuove informazioni per arricchirla.

Oltre alle parole-concetto e alle loro relazioni, una mappa può includere immagini o disegni, grafici o altri materiali multimediali quando è realizzata con strumenti digitali, per esempio un video o un audio.

Ricorda: come la realizzazione di un testo scritto, anche la riuscita di una buona mappa concettuale richiede spesso una serie di bozze non definitive per arrivare al risultato finale. Non preoccuparti se dovrai cancellare i primi tentativi: si impara anche attraverso gli errori!

A che cosa serve?

Perché è importante imparare a creare buone mappe concettuali? Sono due le principali funzioni di una mappa di concetti: facilitare l'apprendimento e aiutare lo studio.

Creando una mappa concettuale puoi esercitare la tua capacità di comprendere un testo, estrarre le informazioni principali e metterle in relazione tra loro. Mentre la pianifichi, potresti notare nuovi legami tra i concetti che hai imparato, rafforzando le tue capacità di ragionamento ed arrivando a una conoscenza più profonda dell'argomento. Può aiutarti a integrare nuove informazioni con quelle di cui eri già in possesso.

Una volta realizzata, la mappa diventa inoltre uno strumento molto utile per lo studio personale: ti permette infatti di visualizzare "a colpo d'occhio" quali sono i temi chiave di un argomento, e può aiutarti a memorizzare con più facilità. Guardando una mappa concettuale durante il ripasso, puoi recuperare i concetti più importanti di un argomento che ti servono a costruire una conoscenza più completa.

Potresti anche utilizzare la mappa concettuale come strumento di autoverifica, dopo aver studiato un argomento. Se sei in grado di costruire una buona mappa concettuale senza rivedere il testo, significa che hai compreso con chiarezza gli argomenti e incamerato le informazioni più importanti.

Laboratori di biologia

Osservare la mitosi in *real-time*

38 Laboratorio Leggi il protocollo e guarda il filmato; poi, con l'aiuto dell'insegnante, prova a riprodurre questa esperienza in laboratorio.

Prerequisiti
La mitosi. La duplicazione del DNA.

Competenze attivate
Comunicare le scienze naturali nella madrelingua. Metodo scientifico.

Contesto
La mitosi è uno dei processi con cui le cellule possono dividersi, per dare origine a cellule con lo stesso patrimonio genetico. È un processo che avviene continuamente negli esseri viventi, durante lo sviluppo e la crescita e per sostituire cellule danneggiate o morte. Non tutte le parti di un organismo hanno lo stesso tasso di crescita: quelle che devono svilupparsi o rinnovarsi di più hanno molte cellule in mitosi. Un esempio sono le radici delle piante: devono crescere nel terreno o nell'acqua per cercare nutrienti. La crescita delle radici è dovuta alla produzione di nuove cellule, che formano un tessuto chiamato meristematico. Le cellule di questo tessuto hanno un nucleo ben evidente e facilmente colorabile. I meristemi sono attivi soprattutto in primavera.

Materiali
- Apici radicali di cipolla
- Microscopio ottico
- Lente d'ingrandimento
- Vetrini porta-oggetti, copri-oggetti e da orologio
- Bisturi, spatola, pinzetta
- Becher
- Contagocce
- Carminio acetico glaciale: portare a ebollizione 55 ml di acqua e 45 ml di acido acetico glaciale; quindi aggiungere 0,5 g di carminio acetico in polvere
- Soluzione di acido cloridrico HCl 1 M
- Liquido di Carnoy: 6 parti di etanolo 99%, 3 parti di cloroformio, 1 parte di acido acetico glaciale
- Acqua distillata
- Cappa chimica
- Piastra scaldante
- Bilancia analitica

Procedimento
Circa una settimana prima dell'esperimento, metti una cipolla in un bicchiere, con le radici immerse nell'acqua. In questo modo le radici si allungheranno **a**.
Taglia poi alcuni apici radicali con un bisturi, in modo da ottenere segmenti di circa 4 mm di lunghezza. Con una lente d'ingrandimento osserva gli apici per identificare la parte appuntita, dove si trovano le cellule del tessuto meristematico. Immergi gli apici nel liquido di Carnoy per 24-48 ore: in questo modo le cellule saranno bloccate nella fase del ciclo cellulare in cui si trovano.

Il giorno dell'esperimento, per disgregare le fibre legnose, poni per 4 minuti gli apici in un vetrino da orologio in cui hai versato HCl 1 M. Elimina poi l'eccesso di acido. Aiutandoti con delle pinzette, appoggia su un vetrino porta-oggetti la parte terminale degli apici, colorandola con qualche goccia di carminio acetico. Prepara un altro vetrino utilizzando una parte di apice più distante dalla punta, in modo da confrontare le cellule nelle diverse porzioni della radice. Con un bisturi tritura per circa 8 minuti gli apici sui vetrini, fino a ottenere una poltiglia più o meno omogenea. Copri i due preparati con un vetrino copri-oggetti, esercitando una leggera pressione per rendere il preparato più sottile.
Osserva i vetrini al microscopio, con obiettivo 10X e 40X. Eventualmente puoi usare l'olio di cedro con l'obiettivo 100X a immersione **b**. Individua in ciascun preparato la zona con il maggior numero di fasi mitotiche. Quante solo le cellule coinvolte in una fase della mitosi? Quali fasi riesci a identificare?

a

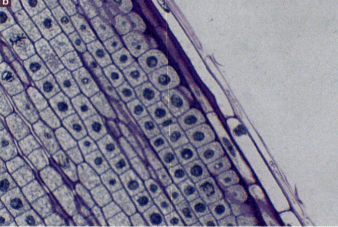
b

Attenzione!
L'osservazione al microscopio richiede tempo e pazienza. Non sempre infatti è possibile identificare subito la zona del preparato migliore per l'osservazione. Cerca la posizione del microscopio più adatta ai tuoi occhi e seleziona il migliore campo visivo.

Analisi dei dati
Individua in ciascun preparato la zona con il maggior numero di fasi mitotiche. Quante solo le cellule coinvolte in una fase della mitosi? Quali fasi riesci a identificare? C'è una differenza tra i due preparati?

Conclusioni
Scrivi una breve relazione di laboratorio sulle tue osservazioni. Puoi aiutarti disegnando le diverse fasi della mitosi che sei riuscito a identificare nei vetrini.

Autovalutazione
Qual è stata la maggiore difficoltà che hai incontrato durante l'esperimento?
Perché hai utilizzato gli apici radicali della pianta?

Mitosi: lavora come editor

39 Comunicazione Con un gruppo di compagni leggi i seguenti materiali, discutili seguendo la traccia di lavoro e proponi alla classe le correzioni suggerite dal tuo gruppo.

Prerequisiti
La mitosi. La duplicazione del DNA.

Competenze attivate
Comunicare le scienze naturali nella madrelingua. Competenze digitali.

Contesto
Immagina di essere stato assunto con i tuoi compagni da Wikipedia come editor dei contenuti scritti dagli utenti: dovrai leggere i materiali dedicati alla divisione cellulare e correggerne l'accuratezza scientifica **c**. Le enciclopedie come Wikipedia sono "aperte": si basano sui contributi liberi degli utenti che forniscono informazioni e documenti su diverse tematiche. A volte le informazioni non sono corrette, oppure devono essere aggiornate, per questo è importante controllarne sempre la veridicità.

L'editing come lavoro di gruppo
Analizza con il tuo gruppo la validità scientifica di queste voci dell'enciclopedia sulla divisione cellulare. A turno, uno studente farà il moderatore per facilitare la discussione dei compagni e poi scriverà la risposta concordata.

- La mitosi: la mitosi è uno dei componenti del ciclo vitale di tutte le cellule. In particolare, si riferisce alla divisione del nucleo. La mitosi è generalmente seguita dalla divisione della cellula in due nuove cellule, un processo chiamato metafase. Nella mitosi, i due nuclei che risultano dalla divisione sono uguali tra loro e al nucleo della cellula madre.

Il processo si verifica in una serie di passi che, quando avvengono in modo corretto, garantiscono che ciascun nucleo figlio riceva l'informazione genetica appropriata, che si trova in strutture separate chiamate centromeri.

- Cromosomi: le cellule contengono l'informazione genetica in strutture separate chiamate cromosomi. I cromosomi consistono in genere di una molecola di DNA a singola elica, complessata con carboidrati per formare cromatina. Prima della mitosi (nella fase G_2 dell'interfase) i cromosomi si replicano: in questo momento sono composti da due strutture attaccate tra loro in un punto chiamato nucleosoma. Le due strutture identiche di un cromosoma replicato sono chiamati cromatidi fratelli. Durante la mitosi, un elemento di ciascuna coppia di cromosomi omologhi sarà distribuito in ciascun nucleo figlio.

- Fasi della mitosi: Profase – condensazione dei cromosomi, le membrane nucleari si rompono, si forma il fuso mitotico, i cinetocori iniziano a migrare per segnalare i due poli. Prometafase – si completa la formazione del fuso mitotico, i cromatidi fratelli sono attaccati alle fibre del fuso tramite microtubuli polari. Metafase – i cromosomi sono allineati al centro della cellula. Anafase: i cromosomi omologhi si separano e migrano ai poli opposti. Telofase – attorno a ciascun cromosoma si forma la membrana nucleare; i cromosomi despiralizzano. Sebbene non sia parte della mitosi, dopo l'anafase generalmente si verifica la divisione del citoplasma, chiamata citodieresi.

Dopo aver discusso con i compagni di gruppo e concordato ogni domanda, presenta alla classe le conclusioni a cui siete arrivati.

Autovalutazione
Qual è stata la maggiore difficoltà che hai incontrato durante la discussione?
Quali sono le caratteristiche che deve avere un buon editor?

Una mappa della meiosi

40 Mappa concettuale
La meiosi è il processo di divisione cellulare coinvolto nella riproduzione sessuata. In questo tipo di riproduzione, i genitori contribuiscono ciascuno al patrimonio genetico della progenie con una cellula sessuale, chiamata gamete. Sarà poi la fusione dei gameti a dare origine al nuovo organismo figlio. Realizza una mappa concettuale sulla meiosi in modo da riorganizzare le tue conoscenze sull'argomento e trovare nuove relazioni e collegamenti fra i concetti che hai studiato fin qui.

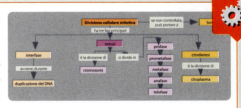

- È utile realizzare una mappa concettuale della meiosi?
- Confronta la tua mappa con quelle di altri compagni. Sono diverse? Perché?

Rispondi alle domande realizzando una mappa concettuale. Clicca sull'icona e segui la traccia di lavoro proposta.

6 Mendel e l'ereditarietà

**Cosa ci rende diversi gli uni dagli altri?
Una risposta è nei nostri geni.**

Guardando una famiglia, spesso capita di notare delle caratteristiche fisiche che accomunano la maggioranza dei componenti: la fossetta del mento, la forma del naso o il colore degli occhi.

Il primo scienziato a studiare il fenomeno dell'ereditarietà fu Gregor Mendel, un monaco agostiniano matematico e naturalista, a cui si deve la nascita della genetica. Dal 1857 al 1863, Mendel incrociò e catalogò più di 24000 piante. Osservando il ripetersi di particolari caratteristiche fisiche nelle varie generazioni, lo scienziato dedusse che le piante sono in grado di trasmettere di genitore in figlio delle unità distinte di informazione che Mendel chiamò "elementi", ma che oggi sappiamo essere i geni.

Dalla fine dell'Ottocento a oggi, le scoperte su DNA e geni hanno confermato le deduzioni di Mendel confermando la straordinarietà dei sui studi.

A CHE PUNTO SIAMO

65%

In base alle conoscenze sulla meiosi e il DNA acquisite nei capitoli precedenti, in questo capitolo descriviamo i principi della genetica classica, o dell'ereditarietà mendeliana. Mendel ha, infatti, dato il via allo studio dell'ereditarietà e quindi alla genetica, pur non conoscendo il significato di DNA, geni, cromosomi o meiosi.

6.1 I cromosomi sono pacchetti di informazione genetica

Due giovani, entrambi sani ma con una storia famigliare di fibrosi cistica, prima di decidere se avere figli fanno visita a un consulente genetico. I test rivelano che sia l'uomo sia la donna sono portatori di fibrosi cistica, e che ognuno dei loro futuri bambini avrà il 25% di possibilità di ereditare questa grave malattia. Come può il consulente fornire questa stima? Lo scopriremo in questo capitolo.

Prima però può essere utile rivedere alcuni concetti. Sappiamo che la cellula contiene DNA, una molecola informazionale. Nel DNA umano ci sono circa 25 000 geni. Un **gene** è una porzione di DNA la cui sequenza di nucleotidi (A, C, G e T) codifica per una proteina. Ogni gene esiste sotto forma di uno o più **alleli**, o varianti, ciascuna derivante da una mutazione diversa.

Il DNA nel nucleo di una cellula eucariotica si suddivide in molti **cromosomi**. Ricordiamo che una **cellula diploide** contiene due serie di cromosomi, ciascuna ereditata da un genitore. Il genoma umano consiste di 46 cromosomi, divisi in 23 coppie (figura 1a); di queste, 22 sono coppie di **autosomi**, ossia cromosomi uguali in entrambi i sessi. La coppia restante, quella dei cromosomi sessuali, determina il sesso di ogni persona: una femmina ha due cromosomi X, mentre un maschio ha un cromosoma X e un Y. Quindi, con l'eccezione di X e Y, le coppie sono composte da **cromosomi omologhi** (figura 1b), che hanno lo stesso aspetto e la stessa sequenza di geni nelle stesse posizioni (il *locus* di un gene è la sua collocazione fisica nel cromosoma). I due omologhi possono presentare per un dato gene gli stessi alleli o alleli diversi; poiché ogni omologo viene ereditato da uno dei genitori, ogni persona eredita due alleli di ogni gene appartenente al genoma umano.

Per chiarire la relazione fra questi termini può essere utile un'analogia. Se ogni cromosoma è un libro di ricette, allora il genoma umano è una collana di 46 volumi, sistemati in coppie di volumi simili. L'intera collana comprende circa 25 000 ricette, ognuna analoga a un gene. I due alleli di ogni gene sono paragonabili a due ricette diverse per preparare i biscotti al cioccolato; alcune ricette saranno con le noci, in altre serviranno tipi diversi di cioccolato. Le due ricette dei biscotti al cioccolato in una cellula possono essere le stesse, differire di poco o essere completamente diverse. Con l'eccezione dei gemelli identici, ogni essere umano eredita una combinazione unica di alleli per tutti i geni del genoma umano.

Un altro concetto importante da ricordare è il ruolo della meiosi e della fecondazione nel ciclo vitale sessuale. La **meiosi** è una forma particolare di divisione cellulare che ha luogo nelle cellule germinali diploidi e produce **cellule aploidi**, che contengono ciascuna solo una serie di cromosomi. Negli esseri umani, queste cellule sessuali sono i **gameti**: ovuli o spermatozoi. La **fecondazione** unisce i gameti di due genitori, producendo la prima cellula della generazione successiva.

Non si può esaminare un gamete e determinare quale allele presenti per ogni gene; ma, per alcune caratteristiche, possiamo usare la conoscenza della storia famigliare di una persona per stabilire se un gamete ha il 100%, il 50% o lo 0% di possibilità di presentare un allele specifico. Se si possiedono queste informazioni su entrambi i genitori, è facile calcolare la probabilità che un figlio erediti quell'allele. In questo capitolo capiremo perché.

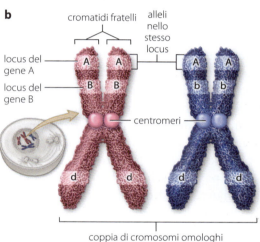

Figura 1 Cromosomi omologhi. (**a**) Una cellula diploide umana contiene 23 coppie di cromosomi. (**b**) Ogni cromosoma possiede un allele per ciascun gene. Per la coppia di cromosomi nella figura, gli alleli del gene *A* sono identici, così come quelli del gene *D*. Per il gene *B* i cromosomi presentano invece alleli diversi (*B, a*).

Video Cromosomi e alleli
Efficienza dei diversi livelli di organizzazione del materiale genetico

Rispondi in un tweet

1. Descrivi le relazioni fra cromosomi, DNA, geni e alleli.
2. Come interagiscono meiosi, fecondazione, cellule diploidi e cellule aploidi in un ciclo vitale sessuato?

6.2 Mendel ha formulato le leggi fondamentali dell'ereditarietà

Gregor Mendel, lo studioso che nell'Ottocento scoprì i principi fondamentali della genetica, pur avendo una solida formazione scientifica non sapeva ancora nulla riguardo a DNA, geni, cromosomi o meiosi. Ciò nonostante, riuscì lo stesso a scoprire come calcolare le probabilità di ereditare alcune caratteristiche; attente osservazioni sulle piante di pisello gli permisero di arrivare alle sue conclusioni.

Video L'ereditarietà dei caratteri
Statistica e metodo scientifico applicati all'ereditarietà dei caratteri

A. Perché i piselli?

Mendel scelse di studiare le piante di pisello perché sono facili da coltivare, si sviluppano in fretta e producono una progenie numerosa. Inoltre, hanno molte caratteristiche che appaiono in due varianti facilmente distinguibili. Per esempio, i semi possono avere una buccia liscia o rugosa, ed essere verdi o gialli; i baccelli possono essere rigonfi o presentare una strozzatura; il fusto può essere allungato o corto.
Nello studio dell'ereditarietà, le caratteristiche fisiche osservabili sono definite **caratteri** (per esempio, colore o forma del seme), mentre il **tratto** è una forma particolare del carattere (verde e giallo per il colore, oppure liscio e rugoso per la forma). Un tratto ereditario è quello che si trasmette dal genitore al figlio.
L'utilizzo dei piselli per studiare l'ereditarietà ha anche un altro vantaggio: è facile controllarne l'impollinazione e sapere quali genitori producono una certa progenie (figura 2). È possibile prelevare polline dalle parti maschili del fiore e deporlo sulle parti femminili della stessa pianta (autoimpollinazione), o di un'altra pianta (impollinazione incrociata). La progenie risultante è costituita da semi che si sviluppano all'interno di baccelli; ogni pisello è un figlio geneticamente unico, come noi e i nostri fratelli e sorelle. Caratteri come il colore o la forma dei semi sono immediatamente visibili; invece per osservare altre caratteristiche, come l'altezza della pianta o il colore dei fiori, è necessario seminare i piselli e attendere lo sviluppo di ciascuna pianta.

B. Gli alleli dominanti "mascherano" gli alleli recessivi

Nei suoi primi esperimenti con i piselli, Mendel studiò caratteri che possono presentarsi in due modalità differenti, come il colore dei semi che può essere verde o giallo. Notò che in alcune piante i caratteri erano presenti allo stato **puro**; cioè l'autoimpollinazione produceva sempre una progenie identica alla pianta genitore o parentale. Le piante derivate da semi verdi, per esempio, producevano sempre semi verdi quando erano autoimpollinate. Invece gli incroci tra piante originatesi da semi gialli davano risultati variabili: alcune piante possedevano caratteri puri ma altre erano **ibride**, ossia la loro progenie era mista ed era costituita da piselli sia verdi sia gialli (figura 3).
Gli esperimenti di impollinazione incrociata fornirono altri risultati interessanti. Per esempio, Mendel incrociò piante derivate da semi verdi con piante nate da semi gialli. A volte, i baccelli contenevano solo semi gialli; il tratto verde sembrava sparire, per poi magari ricomparire nella generazione successiva. Altre volte, i baccelli contenevano sia semi verdi sia semi gialli (figura 4).

Infografica

❶ Il polline di una pianta con fusto allungato è trasferito al fiore di una pianta a fusto corto.

❷ I baccelli contengono la progenie (i semi) risultante dall'incrocio.

trasferimento del polline

❸ I semi sono piantati.

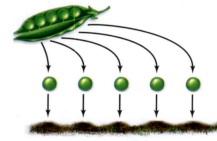

❹ Ogni seme si sviluppa in una pianta a fusto allungato oppure a fusto corto.

Figura 2 L'approccio sperimentale di Mendel. Gregor Mendel utilizzò la tecnica descritta nella sequenza 1-4 per controllare con precisione gli incroci fra piante di pisello, così da poter osservare la presenza di tratti particolari nella generazione successiva.

Mendel effettuò esperimenti su altri caratteri dei piselli, ottenendo risultati simili: un tratto sembrava oscurare l'altro. Mendel chiamò *dominante* il tratto che oscurava, e *recessivo* quello che veniva oscurato. Il tratto seme giallo, per esempio, è dominante rispetto a quello seme verde. Anche se Mendel definiva dominanti o recessivi i *tratti*, i biologi moderni riservano questi aggettivi per gli *alleli*. Un **allele dominante** manifesta sempre i suoi effetti; un **allele recessivo** ha invece un effetto che rimane mascherato nel caso sia presente un allele dominante. Quando un gene ha solo due alleli, si indica comunemente l'allele dominante con una lettera maiuscola (per esempio *G* per giallo), e l'allele recessivo con la minuscola corrispondente (*g* per verde).

Anche se un allele è dominante ciò non implica che domini nella popolazione; infatti non è detto che l'allele più comune sia sempre quello dominante. Per esempio, negli esseri umani, l'allele che causa una forma di nanismo chiamata acondroplasia è dominante ma molto raro. D'altra parte, gli occhi azzurri sono molto comuni nelle persone di origine nordeuropea, ma gli alleli che producono questo colore degli occhi sono recessivi.

Il termine "dominante" potrebbe farci pensare a un bullo che costringe alla resa un debole allele recessivo. Dopo tutto, l'allele recessivo sembra nascondersi in presenza dell'allele dominante per uscire dal suo nascondiglio solo quando l'allele dominante è assente. Come fa l'allele recessivo a "sapere" cosa fare? In realtà gli alleli non si nascondono, né sanno nulla. Un allele recessivo continua a far parte del DNA di una cellula, indipendentemente dalla presenza di un allele dominante; ai nostri occhi sembra nascondersi solo perché di solito codifica per una proteina non funzionante. In genere, se è presente anche un allele dominante, l'organismo produce una quantità di proteina funzionante sufficiente a svolgere la funzione per cui è sintetizzata. Solo quando entrambi gli alleli sono recessivi l'assenza della proteina funzionante diventa evidente.

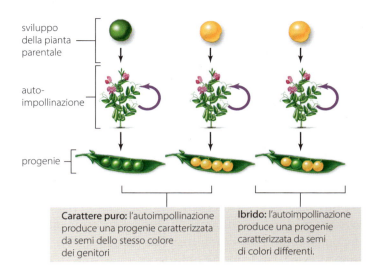

Figura 3 Piante con caratteri puri e ibridi. Negli studi di Mendel, le piante di pisello derivate da semi verdi mantenevano costanti i tratti per molte generazioni: i loro caratteri erano cioè puri. Le piante cresciute da semi gialli potevano essere pure o ibride.

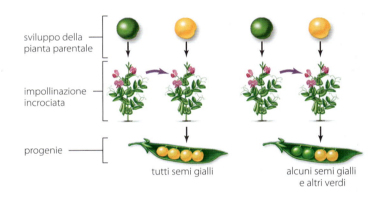

Figura 4 Il giallo è il tratto dominante. Quando Mendel incrociò una pianta derivata da un seme verde con una pianta da seme giallo, la progenie poteva essere caratterizzata da semi solo gialli o di entrambi i colori. Per deduzione, Mendel comprese che il colore giallo era dominante rispetto al verde.

Biology FAQ — Why does diet soda have a warning label?

Foods containing the artificial sweetener aspartame carry a warning label that says "Contains phenylalanine". Since other sugar substitutes lack similar words of caution, aspartame must pose a unique threat. What is it?

A peek at aspartame's biochemistry reveals the answer. Aspartame contains an amino acid called phenylalanine. In most people, an enzyme converts phenylalanine into another amino acid. A mutated allele of the gene encoding this enzyme, however, results in the production of an abnormal, non-functional enzyme. People who have just one copy of this recessive allele are healthy because the cell has enough of the normal enzyme, thanks to the dominant allele. The recessive allele therefore seems to "vanish", just as in Mendel's pea plants. Individuals who inherit two copies of the recessive allele, however, have a metabolic disorder called phenylketonuria (PKU). These people cannot produce the normal enzyme. Phenylalanine accumulates to toxic levels, causing mental retardation and other problems. Avoiding foods containing phenylalanine helps minimize the effects of the disease – hence the warning.

phenylalanine	fenilalanina
threat	minaccia
inherit	ereditare
pea	pisello

C. Una cellula può possedere due alleli identici o diversi per ogni gene

Mendel studiò caratteri che dipendono da coppie di alleli, ma alcuni geni hanno centinaia di varianti; tuttavia, indipendentemente dal loro numero, una cellula diploide può contenere solo due alleli per gene. Infatti, ogni individuo diploide ha ereditato una serie di cromosomi da ciascun genitore, e ogni cromosoma ha solo un allele per gene.

Il **genotipo** è l'insieme degli alleli che costituiscono il patrimonio genetico di un individuo ed è rappresentato graficamente con coppie di lettere che indicano gli alleli (figura 5). Un individuo è **omozigote** per un certo gene se i due alleli sono identici, cioè se i due genitori hanno trasmesso la stessa variante del gene. Se entrambi gli alleli sono dominanti, il genotipo dell'individuo è omozigote dominante (per esempio *GG*). Se entrambi gli alleli sono recessivi, l'individuo è omozigote recessivo (*gg*). Un individuo con un genotipo **eterozigote** ha due alleli diversi per un determinato gene (*Gg*), ha cioè ricevuto informazioni genetiche diverse da ciascun genitore.

Il genotipo di un organismo è diverso dal suo **fenotipo**, ossia l'insieme delle caratteristiche fisiche osservabili determinate dal genotipo (figura 5). La lunghezza del fusto e il colore di semi e fiori sono esempi di fenotipi delle piante di pisello studiate da Mendel. Il fenotipo di noi esseri umani comprende caratteristiche come l'altezza, il colore degli occhi, la lunghezza dei piedi, il numero di dita delle mani, il colore della pelle e la struttura dei capelli. Ma fanno parte del fenotipo anche caratteristiche non immediatamente visibili, come il gruppo sanguigno o la forma specifica delle nostre molecole di emoglobina.

A dire il vero, la maggior parte delle caratteristiche fenotipiche sono il risultato di complesse interazioni fra geni e ambiente, ma Mendel studiò caratteri determinati solo dai geni.

La distinzione fra genotipo e fenotipo ci può essere utile per comprendere meglio una delle osservazioni di Mendel sulla purezza dei caratteri. Il fatto che solo alcune delle piante di pisello a semi gialli siano pure, secondo la definizione mendeliana, è spiegato dai due possibili genotipi che possono determinare il fenotipo giallo: omozigote dominante ed eterozigote. Tutte le piante omozigoti sono pure, perché tutti i loro gameti contengono gli stessi alleli. Le piante eterozigoti, invece, non sono pure ma ibride perché possono trasmettere alla progenie sia l'allele recessivo sia quello dominante.

Oggi i biologi usano anche altri termini per descrivere gli organismi. Un allele, genotipo o fenotipo **wild-type** (selvatico) rappresenta la variante più comune di un gene o della sua espressione in una popolazione. Un allele, genotipo o fenotipo **mutante** è il risultato della mutazione di un gene (figura 6).

Genotipo	Fenotipo
Omozigote dominante (*GG*)	Giallo
Eterozigote (*Gg*)	Giallo
Omozigote recessivo (*gg*)	Verde

Figura 5 Genotipi e fenotipi a confronto. Nel genotipo di un pisello il gene responsabile del colore del seme è composto dai due alleli che il seme ha ereditato dai genitori. Il fenotipo è l'aspetto esterno (colore giallo o verde) determinato dal genotipo.

Figura 6 La banana wild-type non è commestibile a causa dei suoi semi duri. Da essa, in seguito alla mutazione di un gene (fenotipo mutante), hanno avuto origine molte delle banane commestibili che coltiviamo ancora oggi.

Capitolo 6 **Mendel e l'ereditarietà** 143

D. Un nome per ogni generazione

Il genio di Mendel è evidente non solo per i suoi esperimenti e le sue deduzioni, ma anche per l'accuratissimo metodo con il quale documentò gli innumerevoli incroci, sviluppando un sistema per seguire con precisione numerose generazioni di piante. Oggi lo utilizziamo ancora per ricostruire l'ereditarietà di un determinato carattere.

I primi individui a essere incrociati sono la **generazione parentale**, indicata con **P**; la **generazione F_1**, o prima generazione filiale, è costituita dalla progenie di P. La **generazione F_2** è figlia della generazione F_1, e così via. Anche se questi termini sono utilizzabili solo con gli incroci prodotti in laboratorio, sono analoghi a quelli che indicano le relazioni all'interno delle famiglie umane; per esempio, se considerassimo i nostri nonni come la generazione P, i nostri genitori sarebbero la generazione F_1 e noi e i nostri fratelli la generazione F_2. Nel resto del capitolo useremo questo vocabolario di base per integrare le scoperte di Mendel con quello che oggi sappiamo su geni, cromosomi e riproduzione.

La tabella **1** presenta i termini più importanti incontrati finora.

Tabella 1 Glossario dei termini genetici

Termine		Definizione
Generazioni	P	La generazione parentale
	F_1	La prima generazione filiale; progenie della generazione P
	F_2	La seconda generazione filiale; progenie della generazione F_1
Cromosomi e geni	Cromosoma	Una molecola continua di DNA e proteine associate
	Gene	Una sequenza di DNA che codifica per una proteina
	Locus	Il punto specifico del cromosoma occupato da un gene
	Allele	Una delle forme alternative di un gene specifico
Dominante e recessivo	Allele dominante	Un allele che risulta espresso quando è presente nel genotipo
	Allele recessivo	Un allele la cui espressione è mascherata da un allele dominante
Genotipi e fenotipi	Genotipo	La combinazione di alleli di un particolare gene presente in un individuo
	Omozigote	Che possiede alleli identici di un gene
	Eterozigote	Che possiede alleli diversi di un gene
	Fenotipo	Una caratteristica fisica osservabile
	Puro	Omozigote; per un determinato carattere, l'autoimpollinazione produce una progenie identica al genitore
	Ibrido	Eterozigote; l'autoimpollinazione produce una progenie mista per quanto riguarda un allele specifico
	Wild-type	Il fenotipo, genotipo o allele più comune in una popolazione
	Mutante	Il fenotipo, genotipo o allele risultato della mutazione in un gene

Rispondi in un tweet

3. Perché Mendel scelse le piante di pisello per i suoi esperimenti?
4. Spiega la differenza fra dominante e recessivo; eterozigote e omozigote; fenotipo e genotipo; wild type e mutante.
5. Definisci le generazioni P, F_1 e F_2.

6.3 I due alleli di un gene sono ereditati da gameti diversi

Mendel utilizzò una serie sistematica di incroci per dedurre le leggi che regolano l'ereditarietà, a partire dai singoli geni e quindi studiando un singolo carattere per volta.

A. Prevedere l'ereditarietà di un gene con il quadrato di Punnett

In uno dei suoi esperimenti Mendel utilizzò una generazione P composta da piante pure con semi gialli (*GG*) e piante pure con semi verdi (*gg*). La progenie F_1 prodotta da questo incrocio aveva solo semi gialli (genotipo *Gg*); il tratto verde sembrava sparire. Nella fase successiva, usò le piante F_1 per ottenere un **incrocio monoibrido**, fra due individui entrambi eterozigoti per uno stesso carattere. La generazione F_2 risultante presentava fenotipi sia gialli sia verdi, ottenendo ogni tre semi gialli un seme verde.
Un strumento per rappresentare graficamente quanto finora abbiamo descritto a parole o per prevedere i risultati di un incrocio è il **quadrato di Punnett**: un diagramma che, a partire dai genotipi dei genitori, permette di prevedere le combinazioni di alleli che possono essere ereditati dalla progenie.
Il quadrato di Punnett della figura 7, per esempio, illustra i risultati attesi incrociando due piante eterozigoti (*Gg*) per il gene che determina il colore dei semi. Ognuna produce gameti che ereditano l'allele *G* e gameti che ereditano il *g*; quindi, nella generazione F_2 possono apparire tutti e tre i genotipi possibili, nella proporzione

$$1\ GG : 2\ Gg : 1\ gg$$

Questa proporzione significa che la probabilità di ottenere una pianta figlia con genotipo *GG* o una con genotipo *gg* è identica, ed è la metà della probabilità di ottenere una pianta figlia con genotipo *Gg*.
La proporzione di fenotipi corrispondenti è di tre semi gialli per un seme verde, o 3 :1.
Mendel ottenne risultati simili per tutti i sette caratteri che scelse di studiare (tabella 2) e formulò la **legge della dominanza**: gli individui ibridi della generazione F_1 manifestano solo uno dei tratti presenti nella generazione P.
Classificare le piante di pisello sulla base del solo fenotipo è molto semplice ma molto più complesso è determinarne il genotipo, a maggior ragione ai tempi di Mendel. Pur non possedendo ancora le nostre conoscenze su DNA e geni, lo scienziato ideò un metodo per identificare il genotipo di una particolare pianta: il testcross. Un **testcross** è un incrocio fra un individuo di genotipo sconosciuto e un individuo omozigote recessivo.

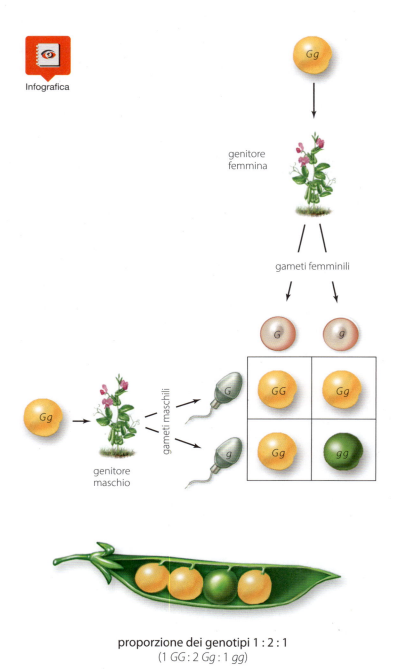

proporzione dei genotipi 1 : 2 : 1
(1 *GG* : 2 *Gg* : 1 *gg*)

proporzione dei fenotipi 3 : 1
(3 gialli : 1 verde)

Figura 7 Quadrato di Punnett. Il diagramma mostra un incrocio fra due piante eterozigote nate da semi gialli (*Gg*). Le varianti possibili di gameti femminili sono indicate sopra il quadrato; i gameti maschili sono indicati sul suo lato sinistro. All'interno del quadrato di Punnett sono rappresentati i genotipi e fenotipi che possono apparire nella progenie.

Audio Come costruire un quadrato di Punnett

Se una pianta a semi gialli incrociata con una pianta *gg* produceva solo semi gialli, di conseguenza il genotipo sconosciuto era *GG*; se l'incrocio produceva semi di entrambi i colori, doveva essere *Gg* (figura 8).

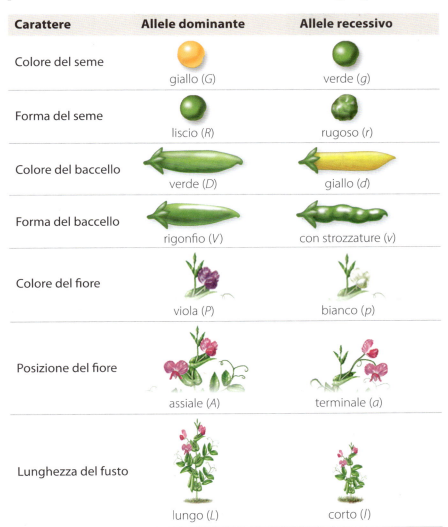

Tabella 2 Caratteri della pianta di pisello. Gli studi di Mendel permisero di dedurre le modalità di trasmissione ereditaria di sette caratteristiche delle piante di pisello.

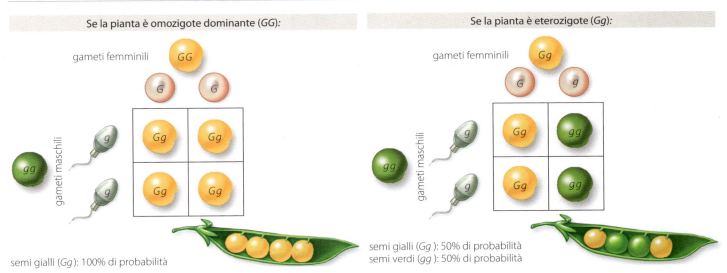

Figura 8 Testcross. Una pianta di pisello nata da un seme giallo può essere omozigote dominante (*GG*) o eterozigote (*Gg*). Per determinarne il genotipo, la pianta è incrociata con una pianta omozigote recessiva (*gg*). Se la pianta dal genotipo indeterminato è *GG*, l'incrocio produrrà una progenie interamente gialla; se la pianta sconosciuta è *Gg*, la metà della progenie sarà verde.

B. La meiosi spiega la legge della segregazione di Mendel

Gli incroci e i calcoli sui piselli permisero a Mendel di descrivere con eleganza i principi di base della genetica. Senza sapere nulla di cromosomi e di geni, Mendel usò i suoi dati per dedurre che i caratteri possono assumere forme diverse (che ora chiamiamo alleli). Stabilì anche che ogni individuo eredita due alleli per ogni gene e che gli alleli possono essere identici o diversi. Infine, dedusse la sua **legge della segregazione**. Secondo questa legge, quando un individuo produce i gameti, i due alleli di ogni gene si separano (segregano) e ogni gamete ne riceve una copia.

La legge della segregazione di Mendel è in accordo con quanto sappiamo oggi sulla riproduzione. Durante la meiosi I, le coppie omologhe di cromosomi si separano e si muovono verso i poli opposti della cellula. Dopo la meiosi, in una pianta di genotipo *Gg* la metà dei gameti possiede l'allele *G* e l'altra metà il *g* (figura 9). Una pianta *GG*, d'altra parte, può produrre solo gameti *G*. Quando i gameti delle due piante si incontrano nella fecondazione, si combinano in modo casuale. Nel 50% dei casi entrambi i gameti possiedono *G*; per l'altro 50%, un gamete possiede *G* e l'altro *g*.

Questo principio della ereditarietà vale per tutte le specie diploidi, inclusi gli esseri umani. Torniamo per un momento alla coppia di aspiranti genitori e al consulente incontrati a inizio capitolo. Nel caso che abbiamo ipotizzato, i test genetici hanno evidenziato che sia l'uomo sia la donna sono portatori sani per la fibrosi cistica, una patologia che si manifesta solo quando una persona possiede entrambi gli alleli recessivi di un particolare gene del cromosoma 7. In termini genetici, questo significa che anche se nessuno dei due

Figura 9 Legge della segregazione di Mendel. Durante l'anafase I della meiosi, le coppie di cromosomi omologhi (e i geni che possiedono) si separano in gameti diversi. Nel momento della fecondazione, i gameti si combinano in modo casuale per formare la generazione successiva (in questa figura, il rosso e il blu denotano la diversa origine parentale dei cromosomi).

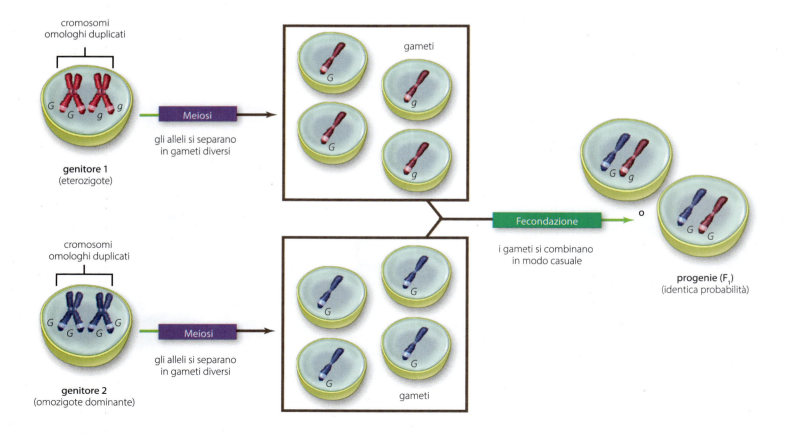

aspiranti genitori ha manifestato la malattia, entrambi sono eterozigoti per il gene che causa la fibrosi cistica. Proprio come negli incroci monoibridi di Mendel, ognuno dei loro figli avrà il 25% di possibilità di ereditare due alleli recessivi, il 50% di possibilità di essere un portatore (eterozigote) e il 25% di possibilità di ereditare due alleli dominanti ed essere perfettamente sano anche a livello genotipico (figura 10).

È importante notare che le probabilità riportate nel quadrato di Punnett, incluse quelle della figura 10, valgono per *ciascun* figlio, indipendentemente dal genotipo ereditato da eventuali fratelli. Ciò significa che se la coppia avrà quattro figli, non presenteranno necessariamente uno il genotipo *FF*, due *Ff* e uno *ff*.

Allo stesso modo, la possibilità di ottenere testa quando lanciamo una moneta non truccata è il 50%, ma due lanci non produrranno per forza una testa e una croce. Se lanciassimo la moneta 1000 volte, ci avvicineremmo alla proporzione di 1:1. Uno dei fattori che rende le piante di pisello ideali per gli studi di genetica è proprio il fatto che producono una progenie numerosa a ogni generazione e quindi aumentano il numero di possibilità.

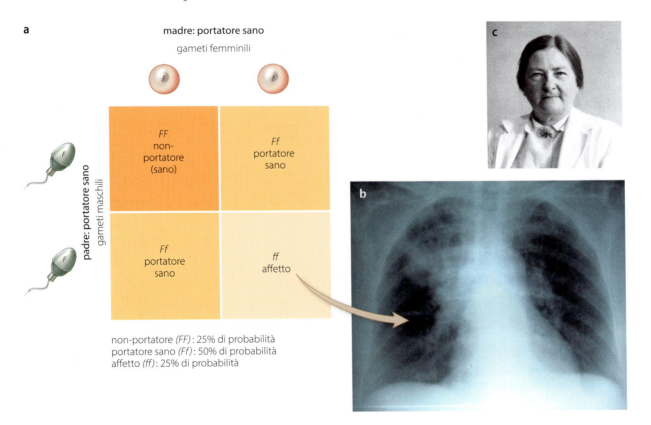

Figura 10 Trasmissione ereditaria della fibrosi cistica. (**a**) Questo quadrato di Punnett mostra i possibili genotipi dei figli di due genitori portatori sani di fibrosi cistica. (**b**) Gli organi più colpiti dalla fibrosi cistica sono i polmoni, in cui l'accumulo di muco denso determina continue infezioni batteriche. (**c**) Dorothy Andersen fu la prima nel 1930 a descrivere la fibrosi cistica ma solo nel 1989 venne scoperto il gene responsabile.

Rispondi in un tweet

6. Cos'è un incrocio monoibrido, e qual è la proporzione genotipica e fenotipica attesa nella progenie?
7. In che modo i quadrati di Punnett sono uno strumento utile per prevedere la combinazione di alleli di singoli geni?
8. Cos'è un testcross, e a cosa serve?
9. In che modo la legge della segregazione riflette gli eventi della meiosi?

6.4 I geni presenti su cromosomi diversi sono ereditati indipendentemente

La legge di segregazione di Mendel è il risultato degli studi sull'ereditarietà di singoli tratti. Lo scienziato si chiese in seguito se la stessa legge sarebbe rimasta valida anche seguendo due caratteri allo stesso tempo: progettò quindi una serie di esperimenti per esaminare simultaneamente l'ereditarietà della forma e del colore dei piselli.

A. Studiare l'ereditarietà di due geni con il quadrato di Punnett

Un pisello può avere forma rotonda o rugosa (determinata dal gene *R*, con l'allele dominante che codifica per la forma rotonda). Allo stesso tempo, il suo colore può essere giallo o verde (determinato dal gene *G*, con l'allele dominante che codifica per il giallo).

Come negli esperimenti precedenti, Mendel partì da una generazione parentale P di individui puri (figura **11a**). Incrociò piante nate da semi rugosi e verdi con piante derivate da semi rotondi e gialli. Tutta la progenie F_1 era eterozigote per entrambi i geni (*Rr Gg*), con semi rotondi e gialli.

In seguito, Mendel incrociò fra loro le piante F_1 (figura **11b**). Un **incrocio diibrido** è un incrocio fra individui che sono entrambi eterozigoti per due geni. Ogni individuo *Rr Gg* della generazione F_1 produce un identico numero di gameti di quattro tipi diversi: *RG*, *Rg*, *rG* e *rg*. Dopo aver completato gli incroci, Mendel osservò quattro fenotipi nella generazione F_2 con semi che presentavano tutte le possibili combinazioni di forma e colore.

Figura 11 Creare un incrocio diibrido. (a) Nella generazione parentale, un genitore è omozigote recessivo per due geni; l'altro è omozigote dominante. La generazione F_1 è quindi eterozigote per entrambi i geni. (b) Un incrocio diibrido è un incrocio fra due piante della generazione F_1. I fenotipi appaiono nella generazione F_2 nelle proporzioni illustrate.

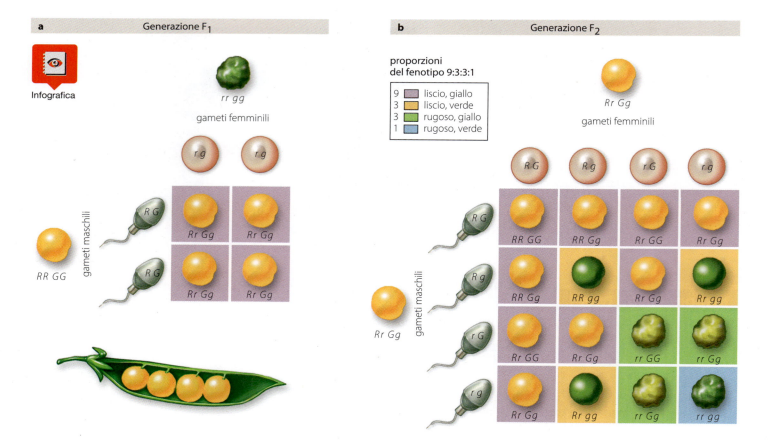

Il quadrato di Punnett prevede che i quattro fenotipi siano presenti in proporzione 9 : 3 : 3 : 1.
Nove su sedici figli dovrebbero avere semi rotondi e gialli; tre semi rotondi e verdi; tre semi gialli rugosi, e solo uno dovrebbe avere semi verdi e rugosi. Questo risultato è quasi identico a quello descritto da Mendel.

Calcola e risolvi
In un incrocio fra una pianta *Rr Gg* e una pianta *rr gg*, quale proporzione della progenie è omozigote recessiva sia per la forma sia per il colore del seme?

B. La meiosi spiega la legge di Mendel dell'assortimento indipendente

In base ai risultati degli incroci diibridi, Mendel propose quella che adesso conosciamo come **legge dell'assortimento indipendente**. La legge afferma che, durante la formazione dei gameti, la segregazione degli alleli di un gene non influenza gli alleli di un altro gene (a patto che i geni siano su cromosomi separati). Ciò significa che gli alleli di due geni diversi si distribuiscono indipendentemente in gameti diversi. Con questo secondo gruppo di esperimenti, Mendel ha ancora una volta dedotto un principio dell'ereditarietà fondato sulla meiosi (figura **12**).
Curiosamente, Mendel notò che per alcune combinazioni di tratti gli incroci diibridi non producevano le proporzioni di fenotipi attesi. Mendel non riuscì a spiegarsi questo risultato, e non ci riuscì nessuno fino a quando il lavoro di Thomas Hunt Morgan portò alla teoria cromosomica dell'ereditarietà.
Come vedremo, la legge dell'assortimento indipendente non si applica ai geni che stanno vicini sullo stesso cromosoma.

Figura 12 Legge di Mendel dell'assortimento indipendente. Le coppie di cromosomi omologhi si dispongono casualmente durante la metafase I della meiosi. L'esatta combinazione di alleli nei gameti dipende dal raggruppamento casuale dei cromosomi. Un individuo di genotipo *Rr Gg* produce approssimativamente lo stesso numero di quattro tipi diversi di gameti: *RG*, *rg*, *Rg*, *rG*.

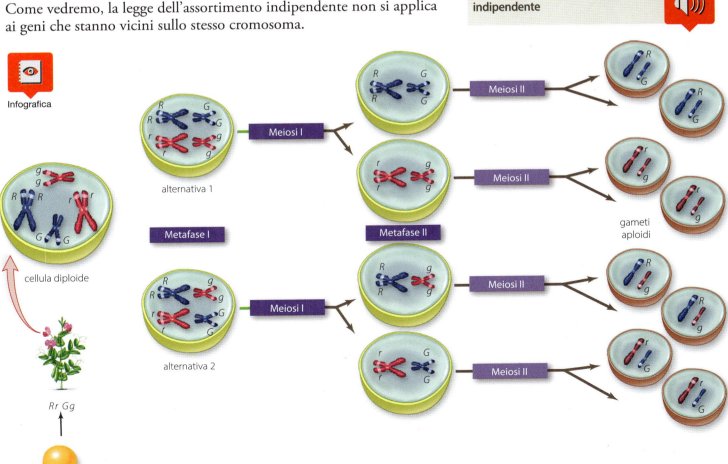

C. La regola del prodotto sostituisce i quadrati di Punnett complessi

I quadrati di Punnett diventano difficili da gestire quando si analizzano più di due geni. Un quadrato di Punnett per tre geni ha 64 caselle; uno per quattro geni ne ha 256. Un metodo più facile per prevedere genotipi e fenotipi sono le regole delle probabilità su cui si basano i quadrati di Punnett. Secondo la **regola del prodotto**, la probabilità che due eventi indipendenti accadano entrambi (per esempio, che nel lancio di due monete escano due teste, o che un figlio erediti due specifici alleli) è uguale al prodotto della probabilità di ogni singolo evento.

La regola del prodotto permette di predire la probabilità di ottenere semi verdi rugosi (*rr gg*) da genitori diibridi (*RrGg*). La probabilità che due piante *Rr* producano un figlio *rr* è il 25%, o 1/4, e la possibilità che due piante *Gg* producano un individuo *gg* è 1/4. Quindi, secondo la regola del prodotto, la possibilità che due genitori diibridi (*Rr Gg*) producano una progenie omozigote recessiva (*rr gg*) è 1/4 moltiplicato per 1/4, ossia 1/16. Osserviamo adesso il quadrato di Punnett a 16 caselle che descrive gli incroci diibridi di Mendel (figura 11): in effetti, solo una delle caselle su 16 contiene *rr gg*.

Nella figura 13 la regola del prodotto viene applicata a tre geni.

Figura 13 Regola del prodotto. Qual è la possibilità che due genitori eterozigoti per tre geni (*Rr Gg Tt*) producano un figlio con lo stesso genotipo? Per scoprirlo, si moltiplicano le probabilità individuali per ciascun gene.

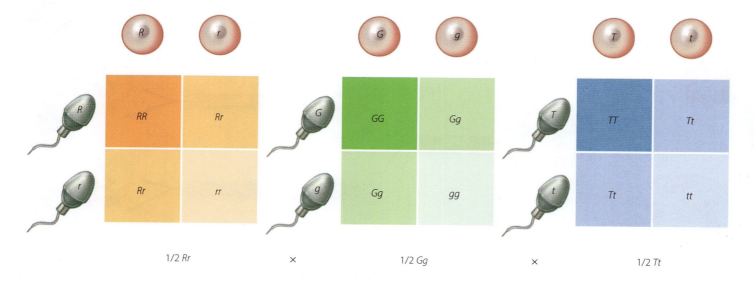

probabilità che la prole sia *Rr Gg Tt* = 1/8

Rispondi in un tweet

10. Cos'è un incrocio diibrido, e qual è la proporzione fenotipica attesa nella progenie dell'incrocio?
11. In che modo la legge dell'assortimento indipendente riflette gli eventi della meiosi?
12. In che modo la legge del prodotto può essere usata per predire i risultati degli incroci nei quali si studiano molti geni contemporaneamente?

Organizzazione delle conoscenze

Capitolo 6 **Mendel e l'ereditarietà**

Mendel e l'ereditarietà: ricapitoliamo

Rispondi alle domande che seguono facendo riferimento alla mappa, al riepilogo visuale e ai contenuti del capitolo.

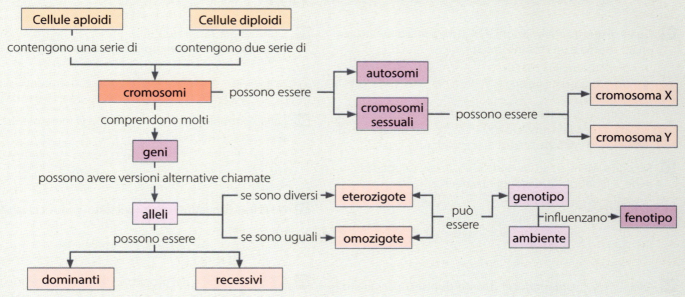

1. Quali cellule nel corpo umano sono aploidi? Quali diploidi?
2. Spiega gli effetti di una mutazione. Usa nella tua risposta i termini allele, dominante, recessivo, genotipo e fenotipo.
3. Qual è la differenza tra genotipo e fenotipo?
4. Qual è la differenza tra allele dominante e recessivo?
5. Aggiungi alla mappa i termini meiosi, gameti, mutazioni.
6. Inserisci nella mappa i termini wild-type e mutante, e spiegane il significato.
7. Guardando l'immagine, spiega in che modo la mutazione può avere un effetto sul fenotipo.
8. Un organismo che contenga i due alleli rappresentati nell'immagine è omozigote o eterozigote?
9. Se l'allele wild-type rappresentato nell'immagine è dominante, come sarà il fenotipo dell'organismo?
10. Che cosa succede invece se l'allele wild-type è recessivo?

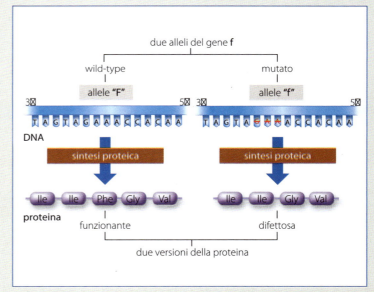

Il glossario di biologia

11. Costruisci il tuo glossario bilingue di biologia, completando la tabella seguente con la traduzione italiana o inglese dei termini proposti. Verifica la corretta pronuncia dei termini inglesi nel ME·book.

Termine italiano	Traduzione inglese	Termine italiano	Traduzione inglese
Gene		Fenotipo	
Allele			*Genotype*
	True breeding	Mutante	
	Hybrids		*Law of segregation*
Dominante			*Law of independent assortment*
Recessivo		Regola del prodotto	
	Homozygous	Incrocio monoibrido	
	Heterozygous		*Punnett square*

Autoverifica delle conoscenze

152 Dalle cellule ai vertebrati

Simula la parte di biologia di una prova di accesso all'università. Rispondi ai test dal 12 al 25 in 25 minuti e calcola il tuo punteggio in base alla griglia di soluzioni che trovi alla fine del libro. Considera: 1,5 punti per ogni risposta esatta; − 0,4 punti per ogni risposta sbagliata; 0 punti per ogni risposta non data. Trovi questi test anche in versione interattiva sul ME•book.

12 Quale di queste affermazioni si riferisce a una differenza tra un autosoma e un cromosoma sessuale?
- A Un autosoma ha più DNA
- B Un cromosoma sessuale è presente solo nelle cellule germinali
- C Soltanto gli autosomi possono essere diploidi
- D In una cellula ci sono più autosomi che cromosomi sessuali
- E Solo i cromosomi sessuali si trasmettono alla prole

13 Secondo Mendel, se un individuo è eterozigote per un gene, il fenotipo corrisponderà a quello:
- A del solo tratto recessivo
- B del solo tratto dominante
- C di un'unione tra i tratti dominante e recessivo
- D del tratto wild-type
- E Nessuna delle precedenti risposte è corretta

14 Quali sono i vantaggi delle piante di piselli per gli studi sull'ereditarietà?
- A Sono facili da coltivare e producono una progenie numerosa
- B Hanno molti geni
- C Hanno molti tratti che appaiono in due varianti distinguibili
- D Non hanno un sesso maschile e uno femminile
- E Sia la risposta A che la risposta C sono corrette

15 Se un individuo è omozigote per un gene, allora il genotipo conterrà:
- A solo l'allele recessivo
- B solo l'allele dominante
- C sia l'allele recessivo sia quello dominante
- D solo cromosomi sessuali
- E Sia la prima sia la seconda risposta potrebbero essere vere

16 Un organismo con un fenotipo wild-type ha:
- A l'espressione più comune di un gene in una popolazione
- B soltanto l'allele dominante di un gene
- C soltanto l'allele recessivo di un gene
- D un aspetto diverso dagli altri organismi nella popolazione
- E Sia la risposta A sia la risposta B sono corrette

17 Da che cosa deriva un fenotipo mutante?
- A Dalla mutazione di un gene
- B Da un incrocio tra individui omozigoti
- C Da un incrocio tra individui eterozigoti
- D Da un genotipo eterozigote
- E Da un incrocio tra individui ibridi

18 Tutti gli individui nati da un testcross mostrano il fenotipo associato con l'allele dominante; che cosa puoi concludere?
- A Uno dei genitori era omozigote dominante
- B Uno dei genitori era eterozigote
- C Tutta la progenie è omozigote dominante
- D Alcuni individui della progenie possono essere omozigoti dominanti
- E Sia la seconda sia la terza risposta sono corrette

19 Ogni lettera rappresenta un allele. Quale tra le seguenti combinazioni è un esempio di incrocio diibrido?
- A R × R
- B Rr × Rr
- C Rr Yy × Rr Yy
- D RR yy × rr YY
- E Sia la risposta C sia la risposta D sono corrette

20 Quale potrebbe essere un possibile gamete per un individuo con il genotipo *PP rr*?
- A PP
- B Pr
- C pr
- D rr
- E PP rr

21 Nella lista di quattro termini qui sotto, qual è il più inclusivo?
- A Genoma
- B Allele
- C Cromosoma
- D Gene
- E Base azotata

22 Usando la regola del prodotto, determina la probabilità di ottenere un figlio con il genotipo *Rr Yy* da un incrocio diibrido tra genitori che hanno il genotipo *Rr Yy*.
- A 1/2
- B 1/4
- C 1/5
- D 1/8
- E 1/16

23 Dalle leggi di Mendel è possibile trarre tutte le seguenti conclusioni tranne una:
- A si formano con maggior frequenza gameti con alleli dominanti
- B gli alleli di un gene segregano con uguale frequenza nei gameti
- C un carattere dipende da una coppia di alleli
- D la segregazione di una coppia di alleli non influenza la segregazione di altre coppie di alleli
- E gli alleli di un gene si separano durante la formazione dei gameti

24 La maggioranza delle persone affette da malattie ereditarie recessive di tipo mendeliano sono nate da genitori normali. Questo perché:
- A entrambi i genitori sono eterozigoti
- B entrambi i genitori sono omozigoti dominanti
- C entrambi i genitori sono omozigoti recessivi
- D i genitori hanno sviluppato tardivamente la malattia
- E l'ambiente di vita dei genitori non era favorevole all'insorgere della malattia

25 Una donna con sei dita in ogni mano e in ogni piede ha già generato 5 figli, tutti senza questa anomalia. Sapendo che la donna è eterozigote, che il carattere che determina la formazione di sei dita è dominante e che il padre dei bambini non ha questa anomalia, qual è la probabilità che un sesto figlio di questi genitori abbia sei dita?
- A 50%
- B 25%
- C Meno del 25%
- D 10%
- E 5%

Attività Verso l'ammissione all'università

Sviluppo delle competenze

26 Formulare ipotesi Alcuni caratteri dominanti appaiono soltanto nella progenie maschile di un organismo, e non si mostrano nelle femmine. Sapresti ipotizzare perché?

27 Formulare ipotesi Immagina che esista un farmaco in grado di bloccare gli alleli dominanti che causano disturbi genetici. Quali potrebbero essere le conseguenze positive? E quelle negative?

28 Fare connessioni logiche In che modo Mendel ha fatto uso dei risultati degli incroci monoibridi e diibridi per dedurre le sue leggi di segregazione e assortimento indipendente? Come sono legate queste leggi alla meiosi?

29 Fare connessioni logiche Molte piante sono poliploidi, hanno cioè più di due serie di cromosomi. In che modo avere quattro copie di cromosomi può mascherare più facilmente l'espressione di un allele recessivo?

30 Calcolare In una specie di rose, i fiori rossi (*FF* o *Ff*) sono dominanti rispetto ai fiori bianchi (*ff*). Una rosa rossa pura è incrociata con una rosa bianca; due fiori della generazione F_1 sono poi incrociati. Quale sarà il genotipo più comune della generazione F_2?

31 Relazioni Alcune persone paragonano una coppia omologa di cromosomi a un paio di scarpe. Prova a spiegare la somiglianza. In che modo potresti ampliare l'analogia per spiegare i cromosomi sessuali maschili e femminili?

32 Inglese Which one of the following would be different in a pair of non-identical twins?

- A Alleles
- B The total of adenosine plus guanine
- C Amount of nuclear DNA
- D Genes
- E Chromosome number

33 Inglese Which of the following crosses is most likely to produce offspring of genotype *Gg Nn*?

- A GG NN x gg nn
- B GG Nn x Gg Nn
- C Gg Nn x Gg Nn
- D gg NN x GG Nn
- E gg Nn x GG NN

34 Metodo scientifico In un tentativo di coltivare orzo resistente a un virus, alcuni ricercatori incrociano un ceppo domesticato suscettibile alla malattia con un ceppo selvatico resistente. Le piante della generazione F_1 sono tutte suscettibili al virus, ma, quando le piante F_1 sono incrociate tra loro, alcuni degli individui F_2 risultano resistenti. Da queste informazioni sapresti indicare se l'allele per la resistenza è recessivo o dominante? In che modo puoi saperlo?

35 Metodo scientifico Una specie di pesce ornamentale può avere due colori; rosso è il carattere dominante, grigio è recessivo. Una ragazza ha un pesce rosso, e vuole conoscerne il genotipo. Quindi fa accoppiare il suo pesce con un individuo grigio. Se 50 pesciolini su 100 nati dall'incrocio sono rossi, qual è il genotipo del pesce della ragazza?

36 Digitale Fai una ricerca su internet per cercare informazioni su quali altri modelli, oltre alle piante di pisello, sono utilizzati nella ricerca sull'ereditarietà. Quali caratteristiche dovrebbe avere un buon modello sperimentale?

37 Problem solving Uno studente raccoglie del polline (cellule spermatiche) da una pianta di pisello che è omozigote recessiva per i geni che controllano la forma e il colore dei semi. Con il polline feconda una pianta eterozigote per entrambi i caratteri. Qual è la probabilità che una pianta figlia abbia lo stesso genotipo e fenotipo del genitore maschio?

38 Interpretare informazioni Alcune persone sostengono che nelle popolazioni in cui ci sono molti accoppiamenti tra organismi imparentati è più probabile trovare un'abbondanza di difetti genetici. Spiega se sei d'accordo con questa credenza e perché. Quali condizioni potrebbero rendere falsa questa affermazione?

39 Scienza e società I cani della razza Springer Spaniel spesso soffrono del deficit di fosfofruttochinasi. Gli animali colpiti da questa malattia non hanno un enzima fondamentale per estrarre l'energia dalle molecole di glucosio. I cuccioli malati hanno muscoli deboli e non sopravvivono. È disponibile un test per il DNA per identificare i cani maschi e femmina portatori sani.

a. Perché gli allevatori di cani dovrebbero voler identificare i portatori sani?
b. A quale di queste domande si potrebbe rispondere attraverso un'indagine scientifica?

- Qual è la probabilità che cani portatori sani abbiano cuccioli che mostrano i sintomi? Sì No
- Dopo quanti giorni un cucciolo mostra i segni della malattia? Sì No
- È giusto sterilizzare i cani portatori della malattia? Sì No
- È possibile trattare il deficit di fosfofruttochinasi con un farmaco? Sì No

c. Ti vengono in mente alcuni problemi etici legati all'allevamento di cani e alle possibili malattie che derivano dagli incroci selettivi tra animali?

40 Metodo scientifico Due lucertole hanno la pelle verde e una grande pappagorgia. Questi caratteri sono regolati da geni, e il genotipo dei due animali è *Gg Dd*.

a. Dall'accoppiamento delle due lucertole, nascono 32 piccoli. Utilizzando il quadrato di Punnett, determina quanti figli omozigoti recessivi per entrambi i geni ci si può aspettare.
b. Qual è la proporzione di progenie che avrà fenotipo dominante per entrambi i caratteri?
c. Le due lucertole hanno un terzo carattere controllato da geni: la lunghezza della coda. Entrambi i genitori hanno coda lunga, e sono eterozigoti per quel gene (*Cc*). Con la regola del prodotto, calcola qual è la proporzione di progenie che avrà fenotipo dominante per tutti e tre i caratteri.

Laboratori di biologia

Misure straordinarie per malattie genetiche rare

41 Immaginario Leggi la scheda del film e metti alla prova le tue competenze con l'attività proposta.

Prerequisiti
Genetica mendeliana. Metodo scientifico.

Competenze attivate
Comunicare le scienze naturali nella madrelingua. Metodo scientifico. Competenze digitali. Scienza e società.

Contesto – Il film *Misure straordinarie*

Film: *Misure straordinarie*, Tom Vaughan (2010) – Drammatico, 105'
Trama: Quasi trentenne e ormai lanciato verso un'importante carriera, John Crawley ha accanto a sé una moglie e tre bambini. La felicità della famiglia Crawley si interrompe bruscamente quando ai due figli più piccoli viene diagnosticata la medesima malattia genetica, rara e incurabile: il morbo di Pompe.
Una lotta contro il tempo e l'assenza di una cura farmacologica spingono John a lasciare il lavoro e a contattare l'unico ricercatore che possa aiutarlo: il glicobiologo Robert Stonehill. Assieme i due, malgrado le loro divergenze, riescono a fondare un'azienda biotecnologica attraverso la quale cercare di sviluppare il farmaco salvavita per i due bambini, ma mettendosi contro gli interessi di grandi case farmaceutiche e addirittura il sistema sanitario nazionale.
Nonostante le mille difficoltà, quando sembra che tutto stia andando per il meglio, i due arrivano allo scontro...

Dall'immaginario alla pratica

Il film *Misure straordinarie*, per quanto incredibile, è ispirato a una storia vera proprio come *L'olio di Lorenzo*, il suo predecessore cinematografico. Entrambi questi film mettono in risalto la determinazione dei familiari nel cercare di trovare una cura per i loro cari. Tutte e due le pellicole rappresentano un atto d'accusa verso il mondo della ricerca clinica, spesso legato a doppio filo agli interessi economici delle grandi case farmaceutiche che sponsorizzano e pagano la maggioranza degli studi scientifici, ma non quelli sulle malattie rare.
In *Misure straordinarie*, Stonehill afferma con sarcasmo e rassegnazione: «Lo stipendio annuale di un allenatore di football è pari al doppio del mio budget: a nessuno importa niente della ricerca».
L'Unione Europea definisce "rara" una patologia che colpisce non più dello 0,05% della popolazione (1 caso ogni 2000 abitanti), e "farmaco orfano" quel prodotto che, seppure utile per trattare una malattia rara, non ha un mercato sufficiente per ripagare le spese del suo sviluppo, rimanendo senza sponsor e quindi orfano.
Quali sono queste malattie e a che punto è la ricerca di un trattamento in Italia?

Procedimento

a

L'intervista **a** è un'insostituibile fonte diretta che permette di arrivare alla notizia o ai dettagli di un dato argomento con immediatezza. Si tratta di un dialogo, tra l'intervistatore e l'intervistato, solitamente il testimone di un fatto o un esperto di un dato argomento.
L'obiettivo del progetto è intervistare diversi ricercatori (medici e genetisti) che aiutino a far luce sulle malattie genetiche rare e sulle possibili cure. Occorre, in primo luogo, selezionare alcune di questa malattie per studiarne la causa, quindi fare una ricognizione dettagliata sui possibili esperti presenti in zona, per poi selezionare due o tre nominativi da contattare.

Attenzione!

Una volta concordati gli appuntamenti, si può iniziare a pianificare le interviste, pensando agli aspetti da indagare e al "taglio" della relazione finale. Il taglio indica l'impostazione, il carattere, il tono che si vuole dare alla relazione, in base all'obiettivo iniziale e al target (il pubblico). In questo caso, si può decidere se puntare a un taglio più scientifico o sviluppare un approccio più giornalistico, valorizzando gli aspetti bioetici. Per prepararsi, occorre scrivere una scaletta con un elenco di possibili domande.

Sitografia

- Un buon punto di partenza è la consultazione di un'enciclopedia online attendibile, per esempio l'enciclopedia Treccani: http://www.treccani.it
- Per approfondire le malattie genetiche rare si può consultare il sito della Fondazione Telethon (http://www.telethon.it/) o il portale delle malattie rare e dei farmaci orfani (http://www.orphanet-italia.it/).
- Per la ricerca dell'esperto, è utile consultare i siti ufficiali degli atenei universitari presenti nella zona, incrociandoli poi con banche dati di pubblicazioni scientifiche come: http://www.ncbi.nlm.nih.gov/pubmed/

Capitolo 6 Mendel e l'ereditarietà

Autovalutazione
Quale è stata la maggiore difficoltà nella realizzazione delle interviste?
Hai trovato le risposte che cercavi?
Hai seguito la scaletta o hai improvvisato? Perché?

La matematica di Mendel

42 Laboratorio Leggi il protocollo, procurati i materiali e, con l'aiuto dell'insegnante, risolvi il problema.

Prerequisiti
I meccanismi dell'ereditarietà. Le genetica mendeliana.

Competenze attivate
Comunicare le scienze naturali nella madrelingua. Metodo scientifico.

Contesto
Il mais che mangiamo non corrisponde a una specie selvatica ma è stato sottoposto a una lunga selezione artificiale: attraverso incroci selezionati gli esseri umani hanno determinato le caratteristiche del nostro mais. Questa pianta esiste in diverse varianti in natura: il seme delle pannocchie può essere giallo o viola, e la forma può essere liscia o rugosa **b**. Il colore viola (*P*) e la forma liscia (*S*) sono i tratti dominanti, mentre il colore giallo (*p*) e la forma rugosa (*s*) sono i tratti recessivi.

b

Materiali
- Pannocchia di mais giallo liscio
- Pannocchia di mais giallo rugoso
- Pannocchia di mais ibrida (eterozigote x eterozigote) che abbia semi viola / gialli e lisci / rugosi
- Un quadrato di Punnett 4 x 4

Procedimento
Discuti con i tuoi compagni su quali siano le caratteristiche del mais che troviamo sulle tavole e su quale dovrebbe essere l'aspetto del mais selvatico.

Usa il quadrato di Punnett per calcolare le probabilità dell'incrocio tra genitori di mais eterozigoti per il colore e la forma dei semi. Qual è la proporzione dei fenotipi risultante da questo incrocio? Prendi la pannocchia ibrida: noterai diversi tipi di semi. Contali e prepara una tabella simile alla seguente:

Fenotipo:				
Numero:				
Proporzione:				

Quale pensi che sia il genotipo dei semi gialli lisci e gialli rugosi? Quali piante produrranno sempre linee pure di progenie simili ai genitori? Quali incroci hanno realizzato gli agronomi per ottenere il mais che consumiamo?

Attenzione!
Durante l'osservazione, dovrai stare attento a contare correttamente i diversi tipi di semi. Anche se oggi abbiamo a disposizione strumenti accurati e potenti, l'osservazione personale è ancora un elemento importante della ricerca scientifica: è fondamentale essere precisi e ordinati nella raccolta dei dati.

Analisi dei dati
Raccogli i dati del quadrato di Punnett e della tua osservazione: ci sono differenze? A che cosa possono essere dovute?

Conclusioni
Pensa al mais che è venduto nei negozi, sotto forma di pannocchia o di semi: come potresti coltivare piante di mais per avere queste caratteristiche?

Autovalutazione
Qual è stata la maggiore difficoltà che hai incontrato durante l'esperimento?
La raccolta dei dati fornisce informazioni interessanti?
Quale aspetto del lavoro potrebbe essere migliorato?

Prendi una decisione "esperta": i test genetici

43 Comunicazione

Un consulente genetico è un professionista che studia e interpreta la storia clinica di una famiglia per consigliare coppie o individui sul rischio di sviluppare o trasmettere ai propri figli una malattia genetica. Il consulente può anche consigliare le persone su come interpretare il risultato di un test di screening genetico o su come comportarsi quando un familiare ha ricevuto una diagnosi di una condizione genetica. Immagina di essere tu il consulente.
- Come spiegheresti l'ereditarietà mendeliana?
- Riusciresti a calcolare la proporzione di fenotipi?

Per rispondere alle domande clicca sull'icona, analizza e discuti in gruppo la traccia di lavoro proposta.

▲ Gran parte dei giacimenti di petrolio non si sono formati da fossili di dinosauri, bensì dai resti di alghe unicellulari.

▲ A oggi le specie identificate sono circa 2 milioni, ma gli scienziati stimano che ne rimangano da classificare ancora tra i 5 e 50 milioni.

▼ La dimensione della mandibola umana è diminuita nel corso dell'evoluzione lasciando poco spazio per crescere ai denti del giudizio.
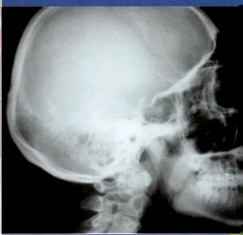

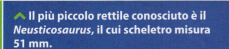
▲ Il più piccolo rettile conosciuto è il *Neusticosaurus*, il cui scheletro misura 51 mm.

▲ «La mutazione è la chiave della nostra evoluzione: ha consentito di evolverci da organismi monocellulari a specie dominante sul pianeta.» (X-Men)

▼ Le stromatoliti, resti pietrificati di batteri fotosintetici vissuti 2,74 miliardi di anni fa, sono i fossili più antichi finora identificati.

7 Le teorie dell'evoluzione e la nascita della vita

Dobbiamo la nostra vita agli antibiotici?
Uomo *vs.* batteri, una guerra senza fine

Prima degli antibiotici, le probabilità di morire a seguito di un'infezione erano molto alte. La maggior parte di queste sostanze è di origine naturale ed è prodotta da funghi o batteri come arma di difesa. L'essere umano ha scoperto l'enorme potenziale degli antibiotici solo agli inizi del Novecento e da allora li ha largamente utilizzati, non sempre correttamente. Oggi infatti stiamo vivendo l'era post-antibiotica, secondo l'Organizzazione mondiale della sanità. Le case farmaceutiche non riescono a sintetizzare nuovi antibiotici, e l'abuso o il cattivo uso dei farmaci disponibili ha prodotto nuove generazioni di batteri resistenti. Infatti, saturando l'ambiente di antibiotici, abbiamo accelerato l'evoluzione di ceppi di batteri resistenti alla loro azione. Le conseguenze di queste modificazioni sulla salute umana potrebbero essere davvero molto serie.
In questo capitolo scopriremo come ciò sia accaduto nell'arco di un paio di secoli.

A CHE PUNTO SIAMO
80%

Questo capitolo ripercorre le tappe del pensiero scientifico e le prove che hanno portato allo sviluppo della teoria evoluzionistica di Darwin. Il concetto di selezione naturale, insieme alle conoscenze acquisite fin qui sulla struttura cellulare e sulle leggi dell'ereditarietà, ci porterà a illustrare le teorie sull'origine della vita a partire da un antenato comune.

7.1 L'evoluzione agisce sulle popolazioni

Il pensiero scientifico ha mutato profondamente il nostro modo di concepire l'origine delle specie. Appena 250 anni fa, nessuno conosceva l'età della Terra. Un secolo dopo, gli scienziati scoprirono che la Terra aveva almeno qualche miliardo di anni, ma molti continuarono a credere che tutte le specie, come le conosciamo oggi, fossero frutto dell'opera di un creatore. Oggi sappiamo che la Terra ha circa 4,54 miliardi di anni e che la varietà delle forme di vita è il risultato dell'evoluzione.

Cos'è l'evoluzione? Una definizione semplice è *discendenza con modificazioni*. Il termine "discendenza" implica eredità, mentre il termine "modificazioni" indica i cambiamenti nei caratteri ereditari da una generazione all'altra. Se consideriamo anche il termine "popolazione" possiamo formulare una definizione più corretta: l'**evoluzione** è il **cambiamento genetico di una popolazione nel corso di diverse generazioni**. Secondo questa definizione, si può osservare l'evoluzione esaminando il **pool genico** di una popolazione, ovvero l'intera collezione dei suoi geni e dei rispettivi alleli.

L'evoluzione è quindi un cambiamento nella **frequenza degli alleli**. La frequenza di un allele si calcola dividendo il numero di copie di quell'allele per il numero totale di alleli in una popolazione. Dato che gli alleli dei singoli individui non possono cambiare, *si parla di evoluzione solo per le popolazioni, non per gli individui*. La frequenza degli alleli di ogni gene determina le caratteristiche di una popolazione. Per esempio, in Svezia molte persone possiedono alleli che conferiscono loro capelli biondi e occhi azzurri, mentre una popolazione di asiatici ha molti più alleli che codificano per capelli e occhi scuri (figura 1).

Figura 1 Stessi geni, alleli diversi. Le popolazioni umane originarie di diverse parti del mondo hanno specifiche sequenze di alleli. I capelli biondi e gli occhi azzurri sono tipici delle popolazioni dei Paesi del Nord Europa, mentre le persone originarie del continente asiatico tendono ad avere colori più scuri.

Rispondi in un tweet
1. In quali modi si può definire l'evoluzione?
2. Perché non si può parlare di evoluzione per gli individui?

7.2 Il pensiero evoluzionistico nei secoli

Anche se l'elaborazione della teoria dell'evoluzione è di solito attribuita a Charles Darwin, la riflessione sulla diversità della vita ha avuto inizio molto prima della sua nascita. In questo paragrafo percorreremo rapidamente la storia del pensiero evoluzionistico.

A. I diversi tentativi di spiegare la diversità della vita

I primi tentativi di spiegare la diversità delle forme di vita risalgono a molti secoli fa. Nella Grecia antica, Aristotele riconobbe che tutti gli organismi sono legati fra loro in una gerarchia, dalle forme semplici a quelle più complesse, ma era anche convinto che tutti i membri di una specie fossero stati creati identici l'uno all'altro. Questa idea influenzò il pensiero scientifico per quasi duemila anni. Molti altri insegnamenti religiosi e filosofici sono stati considerati principi scientifici fino a buona parte dell'Ottocento. Fra questi il concetto di "creazione speciale": l'improvvisa comparsa degli organismi sulla Terra. Si pensava che l'atto di creazione fosse pianificato e intenzionale, che le specie fossero fisse e immutabili e che la Terra fosse relativamente giovane.

Figura 2 **Sviluppo del pensiero evoluzionistico.** In questa linea del tempo sono riassunte le tappe del pensiero evoluzionistico che nell'arco di oltre duemila anni hanno portato allo sviluppo della teoria di Darwin e Wallace.

E i fossili?

Per molti secoli gli scienziati tentarono di conciliare queste credenze con prove sempre più convincenti che le specie potessero cambiare. I fossili, resti di organismi vissuti in epoche passate, furono a lungo considerati cristalli dalle forme insolite, o abbozzi di forme di vita sorti spontaneamente nelle rocce. Tuttavia, a partire dalla metà del 1700, il collegamento sempre più evidente fra organismi e fossili rese queste ipotesi difficili da sostenere.

Gli scienziati usarono storie ispirate dalla religione per spiegare l'esistenza dei fossili senza negare il ruolo di un creatore. Eppure alcuni fossili avevano l'aspetto di specie mai osservate prima. Visto che, secondo quanto si credeva al tempo, le specie create da Dio non potevano estinguersi, ciò rappresentava un paradosso.

Nuovi contributi dalla geologia

Nel 1749, il naturalista francese Georges-Louis Buffon (1707-1788) fu uno dei primi studiosi ad affermare che le specie imparentate fra loro non solo avevano un antenato comune, ma erano in continuo cambiamento; un'idea radicale per quel tempo (figura 2).

Intanto, tra il 1700 e il 1800, gran parte dello studio della natura si concentrò sulla geologia. Nel 1785, il medico scozzese James Hutton (1726-1797) propose la teoria dell'**uniformismo**, secondo la quale i processi di erosione e sedimentazione che osserviamo oggi si sono verificati anche nel passato, producendo cambiamenti profondi nell'aspetto e nella struttura della Terra.

Dall'altra parte, il francese Georges Cuvier (1769-1832) era un convinto sostenitore del **catastrofismo**, la teoria secondo cui una serie di brevi e violenti sconvolgimenti globali, come inondazioni, eruzioni vulcaniche e terremoti, potevano essere responsabili della maggior parte delle formazioni geologiche. Cuvier sfruttò anche le sue conoscenze di anatomia per identificare i fossili e descrivere le somiglianze fra organismi. Fu il primo a riconoscere il **principio di sovrapposizione**: l'idea che gli strati di roccia più bassi (e i fossili che contengono) sono più antichi degli strati superiori (figura 3).

Figura 3 **La storia della Terra si rivela nelle rocce.** Gli strati colorati di roccia sedimentaria che formano il Grand Canyon erano in origine sabbia, fango e ghiaia depositati sul fondo di antichi mari. Gli strati di roccia a volte contengono resti fossili di organismi vissuti (e morti) là dove gli strati si sono formati, fornendo indicazioni anche sul periodo in cui questi organismi sono vissuti; gli strati sul fondo sono più antichi rispetto a quelli che si trovano più in superficie.

Anche se fu costretto ad ammettere che alcune specie si erano estinte, Cuvier continuò a credere che le specie potessero solo essere opera di un creatore: le catastrofi avrebbero distrutto la maggior parte degli organismi in una certa area, ma nuove forme di vita sarebbero sopraggiunte dalle aree circostanti.

Il geologo scozzese Charles Lyell (1797-1875) tornò a sostenere l'uniformismo nel 1830. Lyell suggerì che i processi naturali fossero lenti e costanti, e che l'età della Terra superasse di gran lunga i presunti 6000 anni: che arrivasse forse a milioni o a centinaia di milioni di anni. Una conclusione ovvia di questa tesi fu che i cambiamenti graduali negli organismi potessero essere rappresentati in strati fossili successivi. Lyell fu così persuasivo che molti scienziati cominciarono a respingere il catastrofismo a favore dell'idea del cambiamento geologico graduale.

Prime ipotesi sull'origine delle specie

Una volta che i fossili furono riconosciuti come prove di forme di vita estinte, apparve chiaro che le specie potevano cambiare, anche se non esisteva alcuna ipotesi su come ciò potesse avvenire. Nel 1809, il tassonomista francese Jean-Baptiste de Lamarck (1744-1829) propose la prima teoria dell'evoluzione scientificamente verificabile. Secondo Lamarck gli organismi che utilizzavano in continuazione una parte del corpo l'avrebbero rafforzata. Viceversa, la mancanza di utilizzo avrebbe indebolito un organo fino alla sua scomparsa. Lamarck suppose - sbagliando - che questi cambiamenti potessero trasmettersi alle generazioni successive. Il succedersi nei decenni di nuove idee e teorie aprì la strada all'accettazione del concetto di evoluzione, anche se ancora non era ben chiaro in che modo avvenisse il processo di formazione delle nuove specie.

B. Darwin raccoglie prove sull'evoluzione

Charles Darwin (1809-1882) frequentò l'Università di Cambridge e, per desiderio della sua famiglia, completò gli studi che gli avrebbero permesso di entrare nel clero. Allo stesso tempo, seguendo invece i suoi interessi, partecipò a spedizioni geologiche e incontrò molti eminenti professori di geologia, tanto che gli fu offerta la posizione di naturalista a bordo del *Beagle*, un brigantino della marina britannica.

A partire dal 1831, mentre il *Beagle* si spostava intorno alle coste del Sud America (figura 4), Darwin osservò diversi fenomeni: notò come ci fossero forze (terremoti e vulcani) in grado di sollevare la superficie terrestre, mentre una costante erosione la consumava; si stupì di trovare conchiglie fossili in grotte di montagna.

Figura 4 Il viaggio del *Beagle*. Durante il viaggio del brigantino *Beagle*, Darwin osservò forme di vita e formazioni geologiche di tutto il mondo. Molte delle sue idee sulla selezione naturale e l'evoluzione ebbero origine dalle osservazioni compiute nelle Isole Galápagos.

Audio Il viaggio a bordo del *Beagle* – *The voyage of the Beagle*

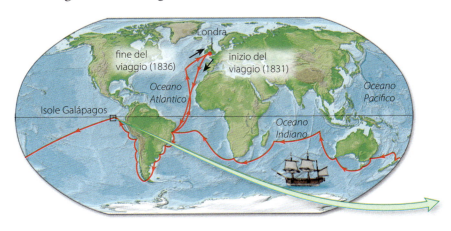

In particolare, Darwin era attento ad annotare similitudini e differenze fra organismi: se tutte le specie erano il frutto di un unico atto di creazione, perché su un'isola in una certa parte del mondo viveva un tipo di pianta o animale, mentre in un'altra parte del mondo vivevano animali e piante diverse? O ancora, perché organismi che vivevano in ambienti simili ma in zone lontane tra loro invece si somigliavano?

Nel quarto anno di viaggio, il *Beagle* si fermò per cinque settimane nelle Isole Galápagos, al largo delle coste dell'Ecuador. Gli appunti e i campioni che Darwin portò con sé dalle Galápagos sarebbero diventati il punto di partenza della sua teoria dell'evoluzione per selezione naturale.

C. *L'origine delle specie* propone la selezione naturale

Verso la fine del viaggio, Darwin cominciò a rielaborare tutto quello che aveva visto e annotato, riflettendo sulla grande varietà di organismi osservati in Sud America, sulle loro relazioni con i fossili e la geologia, e cominciando a formulare la sua teoria sull'origine delle specie.

Animazione
L'evoluzione dei fringuelli delle Galápagos
Un'attenta analisi delle prove porta alla formulazione di una teoria

Discendenza con modificazioni

Darwin ritornò in Inghilterra nel 1836 e l'anno successivo cominciò a riordinare i suoi appunti. Nel marzo 1837 chiese il parere dell'ornitologo John Gould sui fringuelli e gli altri uccelli che il *Beagle* aveva riportato dalle Isole Galápagos. Gould capì dalla forma del becco che qualcuno dei fringuelli si nutriva di piccoli semi, mentre altri mangiavano semi più grandi, frutta o insetti. In totale, descrisse tredici tipi di fringuelli, ognuno diverso dagli esemplari presenti sulla terraferma anche se con qualche caratteristica in comune.

Darwin pensò che le diverse varietà di fringuelli delle Galápagos discendessero da un unico fringuello originario, partito dalla terraferma e arrivato in volo fino alle isole, dove aveva trovato un nuovo ambiente poco affollato e vi si era stabilito con successo. Nel corso dei 3 milioni di anni successivi, la popolazione di fringuelli si era mano a mano diversificata. I tredici gruppi di fringuelli identificati da Darwin mangiavano insetti, frutti e semi di diversa grandezza, secondo le risorse di ogni isola. I cambiamenti però non si limitavano ai fringuelli: Darwin notò la stessa varietà anche in altre specie, coniando l'espressione «discendenza con modificazioni» per descrivere il cambiamento graduale degli individui a partire da una specie ancestrale.

Malthus e le sue idee sulle popolazioni

Nel settembre 1838, Darwin lesse un libro che lo aiutò a capire la diversità dei fringuelli delle Galápagos. Nel *Saggio sul principio della popolazione*, scritto quarant'anni prima, l'economista e teologo inglese Thomas Malthus (figura 5) aveva affermato che la disponibilità di cibo, le malattie e la guerra limitavano le dimensioni delle popolazioni umane. E non era forse vero che anche gli altri organismi affrontavano le stesse limitazioni? Malthus aveva intuito che i membri di una popolazione non erano tutti uguali, come insegnava Aristotele; al contrario, alcuni individui erano in grado di procurarsi risorse più di altri e avevano maggiori probabilità di sopravvivere e riprodursi. Quest'idea aiutò Darwin a interpretare una sua osservazione: a ogni generazione sono prodotti più individui di quanti riescano a sopravvivere. Non tutti ottengono abbastanza risorse. Col tempo, le sfide poste dall'ambiente eliminano gli individui meno attrezzati e la popolazione cambia.

Figura 5 Thomas Malthus. Con i suoi studi demografici, Malthus ha avuto un'influenza decisiva sulla formulazione della teoria evoluzionista di Darwin e Wallace.

Selezione naturale

Darwin usò il termine "selezione naturale" per descrivere «la conservazione di individui con caratteristiche favorevoli e l'eliminazione degli individui con caratteristiche sfavorevoli». In seguito, i biologi hanno modificato la definizione per adattarla alla moderna terminologia genetica. Adesso possiamo affermare che si ha **selezione naturale** quando i fattori ambientali causano il diverso successo riproduttivo degli individui con particolari genotipi.

Darwin sviluppò l'idea della selezione naturale osservando e praticando la selezione artificiale (o allevamento selettivo). Nella **selezione artificiale**, gli esseri umani fanno in modo che si riproducano solo gli individui di una specie (animale o vegetale) che esprimono caratteristiche ritenute desiderabili, come la quantità di latte prodotto o la dimensione dei semi (figura 6). Grazie a questo processo, oggi disponiamo di importanti varietà commerciali di animali e piante.

In che modo la selezione naturale poteva essere applicata alle diverse specie di fringuelli delle Galápagos? In origine, alcuni fringuelli erano volati sulle isole dalla terraferma. Col tempo, la popolazione di una singola isola aveva superato la disponibilità di piccoli semi, e gli uccelli che non riuscivano ad alimentarsi erano morti di fame. I fringuelli in grado di mangiare altri cibi, forse a causa di differenze ereditarie nella struttura del becco, erano riusciti però a sopravvivere e a riprodursi. Poiché disponevano di

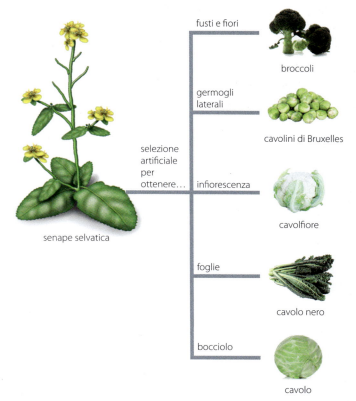

Figura 6 Selezione artificiale. Attraverso la selezione di tratti favorevoli, i coltivatori hanno usato un tipo di senape selvatica per creare cinque varietà vegetali.

Ecco perché | I cani sono un prodotto della selezione artificiale

Gli esseri umani hanno cominciato ad allevare cani migliaia di anni fa, a partire da lupi addomesticati. Oggi esistono centinaia di razze canine, ciascuna prodotta dalla selezione artificiale di un tratto diverso, apparso in origine come variazione genetica naturale. I segugi, per esempio, sono selezionati per l'olfatto acutissimo. I border collie radunano i greggi, o qualunque altra cosa si muova, e i levrieri sono allevati per la velocità.

Purtroppo, ogni tratto selezionato con attenzione si accompagna a pool genetici poco vari e frequenti accoppiamenti fra consanguinei, che possono compromettere la salute dei cani di razza (tabella **B**). Gli allevatori selezionano le caratteristiche desiderate, ma non riescono sempre a evitare i problemi ereditari tipici di ciascuna razza. La figura **A** mostra due esempi: i carlini hanno teste larghe e musi corti, e spesso faticano a respirare. Hanno anche i corpi molto corti, con problemi di allineamento delle vertebre che possono causare paralisi. All'altro estremo, i bassotti hanno schiene molto lunghe, e soffrono di dolorose degenerazioni dei dischi vertebrali. D'altro canto carlini e bassotti sono stati selezionati per specifiche caratteristiche che erano in origine variazioni genetiche naturali nei lupi, antenati dei cani.

Figura A Selezione artificiale nei cani. Mentre i carlini sono stati selezionati come cani da compagnia, i bassotti sono eccellenti cacciatori di piccoli animali.

Tabella B Disturbi dei cani di razza pura.

Razza	Problemi di salute
Cocker spaniel	Temperamento nervoso, otiti, ernie, problemi renali
Collie	Cecità, calvizie, epilessia
Dalmata	Sordità
Pastore tedesco	Displasia dell'anca
Golden retriever	Linfomi, distrofia muscolare, dermatiti, displasia dell'anca
Alano	Insufficienza cardiaca, tumore alle ossa
Labrador retriever	Nanismo, cecità
Shar-pei	Malattie della pelle

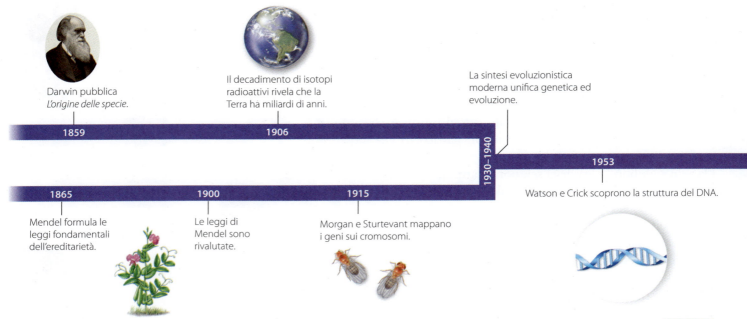

molto cibo, questi fringuelli si erano moltiplicati fino a costituire una buona parte della popolazione.
Quindi, una nuova specie si forma quando una popolazione si adatta a così tante nuove condizioni ambientali che non riesce più a riprodursi con la popolazione originale. Allo stesso modo, le nuove specie si sono evolute nel corso della storia man mano che le popolazioni si sono adattate a diverse risorse. Si può quindi dire che alla fine tutte le specie condividono antenati comuni.

Pubblicazione di *L'origine delle specie*

Darwin continuò a lavorare su questi temi fino al 1858, quando ricevette un manoscritto dal naturalista britannico Alfred Russel Wallace (1823-1913). Wallace aveva osservato insetti, uccelli e mammiferi del Sud America e del Sud Est Asiatico, e nel suo testo proponeva che la selezione naturale fosse la forza che ne aveva guidato l'evoluzione. Più tardi, in quello stesso anno, i lavori di Darwin e Wallace furono presentati congiuntamente alla comunità degli studiosi. Nel 1859, Darwin pubblicò finalmente *Sull'origine delle specie per mezzo della selezione naturale o la preservazione delle razze favorite nella lotta per la vita*, che sarebbe divenuto il fondamento delle moderne scienze della vita.
La tabella 1 riassume le principali argomentazioni di Darwin a supporto della selezione naturale. Egli osservò che gli individui di una specie sono diversi fra loro, e che una parte di questa variabilità è ereditabile. Se nascono più individui di quanti possano sopravvivere, la competizione determinerà quali vivranno abbastanza a lungo da riprodursi; gli individui con i tratti più favorevoli all'ambiente avranno maggiori possibilità di "vincere" la competizione, riprodursi e trasmetterli alla generazione seguente.

Animazione
Il meccanismo dell'evoluzione
Un comune progenitore, molteplici specie

Tabella 1 La logica della selezione naturale

Argomento e sviluppo della selezione naturale	
Osservazioni	**Variabilità genetica**: all'interno di una specie, nessun individuo (tranne i gemelli identici) è uguale a un altro. Una parte di questa variabilità è ereditabile.
	Risorse limitate: ogni habitat contiene una quantità limitata di risorse necessarie alla sopravvivenza.
	Sovrapproduzione di prole: nascono più individui di quanti sopravvivono.
Considerazioni	**Lotta per l'esistenza**: gli individui competono per le risorse limitate necessarie alla sopravvivenza.
	Diverso successo riproduttivo (selezione naturale): le caratteristiche ereditarie di alcuni individui aumentano la loro probabilità di ottenere risorse, sopravvivere e riprodursi.
	Discendenza con modificazioni: nel corso di molte generazioni, la selezione naturale può cambiare le caratteristiche di una popolazione, dando luogo a nuove specie.

Capitolo 7 **Le teorie dell'evoluzione e la nascita della vita** 163

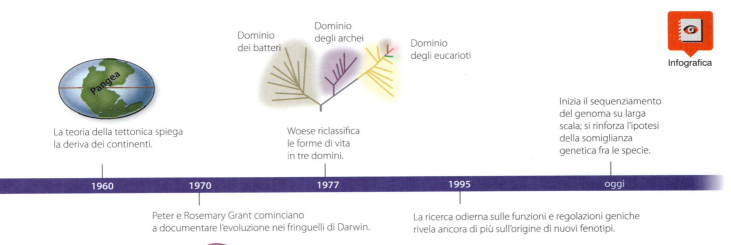

Nel corso di molte generazioni, la selezione naturale e i cambiamenti ambientali o un habitat nuovo possono quindi modificare le caratteristiche della popolazione, o dare addirittura luogo a una nuova specie.

Figura 7 La teoria evoluzionistica dopo Darwin. Charles Darwin e Gregor Mendel hanno gettato le fondamenta della teoria dell'evoluzione. Da allora molti scienziati hanno ampliato e arricchito la nostra comprensione del meccanismo dell'evoluzione.

D. La teoria dell'evoluzione continua a espandersi

Anche se i suoi argomenti erano ben fondati, Charles Darwin non riusciva a spiegare tutto quello che vedeva; per esempio, non capiva quale fosse la fonte della variabilità all'interno delle popolazioni, e non sapeva come i tratti ereditari potessero trasmettersi da una generazione all'altra. Per ironia delle sorti, proprio mentre Darwin rifletteva sulla selezione naturale, il monaco austriaco Gregor Mendel risolse l'enigma dell'ereditarietà.

Dai tempi di Darwin, gli scienziati hanno scoperto molto di più su geni, cromosomi, origine ed ereditarietà della variabilità genetica (figura 7). Negli anni Trenta del Novecento, finalmente, si comprese il collegamento fra selezione naturale e genetica. Queste idee furono unificate nella **sintesi evoluzionistica moderna**: le mutazioni genetiche creano variabilità ereditabile e questa variabilità è la materia prima su cui agisce la selezione naturale. La riproduzione sessuale amplifica la variabilità mescolando e rimescolando gli alleli dei genitori per produrre figli geneticamente diversi.

I biologi ritengono che l'evoluzione sia la migliore spiegazione del fatto che organismi molto diversi fra loro condividono lo stesso codice genetico; la discendenza da un antenato comune consente di interpretare sia la grande unità sia la spettacolare diversità delle forme di vita che vivono oggi sulla Terra.

Video L'origine delle specie e la genetica di popolazione
Un modo per crescere, ripararsi, riprodursi: i due processi a confronto

Video Un mondo diverso (l'origine della vita sulla Terra)
L'origine della vita: storie di scienziati e dei loro esperimenti

Rispondi in un tweet

3. Qual è il ruolo dei fossili nello studio dell'evoluzione?
4. Descrivi le diverse teorie che hanno preceduto la teoria darwiniana.
5. Quali osservazioni portarono Darwin a sviluppare la sua visione dell'origine delle specie?
6. In che modo la selezione artificiale e la selezione naturale possono produrre lo stesso risultato? Quale processo è più veloce? Perché?
7. Cos'è la sintesi evoluzionistica moderna?

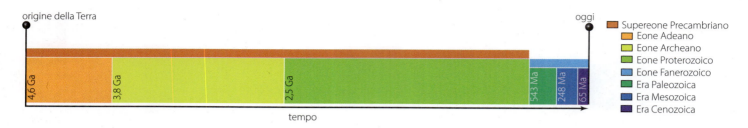

7.3 Le prove dell'evoluzione nella Terra, nell'anatomia e nelle molecole

I milioni di specie che vivono oggi sulla Terra non sono apparsi all'improvviso e in contemporanea, ma sono il risultato di continui cambiamenti evolutivi di organismi vissuti miliardi di anni fa. Grazie a diverse prove scientifiche, possiamo formulare ipotesi su come le specie moderne si siano evolute da antenati ora estinti, e capire come gli organismi che vivono oggi siano in relazione gli uni con gli altri.

Gli scienziati descrivono gli eventi dell'evoluzione mediante la **scala dei tempi geologici**, che divide la storia in eoni ed ere delimitati da eventi geologici e biologici, come le estinzioni di massa (figura 8).

Le ricerche sui resti fossili, cioè la **paleontologia**, e lo studio della posizione geografica di specie fossili e moderne, ossia la **biogeografia**, forniscono le prime prove dell'evoluzione, rivelando il probabile periodo di divergenza di alcune specie da antenati comuni, nel contesto di altri eventi che stavano accadendo sulla Terra. Il confronto dello sviluppo embrionale e delle caratteristiche anatomiche portò altre prove. Nuove conferme arrivarono negli anni '60 e '70, quando gli scienziati cominciarono ad analizzare sequenza di DNA, proteine e altre molecole biologiche. Da allora, l'esplosione dei dati molecolari ha rivelato come le specie siano legate le une alla altre.

A. I fossili raccontano l'evoluzione

Si chiama **fossile** qualunque traccia di un organismo che risale a più di 10 000 anni fa; cioè a prima della fine di un'epoca che i geologi chiamano Pleistocene (figura 9). Questi resti, i più antichi dei quali si sono formati più di 3 miliardi di anni fa, sono le uniche prove dirette che

Figura 8 Scala dei tempi geologici. Gli scienziati dividono i 4,6 miliardi di anni (Ga) di storia della Terra in quattro eoni. I tre eoni più antichi sono raggruppati nel supereone Precambriano, durato più di 4 Ga. L'eone più recente, il Fanerozoico, ha avuto inizio 543 milioni di anni (Ma) fa.

Figura 9 Diversità dei fossili. Piante e animali hanno lasciato molte tracce fossili, che abbracciano un periodo di centinaia di milioni di anni. (**a**) Una pianta da fiore; (**b**) feci fossilizzate; (**c**) un pesce ben preservato; (**d**) trilobiti, artropodi che si estinsero 250 milioni di anni fa; (**e**) legno pietrificato; (**f**) i resti di un dinosauro.

abbiamo dell'evoluzione degli organismi vissuti prima dell'inizio della storia umana; rappresentano quindi reperti indispensabili per testare le diverse ipotesi sull'evoluzione. Un esempio è la scoperta del *Tiktaalik* (figura 10), un animale estinto con caratteristiche comuni a pesci e anfibi. La sua esistenza era stata già ipotizzata in base a prove scientifiche che indicavano uno stretto collegamento fra pesci e anfibi. Il *Tiktaalik*, descritto per la prima volta nel 2006, ha fornito la prima prova fossile di questo particolare collegamento.

B. La biogeografia studia la posizione geografica delle specie

Le barriere geografiche hanno enormemente influenzato l'origine delle specie. Non sorprende, quindi, che lo studio della geografia e della biologia si incontrino nella biogeografia, lo studio della distribuzione delle specie sul pianeta.

La deriva dei continenti e la distribuzione dei fossili

Fatta eccezione per eruzioni vulcaniche e terremoti, la storia geologica della Terra può sembrare molto tranquilla. In realtà non è così. I fossili di antichissimi animali marini sono stati ritrovati nelle rocce delle montagne dell'Himalaya: come hanno fatto questi reperti pietrificati a spostarsi a più di 3600 metri sul livello del mare? Grazie al continuo movimento, o **deriva dei continenti**.

Figura 10 Quando un fossile conferma un'ipotesi. (**a**) Il *Tiktaalik*, la cui esistenza era stata già ipotizzata dagli esperti, (**b**) rappresenta la prova fossile dell'anello di congiunzione tra pesci e anfibi.

Biology FAQ   Is evolution really testable?

Some people believe that evolution cannot be tested because it happened in the past. Although no experiment can re-create the conditions that led to today's diversity of life, evolution *is* testable. In fact, its validity has been verified repeatedly over the past 150 years.

All scientific theories, including evolution, not only explain existing data but also predict future observations. Some other explanations for life's diversity, including intelligent design, are unscientific because the idea that an intelligent creator designed life on Earth cannot be proved.

One strength of evolutionary theory, in contrast, is its ability to predict future discoveries. For example, if vertebrate life started in the water and then moved onto land, an evolutionary biologist might predict that fishes should appear in the fossil record before reptiles or mammals. A newly found fossil that contradicts the prediction would require investigators to form a new hypothesis. On the other hand, fossils that confirm the prediction lend additional weight to the theory's validity.

Evaluating common descendent is somewhat similar to solving a crime. The perpetrator may leave footprints, tire tracks, fingerprints, and DNA at the crime scene. Detectives may develop hypotheses about possible suspects by piecing together the physical and biological evidence. Innocent suspects can exonerate themselves by providing additional information, such as a verified alibi, that contradicts the hypothesis. Ultimately, the best explanation is the one consistent with all available evidence.

A mountain of evidence support the idea of common descent. Extinct organisms have left traces of their existence, both as fossils and as the genetic legacy that all current organisms have inherited. The distribution of life on Earth offers the clues, as does the study of everything from anatomical structures to protein sequences. Laboratory experiments and field observations of natural populations likewise suggest likely mechanisms for evolutionary change and have even documented the emergence of new species. No other scientifically testable hypothesis explains and unifies all of these observations as well as common descent.

evolutionary theory	teoria evoluzionistica
perpetrator	colpevole
clue	inizio
common descent	discendenza comune
evidence	prova

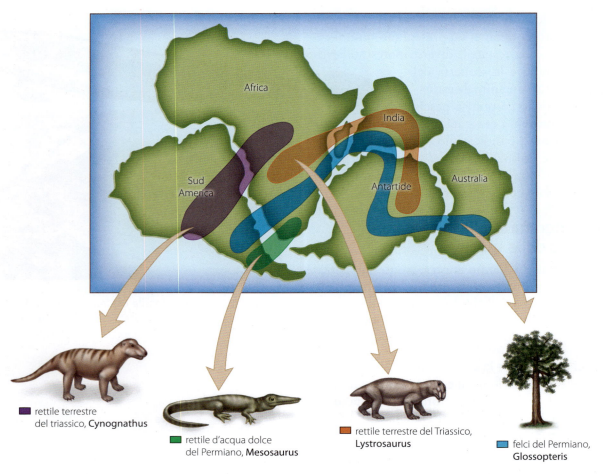

- rettile terrestre del triassico, **Cynognathus**
- rettile d'acqua dolce del Permiano, **Mesosaurus**
- rettile terrestre del Triassico, **Lystrosaurus**
- felci del Permiano, **Glossopteris**

Secondo la teoria della **tettonica delle placche**, la superficie terrestre è composta da strati rigidi, chiamati placche tettoniche, che si muovono in seguito a forze che agiscono nelle profondità terrestri. In alcuni punti le placche collidono e si infilano una sotto l'altra, formando una fossa profonda; in altre aree, le placche si scontrano e si deformano, piegandosi e sollevandosi. Per esempio, la grande catena dell'Himalaya una volta era un fondale marino che si è innalzato nella zona dello scontro, sollevando i fossili marini verso l'alto.

Può essere difficile immaginare i continenti in posizioni diverse rispetto a dove sono adesso, ma molte prove, compresa la distribuzione di alcuni fossili, dimostrano che una volta erano uniti (figura 11). Inoltre, sonde oceaniche che misurano lo spostamento dei fondali, oltre al luogo in cui si verificano terremoti e vulcani, indicano che i continenti continuano a muoversi ancora oggi.

Figura 11 Alla deriva. Una volta i continenti erano uniti tra loro a formare un unico supercontinente. I reperti fossili di animali e piante, trovati in zone oggi geograficamente distanti tra loro, dimostrano la deriva dei continenti.

Distribuzione delle specie ed evoluzione

La biogeografia ha avuto un ruolo importante nelle prime fasi del pensiero evoluzionistico. Wallace, il naturalista britannico che scoprì la selezione naturale in contemporanea a Darwin, notò la distribuzione particolare di uccelli e mammiferi ai due lati di una linea immaginaria nell'arcipelago malese che divenne nota come **linea di Wallace** (figura 12). Oggi sappiamo che questa linea corrisponde a una fossa oceanica che ha separato una serie di isole, alzando e abbassando i livelli marini nel corso di milioni di anni. La barriera di acqua ha impedito la migrazione della maggior parte delle specie, e l'evoluzione ha prodotto una particolare diversità di organismi su ciascun lato della linea.

Capitolo 7 **Le teorie dell'evoluzione e la nascita della vita**

Figura 12 La linea di Wallace. Durante i suoi viaggi nell'arcipelago malese, Alfred Wallace notò l'esistenza di una particolare distribuzione di vita animale ai due lati di un confine immaginario, che divenne in seguito noto come linea di Wallace.

■ più simile all'Asia
a Ovest della linea:
tigri, rinoceronti, elefanti, oranghi, orsi, leopardi, tordi, picchi, fagiani

■ più simile all'Australia
a Est della linea:
scoiattoli volanti, canguri arborei, cervi, cacatua, tacchini di boscaglia

C. L'anatomia comparata può rivelare una discendenza comune

Molti indizi sul passato provengono anche dal presente. Abbiamo visto che tutte le forme viventi sono costituite da cellule, e che le cellule eucariotiche sono molto simili per struttura e funzione. A livello di specie, è possibile confrontare anatomia e fisiologia per rivelare ulteriori legami fra gli organismi.

Le strutture omologhe hanno la stessa origine

Due strutture anatomiche si chiamano **omologhe** se la loro somiglianza riflette un'origine comune. L'organizzazione dello scheletro dei vertebrati è un esempio di omologia. Lo scheletro di tutti i vertebrati sostiene il corpo, è fatto dello stesso materiale biologico ed è costituito da molte strutture simili. Anfibi, uccelli, rettili e mammiferi hanno di solito quattro arti; sia il numero sia la posizione delle ossa che costituiscono le appendici sono simili, anche se gli arti possono avere funzioni diverse (figura 13).

La spiegazione più semplice di queste somiglianze è che i moderni vertebrati discendono da un antenato comune che aveva questa stessa organizzazione scheletrica; lo scheletro di ogni gruppo si è poi modificato man mano che le specie si sono adattate a diversi ambienti.

Le strutture vestigiali hanno perso la loro funzione

L'evoluzione non è un processo perfetto. I cambiamenti nell'ambiente e la selezione naturale possono determinare la scomparsa di alcune strutture, ma altre resistono nonostante non siano più usate.

Figura 13 Arti omologhi. Lo scheletro di tutti questi vertebrati ha un'organizzazione simile ed è composto dallo stesso tipo di tessuto, anche se gli arti anteriori hanno funzioni diverse, nelle diverse specie.

Una **struttura vestigiale** è una struttura anatomica che non ha alcuna funzione apparente in una certa specie, anche se è omologa a un organo funzionale di un'altra specie.

Per esempio tutti i boidi (serpenti, boa constrictor e pitoni) sono privi di arti, ma il loro scheletro possiede ossa di piccoli arti posteriori atrofizzati. Anche i cetacei hanno arti posteriori vestigiali. Infatti, balene e delfini derivano da antenati terrestri, gli artiodattili, di cui fanno parte camosci e stambecchi. I cetacei, hanno sviluppato adattamenti all'ambiente acquatico e i loro arti posteriori sono assenti, ma di essi rimane traccia nelle ossa dello scheletro.

L'evoluzione convergente produce somiglianze

Alcune parti anatomiche di specie diverse si somigliano e svolgono le medesime funzioni ma non sono omologhe Piuttosto si definiscono **analoghe**: strutture simili che si sono evolute in modo indipendente. Il volo, per esempio, si è evoluto in modo indipendente in uccelli e insetti. L'ala degli uccelli è una modificazione delle ossa degli arti dei vertebrati, mentre l'ala degli insetti è un'estensione dell'esoscheletro che copre il loro corpo (figura 14). Strutture analoghe sono il prodotto dell'**evoluzione convergente**, che produce adattamenti simili in organismi che non condividono lo stesso percorso evolutivo. La perdita degli occhi e della pigmentazione negli animali che vivono nelle caverne è un esempio eloquente di evoluzione convergente, così come la somiglianza fra piante desertiche geograficamente lontanissime.

D. L'evoluzione è scritta nello sviluppo embrionale

Gli organismi imparentati fra loro condividono molti tratti fisici, ed è logico che condividano anche i processi che producono quei tratti.
La biologia dello sviluppo studia il processo di formazione del corpo a partire da una cellula singola. Osserviamo per esempio la figura 15 che mostra embrioni di diverse specie di vertebrati: un pesce e un topo. Nella struttura generale degli embrioni, possiamo riconoscere omologie generali comuni a entrambi, come la struttura a forma di "C", con un'estremità cefalica dalla forma arrotondata e una struttura allungata terminale riconducibile a una caratteristica specifica delle diverse specie, come la pinna caudale (nel pesce) e la coda (nel topo).

Figura 14 Strutture analoghe. Le ali di uccelli e farfalle servono per il volo. Sono definite strutture analoghe perché costituite da materiali diversi e da strutture differenti, in quanto non sono state ereditate da un antenato comune.

Rispondi in un tweet

8. Che cos'è la scala dei tempi geologici?
9. Quali sono gli indizi che gli scienziati usano per studiare le relazioni evolutive?
10. In che modo la biogeografia fornisce prove a sostegno dell'evoluzione?
11. Cosa possono rivelare sull'evoluzione le strutture omologhe?
12. Cos'è l'evoluzione convergente?

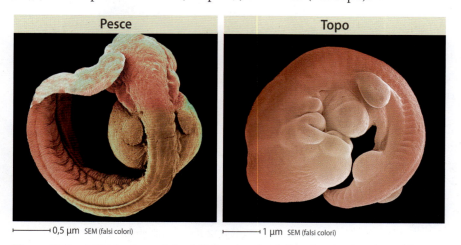

Figura 15 Somiglianza fra embrioni. Nelle prime fasi dello sviluppo, gli embrioni di vertebrati si assomigliano molto. Col proseguire dello sviluppo gli embrioni cominciano a essere meno somiglianti, come accade per un pesce e un topo.

7.4 La classificazione biologica

Darwin propose che l'evoluzione avvenisse sotto forma di diramazione: ciascuna specie dà origine a nuove specie man mano che le popolazioni occupano, adattandosi, nuovi ambienti. Abbiamo già visto come questa ipotesi sia stata scientificamente dimostrata. Lo scopo dei sistemi di classificazione moderni è rappresentare questa storia evolutiva condivisa.

La **sistematica**, lo studio della classificazione, riunisce due specialità collegate: la tassonomia e la filogenetica. La **tassonomia** è la scienza della descrizione, denominazione e classificazione delle specie; la **filogenetica** è lo studio e la rappresentazione delle relazioni evolutive fra le specie.

La diversità delle forme di vita è illustrata attraverso **alberi filogenetici**, grafici che mostrano le relazioni fra le specie in base alla discendenza da antenati comuni. I biologi usano molte prove differenti per costruire questi alberi. Possono essere utili le caratteristiche anatomiche di fossili e di organismi esistenti, così come i comportamenti, gli adattamenti fisiologici e le sequenze molecolari.

Il botanico svedese Carl Linnaeus, o Linneo (1707-1778), contribuì in modo decisivo alla sistematica. Definì le specie come «tutti i tipi di creature che sono uguali nei dettagli minuti della loro struttura corporea» e classificò ogni specie attraverso un sistema gerarchico, che assegnava in modo sistematico un nome scientifico a ogni tipo di organismo. L'idea di Linneo è alla base della gerarchia tassonomica in uso oggi.

La vita può essere organizzata in gruppi di livelli tassonomici, basati sulle somiglianze fra organismi (figura 16). I tre domini – archei, batteri ed eucarioti – sono i livelli più inclusivi. Ogni dominio è diviso in regni, a loro volta divisi in phyla (singolare phylum), poi classi, ordini, famiglie, generi e specie. Un **taxon** (plurale: taxa) è un gruppo a qualunque livello; il dominio eucarioti è un taxon, così come lo sono l'ordine Lilliacee e la specie *Aloe vera*. Alcune discipline fanno uso di ulteriori raggruppamenti, come le superfamiglie e le sottospecie.

Più caratteristiche hanno in comune due organismi, più livelli tassonomici condividono. Per esempio un essere umano, una seppia e una mosca appartengono al regno animale, ma le molte differenze li collocano in phyla separati; un essere umano, un ratto e un maiale sono collegati più strettamente fra loro: appartengono tutti allo stesso regno, phylum e classe (Mammiferi).

Come esseri umani, la nostra classificazione completa è eucarioti-animali-cordati-mammiferi-primati-ominidi-*Homo*-*Homo sapiens*. Questa gerarchia è utile per identificare in modo univoco la specie a cui facciamo riferimento ma ha un difetto: i gruppi tassonomici non hanno significato nel contesto evolutivo. Vale a dire che gli otto livelli principali potrebbero dare l'impressione che l'evoluzione abbia fatto esattamente otto "salti" per produrre ogni specie moderna. In realtà, i raggruppamenti sono arbitrari, e accade spesso che si discuta sull'opportunità di raccogliere specie diverse in un unico taxon, o di suddividere una specie in taxa diversi. Nonostante queste imperfezioni, il sistema rimane in uso e non c'è tra gli studiosi un accordo su un approccio alternativo.

Gruppo tassonomico	La pianta di *Aloe vera* si colloca in:	Numero di specie
Dominio	Eucarioti	Diversi milioni
Regno	Piante	≈ 375 000
Phylum	Antofite	≈ 235 000
Classe	Liliopside	≈ 65 000
Ordine	Liliacee	≈ 1200
Famiglia	Asfodelacee	785
Genere	*Aloe*	500
Specie	*Aloe vera*	1

Figura 16 Gerarchia tassonomica. I viventi sono divisi in tre domini, a loro volta suddivisi in regni. I regni comprendono molte categorie più piccole. Questo diagramma mostra la classificazione completa della pianta *Aloe vera*.

Rispondi in un tweet

13. Qual è la differenza fra phylum e taxon?
14. Descrivi la gerarchia tassonomica.

170 Dalle cellule ai vertebrati

Figura 17 Le tappe principali della storia della vita. In questa versione semplificata della scala geologica, la dimensione di ciascun eone è proporzionale alla sua lunghezza in anni (Ga = miliardi di anni fa; Ma = milioni di anni fa).

7.5 L'origine della vita è ancora misteriosa

Ricostruire le fasi iniziali della vita è equivalente a leggere tutti i capitoli di un romanzo tranne il primo. Un lettore si può fare un'idea degli accadimenti e dell'ambientazione del capitolo introduttivo basandosi su informazioni sparse nel resto del romanzo. In modo simile, gli indizi sparsi nella storia delle forme viventi sono il riflesso di eventi che potrebbero aver portato all'origine della vita.

Gli scienziati descrivono la storia della vita suddividendo il tempo secondo la **scala dei tempi geologici**. Questa è scandita in eoni, ere, periodi ed epoche, definiti secondo i principali eventi geologici e biologici verificatesi nel corso di miliardi di anni (figura 17).

Lo studio dell'origine della vita inizia con l'astronomia e la geologia. La Terra e gli altri pianeti del Sistema Solare si sono formati circa 4,6 miliardi di anni fa durante l'eone Adeano, con la condensazione di materia solida nella grande distesa di polvere e gas che girava intorno al Sole. La terra era una palla infuocata che si raffreddò abbastanza da formare una crosta circa 4,2-4,1 miliardi di anni fa, quando la temperatura superficiale variava tra 500 °C e 1000 °C, e la pressione atmosferica era dieci volte superiore a quella attuale.

Le prove geologiche descrivono l'eone Adeano come caotico, con eruzioni vulcaniche, terremoti e radiazioni ultraviolette. L'analisi dei crateri su altri corpi del Sistema Solare suggerisce che, durante i suoi primi 500-600 milioni di anni, la superficie della Terra sia stata bombardata da comete, meteoriti e forse asteroidi, che hanno vaporizzato i mari e polverizzato le rocce, imprimendo i loro segni sul mondo primordiale. Le condizioni sulla Terra erano così aspre e instabili che gruppi di sostanze chimiche avrebbero potuto formarsi per poi essere disgregati dal calore, da detriti provenienti dallo spazio o dalle radiazioni.

A un certo punto, comunque, si formò un'entità che riuscì a sopravvivere, riprodursi e diversificarsi. La geologia e la paleontologia indicano che all'inizio del Precambriano – fra 4,2 e 3,85 miliardi di anni fa – apparvero semplici cellule, o i loro precursori.

Questo paragrafo descrive alcune tappe principali nell'evoluzione chimica che ha portato alla prima cellula; la figura 18 riassume una versione possibile del processo.

A. Le prime molecole organiche potrebbero essersi formate in un "brodo" chimico

La Terra primordiale era molto diversa dal pianeta attuale, sia geograficamente sia chimicamente. Oggi l'atmosfera contiene gas come azoto (N_2), ossigeno (O_2), diossido di carbonio (CO_2) e vapore acqueo (H_2O), ma da cosa poteva essere costituita 4 miliardi di anni fa?
Nel suo libro *L'origine della vita* (1938), il chimico russo Alex Oparin ipotizzò che, per la formazione delle molecole organiche sulla Terra, fosse stata necessaria un'atmosfera ricca di metano (CH_4), ammoniaca (NH_3), acqua (H_2O) e idrogeno (H_2), con composizione simile all'atmosfera che oggi circonda i pianeti esterni dal Sistema Solare (figura 18) (❶). Oparin ipotizzava che semplici precursori chimici presenti in un ambiente acquoso, definito "brodo primordiale", potessero aggregarsi in qualche modo per dare origine alla vita. In realtà l'O_2 non era presente nell'atmosfera quando ebbe origine la vita. In queste condizioni potrebbero aver avuto luogo le reazioni chimiche che portarono alla sintesi di amminoacidi e nucleotidi (❷).

L'esperimento di Miller-Urey

Nel 1953, all'Università di Chicago Stanley Miller e Harold Urey decisero di verificare se l'atmosfera di Oparin potesse veramente portare alla formazione di nuove molecole. Per verificare l'ipotesi del chimico russo, Miller ideò un esperimento che ricreava le condizioni ambientali presenti nell'atmosfera primordiale terrestre simulando possibili eventi verificabili. Miller costruì un recipiente di vetro sterile contenente quattro gas NH_3, CH_4, H_2 e H_2O. Non considerò però che l'atmosfera terrestre di allora conteneva in realtà abbondante CO_2.
Fece quindi passare attraverso i gas scariche elettriche per simulare i ful-

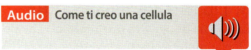

Figura 18 Dalle molecole alle cellule. Le tappe che hanno portato all'origine della vita sulla Terra potrebbero aver avuto inizio dalla formazione di molecole organiche a partire da semplici precursori. Qualunque sia stata la sua origine, la prima cellula sarebbe stata caratterizzata da molecole auto-replicanti racchiuse da una membrana fosfolipidica a doppio strato.

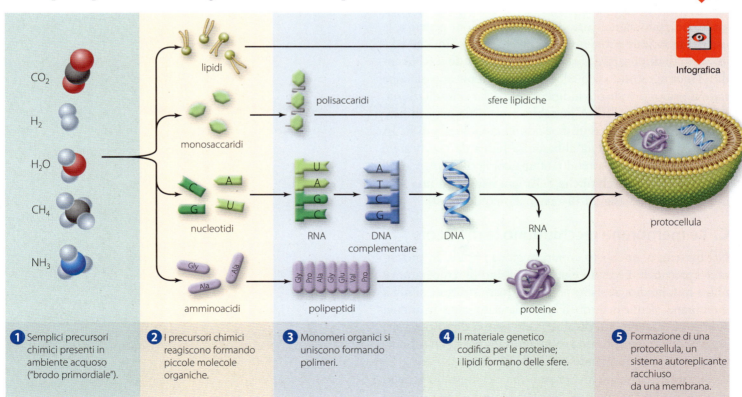

❶ Semplici precursori chimici presenti in ambiente acquoso ("brodo primordiale").

❷ I precursori chimici reagiscono formando piccole molecole organiche.

❸ Monomeri organici si uniscono formando polimeri.

❹ Il materiale genetico codifica per le proteine; i lipidi formano delle sfere.

❺ Formazione di una protocellula, un sistema autoreplicante racchiuso da una membrana.

tempo

mini (figura 19). I gas erano poi condensati in un tubo sottile, e il liquido che si formava passava a un altro recipiente, dove veniva di nuovo bollito perché evaporasse nell'atmosfera sintetica e completasse il ciclo.

Procedendo per prove ed errori, Miller vide che il liquido condensato assumeva una colorazione giallastra. L'analisi chimica mostrò che Miller aveva prodotto glicina, l'amminoacido più semplice presente negli organismi. Dopo una settimana, la soluzione assunse colorazioni rossastre e Miller scoprì che conteneva anche altri amminoacidi.

Il lavoro di Miller fu pubblicato da una rivista scientifica prestigiosa. A venticinque anni il giovane allievo di Urey era su tutti i giornali, che riportavano - sbagliando - che il suo esperimento aveva creato «la vita in provetta».

La vita è molto più di qualche amminoacido, ma l'esperimento di Miller passò alla storia come la prima **simulazione prebiotica**, il tentativo di ricreare le condizioni chimiche della Terra prima della nascita della vita. L'esperimento è sopravvissuto alle critiche che hanno fatto notare come l'atmosfera della Terra primordiale contenesse in realtà abbondante CO_2, un gas non incluso nell'esperimento originale di Miller. Apparve quindi evidente che le molecole organiche si potevano formare anche con miscele di gas diverse (figura 18 a pagina precedente, ❸).

B. L'ipotesi del "mondo a RNA"

La vita ha bisogno di una molecola che porti informazione. Quella molecola potrebbe essere stata l'RNA, o qualcosa di simile, perché l'RNA è la molecola informazionale più versatile che conosciamo: custodisce l'informazione genetica, la usa per fabbricare proteine, catalizza reazioni chimiche ed è in grado di duplicarsi da sola. Il termine **mondo a RNA** indica l'ipotesi secondo la quale l'RNA autoreplicante sarebbe stato il primo precursore indipendente della vita sulla Terra. A un certo punto, l'RNA potrebbe aver iniziato a codificare per brevi catene di amminoacidi. Una molecola di RNA potrebbe essere diventata abbastanza lunga da codificare e sintetizzare il DNA partendo da una copia di RNA. Con il DNA, le istruzioni chimiche della vita trovarono una sede molto più stabile. (figura 18 a pagina precedente, ❹).

C. Le membrane racchiudono le molecole

Nel frattempo, sarebbero entrati in gioco i lipidi. In presenza dei precursori necessari e dei giusti valori di temperatura e pH, i fosfolipidi avrebbero potuto formare strutture simili a membrane, alcune delle quali hanno lasciato tracce in antichi sedimenti. Esperimenti di laboratorio hanno dimostrato che pezzi di membrana possono realmente crescere su un supporto e poi staccarsi, formando una bolla (liposoma).

Forse a un certo punto un liposoma ha racchiuso un gruppo di acidi nucleici e proteine, formando un insieme simile a una cellula, o protocellula (figura 18 a pagina precedente, ❺).

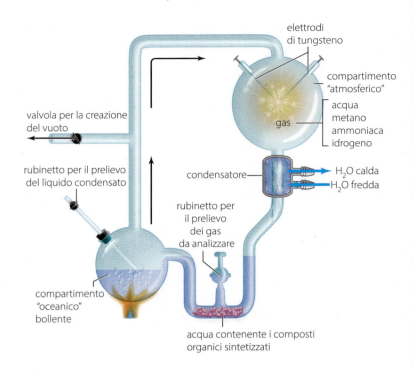

Figura 19 La prima simulazione prebiotica. Quando Stanley Miller fece passare scosse elettriche attraverso gas riscaldati, la miscela produsse amminoacidi e altre molecole organiche.

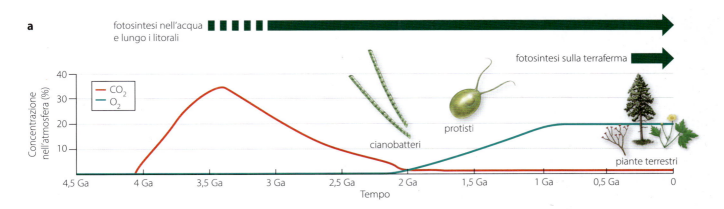

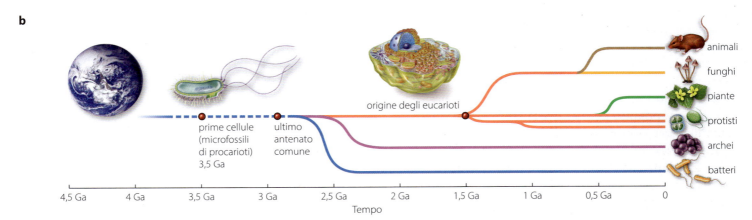

D. La vita primitiva ha cambiato per sempre la Terra

Purtroppo, le tracce dirette delle prime forme di vita probabilmente non esistono più perché la maggior parte della crosta terrestre originaria è andata distrutta per fenomeni di fusione ed erosione.

Le rocce più antiche conosciute, la Formazione Isua in Groenlandia, risalgono a circa 3,58 miliardi di anni fa. Queste rocce contengono le più antiche tracce di vita: cristalli di quarzo con depositi organici ricchi degli isotopi di carbonio che si ritrovano negli organismi viventi. Qualunque cosa fossero, le prime forme di vita erano più semplici di qualunque cellula conosciamo oggi.

Le prime cellule vivevano in assenza di ossigeno e probabilmente usavano molecole organiche come fonte di carbonio e di energia. Un passo fondamentale nella storia della vita avvenne circa 2,5 miliardi di anni fa, quando i primi archei e batteri furono in grado di utilizzare l'energia solare per sintetizzare molecole di zucchero a partire da acqua e dal diossido di carbonio, liberando nell'atmosfera ossigeno gassoso (fotosintesi).

L'evoluzione della fotosintesi ha alterato per sempre la vita sulla Terra. Gli organismi fotosintetici divennero la base di nuove catene alimentari. Inoltre, la selezione naturale cominciò a favorire gli organismi anaerobici che riuscivano a usare l'O_2 gassoso prodotto dalla fotosintesi, poiché per molti degli antichi procarioti l'ossigeno gassoso era tossico. Negli strati alti dell'atmosfera, una parte di O_2 cominciò a trasformarsi in ozono (O_3), bloccando i dannosi raggi ultravioletti.

Il risultato di questi cambiamenti fu un'esplosione di nuova vita che finì col generare microbi, piante, funghi e animali (figura 20).

Figura 20 L'ossigeno ha cambiato il mondo. (**a**) Miliardi di anni fa i microbi fotosintetici cominciarono a immettere O_2 nell'atmosfera. (**b**) L'accumulo di O_2 nell'atmosfera portò alla rapida comparsa di nuove forme di vita.

Rispondi in un tweet

15. In che modo le condizioni sulla Terra prima che avesse inizio la vita differivano da quelle di oggi?
16. Che tipo di informazioni può fornire una simulazione prebiotica?
17. Perché è probabile che l'RNA abbia avuto un ruolo cruciale all'inizio della vita?
18. In che modo la vita primitiva ha cambiato le condizioni sulla Terra?

7.6 La comparsa di cellule complesse e la pluricellularità

Un'ulteriore tappa nella storia della vita è stata l'evoluzione di cellule dotate di compartimenti interni avvenuta circa 1,5 miliardi di anni fa. I reperti fossili indicano che le prime cellule eucariotiche apparvero durante l'era Proterozoica, almeno 1,9-1,4 miliardi di anni fa. Le stromatoliti, alcuni fossili australiani costituiti da residui organici di 1,69 miliardi di anni, sono chimicamente simili ai componenti delle membrane eucariotiche, e si potrebbero far risalire a un primissimo organismo eucariotico unicellulare.

Le cellule procariotiche hanno strutture semplici, mentre quelle eucariotiche sono dotate di organuli interni. Tuttavia non conosciamo l'origine della compartimentazione. Sappiamo però che le membrane di questi organuli, così come la membrana esterna della cellula, sono composte da fosfolipidi e proteine. Potremmo quindi ipotizzare che la membrana esterna di un'antica cellula si sia piegata su se stessa più volte, formando un complesso sistema di organuli al suo interno (figura 21). Sfortunatamente, questa ipotesi è impossibile da testare; alcuni dettagli però stanno diventando più chiari: per esempio, la teoria endosimbiotica potrebbe spiegare l'origine di due tipi di organuli.

A. L'endosimbiosi spiega l'origine di mitocondri e cloroplasti

Secondo la **teoria endosimbiotica** (dal greco *èndon*, dentro, *symbìosis*, vivere insieme), mitocondri e cloroplasti hanno avuto origine da batteri indipendenti che si sarebbero poi trasferiti all'interno di altre cellule procariotiche.

Il processo di endosimbiosi si è ripetuto più volte nella storia degli eucarioti. Nel primo evento endosimbiotico, illustrato nella figura 22, una cellula ospite inglobò uno o più batteri capaci di respirazione aerobica, in un processo simile all'endocitosi. I batteri inglobati avrebbero poi dato origine ai mitocondri. In un evento di endosimbiosi successivo, alcuni discendenti di questi primi eucarioti inglobarono batteri fotosintetici che divennero cloroplasti.

Sappiamo che i mitocondri hanno stabilito per primi questa simbiosi perché sono presenti in quasi tutti gli eucarioti, mentre i cloroplasti appaiono solo nei protisti fotosintetici e nelle piante.

Dopo questi primi eventi di endosimbiosi, molti geni si sono trasferiti dal DNA degli organuli al nucleo delle cellule ospiti.

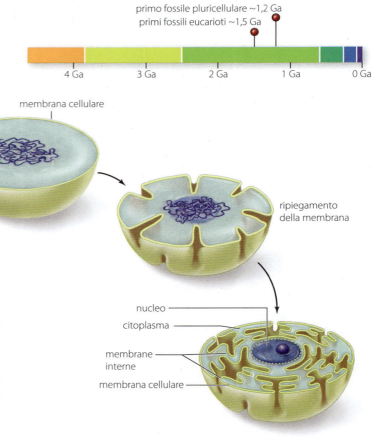

Figura 21 Ripiegamento verso l'interno della membrana. Una membrana cellulare ripiegata potrebbe aver dato origine a un sistema di membrane interne, un passo possibile verso lo sviluppo delle cellule eucariotiche.

Animazione
L'endosimbiosi
Lo scambio di favori che ha determinato un balzo in avanti nell'evoluzione

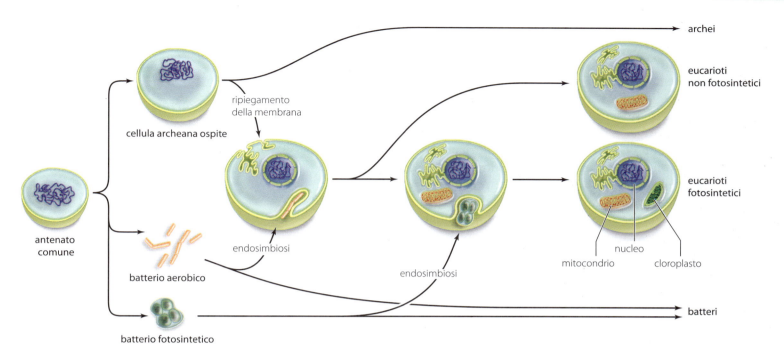

A causa di questi cambiamenti genetici, i batteri inglobati nella cellula non sono stati più in grado di sopravvivere all'esterno delle cellule ospiti e, col tempo, batteri e ospiti sono diventati dipendenti gli uni dagli altri per la sopravvivenza. Il risultato di questa interdipendenza biologica, secondo la teoria endosimbiotica, è la cellula compartimentalizzata degli eucarioti moderni.

La biologa statunitense Lynn Margulis propose la teoria endosimbiotica alla fine degli anni Sessanta. Da allora, le prove a sostegno dell'ipotesi che mitocondri e cloroplasti abbiano avuto origine come organismi indipendenti si sono moltiplicate.

Figura 22 Teoria endosimbiotica. Mitocondri e cloroplasti potrebbero aver avuto origine dall'antica unione fra cellule batteriche e cellule archeane.

Audio La teoria endosimbiotica passo dopo passo

- Mitocondri e cloroplasti possiedono membrane interne molto simili per forma e struttura alla membrana di alcuni tipi di batteri.
- La doppia membrana che circonda mitocondri e cloroplasti è compatibile con l'ipotesi dell'inglobamento.
- Mitocondri e cloroplasti non sono assemblati all'interno della cellula ma si dividono in modo indipendente, come fanno le cellule batteriche.
- Cloroplasti e cianobatteri hanno gli stessi pigmenti fotosintetici.
- Mitocondri e cloroplasti contengono DNA, RNA e ribosomi simili a quelli delle cellule batteriche.
- Il sequenziamento del DNA evidenzia una stretta relazione fra mitocondri e batteri aerobici (proteobatteri) e fra i cloroplasti e i cianobatteri.

B. La pluricellularità potrebbe aver avuto origine dalla cooperazione

Un'altra tappa fondamentale nell'evoluzione di piante, funghi e animali è l'affermazione della **pluricellularità** avvenuta circa 1,2 miliardi di anni fa. I fossili più antichi di forme di vita pluricellulare sono di un'antica alga rossa, vissuta fra 1,25 miliardi e 950 milioni di anni fa in Canada. Nessuno sa come gli eucarioti si siano adattati alla vita pluricellulare. Le testimonianze fossili non sono d'aiuto, soprattutto perché i primi organismi pluricellulari erano privi di parti dure che potessero fossilizzarsi e quindi arrivare a noi. Sappiamo però che la pluricellularità si sviluppò in maniera indipendente in molte linee cellulari. Infatti, le prove genetiche indicano chiaramente che le piante, i funghi e gli animali hanno avuto origine da linee cellulari diverse di protisti pluricellulari.

Sappiamo anche che alcuni organismi pluricellulari sono composti da cellule molto somiglianti a protisti unicellulari; la figura 23 illustra due esempi. Come può essere avvenuta questa trasformazione? Molte cellule singole si sono riunite e aggregate sviluppando funzioni specializzate tipiche di un organismo pluricellulare. Un esempio a supporto di questa ipotesi è il ciclo vitale di protisti moderni (*Dictyostelium discoideum*).

In alternativa, è possibile che un organismo unicellulare si sia diviso, e che le cellule figlie siano rimaste unite fra loro invece di separarsi, con un processo simile a quello che porta gli animali e le piante moderne a svilupparsi da un singolo ovulo fecondato. Dopo molte divisioni cellulari, le cellule avrebbero cominciato a esprimere solo una parte del loro DNA. Il risultato potrebbe essere stato un organismo pluricellulare caratterizzato da cellule specializzate.

In qualunque modo sia nata la pluricellularità, ha prodotto cellule specializzate, rendendo possibili alcune nuove strategie evolutive come l'aderenza a una superficie o l'orientamento verticale. La conseguente esplosione nella varietà di forme e nella dimensione degli organismi ha portato nuove possibilità di sviluppo offrendo nuovi ambienti ad altri organismi.

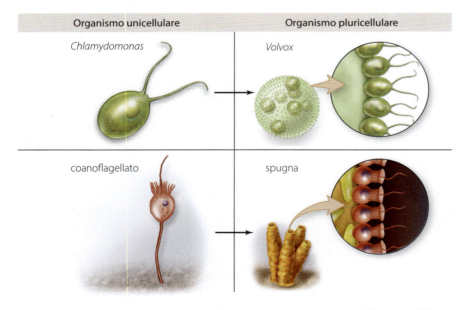

Figura 23 Da uno a molti. Un'alga verde unicellulare chiamata *Chlamydomonas* assomiglia al suo parente più stretto, il pluricellulare *Volvox*. Allo stesso modo, un protista coanoflagellato è simile a una cellula del colletto nella superficie interna di una spugna.

Rispondi in un tweet

19. In quale modo si sarebbero formate le membrane interne?
20. Quali sono le prove che mitocondri e cloroplasti discendono da cellule più semplici?
21. In quali modi potrebbero aver avuto origine gli organismi pluricellulari?

Organizzazione delle conoscenze

Capitolo 7 — Le teorie dell'evoluzione e la nascita della vita

Le teorie dell'evoluzione e la nascita della vita: ricapitoliamo

Rispondi alle domande che seguono facendo riferimento alla mappa, al riepilogo visuale e ai contenuti del capitolo.

1. Scrivi una frase per connettere i termini fossili e biogeografia nella mappa.
2. Scrivi una frase per connettere sviluppo embrionale e anatomia nella mappa concettuale.
3. Inserisci nella mappa i termini: strutture omologhe, strutture vestigiali, paleontologia, distribuzione delle specie.
4. Che cos'è un fossile?
5. Partendo dalla mappa concettuale, costruisci una nuova mappa che contenga i termini: selezione naturale, mutazioni, adattamenti, successo riproduttivo.
6. Inserisci nella mappa i passaggi dello sviluppo del pensiero evoluzionistico.
7. Spiega la differenza tra strutture omologhe e analoghe.
8. Che cosa era presente nel brodo primordiale?
9. In che cosa consiste l'esperimento di Miller?
10. La teoria endosimbiotica potrebbe spiegare l'evoluzione di due tipi di organuli: quali?
11. Quale modifica è stata necessaria nella cellula per permettere la presenza di un sistema di organuli?
12. Come potrebbe essersi sviluppata la pluricellularità?

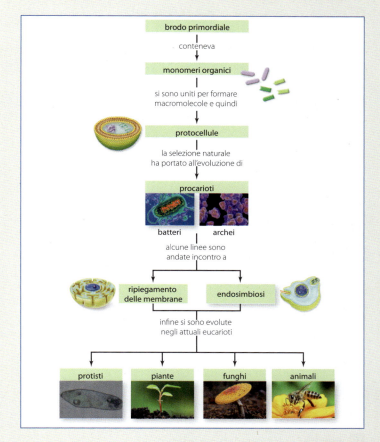

Il glossario di biologia

13. Costruisci il tuo glossario bilingue di biologia, completando la tabella seguente con la traduzione italiana o inglese dei termini proposti.

Termine italiano	Traduzione inglese	Termine italiano	Traduzione inglese
Evoluzione		Tettonica delle placche	
Fossile			Homologous structures
	Catastrophism	Struttura vestigiale	
	Natural selection		Convergent evolution
Sintesi evoluzionistica moderna			Analogous structures
Scala dei tempi geologici		Sistematica	
	Paleontology	Tassonomia	
	Biogeography		Endosymbiosis

Autoverifica delle conoscenze

Simula la parte di biologia di una prova di accesso all'università. Rispondi ai test da 14 a 26 in 22 minuti e calcola il tuo punteggio in base alla griglia di soluzioni in fondo al libro. Considera: 1,5 punti per ogni risposta esatta; − 0,4 punti per ogni risposta sbagliata; 0 punti per ogni risposta non data. Trovi questi test anche in versione interattiva sul ME·book.

14 In che senso la selezione artificiale e la selezione naturale sono simili?
- A Dipendono entrambe dall'intervento umano
- B Entrambe sono dirette verso un esito predeterminato
- C Entrambe selezionano tratti specifici in una popolazione
- D Entrambe sono processi che influenzano soltanto gli animali
- E Sia la risposta A sia la risposta D sono corrette

15 L'evoluzione biologica descrive come …… cambiano nel corso delle generazioni.
- A Gli individui
- B Le frequenze degli alleli
- C Le frequenze dei fenotipi
- D Le comunità
- E Gli ecosistemi

16 Quale tra le seguenti affermazioni sull'evoluzione è ERRATA?
- A Si osserva a livello di popolazione, non di individui
- B Si può osservare studiando il pool genico di una popolazione
- C È un fenomeno noto fin dai tempi di Linneo
- D Dipende dal cambiamento nella frequenza degli alleli in una popolazione
- E Può essere definita discendenza con modificazioni

17 Sia il polpo sia la seppia hanno occhi a lente singola. Anche il loro antenato comune aveva occhi a lente singola. Quale aggettivo descrive la relazione tra l'occhio del polpo e quello della seppia?
- A Omologhi
- B Vestigiali
- C Analoghi
- D Convergenti
- E Simili

18 Una definizione di specie fondata sulla somiglianza della struttura fisica degli organismi:
- A è stata sostenuta da Linneo
- B è stata confermata dalla biologia molecolare
- C spiega l'evoluzione di alcuni caratteri fisici
- D spiega la variabilità degli organismi in una popolazione
- E Sia la risposta A sia la risposta B sono corrette

19 Perché la pluricellularità è adattativa?
- A Gli organismi pluricellulari si riproducono più velocemente di quelli unicellulari
- B Le cellule lavorano insieme, e ciascuna si può specializzare in funzioni specifiche
- C Gli organismi pluricellulari sono mobili, mentre quelli unicellulari no
- D Soltanto gli organismi pluricellulari sono soggetti a selezione naturale
- E Tutte le risposte precedenti sono corrette

20 Quale delle seguenti prove fornisce maggiore sostegno all'idea che i mitocondri un tempo fossero organismi indipendenti?
- A La loro dimensione è simile a quella dei procarioti
- B Sono circondati da una membrana
- C Hanno la forma di un organismo procariote
- D Possiedono il proprio DNA e i propri ribosomi
- E Sia la risposta A sia la risposta C sono corrette

21 Quale di questi eventi si è verificato per primo nella storia della Terra?
- A Si sono sviluppate strutture racchiuse da membrane
- B L'O_2 si è accumulato nell'atmosfera
- C Si sono formate molecole organiche
- D Il CO_2 è comparso nell'atmosfera
- E Si è sviluppata la fotosintesi

22 Quale condizione è necessaria perché la selezione naturale si verifichi in un "mondo a RNA"?
- A Le molecole di RNA dovrebbero trasformarsi in molecole di DNA
- B Le molecole di RNA dovrebbero subire mutazioni
- C Le molecole di RNA dovrebbero replicarsi
- D Nessuna delle risposte precedenti è corretta
- E Sia la risposta B sia la risposta C sono corrette

23 Secondo il chimico russo Oparin, per permettere la formazione di molecole organiche l'atmosfera terrestre doveva essere ricca di:
- A idrogeno
- B argon
- C ossigeno e acqua
- D ossigeno
- E elio

24 Il grado di variabilità genetica di una popolazione è definito in base:
- A al numero di alleli di ogni gene
- B al numero di fenotipi relativi a ogni carattere
- C alla frequenza di incroci con altre popolazioni
- D alla casualità degli incroci
- E al numero di individui della popolazione

25 In che modo l'anatomia comparata può fornire prove dell'evoluzione?
- A Tutti gli animali sono simili tra loro nella struttura corporea
- B Gli animali più evoluti sono più simili agli esseri umani
- C Le strutture omologhe o vestigiali sono indizi della storia evolutiva degli organismi
- D Gli animali più antichi hanno una struttura anatomica più semplice
- E Sia la risposta B che la risposta D sono corrette

26 Le cellule fotosintetiche hanno influenzato la Terra:
- A aggiungendo O_2 all'atmosfera
- B aumentando la quantità di acido solfidrico negli oceani primordiali
- C esaurendo la fascia dell'ozono
- D cambiando il pH degli oceani primordiali
- E Sia la risposta B sia la risposta D sono corrette

Sviluppo delle competenze

Capitolo 7 Le teorie dell'evoluzione e la nascita della vita

27 Formulare ipotesi Quali tipi di informazioni possono essere usati per ipotizzare come due specie siano imparentate per discendenza da un antenato comune? Fai un esempio di come diversi tipi di prove possano supportarsi a vicenda.

28 Formulare ipotesi In che modo eventi geologici come la deriva dei continenti e l'emergenza di nuove isole vulcaniche possono aver influenzato la storia della vita sulla Terra?

29 Fare connessioni logiche Suggerisci un tipo di cambiamento genetico che potrebbe avere un effetto drastico sull'evoluzione di una specie e spiega perché.

30 Fare connessioni logiche In che senso la scoperta della linea di Wallace dimostra il potere predittivo dell'evoluzione?

31 Trarre conclusioni Molte specie mostrano somiglianze durante lo sviluppo embrionale, ma sono diverse nell'età adulta. Che cosa induce queste differenze in età adulta?

32 Relazioni Perché per i biologi evoluzionistici è importante essere in grado di distinguere tra strutture anatomiche omologhe e analoghe?

33 Comunicare In che modo George-Luis Buffon, James Hutton, George Cuvier, Charles Lyell, Jean-Baptiste de Lamarck e Thomas Malthus hanno influenzato il pensiero di Charles Darwin?

34 Comunicare Studiare la storia della vita ci aiuta a comprendere l'attuale diversità della vita, e a prevedere come la diversità potrebbe cambiare in futuro. Spiega questa affermazione facendo alcuni esempi.

35 Inglese È stato Linneo a introdurre la classificazione delle specie con due nomi, il primo riferito al genere e il secondo alla specie. Fai una breve ricerca per scoprire in che modo erano classificati gli animali e le piante prima di Linneo e scrivi un breve riassunto della tua ricerca in inglese.

36 Metodo scientifico Immagina che due piante, una diffusa in Sicilia e una nel sud della Spagna, abbiano lo stesso metodo di dispersione dei semi. Alcuni scienziati determinano che l'evoluzione divergente delle due piante è avvenuta molto prima che si sviluppasse il metodo di dispersione dei semi. Qual è il termine che si riferisce alla relazione tra queste caratteristiche delle due piante? Motiva la tua risposta.

37 Metodo scientifico
L'ameba *Pelomyxa palustris* è un eucariote unicellulare privo di mitocondri, ma contiene batteri simbiotici che possono vivere in presenza di O_2. In che modo questa osservazione supporta la teoria endosimbiotica?

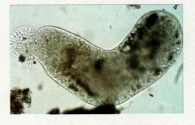

38 Digitale Il videogioco *Spore* invita i giocatori a costruire creature e a guidarle lungo le "cinque fasi dell'evoluzione". Fai una breve ricerca su Internet per cercare informazioni sul videogioco: quali sono le somiglianze e le differenze tra l'evoluzione della vita presentata nel videogioco e quella avvenuta sulla Terra?

39 Scienza e società

Batteri resistenti agli antibiotici: quello che c'è da sapere
Finora la minaccia della resistenza dei batteri agli antibiotici è stata sottovalutata. Ma l'antibiotico-resistenza è ormai un fenomeno diffuso in tutto il mondo e diventa sempre più preoccupante, con la resistenza a varie classi di antibiotici, anche a quelli considerati da ultima risorsa.
Se non si corre ai ripari, la situazione potrebbe aggravarsi fino a un punto di non ritorno: lo mette per la prima volta nero su bianco l'Organizzazione mondiale della sanità, in un rapporto appena rilasciato. Mentre alcuni esperti affidano a *Nature* un appello: la necessità di istituire un organismo internazionale sul modello di quello che si occupa dei cambiamenti climatici, per tenere sotto controllo la situazione e trovare soluzioni. *(focus.it, 27 maggio 2014)*

a. Perché l'antibiotico-resistenza rappresenta una minaccia per la salute mondiale, secondo l'Organizzazione mondiale della sanità?
b. Alcuni articoli che parlano della diffusione di batteri antibiotico-resistenti sostengono che l'abuso di antibiotici crei ceppi di batteri resistenti. Perché questa affermazione è scorretta?
c. In che senso il fenomeno dell'antibiotico-resistenza si può considerare un caso di "evoluzione in diretta"?

40 Problem solving L'esperimento di Miller del 1953 è considerato la prima simulazione delle condizioni chimiche della Terra prima della nascita della vita. Nell'atmosfera sintetica ricreata in laboratorio da Miller e Urey, i ricercatori sono riusciti dimostrare che in precise condizioni ambientali molecole organiche possono formarsi spontaneamente da una miscela di molecole inorganiche.

a. A quale di queste domande potresti rispondere attraverso un esperimento simile a quello pensato da Miller e Urey?
- A quale temperatura si possono formare molecole organiche? Sì No
- La vita è arrivata sulla Terra da un altro pianeta? Sì No
- In quanto tempo si possono formare molecole organiche? Sì No
- È giusto fare esperimenti sull'origine della vita? Sì No
- Quali molecole organiche si formano in queste condizioni ambientali? Sì No

b. Immagina di pianificare un esperimento simile per testare l'ipotesi che possa crearsi la vita su Marte. Come struttureresti l'esperimento? Quali sarebbero i limiti e i vantaggi di una simulazione di questo tipo?

c. Se dal tuo esperimento riuscissi a creare alcune molecole organiche, potresti affermare che su Marte è possibile trovare la vita?

X-Men: evoluzione o fantascienza?

41 Immaginario Leggi la scheda del film e metti alla prova le tue competenze con l'attività proposta.

Prerequisiti
Teoria dell'evoluzione. Selezione naturale. Mutazioni.

Competenze attivate
Comunicare le scienze naturali nella madrelingua. Metodo scientifico. Competenze digitali. Scienza e società.

Contesto – Il film *X-Men: l'inizio*
Film: *X-Men: l'inizio*, Matthew Vaughn (2011) – Fantascienza, 126'

Trama: Charles Xavier ed Erik Lensherr sono due giovani molto diversi ma con una caratteristica comune: essere dei mutanti dotati di particolari poteri. Xavier è un telepate, mentre Lensherr è in grado di manipolare i campi magnetici. Xavier crede che umani e mutanti debbano collaborare e coesistere, Lensherr non nutre alcuna fiducia nella coesistenza pacifica. Nonostante le loro divergenze sul ruolo dei mutanti nella società, dovranno allearsi e reclutare altri superdotati per scongiurare una nuova guerra mondiale. In questo percorso il loro contrasto raggiungerà il culmine, dando inizio all'eterna lotta tra la Confraternita di Magneto (Lensherr) e gli X-Men del Professor X (Xavier).

Dall'immaginario alla pratica
Il film *X-Men: l'inizio* è il prequel della trilogia cinematografica degli X-men e narra le vicende di Xavier (il futuro Professor X) e Lehnsherr (il futuro Magneto) e del loro primo tentativo di formare una scuola per i ragazzi mutanti. Nel film, Xavier ha appena conseguito un dottorato in genetica studiando l'importanza delle mutazioni nell'evoluzione umana: «La mutazione è la chiave della nostra evoluzione. Ci ha consentito di evolverci da organismi unicellulari a specie dominanti sul pianeta. Questo processo è lento e normalmente richiede migliaia e migliaia di anni, ma ogni qualche centinaio di millenni l'evoluzione fa un balzo in avanti».

Nonostante la teoria dell'evoluzione sia entrata a far parte della conoscenza comune, e sia utilizzata come spunto in film di fantascienza, ancora oggi non è universalmente accettata. Negli ultimi vent'anni un'altra teoria contrapposta si sta facendo largo soprattutto negli Stati Uniti: il creazionismo. Questo movimento non ha basi scientifiche: si basa sull'idea dell'*intelligent design*, e quindi sull'intervento di un'entità superiore nella creazione dell'Universo e della vita per come li conosciamo oggi.

Su quali prove si basa il creazionismo? Perché è così diffuso ancora oggi? Prova a scoprirlo realizzando un'inchiesta giornalistica.

Procedimento
L'inchiesta è un insieme di fatti collegati attraverso un filo logico, nello sforzo di dimostrare una tesi, di raccontare una dinamica, un processo, attraverso la concatenazione di documenti, testimonianze e immagini. Innanzitutto si descrivono più punti di vista, oltre a quello del giornalista.

Il vero e proprio lavoro d'inchiesta inizia con una fase di documentazione e di ricerca delle fonti.

Dopo aver studiato l'argomento, si passerà al riscontro sul campo di informazioni e dati ottenuti dalle fonti primarie, attraverso interviste a esperti e gente comune. Le domande dovranno essere poche e semplici in modo da ottenere risposte veloci e dirette. A questo punto, dall'analisi dei dati e dal loro confronto con le fonti dirette si passerà alla scrittura dell'inchiesta vera e propria redigendo una scaletta, per favorire lo scorrere logico delle informazioni raccolte e l'organizzazione dei dati.

L'inizio dell'articolo, detto attacco, è particolarmente importante per coinvolgere il lettore. L'inchiesta deve contenere tutte le informazioni essenziali, rispondendo a cinque domande base: Chi? Cosa? Quando? Dove? Perché? Poiché in inglese queste domande iniziano tutte con la W, si parla delle 5W. Il linguaggio dovrà essere adatto al pubblico a cui è rivolto.

Attenzione!
La selezione di fonti affidabili è un lavoro delicato e importante, dalla cui accuratezza dipende la buona riuscita dell'intero progetto. È fondamentale verificare sempre la veridicità delle informazioni. Per una piena certezza sui contenuti, è opportuno risalire alle cosiddette fonti primarie.

Fonti
- Un buon punto di partenza è la consultazione di un'enciclopedia online attendibile. Per esempio l'enciclopedia Treccani: http://www.treccani.it/
- Per approfondire lo sviluppo della teoria evoluzionistica di Darwin si può vedere il film *Creation* del 2009 di Jon Amiel.
- Per approfondire la conoscenza del movimento creazionista è possibile consultare la pagina web dedicatagli dal CICAP (Comitato italiano per il controllo delle affermazioni sulle pseudoscienze): https://www.cicap.org/new/articolo.php?id=100401
- Per la ricerca dell'esperto, è utile consultare i siti ufficiali degli atenei universitari presenti nella zona.

Autovalutazione

Quale è stata la maggiore difficoltà nella raccolta dei dati? E per le interviste?
L'inchiesta risulta leggibile e interessante?
Quali altri argomenti di questo corso si prestano a essere oggetto di un'inchiesta giornalistica?

L'evoluzione in giardino: fiori selvatici e ornamentali

42 Laboratorio Leggi il protocollo; poi, con l'aiuto dell'insegnante, prova a riprodurre questa esperienza in laboratorio.

Prerequisiti
La selezione naturale. La selezione artificiale.

Competenze attivate
Comunicare le scienze naturali nella madrelingua. Metodo scientifico. Digitale.

Contesto
In questo capitolo hai osservato come i coltivatori abbiano selezionato caratteri favorevoli nella senape selvatica, per creare diverse varietà alimentari. Prova ora a osservare diversi fiori, cercando di riconoscerne le diverse parti e di capire se sono stati sottoposti a selezione naturale o artificiale.

Materiali
- Un fiore di graminacea
- Una rosa da giardino
- Un crisantemo
- Un gladiolo
- Un garofano
- Un giglio

Procedimento
Osserva i fiori a e cerca di identificare le loro parti, aiutandoti con un libro di testo o con Internet. Prepara una tabella in cui indicare per ogni fiore il numero e le caratteristiche dei petali, dei sepali e delle strutture riproduttive.

Alcuni fiori hanno assunto queste caratteristiche tramite selezione naturale, altri sono stati selezionati artificialmente per avere questo aspetto. Discutendo con i compagni, prova a immaginare quali fiori sono stati sottoposti a selezione naturale e quali a selezione artificiale. Motiva la tua scelta.
Sapresti ipotizzare quale fiore potrebbe avere le caratteristiche più antiche?
Dopo aver analizzato i fiori a tua disposizione, fai una breve ricerca su Internet per cercare informazioni sul ruolo del gene AP3 nel controllo dello sviluppo di questi organi.

Attenzione!
A volte le differenze tra i diversi organismi non sono tutte visibili a una prima occhiata: è necessario prestare attenzione anche ai dettagli. Osserva la forma delle parti dei fiori destinate alla riproduzione, che spesso si differenziano nelle diverse specie.

Analisi dei dati
Dopo la discussione e la ricerca, confronta la tua tabella con quella dei compagni: c'è qualche dettaglio che ti è sfuggito? Avete notato tutti le stesse differenze?

Conclusioni
Quali tra i fiori che hai osservato è probabilmente stato sottoposto a selezione artificiale? Perché pensi che gli esseri umani abbiano selezionato alcune specie di fiori?

Autovalutazione
Qual è stata la maggiore difficoltà che hai incontrato durante l'esperimento?
Hai notato le differenze tra i diversi fiori?
È stato utile il confronto con i compagni?

Compromessi evolutivi

43 Problem solving La selezione sessuale è un caso speciale di selezione naturale, che agisce soltanto sui caratteri che influenzano le probabilità di un individuo di riprodursi.
La selezione naturale e quella sessuale non si escludono a vicenda, e possono agire in contemporanea sugli stessi caratteri. Immagina di essere un biologo evoluzionista e di scoprire una nuova specie di uccelli caratterizzata da maschi con code lunghe e colorate. I maschi con le code più lunghe sono preferiti dalle femmine, e si riproducono di più. Le lunghe e belle code comportano però un aspetto negativo: gli individui che ne sono dotati rischiano di essere catturati con facilità.
- Perché la selezione naturale non ha favorito i maschi con le code più corte e meno visibili?

Clicca sull'icona e segui la traccia di lavoro proposta online.
Rispondi alle domande facendo una ricerca in Internet e scrivendo poi una relazione sui tuoi risultati.

▲ La nazione con il più alto consumo pro-capite di alberi è il Belgio, a causa dell'enorme mole di documenti stampati dalla burocrazia europea che ha sede a Bruxelles.

▲ Il più grande fungo vivente (*Armillaria ostoyae*) ha un micelio che si estende per circa 890 ha, ossia circa 1665 campi da calcio.

▼ Nel XIV secolo, la popolazione europea fu quasi dimezzata dalla peste bubbonica causata dal batterio *Yersinia pestis*.

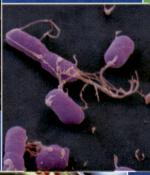

▲ La neve rossa è un fenomeno dovuto alla proliferazione di piccolissime alghe (*Chlamydomonas nivalis*).

▼ I batteri che vivono su un essere umano sono più numerosi degli abitanti della Terra.

▼ Un singolo batterio in sole sette ore può dare origine a una colonia di 2 milioni di organismi.

8 Biodiversità di procarioti, protisti, piante e funghi

Cosa hanno in comune un microscopico batterio e una sequoia gigante?

Osservando la muffa sul pane o un fiore quali tratti in comune riusciremmo a identificare? Tutti gli organismi che noi conosciamo si sono originati da un progenitore comune, generando l'eccezionale biodiversità che ci circonda.
Grazie alla biologia sistematica, oggi sappiamo che quanto più una specie è vicina a un'altra nell'albero filogenetico, tanti più saranno i tratti che condivideranno.
Quali sono questi tratti?
Ogni essere vivente presenta delle caratteristiche distintive che possono variare enormemente in relazione all'habitat in cui si sono sviluppate.
In questo capitolo, ripercorrendo le tappe dell'evoluzione, descriveremo nel dettaglio queste caratteristiche, offrendo un'ampia panoramica sulla biodiversità di procarioti, protisti, piante e funghi. Confronteremo le diversità delle strutture generali tra i diversi phyla e all'interno degli stessi e osserveremo nel dettaglio l'anatomia di ogni gruppo.

A CHE PUNTO SIAMO

90%

Questo capitolo descrive la biodiversità dei tre domini che caratterizzano la vita sulla Terra, a eccezione del regno degli animali che sarà trattato nel capitolo successivo. Tutti i maggiori phyla di batteri, archei, protisti, piante e funghi saranno illustrati mettendo in risalto similitudini e differenze sia strutturali sia funzionali.

8.1 I procarioti sono un successo della biologia

I **procarioti** sono organismi unicellulari privi di nucleo e di organuli delimitati da membrana. I procarioti si dividono in due domini: **batteri** e **archei**. Il numero totale di specie nei due domini potrebbe collocarsi fra 100 000 e 10 000 000. Finora, i microbiologi hanno scoperto solo una minima parte della vita procariotica sulla Terra.

Si può dire che nessun luogo della Terra sia privo di batteri e archei poiché essi vivono all'interno o intorno a rocce e ghiaccio, negli strati alti dell'atmosfera, nelle profondità oceaniche, nelle sorgenti termali, nei reattori nucleari, nelle bocche idrotermali sottomarine, negli intestini animali e nelle radici delle piante.

Il termine *procariote* è diventato controverso fra i microbiologi perché sembrerebbe mettere in stretta relazione batteri e archei, mentre diverse prove scientifiche accomunano archei ed eucarioti. Nonostante ciò, si continua a utilizzare il termine come una comoda scorciatoia per descrivere tutte le cellule prive di nucleo.

In che modo i microbiologi classificano i due domini procariotici, considerando le loro minuscole dimensioni e la scarsità di strutture interne particolari? La risposta a questa domanda è cambiata nel tempo. Per centinaia di anni, sono stati classificati i microbi in base ad attente osservazioni delle loro cellule e del loro metabolismo: la figura **1** presenta una lista parziale delle similitudini e differenze fra batteri e archei.

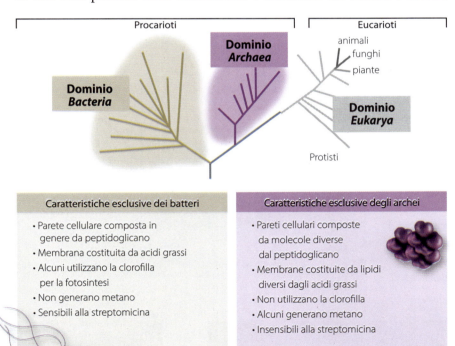

Figura 1 I procarioti. Nella tabella sono riassunte le principali caratteristiche di batteri e archei.

A. Il microscopio rivela le strutture cellulari

L'osservazione delle cellule al microscopio è un passo essenziale per identificare batteri e archei. I microscopi ottici (e a volte i microscopi elettronici) rivelano le caratteristiche esterne e interne tipiche di ciascuna specie.

Strutture interne

Come le cellule di altri organismi, tutti i batteri e gli archei sono delimitati da una membrana cellulare che racchiude il citoplasma, il DNA (un cromosoma circolare) e i ribosomi. Il **nucleoide** è la regione dove si trova il DNA, insieme con frammenti di RNA e alcune proteine (figura 2a).
Le cellule di molti batteri e archei contengono uno o più **plasmidi**, anelli di DNA, distinti dal cromosoma. I geni di un plasmide possono codificare le proteine necessarie a replicare e trasferire il plasmide a un'altra cellula; altri geni conferiscono la resistenza a un farmaco o a una tossina.
I **ribosomi** utilizzano l'informazione contenuta nell'RNA per assemblare proteine e hanno strutture diverse fra batteri, archei ed eucarioti. Alcuni antibiotici, come la streptomicina, sfruttano le diversità nelle strutture dei ribosomi per uccidere i batteri senza danneggiare le cellule ospiti eucariotiche.

Strutture esterne

La **parete cellulare** è una barriera rigida che circonda le cellule della maggior parte dei batteri e degli archei. Nella maggior parte dei batteri, le pareti cellulari contengono **peptidoglicano**, un polisaccaride complesso che non compare nelle pareti cellulari degli archei. La parete infatti determina la forma della cellula (figura 2b, c, d).
Le tre forme più comuni sono il **cocco** (sferico), il **bacillo** (a forma di bastoncino) e lo **spirillo** (a forma di spirale o di virgola). Inoltre, la disposizione delle cellule a coppie, a grappoli (*staphylo-*) o in catene (*strepto-*) è importante per la classificazione. Per esempio *Staphylococcus*, è un batterio dannoso per gli esseri umani e forma grappoli di cellule sferiche.
Nei laboratori medici, la colorazione di Gram è spesso il primo passo per identificare i batteri che causano infezioni. La distinzione è importante, perché batteri gram-positivi e gram-negativi sono sensibili a tipi diversi di antibiotici.

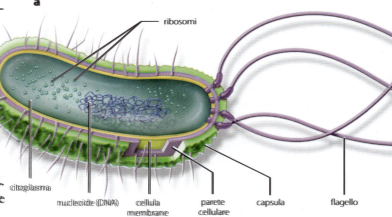

Figura 2 Strutture interne ed esterne. (a) Anatomia di un batterio. (b) Cocchi sferici. (c) Bacilli a forma di bastoncino. (d) Spirilli a forma di spirale.

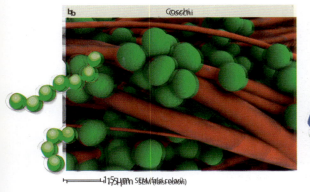

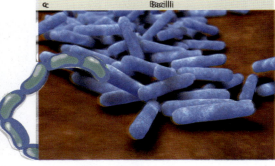

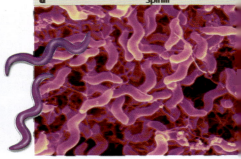

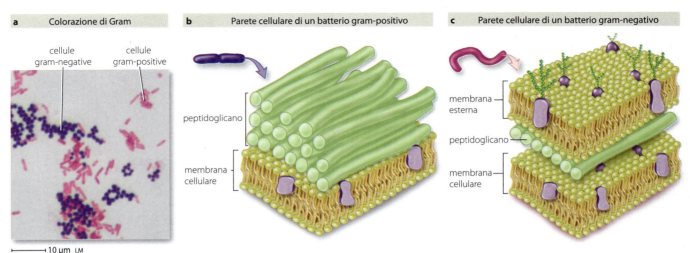

Figura 3 Colorazione di Gram. La colorazione di Gram distingue i batteri in base alla struttura della parete cellulare. (**a**) In viola sono visibili batteri gram-positivi e in rosa quelli gram-negativi. (**b**) Struttura di una parete cellulare gram-positiva. (**c**) Struttura di una parete cellulare gram-negativa.

La **colorazione di Gram** evidenzia due tipi di pareti cellulari batteriche. Dopo la colorazione, le cellule gram-positive appaiono viola, mentre i batteri gram-negativi assumono una colorazione rosa. La differenza di colorazione si deve alla diversa struttura delle pareti cellulari dei batteri (figura 3). Le pareti dei batteri gram-positivi sono composte principalmente da uno spesso strato di peptidoglicano. Le cellule gram-negative hanno pareti cellulari molto più sottili.

Oltre al sottile strato interno di peptodiglicano, le pareti cellulari dei batteri gram-negativi hanno una membrana esterna protettiva composta da lipidi, polisaccaridi e proteine. Questa membrana è responsabile dell'effetto tossico di molti batteri gram-negativi, come la *Salmonella*. Molte cellule procariotiche presentano particolari strutture all'esterno della parete cellulare (figura 4). Il **glicocalice**, chiamato anche capsula, è uno strato appiccicoso composto da proteine o polisaccaridi che, a volte, avvolge la parete cellulare. Il glicocalice ha la funzione di protezione, di adesione cellulare e offre una maggiore resistenza alla disidratazione. Alcune cellule hanno i **pili**, piccole proiezioni che assomigliano a peli, costituite da proteine (figura 4) e che permettono alle cellule di aderire alle superfici o ad altre cellule per consentire il trasferimento di materiale genetico. In questo caso viene definito pilo sessuale. Non tutti i procarioti sono in grado di muoversi, ma alcuni lo fanno: le cellule si avvicinano o si allontanano da uno stimolo esterno come il cibo, una tossina, l'ossigeno o la luce (tassìa). Il movimento è determinato da una struttura chiamata **flagello**, un'estensione simile a una frusta che ruota come un'elica. Il batterio nella figura 4c ha molti flagelli; altre cellule ne hanno pochi o anche uno solo.

Figura 4 Strutture esterne delle cellule procariotiche. (**a**) Il glicocalice permette alla cellula di aderire a una superficie. (**b**) I pili attaccano le cellule a oggetti, superfici e altre cellule. (**c**) I numerosi flagelli presenti su questa cellula batterica le permettono di muoversi.

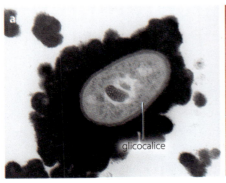

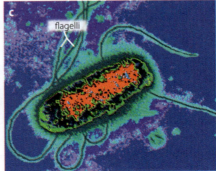

Endospore

Alcuni generi di batteri gram-positivi producono endospore, strutture dormienti dalle pareti spesse, che riescono a sopravvivere in condizioni difficili (figura 5). La parete dell'endospora racchiude il DNA e una piccola quantità di citoplasma. Un'endospora può resistere alla bollitura, all'essicazione, alle radiazioni ultraviolette e ai disinfettanti. Appena le condizioni ambientali diventano più favorevoli, le endospore germinano e si sviluppano come cellule normali. Alcuni ricercatori sono riusciti a fare rivivere endospore preservate nell'ambra per milioni di anni.

B. Le vie metaboliche sono utili per la classificazione

Nel corso di miliardi di anni, batteri e archei hanno sviluppato una straordinaria capacità di metabolizzare qualunque cosa, dalla materia organica al metallo attraverso diverse reazioni chimiche. Possiamo classificare i microorganismi esaminando alcune di queste vie metaboliche fondamentali.

Il modo in cui gli organismi acquisiscono carbonio ed energia è una delle basi della loro classificazione. Gli **autotrofi**, per esempio, si procurano da soli il nutrimento: assemblano le loro molecole organiche attingendo a fonti inorganiche di carbonio, come il diossido di carbonio (CO_2). Gli **eterotrofi**, invece, si procurano il carbonio nutrendosi di molecole organiche prodotte da altri organismi. Anche la fonte di energia di un organismo è importante per la classificazione. I **fototrofi** utilizzano energia solare, mentre i **chemiotrofi** ricavano energia dall'ossidazione di composti chimici: i chemioautotrofi da composti inorganici e i chemioeterotrofi da composti organici.

La capacità di utilizzare l'ossigeno è un altro elemento importante per la classificazione. Gli **aerobi obbligati** usano O_2 per generare ATP nella respirazione cellulare. Gli **anaerobi obbligati**, per i quali l'ossigeno è tossico, vivono in ambienti privi di ossigeno. Gli **anaerobi facoltativi**, che comprendono i microbi intestinali *Escherichia coli* e *Salmonella*, possono vivere con e senza O_2.

C. I dati molecolari rivelano le relazione evolutive

La capacità di adattarsi a diversi ambienti, anche estremi, e la loro semplicità strutturale fanno sì che i procarioti siano un successo della biologia. Tuttavia la loro classificazione risulta difficile e complessa. Oggi i dati molecolari hanno messo in evidenza alcune relazioni evolutive tra i procarioti. Ma non c'è ancora un accordo definitivo e gli alberi filogenetici che illustrano la loro diversità sono ancora provvisori.

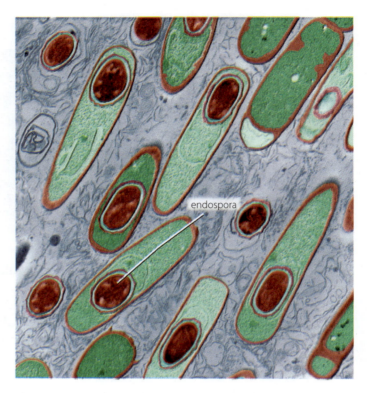

Figura 5 Endospore. I batteri come *Bacillus anthracis* sopravvivono negli ambienti estremi formando endospore con pareti molto spesse.

Animazione

La formazione delle endospore
Uno strumento per sopravvivere alle avversità

Rispondi in un tweet

1. Quali sono i due domini che contengono i procarioti?
2. In quali habitat vivono i batteri e archei?
3. Quali sono le forme cellulari più comuni per i batteri?
4. Cosa sono i plasmidi e perché sono importanti?
5. Cosa rivela la colorazione di Gram?
6. Quali sono le funzioni di glicocalice, pili e flagelli?
7. Cosa sono le endospore?
8. Quale termine usano i microbiologi per descrivere le fonti di carbonio, le fonti di energia e il bisogno di ossigeno?
9. In che modo i dati molecolari stanno cambiando la tassonomia dei microbi?

8.2 I due domini dei procarioti: batteri e archei.

Oggi conosciamo così tante specie di batteri e archei, distribuiti in così tanti habitat diversi, che servirebbero molti libri per descriverli tutti – e molti altri restano ancora da scoprire.

A. I batteri includono diversi phyla

Gli scienziati hanno identificato ventitré phyla nel dominio dei batteri, ma le loro relazioni evolutive rimangono poco chiare. La tabella 1 elenca alcuni dei gruppi principali. I *Proteobacteria* sono un phylum di batteri gram-negativi, costituito da una straordinaria biodiversità: alcuni, inclusi i batteri solforiduttori viola, svolgono la fotosintesi; altri hanno ruoli importanti nel cicli dell'azoto e dello zolfo; altri appartengono a gruppi di grande importanza medica, inclusi i batteri enterici (figura 6) e i vibrioni.

I *Cyanobacteria* sono un secondo phylum del dominio dei batteri. Miliardi di anni fa, questi organismi autotrofi sono stati i primi a produrre O_2 come sottoprodotto della fotosintesi; inoltre, hanno dato origine ai cloroplasti. I cianobatteri hanno ancora un ruolo molto importante negli ecosistemi: sono alla base delle catene alimentari acquatiche e sulla terra ferma formano relazioni simbiotiche con i funghi.

Un terzo phylum, gli *Spirochaetes*, comprende alcuni batteri importanti per la medicina. Fra questi organismi a forma di spirale c'è la specie *Borrelia burgdorferi*, il batterio che causa la malattia di Lyme quando è trasmesso agli esseri umani dal morso di una zecca.

Il phylum *Firmicutes* comprende batteri gram-positivi con una caratteristica genetica particolare: una bassa percentuale di guanina e citosina (G + C) nel loro DNA. Alcuni dei firmicuti formano endospore e sono patogeni, fra questi: *Bacillus anthracis* (l'antrace), *Clostridium tetani* (il tetano), *Staphylococcus* e *Streptococcus* (infezioni molto gravi).

Gli *Actinobacteria* sono un altro phylum di batteri gram-positivi. Questi microbi filamentosi vivono nei suoli e sono anch'essi importanti in medicina perché impiegati per la produzione di antibiotici come la streptomicina. Invece i batteri del phylum *Chlamidyae* hanno la caratteristica insolita di non produrre ATP in autonomia, sono quindi parassiti obbligati – devono cioè vivere all'interno di una cellula ospite. Quando infettano le cellule che rivestono l'apparato genitale umano causano la clamidia, una malattia sessualmente trasmissibile. Le pareti cellulari di questi batteri sono prive di peptidoglicano, quindi la penicillina non può ucciderli.

Tabella 1 Alcuni phyla del dominio dei batteri

Phylum	Caratteristiche
Proteobacteria	Il più grande gruppo di batteri gram-negativi
Batteri solforiduttori viola	Fotosintesi batterica, con elettroni ottenuti da H_2S, non da H_2O
Batteri enterici	Forma a bastoncello, anaerobi facoltativi presenti nei tratti intestinali degli animali
Vibrioni	Forma a virgola, anaerobi facoltativi comuni negli ambienti acquatici
Cyanobacteria	Fotosintetici; alcuni fissano l'azoto; autonomi o in simbiosi con piante, funghi (nei licheni), o protisti
Spirochaetes	Forma di spirale; alcuni sono patogeni per gli animali
Firmicutes	Batteri gram-positivi con una bassa percentuale di G + C nel loro DNA; aerobici o anaerobici; bastoncini o cocchi
Actinobacteria	Batteri gram-positivi filamentosi con un'alta percentuale di G + C nel loro DNA
Chlamydiae	Crescono solo all'interno di una cellula ospite; le pareti cellulari sono prive di peptidoglicano

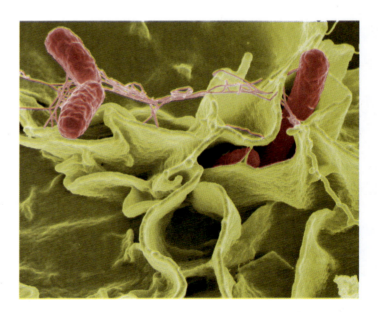

Figura 6 Batteri enterici. Le salmonelle possono essere agenti patogeni per l'uomo. Per esempio *Samonella thyphimurium*, ingerita attraverso alimenti contaminati, è responsabile di molte gastroenteriti.

B. Molti archei sono estremofili, ma non tutti

Gli archei sono spesso descritti come estremofili, perché in origine furono identificati in habitat privi di ossigeno, o estremamente caldi, acidi o salati (figura 7). L'habitat era un elemento di classificazione, tuttavia, man mano che si scoprirono altri archei in ambienti meno estremi, come i suoli e le acque oceaniche, assunsero maggiore importanza le descrizioni tassonomiche formali.

Oggi i microbiologi dividono il dominio degli archei in tre phyla. Il phylum *Euryarchaeota* comprende gli archei che vivono in acque stagnanti e nell'intestino di molti animali, quindi in condizioni anaerobiche e generando grandi quantità di gas metano. Lo stesso phylum comprende gli archei alofili, che usano la luce per produrre ATP in ambienti molto salati come l'acqua marina, le vasche di evaporazione e i deserti salati.

Il secondo phylum *Crenarcheota*, include specie che vivono in sorgenti calde acide o nelle sorgenti idrotermali dei fondali oceanici. Lo stesso phylum comprende una grande varietà di microorganismi che vivono nei terreni e nelle acque temperate. Altri termofili rientrano in nel terzo phylum *Korarchaeota*.

Figura 7 Estremofili. Gli archei appartenenti al genere *Sulfolobus* vivono in pozze di fango ribollenti, come questa caldera in Islanda.

> **Rispondi in un tweet**
> 10. Elenca somiglianze e differenze tra batteri e archei.
> 11. Elenca alcuni phyla dei batteri.
> 12. Quali sono i tre phyla degli archei?

8.3 I protisti si collocano al confine fra organismi semplici e complessi

I primi procarioti hanno avuto un ruolo fondamentale nell'evoluzione della vita, generando diverse vie metaboliche e rilasciando ossigeno nell'atmosfera terrestre. Circa 2 miliardi di anni fa, dai procarioti ebbe origine un nuovo tipo di cellula, più complessa: la cellula eucariotica. In questo paragrafo ci occuperemo dei protisti, i più semplici fra gli eucarioti.

A. Cosa sono i protisti?

Fino a poco tempo fa, i biologi riconoscevano quattro regni eucariotici: protisti, piante, funghi e animali. Le piante, i funghi e gli animali si distinguevano in base alle loro caratteristiche. Il regno dei protisti era invece un gruppo definito per *esclusione*: un organismo era indicato come **protista** se era un eucariote che non rispondeva alle caratteristiche di piante, funghi e animali. Le quasi 100 000 specie denominate protisti sono molto diverse tra loro per dimensione, alimentazione, forma di locomozione e riproduzione.

In passato, i protisti sono stati divisi in gruppi secondo le somiglianze con altri organismi: le alghe simili alle piante, le muffe mucillaginose simili a funghi, e i protozoi simili agli animali. Tuttavia, oggi gli esperti raggruppano gli organismi secondo le loro relazioni evolutive. Considerato che la classificazione dei protisti è in corso di definizione, e molti dei nuovi gruppi non sono accettati universalmente, useremo il sistema di classificazione tradizionale.

B. I protisti hanno una lunga storia evolutiva

I protisti sono un interessante oggetto di studio per gli evoluzionisti, poiché le cellule dei protisti moderni contengono indizi importanti sulla storia degli eucarioti.

Per esempio, gli scienziati non sanno ancora come gli eucarioti unicellulari abbiano adottato uno stile di vita pluricellulare, ma sperano di fare luce sui processi che hanno portato alla **pluricellularità** proprio studiando i protisti. Infatti alcuni formano colonie nelle quali gli individui interagiscono per spostarsi e procurarsi nutrimento, proprio come un organismo unicellulare.

Un'altra ragione per la quale i protisti sono importanti per lo studio della biologia evolutiva è che questi semplici eucarioti possono fare luce sulla **storia evolutiva** delle piante, dei funghi e degli animali. Le somiglianze genetiche e cellulari, per esempio, dimostrano il forte legame evolutivo fra le alghe verdi e le piante. Allo stesso modo, l'analisi del DNA suggerisce che alcuni protisti eterotrofi, chiamati coanoflagellati, siano i parenti più stretti (tuttora viventi) delle spugne, le forme animali più semplici. Considerando la biodiversità dei protisti, risulta difficile illustrarla in pochi paragrafi: gli esempi di cui parleremo rappresentano solo una piccola parte degli organismi appartenenti a questo gruppo di eccezionale diversità.

> **Rispondi in un tweet**
> 13. Che caratteristiche hanno i protisti?
> 14. Perché i biologi evolutivi si interessano ai protisti?

8.4 Molti protisti sono fotosintetici

Con il termine **alghe**, si indicano tutti i protisti fotosintetici che vivono nell'acqua. Anche se in passato i cianobatteri erano chiamati alghe verdi-azzurre, oggi la maggior parte dei biologi riserva il termine *alga* solo per gli eucarioti. Le cellule delle alghe contengono cloroplasti che ospitano pigmenti fotosintetici gialli, dorati, marroni, rossi e verdi. Questi organuli usano la luce e il CO_2 per produrre carboidrati e altre molecole organiche che sostengono le catene alimentari di acqua dolce e marina, rilasciando O_2 come scarto.

Le alghe possono essere unicellulari, unite in colonie, filamentose o pluricellulari. Alcune delle specie più complesse hanno tessuti differenziati. Anche se la loro forma può assomigliare a quella delle piante, le alghe si considerano protisti perché sono prive delle strutture per la riproduzione che caratterizzano le piante. In questo paragrafo descriveremo brevemente i principali tipi di alghe.

A. Gli euglenoidi sono eterotrofi e autotrofi

Gli **euglenoidi** sono protisti unicellulari, di forma allungata (figura 8). La maggior parte di essi ha un lungo flagello a forma di frusta, usato per la locomozione, e un flagello più corto all'interno della cellula. La membrana cellulare è rinforzata da uno strato protettivo composto da fasce di proteine elastiche o rigide. Un fotorecettore permette alle cellula di orientarsi rispetto alla luce. La maggior parte degli euglenoidi vive nell'acqua dolce. Circa un terzo delle specie è fotosintetica, e le altre si nutrono di composti organici sospesi nell'acqua. Ci sono casi particolari: alcuni euglenoidi fotosintetici, come *Euglena*, si nutrono di materia organica; al buio invece, *Euglena* diventa completamente eterotrofa, per poi riprendere la fotosintesi quando la luce ritorna disponibile.

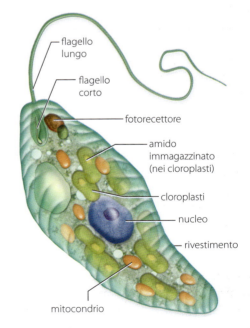

Figura 8 *Euglena*. *Euglena* vive negli stagni, ha un flagello e dei cloroplasti, ma può anche ingerire particelle di cibo.

B. I dinoflagellati sono "cellule rotanti"

I protisti marini noti come **dinoflagellati** sono caratterizzati da due flagelli di lunghezza diversa (figura 9). Uno dei flagelli spinge la cellula in un movimento rotatorio, l'altro funziona principalmente come timone. Molti dinoflagellati hanno pareti cellulari composte da placche di cellulosa in parte sovrapposte.

Circa la metà delle specie è fotosintetica, molte vivono all'interno dei tessuti di meduse, coralli, anemoni marini o vongole, fornendo carboidrati agli animali ospiti. Altre specie sono predatrici o parassite. Alcune sono bioluminescenti, e trasformano l'energia chimica in energia luminosa.

C. Alghe dorate, diatomee e alghe brune contengono fucoxantina

Molte alghe contengono un pigmento fotosintetico giallastro chiamato fucoxantina, oltre alla clorofilla *a* e *c*. Questo pigmento conferisce alle alghe sfumature dorate, verde oliva o marroni; il colore venne utilizzato per la loro classificazione.

- Le **alghe dorate** (figura 10) hanno cellule di solito con due flagelli. La maggior parte delle alghe dorate è unicellulare, ma alcune formano filamenti o colonie. Come l'*Euglena*, le alghe dorate possono comportarsi sia da autotrofe sia da eterotrofe.

- Le **diatomee** sono alghe unicellulari con pareti composte da due teche di silice, che possono avere anche forme molto elaborate; la maggior parte si trova negli oceani. Questi protisti occupano quasi tutti gli habitat umidi della Terra. Sono sensibili al pH dell'acqua, alla salinità e ad altre condizioni ambientali. Sono organismi fotosintetici e possono essere presenti ad altissime concentrazioni: rimuovono il CO_2 dall'atmosfera e forniscono cibo allo zooplancton.

- Le **alghe brune** sono i protisti pluricellulari più grandi e complessi, anche se assomigliano alle alghe dorate per pigmentazione e per le cellule riproduttive. Per esempio, le alghe brune vivono negli habitat marini di tutto il mondo. Le alghe kelp, le più grandi fra le alghe brune (fino a 80 m di lunghezza), formano immense foreste sottomarine che forniscono cibo e riparo a molti animali.

D. Le alghe verdi sono i parenti più stretti delle piante terrestri

Le **alghe verdi** sono i protisti che condividono più aspetti con le piante: utilizzano la clorofilla *a* e *b*, immagazzino i carboidrati sotto forma di amidi e hanno pareti cellulari contenenti cellulosa.

Le alghe verdi hanno forme e habitat molto vari: la maggior parte vive in acqua dolce o in ambienti umidi, ma alcune specie vivono in relazioni simbiotiche con funghi, formando i licheni.

Le alghe verdi possono essere unicellulari, filamentose, coloniali o pluricellulari (figura 11). Le specie pluricellulari possono essere dotate di strutture simili a radici o a fusti definite talli, ma sono molto meno specializzate delle piante.

Hanno cicli vitali molto vari da molto semplici a molto complessi.

Figura 9 Dinoflagellati. Notate i flagelli e le placche di cellulosa che compongono le pareti cellulari di questo dinoflagellato.

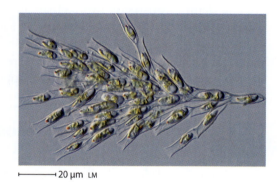

Figura 10 Alghe dorate. *Dynobryon* è un'alga dorata, le cui cellule a forma di vaso sono unite a formare colonie ramificate.

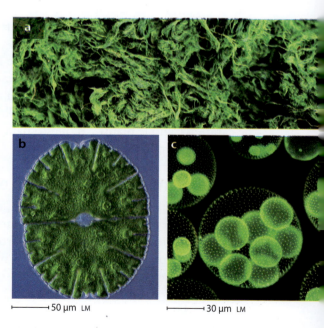

Figura 11 Varietà delle alghe verdi. Le alghe verdi hanno forme molto varie, dalle singole cellule microscopiche alle complesse strutture pluricellulari.

E. Le alghe rosse possono vivere in acque profonde

La maggior parte delle **alghe rosse** è di grandi dimensioni, mentre alcune specie sono davvero microscopiche. Per alcuni aspetti, questi organismi marini sono simili alle alghe verdi: immagazzinano carboidrati sotto forma di amidi, hanno pareti cellulari che contengono cellulosa e producono clorofilla *a*. A differenza delle alghe verdi, le alghe rosse possono vivere anche oltre i 200 m di profondità, grazie ai loro pigmenti fotosintetici rossi e bluastri che assorbono la luce di lunghezze d'onda che la clorofilla *a* non è in grado di catturare. Infatti, tutte le lunghezze d'onda della luce si affievoliscono con l'aumentare della profondità, ma alcune persistono più di altre. Le alghe rosse hanno pigmenti che consentono di utilizzare per la fotosintesi le radiazioni che arrivano in profondità.

> **Rispondi in un tweet**
> 15. Come si nutrono le alghe?
> 16. Descrivi alcuni criteri per classificare le alghe.
> 17. Elenca e descrivi le caratteristiche dei gruppi principali di alghe.

8.5 Funghi o protisti eterotrofi?

I funghi mucillaginosi e le muffe d'acqua sono protisti molto simili ai funghi: sono eterotrofi, producono filamenti attraverso i quali si nutrono e condividono i medesimi habitat.
Nonostante queste somiglianze, la nuova classificazione basata sulle sequenze comuni di DNA ha dimostrato con chiarezza che funghi mucillaginosi e muffe d'acqua appartengono al regno dei protisti e non ai funghi.
I **funghi mucillaginosi** si dividono in due gruppi con legami di parentela ancora poco chiari. Entrambi i gruppi vivono in habitat umidi, come il sottobosco, si riproducono attraverso spore, e alternano fasi di vita unicellulare e pluricellulare. La differenza principale fra i due gruppi si riflette nel loro nome: funghi mucillaginosi plasmodiali e funghi mucillaginosi cellulari.
Il **fungo mucillaginoso plasmodiale** appare come plasmodio, una massa di migliaia di nuclei diploidi racchiusi da una singola membrana cellulare. Il plasmodio può avere l'aspetto di una vistosa massa gelatinosa gialla o arancio, di diametro fino a 25 cm (figura 12).
Scivola sul terreno, inglobando batteri e altri microrganismi che si trovano su foglie, detriti e legno in decomposizione. In condizioni di siccità, o scarsità di cibo, il plasmodio non si muove e forma corpi fruttiferi che producono spore. Quando le condizioni ambientali ritornano favorevoli le spore germinano dando luogo a un nuovo plasmodio plurinucleato.
A differenza dei funghi mucillaginosi plasmodiali, le singole cellule del **fungo mucillaginoso cellulare** conservano le loro membrane per l'intero ciclo di vita. Le cellule hanno forma di amebe, sono aploidi, e inglobano batteri e altri microrganismi nell'acqua dolce, nei suoli umidi e nel materiale vegetale in decomposizione.
Le **muffe d'acqua**, note come oomiceti, sono decompositori e parassiti di piante e animali e vivono in ambienti umidi. I filamenti di muffa d'acqua secernono enzimi digestivi che degradano la materia organica su cui vivono e ne assorbono i nutrienti resi disponibili. Inoltre, le loro spore si muovono nell'acqua, per aumentare la possibilità di diffusione.

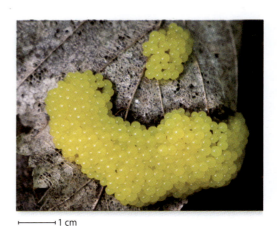

Figura 12 Fungo mucillaginoso plasmodiale. Masse di *Physarum* si trovano su alberi morenti, foglie in decomposizione e altro materiale organico.

> **Rispondi in un tweet**
> 18. Come si nutrono i funghi mucillaginosi e le muffe d'acqua?
> 19. Quali sono le differenze fra funghi mucillaginosi plasmodiali e cellulari?

8.6 I protozoi sono protisti eterotrofi molto diversi fra loro

È difficile individuare le caratteristiche che accomunano i diversi **protozoi**. La maggior parte è unicellulare ed eterotrofa, ma esistono anche alcune specie autotrofe. Si muovono grazie a flagelli, ciglia o pseudopodi. Alcuni vivono liberi nell'ambiente, altri sono parassiti obbligati.

La maggior parte è asessuata, ma molte specie si riproducono sessualmente. In questo paragrafo descriveremo quattro gruppi di protozoi imparentati fra loro alla lontana, definiti per la loro morfologia e modalità di locomozione.

- **I protozoi flagellati** sono organismi unicellulari con uno o più flagelli. La maggior parte vive come organismo libero nell'acqua dolce, nei mari e nei terreni; altri sono parassiti (figura 13).

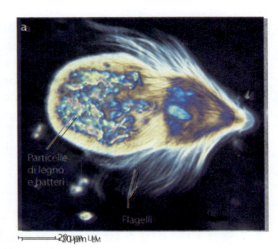

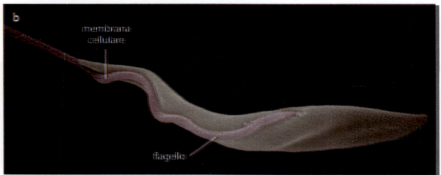

Figura 13 Protozoi flagellati. (a) *Trichonympha* vive nell'intestino delle termiti. Questo protista ha numerosi flagelli. (b) *Trypanosoma brucei* ha un unico flagello ed è la causa della malattia del sonno o tripanosomiasi.

- **I protozoi ameboidi** sono dotati di estensioni citoplasmatiche chiamate pseudopodi, importanti per la locomozione e per catturare il cibo attraverso la fagocitosi. I **foraminiferi** sono un antico gruppo di protozoi ameboidi, per la maggior parte marini. Hanno gusci esterni complessi e dai colori brillanti, composti principalmente da carbonato di calcio (figura 14a). Circa un terzo dei fondali oceanici è composto dai gusci del foraminifero marino *Globigerina*. I **radiolari** sono fra i protozoi più antichi. Sono organismi planctonici con elaborati gusci di silice (figura 14 b); gli pseudopodi si estroflettono da fori presenti nei gusci. Sui fondali oceanici, i depositi di gusci di radiolari raggiungono spessori di 4000 metri.

Figura 14 Foraminiferi e radiolari. (a) I foraminiferi formano gran parte dei sedimenti oceanici. Le bianche scogliere di Dover sono composte soprattutto da gusci di foraminiferi (nel riquadro). (b) Questi intricati gusci di silice sono resti di radiolari.

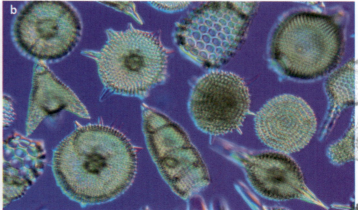

- I **ciliati** sono protisti complessi, per la maggior parte unicellulari, caratterizzati da abbondanti ciglia (figura 15), che servono per muoversi in maniera coordinata, consentendo all'organismo di spostarsi nell'acqua; le ciglia spingono i batteri, le alghe e altri ciliati, di cui la cellula si nutre, nel solco orale verso la "bocca" del ciliato. I prodotti di scarto sono eliminati attraverso un'altra apertura, che funziona da "ano" della cellula. In acqua dolce, l'acqua tende a penetrare nella cellula per osmosi. Un vacuolo contrattile pompa il fluido in eccesso verso l'esterno della cellula. Inoltre, molti tipi di ciliati hanno due tipi di nucleo: un micronucleo e un macronucleo. Il DNA nel micronucleo è trasmesso durante la riproduzione sessuata, mentre i geni del macronucleo hanno funzioni legate al metabolismo e allo sviluppo. I ciliati vivono in diversi ambienti. La maggior parte, come *Paramecium*, vive in autonomia. Altre specie vivono attaccate a un substrato; inoltre circa un terzo dei ciliati vive in simbiosi all'interno dei corpi di crostacei, molluschi e vertebrati.

- Gli **apicomplessi** sono parassiti interni degli animali e sono formati per la maggior parte da un'unica cellula che, in genere, presenta una forma di goccia. Non sono mobili e formano spore. Il nome *apicomplessi* deriva dal complesso apicale: una struttura composta da microtubuli e altri organuli cellulari, posta a un'estremità della cellula, con la quale il parassita invade le cellule ospiti.

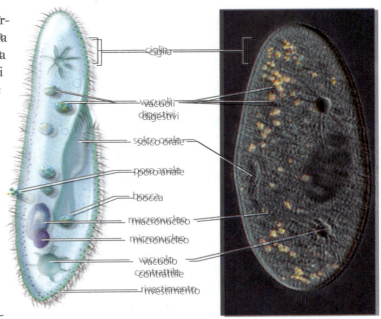

Figura 15 Anatomia di *Paramecium*. La struttura dei *Paramecium* include: micronucleo e macronucleo, un solco orale con una "bocca" dentro la quale le ciglia spingono il cibo, vacuoli digestivi e vacuoli contrattili; un poro anale, che rilascia i prodotti di scarto.

Rispondi in un tweet

220. Come si nutrono i protozoi?
221. Quali sono le caratteristiche di ciascun gruppo di protozoi?
222. Confronta amebe, foraminiferi e radiolari.
223. Come si muovono e nutrono i ciliati?

Ecco perché Non bere quell'acqua

«È obbligatorio fare la doccia prima di entrare in piscina». Perché? In realtà fare una doccia saponata con acqua calda aiuta a eliminare i microbi potenzialmente nocivi prima che possano contaminare l'acqua della piscina.

Cryptosporidium è un esempio di microrganismo contagioso che si diffonde con facilità nell'acqua. Questo protozoo appartenente al phylum Apicomplexa vive nell'intestino delle persone infette, entra nell'organismo per via orale e fuoriesce con le feci. Produce cisti con pareti robuste che possono sopravvivere per diversi giorni nelle acque ricche di cloro delle piscine e di analoghi luoghi ricreativi. Persino quantità minuscole di feci invisibili a occhio nudo possono contaminare l'acqua con le cisti di *Cryptosporidium*. In genere se si ingerisce per sbaglio dell'acqua infetta ci si ammala nel giro di una settimana. I sintomi comprendono diarrea, crampi, febbre, vomito e disidratazione. Semplici misure di prevenzione aiutano a evitare queste epidemie: i bambini con la diarrea non devono entrare in acqua, bisogna lavarsi bene le mani dopo essere andati al servizio, come dice il cartello, bisogna farsi la doccia prima di entrare in piscina.

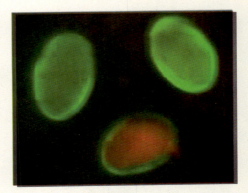

Figura A Pericolo in piscina. Le piccole cisti di *Cryptosporidium* sopravvivono al cloro presente nell'acqua delle piscine.

8.7 Le piante hanno cambiato il mondo

Erbe, alberi, cespugli, felci e muschi esistono quasi ovunque, almeno sulla terraferma. Se diamo uno sguardo a quello che ci circonda, in quasi tutti gli ambienti esterni, le piante sono le prime cose che vediamo (tabella 2).

A. Le alghe verdi sono i parenti più prossimi delle piante

Tutte le piante, dai muschi agli aceri, sono organismi pluricellulari composti da cellule eucariotiche. Con l'eccezione di poche specie parassite, le piante sono autotrofe. Le alghe brune, le rosse e alcune delle alghe verdi sono eucarioti pluricellulari e fanno la fotosintesi. Ma quali delle molte varietà di alghe hanno dato origine alle piante?

Fra 480 e 470 milioni di anni fa, o forse prima, un gruppo di alghe verdi imparentate con le *Charophyta* odierne potrebbe aver dato origine alle piante (figura 16). Le condizioni ambientali sulla terraferma pongono problemi ben diversi da quelli presenti in ambiente acquatico. Infatti sulla terraferma, l'acqua e i minerali necessari per la crescita della pianta si trovano nel terreno, e solo una parte della pianta è esposta alla luce. L'aria, inoltre, fornisce poco supporto (rispetto all'acqua per le alghe) e tende a seccare i tessuti esposti della pianta. Infine, disperdere gameti per la riproduzione sessuale diventa più complicato sulla terraferma. Queste condizioni hanno contribuito a selezionare alcuni adattamenti unici nella struttura e nelle strategie riproduttive delle piante.

I biologi utilizzano alcune di queste caratteristiche per dividere le piante terrestri in quattro gruppi principali: le briofite, le piante vascolari senza semi, le gimnosperme e le angiosperme.

Tabella 2 Phyla delle piante

Phylum	Esempi	Numero di specie esistenti
Piante non vascolari		
Marchantiophyta	Epatiche	9000
Anthocerotophyta	Antoceròte	100
Briophyta	Muschi	15000
Piante vascolari senza semi		
Lycopodiophyta	Licopodi, selaginellaceae	1200
Pteridophyta	Felci eusporangiate, felci leptosporangiate, equiseti	11500
Gimnosperme		
Cycadophyta	Cicadine	130
Ginkophyta	Ginkgo	1
Pinophyta	Pini, abeti e altre conifere	630
Gnetophyta	Gnetofite	80
Angiosperme		
Magnoliophyta	Tutte le piante da fiore, incluse le rose, le erbe, gli alberi da frutta e le querce	>260000

Figura 16 *Charophyta*. Questa alga verde, *Chara*, potrebbe assomigliare agli antenati delle piante terrestri.

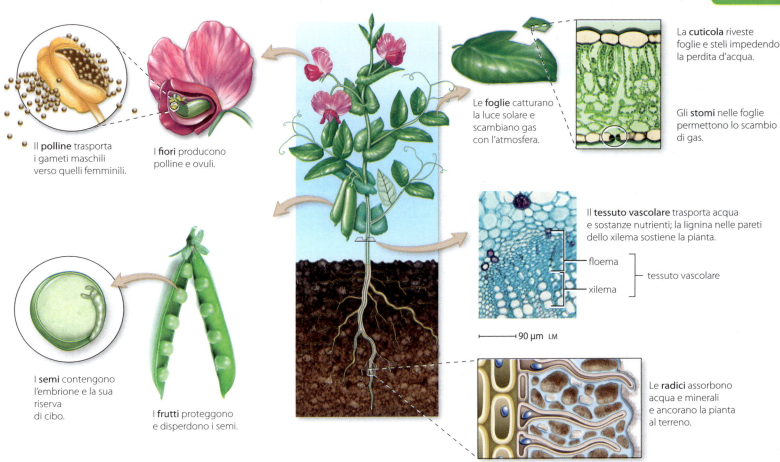

Figura 17 Adattamenti delle piante. Le caratteristiche che rendono possibile la vita sulla terraferma sono evidenziate in una pianta di pisello.

B. Le piante si sono adattate alla vita sulla terraferma

Gli adattamenti che hanno permesso alle piante di crescere mantenendosi erette, di conservare l'umidità, sopravvivere e riprodursi sulla terraferma sono diversi.

Le piante hanno sviluppato un insieme di adattamenti per procurarsi luce, CO_2, acqua e minerali: la maggior parte di esse hanno steli che fuoriescono dal terreno e sorreggono un certo numero di foglie; le superfici delle foglie aumentano al massimo la possibilità di catturare la luce solare e il CO_2. Un sistema di radici altamente ramificate non solo assorbe acqua e minerali dal terreno, ma àncora la pianta al suolo.

L'acqua non è solo un ingrediente fondamentale della fotosintesi, ma esercita anche pressione di turgore sulle pareti cellulari, permettendo alla pianta di mantenersi eretta e di crescere. Un adattamento che permette di conservare l'acqua è la **cuticola**, un rivestimento ceroso che riduce al minimo la perdita di acqua attraverso la parte aerea delle piante. La cuticola cerosa è impermeabile non solo all'acqua, ma anche ai gas come CO_2 e O_2. Le piante scambiano gas con l'atmosfera attraverso gli **stomi**, pori che possono aprirsi e chiudersi.

La divisione dei compiti in una pianta pone un problema: le radici hanno bisogno del nutrimento prodotto nelle foglie, mentre le foglie e gli steli hanno bisogno dell'acqua e dei minerali contenuti nel terreno. Le piante hanno **tessuti vascolari**, un insieme di tubi che trasportano zuccheri, acqua e minerali attraverso l'intera pianta. Solo nelle minuscole piante chiamate briofite, la diffusione da cellula a cellula basta a soddisfare questi bisogni.

Esistono due tipi di tessuto vascolare, xilema e floema.

Lo **xilema** conduce dalle radici alle foglie l'acqua e i minerali disciolti nel terreno. Il **floema** trasporta gli zuccheri, prodotti dalla fotosintesi delle foglie fino alle radici e alle altre parti non verdi della pianta. Lo xilema è ricco di **lignina**, un polimero complesso che rinforza le pareti cellulari. Grazie al suo sostegno, le piante vascolari possono crescere fino a grandi altezze e formare dei rami: questi adattamenti sono importanti per catturare con la massima efficacia la luce solare.

Gli adattamenti riproduttivi

Le piante hanno un ciclo vitale detto **alternanza di generazioni**, nel quale una fase diploide pluricellulare si alterna a una fase aploide pluricellulare (figura 18).
La generazione degli **sporofiti** (diploidi) si sviluppa da uno zigote formato dall'unione dei gameti nel momento della fecondazione. In uno sporofito maturo, alcune cellule producono spore aploidi attraverso la meiosi, e le spore si dividono per mitosi formando il gametofito.
Il **gametofito** (aploide) produce per mitosi gameti attraverso la divisione cellulare; queste cellule sessuali si fondono durante la fecondazione, dando inizio a un nuovo ciclo. Man mano che le piante si sono evolute, diventando più complesse, la generazione dei gametofiti si è ridotta a poche cellule che dipendono dallo sporofito per il nutrimento.
Un'altra caratteristica della riproduzione riguarda la **modalità di diffusione e incontro dei gameti**. I gameti maschili di muschi e felci nuotano nell'acqua per raggiungere gli ovuli, e quindi si diffondono solo per una distanza limitata. Le gimnosperme e le angiosperme possono riprodursi su distanze molto più grandi, grazie ai pollini costituiti dai gametofiti maschili delle piante da seme.
Nell'**impollinazione**, il vento o gli animali trasportano il polline fino alle parti femminili delle piante, eliminando il bisogno di acqua per la riproduzione sessuale.
Le gimnosperme e le angiosperme condividono anche un altro adattamento riproduttivo: i semi. Un **seme** è un embrione vegetale dormiente provvisto di una riserva di nutrimento; un rivestimento esterno robusto impedisce che il contenuto del seme si secchi. La scorta di nutrimento sostiene la giovane pianta da quando il seme germina a quando il germoglio è in grado di compiere la fotosintesi.
La comparsa di pollini e semi è stato un evento significativo nell'evoluzione delle piante. Le spore di muschi e felci – le piante senza semi – vengono prodotte con un piccolo dispendio di energia, ma hanno vita molto breve, e tendono a restare vicine alle loro piante genitrici. Gimnosperme e angiosperme, invece, possono disperdere i loro gameti e i loro semi per lunghe distanze, anche in condizioni aride. Inoltre, i semi possono rimanere dormienti per anni, e germinare quando le condizioni tornano a essere favorevoli.
Due adattamenti evolutivi ulteriori appaiono solo nelle angiosperme: fiori e frutti. I **fiori** sono strutture riproduttive che producono polline e ovuli. Dopo la fecondazione, alcune parti del fiore si trasformano in **frutti** che contengono i semi (figura 19).
I biologi classificano le piante in base alla presenza o assenza di tessuti di trasporto, semi, fiori e frutti.

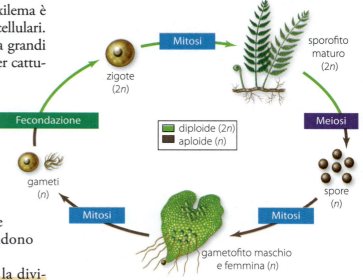

Figura 18 Alternanza di generazioni. Le piante alternano generazioni pluricellulari aploidi (i gametofiti) a generazioni diploidi (gli sporofiti).

Audio Alternanza di generazioni – *Alternation of generations*

Figura 19 Adattamenti evolutivi delle angiosperme. Fiori e frutti aiutano le angiosperme a proteggere e a diffondere sia il polline che la loro prole.

Rispondi in un tweet

24. Qual è la prova che le piante si sono evolute dalle alghe verdi?
25. In che modo il tessuto vascolare rende le piante più adatte alla vita sulla terraferma?
26. Descrivi gli adattamenti riproduttivi delle piante.

8.8 Le briofite sono le piante più semplici

Le piante più antiche, simili alle moderne briofite, apparvero sulla terra circa 450 milioni di anni fa.
Le **briofite** sono piante senza semi, prive di tessuto vascolare.
Le briofite sono caratterizzate da ridotte dimensioni che permettono a ogni cellula di assorbire acqua e nutrimento dall'ambiente e di condividerlo con le cellule vicine per diffusione e osmosi. Anche se le briofite non hanno foglie e radici vere e proprie, molte sono dotate di strutture simili a questi organi. Per esempio, la fotosintesi avviene in aree piatte, simili a foglie; mentre la superficie inferiore delle briofite è coperta da filamenti sottili, i **rizoidi**, che ancorano la pianta al suo substrato. Esistono, ad oggi, 24 000 specie di briofite divise in tre phyla: muschi, antocerote, epatiche (figura 20).
Le briofite si riproducono per via sessuata e asessuata. La riproduzione asessuata avviene nelle gemme, piccole porzioni di tessuto che si staccano e vanno a formare una nuova pianta. Il ciclo vitale sessuale delle briofite è illustrato nella figura 21.

Figura 20 Briofite. (**a**) Epatica. Le strutture a ombrello producono cellule uovo o gameti maschili. (**b**) Un antocerota. (**c**) Un muschio.

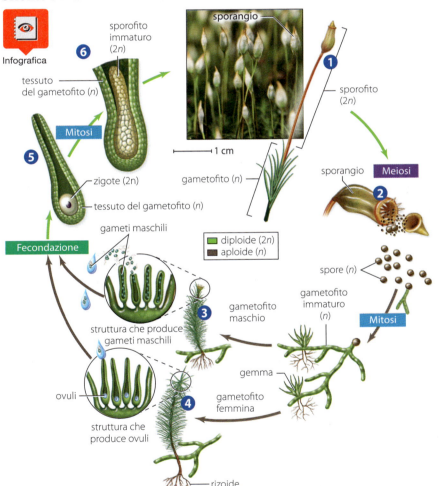

Figura 21 Ciclo vitale di una briofita. ❶ Nello sporofito le cellule dello sporangio si dividono per meiosi, producendo spore aploidi ❷ che rilasciate si sviluppano in gametofiti maschili e femminili. ❸ I gametofiti maschili producono per mitosi gameti maschili che nuotano su una pellicola d'acqua fino ai ❹ gametofiti femminili, che producono ovuli. ❺ I gameti si uniscono a formare uno zigote, che ❻ si sviluppa in un nuovo sporofito.

Rispondi in un tweet
27. Descrivi le caratteristiche principali della struttura delle briofite.
28. Cosa sono i rizoidi?

Audio Il ciclo vitale delle briofite

8.9 Le piante vascolari senza semi hanno xilema e floema

La maggior parte delle piante non vascolari ha piccole dimensioni, mentre le piante vascolari senza semi (1200 specie) riescono a raggiungere anche dimensioni cospicue.

Il tessuto vascolare ha permesso alle piante che lo possedevano di diventare più alte e più robuste delle piante non vascolari. L'aumento in altezza è un adattamento importante, perché le piante più alte hanno un vantaggio rispetto alle piante basse nella competizione per la luce solare. A differenza delle briofite, le piante vascolari senza semi, di norma, possiedono vere e proprie radici, fusti e foglie. In molte specie, foglie e radici spuntano da fusti sotterranei chiamati rizomi, che a volte fungono da riserva di carboidrati.

I più antichi esemplari di piante vascolari senza semi sono di specie estinte, ma le prove fossili suggeriscono che abbiano avuto origine circa 425 milioni di anni fa. Si suppone che i licopodi discendano da quelle prime piante vascolari, mentre le altre piante vascolari senza semi, incluse le felci, apparvero circa 50 milioni di anni più tardi.

La piante vascolari senza semi sono divise in due phyla e comprendono quattro gruppi: licopodi (phylum *Lycopodiophyta*), felci eusporangiate, equiseti e felci leptosporangiate (phylum *Pteridophyta*) (figura 22). La maggior parte delle piante vascolari senza semi vive sulla terraferma, dove le loro radici aiutano a stabilizzare il terreno e impedirne l'erosione.

Figura 22 Piante vascolari senza semi. (a) Questa pianta del genere *Selaginella* ha foglie simili a squame. (b) Questa felce dei faggi ha le fronde tipiche di una felce leptosporangiata. (c) *Lycopodium*, con i suoi steli eretti. (d) Su questa felce eusporangiata, di genere *Psilotum*, sono visibili sporofiti giallastri. (e) *Equisetum*.

La figura 23 mostra il ciclo vitale di una felce. Molte piante vascolari senza semi vivono in aree ombreggiate e umide. Come le briofite, queste piante producono gameti maschili che si muovono nell'acqua, perciò non possono riprodursi sessualmente in ambienti asciutti.

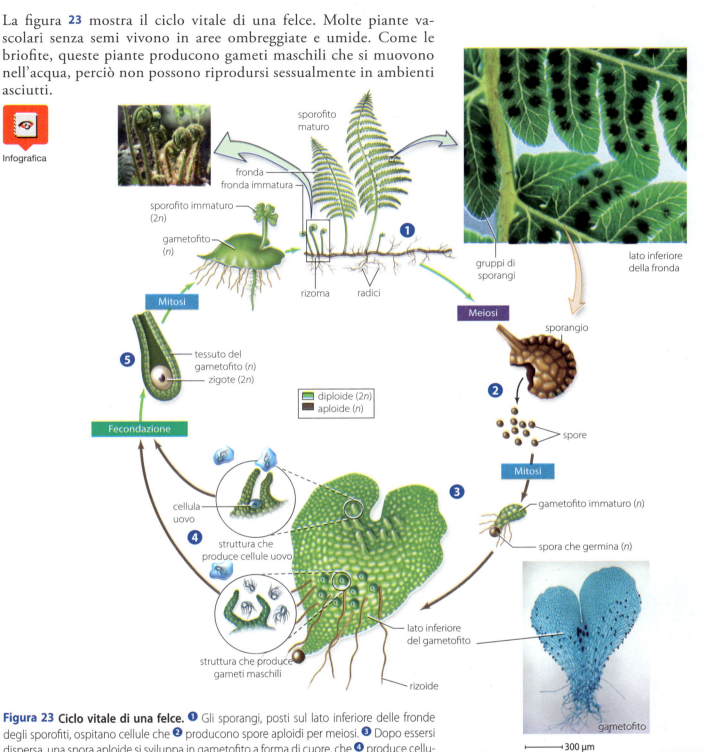

Figura 23 Ciclo vitale di una felce. ❶ Gli sporangi, posti sul lato inferiore delle fronde degli sporofiti, ospitano cellule che ❷ producono spore aploidi per meiosi. ❸ Dopo essersi dispersa, una spora aploide si sviluppa in gametofito a forma di cuore, che ❹ produce cellule uovo e gameti maschili per mitosi. I gameti maschili nuotano verso gli ovuli attraverso la pellicola d'acqua che ricopre la pianta. ❺ I gameti si uniscono e danno origine a uno zigote, che si svilupperà in uno sporofito.

Audio Il ciclo vitale di una pianta vascolare senza semi

Rispondi in un tweet

29. Elenca i quattro gruppi di piante vascolari senza semi.
30. Come si riproducono le piante vascolari senza semi?
31. Per quali aspetti piante vascolari senza semi e briofite sono simili? In cosa sono diverse?

8.10 Le gimnosperme hanno semi nudi

Le briofite e le piante vascolari senza semi hanno dominato la vegetazione terrestre per più di 150 milioni di anni; eppure circa 300 milioni di anni fa hanno ceduto il posto a piante con polline e semi.

Le più antiche piante con semi sono le **gimnosperme** (dal greco *gymnós*, nudo, e *sperma*, seme). I semi di queste piante sono nudi perché non sono racchiusi in un frutto.

A. Le gimnosperme sono divise in quattro phyla

Le gimnosperme moderne sono diverse fra loro per le strutture riproduttive e per l'aspetto delle foglie. Gli sporofiti della maggior parte delle gimnosperme hanno l'aspetto di alberi o arbusti, anche se alcune specie sono più simili a una vite rampicante. Le foglie hanno la forma di aghi, piccole squame, lamine piatte oppure sono grandi fronde simili a felci. Le circa 800 specie di gimnosperme si dividono in quattro phyla (figura **24**):

- Le **cicadine** (phylum *Cycadophyta*) vivono soprattutto nelle regioni tropicali e subtropicali. Hanno grandi foglie, simili a quelle delle palme, e grandi organi riproduttori.
- I **gingko** (phylum *Ginkgophyta*) hanno grandi foglie a forma di ventaglio. Ne esiste solo una specie che ha circa 80 milioni di anni, il *Ginkgo biloba*, un albero a sessi separati.
- Le **conifere** (phylum *Pinophyta*) sono di gran lunga le gimnosperme più conosciute (i pini). Hanno le foglie a forma di aghi o di piccole scaglie, e producono i gameti nei coni.
- Le **gnetofite** (phylum *Gnetophyta*) comprendono alcune piante molto particolari. Un esempio è *Welwitschia*, una pianta del deserto con un solo paio di lunghe foglie a nastro che conserva per tutta la vita: fino a 2000 anni.

Figura 24 Gimnosperme. (**a**) Le cicadine sono antiche piante con semi, con coni che si formano all'interno di una corona di grandi foglie. La figura mostra un cono da semi. (**b**) I *Ginkgo biloba* ingialliscono in autunno. La foto in basso mostra un seme, con il rivestimento carnoso. (**c**) Questo abete è una conifera. Il cono che contiene i semi è formato da scaglie legnose. (**d**) *Ephedra* è una gnetofita con coni che assomigliano a piccoli fiori.

Capitolo 8 **Biodiversità di procarioti, protisti, piante e funghi** 201

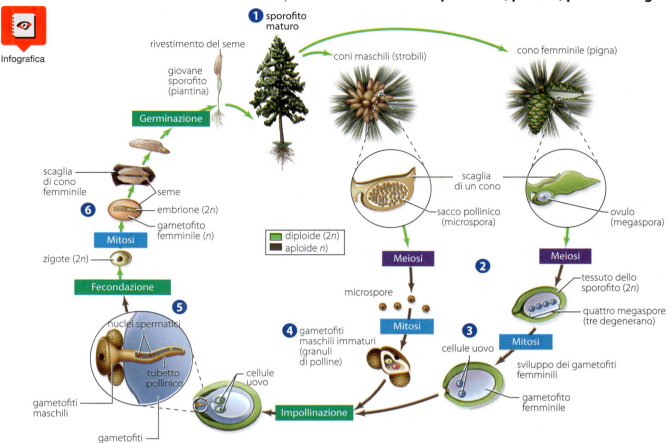

B. Le conifere producono pollini e semi contenuti in strutture chiamate coni

Prendiamo un pino come esempio per illustrare il ciclo di vita delle gimnosperme (figura 25). Lo sporofito maturo produce **coni**, che contengono gli organi riproduttivi. I coni femminili, le **pigne**, hanno due sporangi, chiamati **ovuli**, sulla superficie di ogni squama legnosa. Attraverso la meiosi, ogni cellula uovo produce quattro strutture aploidi, chiamate megaspore ma solo una di queste origina un gametofito femminile. Nel corso di molti mesi, il gametofito femminile produce per meiosi da due a sei cellule uovo. In modo analogo i coni maschili, gli **strobili**, contengono sporangi su piccole squame sottili e delicate; attraverso la meiosi, gli sporangi producono microspore, che diventeranno granuli di polline (gametofiti maschili immaturi) trasportati dal vento. Quando i granuli di polline raggiungono le squame di un cono femminile e aderiscono a gocce di una secrezione appiccicosa, avviene l'impollinazione. Il granulo di polline germina, dando origine a un tubetto pollinico che cresce e raggiunge la cellula uovo. Lo zigote risultante è la prima cellula dello sporofito. Questo processo è così lento che la fecondazione avviene quindici mesi circa dopo l'impollinazione.
All'interno dell'ovulo, il tessuto aploide del gametofito femminile nutre l'embrione diploide, che presto diventa dormiente. Allo stesso tempo, l'ovulo avvolge l'embrione con un guscio protettivo. Il seme cadrà o sarà disperso dal vento o dagli animali. Se le condizioni saranno favorevoli, il seme germinerà, dando origine a un nuovo albero, che potrà ricominciare il ciclo.

Figura 25 Ciclo vitale di un pino. ❶ Lo sporofito maturo produce coni maschili e femminili. ❷ Le cellule nei coni maschili e femminili si dividono per meiosi, producendo spore che danno origine a gametofiti aploidi, composti da poche cellule. ❸ Sui coni femminili, ogni scaglia ospita due ovuli (ne è rappresentato solo uno), ciascuno dei quali produce un gametofito che dà origine alle cellule uovo. ❹ I coni maschili producono polline, i gametofiti maschili. ❺ Un granulo di polline percorre il tubetto pollinico e il nucleo di un gamete maschile arriva alla cellula uovo, formando lo zigote che diventerà un embrione. ❻ L'embrione è racchiuso all'interno di un seme, che potrà germinare e produrre un nuovo albero.

Audio Il ciclo vitale di una conifera

Rispondi in un tweet

32. Quali sono le caratteristiche delle gimnosperme?
33. Quali sono i quattro gruppi di gimnosperme?
34. Qual è il ruolo dei coni nella riproduzione delle conifere?
35. Cosa accade prima e dopo l'impollinazione?

8.11 Le angiosperme hanno semi racchiusi da frutti

Il 95% di tutte le piante moderne è costituito da **angiosperme** o piante da fiore (phylum *Magnoliophyta*), che sono caratterizzate dalla presenza di strutture riproduttive speciali: fiori e frutti. I fiori producono polline e cellule uovo; dopo l'impollinazione e la fecondazione, i fiori danno origine a frutti che racchiudono i semi della pianta.

Audio — Il ciclo vitale di una pianta da fiore

DIZIONARIO VISUALE

Infografica

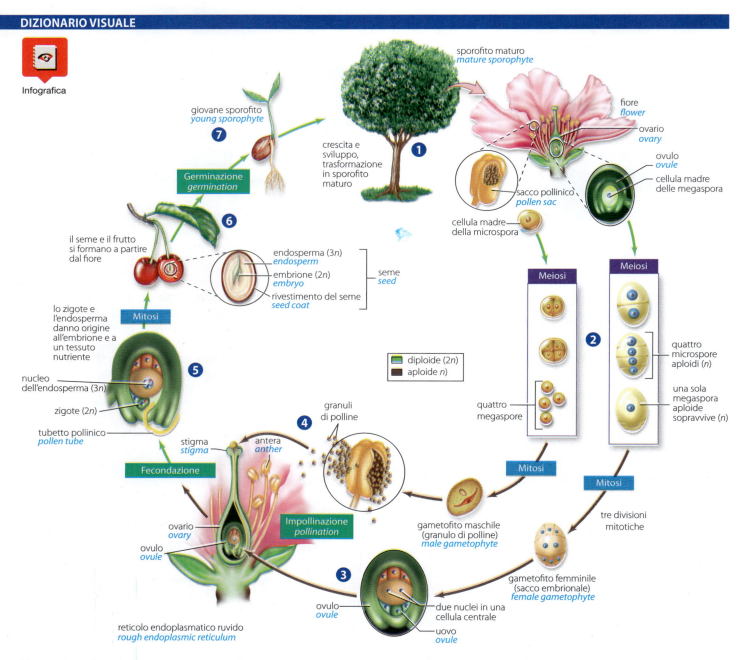

Figura 26 Ciclo vitale di un'angiosperma. ❶ Lo sporofito maturo produce fiori. ❷ Le cellule nel sacco pollinico e nell'ovario si dividono per meiosi, producendo spore che danno origine a gametofiti aploidi maschili e femminili. ❸ All'interno di ciascun ovulo, il gametofito femminile contiene un uovo e due nuclei in una cellula centrale. ❹ Il sacco pollinico produce polline, i gametofiti maschili. ❺ Un granulo di polline trasporta due nuclei spermatici; uno feconda l'uovo, l'altro si unisce ai nuclei della cellula centrale, formando una cellula triploide che dà origine all'endosperma. ❻ Ogni ovulo dà origine a un seme; il frutto si sviluppa a partire dalla parete dell'ovario. ❼ La germinazione produce il giovane sporofito.

Il nome *angiosperma* è un omaggio a questo ciclo vitale unico; il prefisso *angio-* deriva dalla parola greca *angeiôn* che definisce la parola recipiente. Quindi un frutto è un recipiente per i semi. Si suppone che la loro origine possa essere collocata all'incirca 144 milioni di anni fa. Le angiosperme possono essere divise in due grandi gruppi: eudicotiledoni e monocotiledoni.

Le **eudicotiledoni** hanno due cotiledoni (le prime strutture fogliari che si formano nell'embrione), ne esistono circa 175 000 specie, i due terzi di tutte le angiosperme. Vi appartengono le rose, le margherite, i girasoli, le querce e i pomodori, per esempio.

Le **monocotiledoni** hanno un solo cotiledone; ne esistono 70 000 specie tra cui le orchidee, i gigli e molte specie erbacee, comprese la canna da zucchero, il riso, l'orzo, il grano e il mais.

Il ciclo di vita delle angiosperme è per alcuni aspetti simile a quello delle gimnosperme (figura 26). Per esempio, lo sporofito è la generazione di più grandi dimensioni, ed entrambi i tipi di piante producono polline e semi. Eppure i cicli vitali differiscono per aspetti importanti: gli organi riproduttivi delle angiosperme sono i fiori e non i coni: gli ovuli delle angiosperme diventano semi nell'ovario del fiore e l'ovario si trasforma in frutto, che protegge i semi e aiuta a disperderli.

Un'altra caratteristica unica del ciclo vitale delle angiosperme è la **doppia fecondazione**. Ogni granulo di polline porta due nuclei spermatici all'ovulo, che contiene i gametofiti femminili. Uno dei nuclei spermatici feconda un uovo, producendo uno zigote diploide che diventerà un embrione. L'altro nucleo spermatico, invece, si unisce a una coppia di nuclei nella cellula centrale del gametofito. Questa speciale fecondazione produce un nucleo triploide ($3n$) che dà origine all'endosperma. L'embrione e l'endosperma, contenuti in un involucro, costituiscono il seme delle angiosperme; uno o più semi si sviluppano all'interno di ciascun frutto. La funzione dell'endosperma è di fornire nutrimento all'embrione fino alla germinazione del seme, quando la piantina inizia a procurarsi il cibo attraverso la fotosintesi. Considerata la sua funzione, il tessuto dell'endosperma contiene spesso amidi o lipidi, ricchi di energia.

L'**impollinazione** e la **dispersione dei semi** sono il cuore della riproduzione sessuale delle angiosperme, infatti la selezione naturale favorisce le piante che disperdono la loro progenie a distanza; questa strategia allo stesso tempo riduce la competizione con i genitori e promuove la diversità genetica. Il vento (impollinazione anemogama) e gli animali (impollinazione zoogama) sono i due mezzi di trasporto principale del polline (figura 27) ma in realtà esistono anche altri vettori per trasportare il polline, come l'acqua (impollinazione idrogama) e l'uomo (impollinazione artificiale). Attraverso gli stessi meccanismi e vettori può avvenire anche la dispersione dei semi.

Figura 27 L'impollinazione. (**a**) Fra le piante impollinate dal vento ci sono gli aceri rossi (a sinistra) e le tife (a destra). I cilindri marroni delle tife sono gruppi allungati di piccoli fiori. (**b**) Le piante impollinate dagli animali includono la camomilla (a sinistra) e il banano (a destra). Sono i pipistrelli a impollinare i banani selvatici, ma le varietà commerciali producono frutti senza impollinazione.

Rispondi in un tweet

36. Quali sono i due più grandi gruppi di angiosperme?
37. Per quali aspetti i cicli vitali di angiosperme e conifere si assomigliano? In quali differiscono?
38. Qual è la relazione fra fiori e frutti?
39. In che modo gli animali partecipano alla riproduzione delle angiosperme?

8.12 I funghi sono decompositori

I **funghi** vivono quasi ovunque – nel terreno, all'interno e all'esterno di piante e animali, nell'acqua e persino negli escrementi degli animali (figura 28). Possiedono una notevole varietà di forme: funghi microscopici infettano le cellule dei protisti, mentre funghi enormi si estendono per lunghissime distanze. I micobiologi (i biologi che studiano i funghi) hanno identificato più di 80 000 specie di funghi, ma si pensa che ne esistano almeno 1 milione e mezzo (tabella 3).

I funghi hanno una cattiva reputazione perché possono causare malattie e fare ammuffire i cibi. In realtà i funghi sono molto utili per la nostra specie: alcuni sono commestibili, altri sono impiegati per la preparazione di cibi e bevande, e altri ancora sono utilizzati nella ricerca biologica. In particolare, i funghi rivestono un ruolo vitale negli ecosistemi. Molti funghi secernono enzimi digestivi che decompongono animali e piante morti, rilasciando sostanze nutritive inorganiche e rendendole disponibili per le piante. Altri funghi aiutano le piante ad assorbire i minerali o a combattere le malattie.

In generale, alcuni funghi sono decompositori o parassiti, mentre altri formano anche relazioni simbiotiche con organismi viventi portano beneficio a entrambi i partner (associazione mutualistica).

A. I funghi sono eucarioti eterotrofi

La storia evolutiva dei funghi è ancora poco chiara. L'ipotetico antenato comune di tutti i funghi è un protista acquatico flagellato unicellulare che assomiglia a funghi oggi esistenti (chitridi). L'identità del parente più stretto dei funghi rimane invece controversa, sebbene i biologi sappiano che i funghi sono imparentati più con gli animali che con le piante. Questo può risultare sorprendente se si considerano le similitudini superficiali fra le piante e i funghi. A differenza delle piante, però, i funghi non compiono la fotosintesi e, inoltre, condividono molte caratteristiche chimiche e metaboliche degli animali.

I funghi hanno una combinazione di caratteristiche unica.

- Le cellule fungine sono eucariotiche.
- Sono eterotrofi, come gli animali, ma si procurano il cibo in maniera diversa: secernono enzimi che decompongono la materia organica all'esterno del corpo, assorbendo poi le sostanze nutrienti prodotte.
- Le loro pareti cellulari sono composte da chitina, un carboidrato modificato che forma anche l'esoscheletro di alcuni animali.
- Il carboidrato di riserva è il glicogeno, lo stesso degli animali.
- La maggior parte è pluricellulare, ma i lieviti sono unicellulari. La distinzione fra lieviti e funghi pluricellulari non è però assoluta: alcune specie possono alternare fasi uni- e pluricellulari.
- I funghi hanno cicli riproduttivi con caratteristiche uniche. Alcuni funghi rimangono aploidi per la maggior parte del loro ciclo vitale; altri hanno una fase **dicariotica**, quando le cellule di due individui diversi si uniscono ma i nuclei dei due genitori rimangono separati

Tabella 3 Phyla dei funghi

Phylum	Esempi	Numero di specie esistenti
Chytridiomycota	Parassiti della pelle delle rane	1000
Zygomycota	Muffa nera del pane	1000
Glomeromycota	Funghi micorrizici	200
Ascomycota	Morchelle, tartufi, lieviti	Più di 50 000
Basidiomycota	Prataiolo, vescia	30 000

Figura 28 Varietà dei funghi. (a) Queste microscopiche cellule di lievito si riproducono per gemmazione. (b) Una muffa polverosa ricopre la superficie di alcune foglie, e produce microscopiche strutture riproduttive. (c) Un gruppo di funghi su un albero.

Capitolo 8 Biodiversità di procarioti, protisti, piante e funghi 205

(figura 29). I due nuclei finiscono per fondersi, producendo uno zigote diploide; nella maggior parte dei funghi, lo zigote è l'unica cellula diploide. Lo zigote compie subito la meiosi e forma nuclei aploidi, che poi si dividono per mitosi durante la crescita dell'organismo. Solo i funghi hanno cellule dicariotiche.

Dal punto di vista microscopico invece, il corpo di un fungo si estende ben oltre la propaggine visibile (figura 30). I funghi sono composti, infatti, da un numero enorme di filamenti microscopici chiamati **ife**, questi si diramano all'interno di una fonte di nutrimento, crescendo e assorbendo sostanze nutritive. Un **micelio** è una massa di ife che forma filamenti visibili nel terreno o nel legno in decomposizione.

Mentre le ife rimangono nel terreno a procurare nutrimento, le strutture riproduttive del fungo emergono in superficie. La maggior parte dei funghi produce abbondanti **spore**, ovvero microscopiche cellule riproduttrici. Le spore, se finiscono su un substrato idoneo, e con condizioni ambientali idonee, possono germinare e produrre ife, dando inizio a una nuova colonia.

Le spore, inoltre, possono essere prodotte per via sessuale o non sessuale. Si chiamano **conidi** le spore asessuali; per esempio la polvere verdastra, o nera, sui cibi ammuffiti è costituita interamente da conidi.

Invece la produzione di spore sessuali può essere molto più complessa. Nella maggior parte delle specie, le ife si aggregano per formare un **corpo fruttifero**; l'organo sessuale specializzato che produce spore. La parte commestibile dei porcini, delle vesce e dei tartufi è il corpo fruttifero.

Per esempio nel fungo raffigurato nella figura 30, il gambo sostiene un cappello provvisto di numerose lamelle, ognuna delle quali produce spore. La parte aerea del fungo è composta da ife strettamente legate a formare una struttura solida.

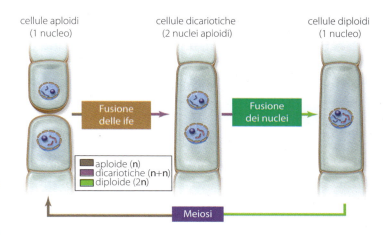

Figura 29 Aploide, dicariotico o diploide? Nella maggior parte dei funghi, le cellule aploidi dicariotiche sono presenti in grande abbondanza; in genere, l'unica cellula diploide è lo zigote.

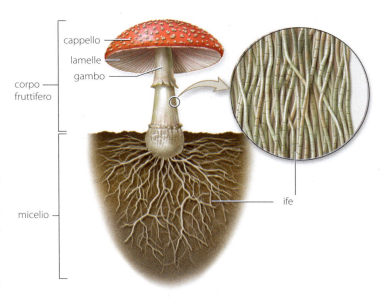

Figura 30 Struttura di un fungo. Un fungo è, sorretto da ife che affondano nella sua fonte di nutrimento (in questo caso il terreno).

Biology FAQ Why does food get mouldy?

Fungal spores are everywhere. They germinate and grow into colonies on any surface that provides enough food, oxygen, and moisture. Fresh bread, cheese, fruits, and vegetables are all perfect for fungal growth. Often, a fruit remains mould-free until its protective skin is punctured, but fungi quickly take over once they gain access to the moist interior.

Perhaps this would be a better question: why don't some foods get mouldy?

Humans have devised many ways to preserve food. Refrigeration dramatically slows the rate of fungal growth. Salt and sugar, in sufficiently high concentrations, also retard mould growth by limiting the fungus ability to take up water by osmosis. Dried foods are preserved in the same way. Cooking and pickling prevent spoilage by damaging microbial enzymes. One additional method is to add chemical preservatives to foods. Organic acids such as sodium benzoate are common food additives that inhibit mould growth by disrupting fungal cell membranes. Many processed food are so laden with preservatives that shelf lives extend for years, a remarkable accomplishment in a world full of hungry microbes.

mould	muffa
fungus	fungo
moisture	umidità
spoilage	deterioramento

B. I licheni sono organismi simbiotici

Un lichene è l'unione di un fungo, ascomicete o basidiomicete, e di un' alga verde o di un cianobatterio che si sviluppano fra le sue ife (figura 31). Questi ultimi sono in grado di catturare la luce e fare la fotosintesi, fornendo carboidrati; il fungo assorbe acqua e minerali essenziali.

I licheni sono chiamati organismi duali perché sono composti dal fungo e dal suo partner autotrofo ma appaiono come un singolo organismo, se osservati a occhio nudo.

I licheni hanno una grande varietà di forme. Molti assomigliano a croste piatte e colorate, altri formano strutture in rilievo che assomigliano a muschi od arbusti in miniatura; altri ancora hanno l'aspetto di fronde lunghe sottili che pendono dai rami degli alberi.

I licheni sono molto importanti dal punto di vista ecologico. Essi infatti possono secernere acidi che sciolgono le rocce, un primo passo nel processo di formazione del terreno. Inoltre, molti ospitano cianobatteri che fissano l'azoto e lo rendono disponibile alle piante.

Dalla corteccia degli alberi ai massi rocciosi e al terreno qualunque superficie stabile può essere un substrato per i licheni, che riescono a sopravvivere in ogni ambiente, dai deserti più aridi alle foreste tropicali più umide, all'Artico gelato. Infatti i licheni resistono alla disidratazione sospendendo il loro metabolismo, per poi riattivarlo quando il tasso di umidità torna favorevole allo sviluppo. L'unico habitat ostile ai licheni sono le aree inquinate: i licheni, infatti, sono utilizzati come indicatori della qualità dell'aria poiché sono sensibili agli inquinanti atmosferici. Essi assorbono le tossine ma non riescono a espellerle e muoiono accumulando nella loro matrice gli inquinanti metallici. Analizzando il tallo dei licheni è possibile conoscere la concentrazione di inquinanti presenti nel luogo in cui essi vivono.

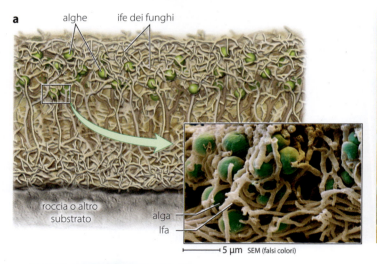

Figura 31 Anatomia di un lichene. (a) Sezione trasversale di una crosta di lichene su una roccia; le ife del fungo si avvolgono strettamente intorno alle cellule del loro partner fotosintetico. (b) A occhio nudo, i licheni che vivono sulle rocce sembrano organismi singoli.

Rispondi in un tweet

40. Perché i funghi sono importanti negli ecosistemi?
41. Quali caratteristiche definiscono i funghi?
42. Quali prove suggeriscono che i funghi siano legati agli animali più che alle piante?
43. Descrivi le strutture principali dei funghi.
44. Quali sono le caratteristiche di un lichene?

Organizzazione delle conoscenze

Capitolo 8 — Biodiversità di procarioti, protisti, piante e funghi

Biodiversità di procarioti, protisti, piante e funghi: ricapitoliamo

Per rispondere alle domande osserva la mappa e la figura e fai riferimento ai contenuti del capitolo.

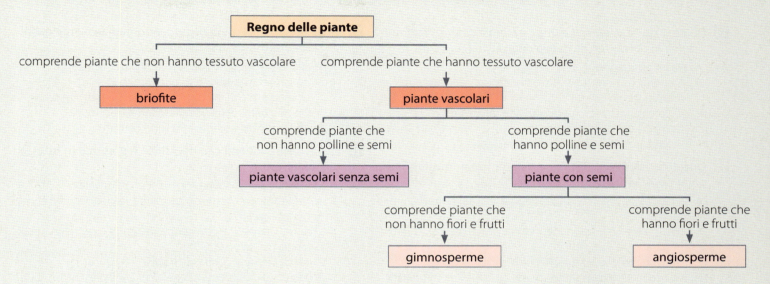

1. Quali gruppi di piante presenti nella mappa concettuale producono spore?
2. In che modo si riproducono le briofite e le piante vascolari senza semi?
3. Qual è la relazione tra polline e semi?
4. Descrivi un adattamento tipico di ciascun gruppo di piante vascolari.
5. Inserisci un esempio di pianta per ogni gruppo presente nella mappa concettuale.
6. Confronta il ciclo riproduttivo di un fungo con quello di una gimnosperma (puoi prendere l'esempio di una conifera).
7. Come si distingue la riproduzione di una angiosperma da quella di una gimnosperma?
8. Inserisci nella mappa concettuale i termini eucotiledoni, monocotiledoni, fiori e frutti.
9. Qual è il rapporto dei funghi con gli altri organismi viventi?

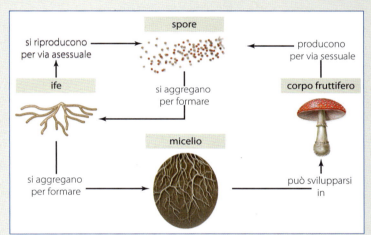

10. Quali sono le differenze tra un fungo e un protista?
11. Aggiungi alla mappa concettuale i termini sporofito, spore, gametofito.
12. In che cosa consiste l'alternanza di generazioni?

Il glossario di biologia

13. Costruisci il tuo glossario bilingue di biologia, completando la tabella seguente con la traduzione italiana o inglese dei termini proposti.

Termine italiano	Traduzione inglese	Termine italiano	Traduzione inglese
Peptidoglicano			*Euglenoid*
	Gram stain	Protozoi	
	Glycocalyx		*Xylem*
Estremofili		Sporofito	
	Protist		*Bryophytes*
Alghe		Gimnosperme	

Autoverifica delle conoscenze

 Simula la parte di biologia di una prova di accesso all'università? Rispondi ai seguenti test in 25 minuti e calcola il tuo punteggio in base alla griglia di soluzioni che trovi in fondo al libro. Considera: 1,5 punti per ogni risposta esatta; – 0,4 punti per ogni risposta sbagliata; 0 punti per ogni risposta non data. Trovi questi test anche in versione interattiva sul ME•book.

14 Quale di questi elementi è una caratteristica che distingue il dominio dei batteri da quello degli archei?
- A La loro dimensione
- B La composizione chimica della parete cellulare e della membrana cellulare
- C La loro capacità di crescere ad alte temperature
- D La forma dei loro mitocondri
- E La presenza di un cromosoma circolare

15 Quale caratteristica distingue i batteri gram-positivi dai gram-negativi?
- A Una parete cellulare di peptidoglicano nei batteri gram-positivi
- B Una parete cellulare di peptidoglicano nei batteri gram-negativi
- C Un secondo doppio strato lipidico nei batteri gram-positivi
- D Un secondo doppio strato lipidico nei batteri gram-negativi
- E Sia la risposta A che la risposta D sono corrette

16 Quale tra le seguenti caratteristiche NON è comune a tutti i protisti?
- A Sono unicellulari
- B Le cellule contengono organuli rivestiti da membrana
- C Le cellule contengono un nucleo
- D Sono eucarioti
- E Nessuna delle precedenti risposte è corretta

17 Immagina di studiare un protista al microscopio. Se è una specie nota di protista, potrebbe essere:
- A un parassita
- B un decompositore
- C fotosintetico
- D bioluminescente
- E tutte le risposte precedenti sono corrette

18 Che cosa distingue un'alga da un protozoo?
- A La presenza di un flagello
- B La capacità di vivere in acqua
- C La capacità di fare fotosintesi
- D La possibilità di essere pluricellulari
- E Sia la risposta B che la risposta C sono corrette

19 Quale tra le seguenti caratteristiche NON è una somiglianza tra piante terrestri e alghe?
- A La fotosintesi
- B L'uso di amido come riserva di energia
- C Pareti cellulari di cellulosa
- D La presenza di una cuticola e stomi
- E Nessuna delle precedenti risposte è corretta

20 Nell'alternanza di generazioni delle piante, il gametofito è ...... e produce gameti per ....
- A aploide; mitosi
- B diploide; mitosi
- C aploide; gemmazione
- D aploide; meiosi
- E diploide; meiosi

21 Quali condizioni hanno dovuto affrontare le piante quando si sono spostate sulla terraferma?
- A L'aria fornisce meno supporto fisico dell'acqua
- B L'essiccamento è diventato più probabile
- C Erano adattate a una dispersione dei gameti in acqua
- D Solo una parte della pianta è esposta alla luce
- E Tutte le risposte precedenti sono corrette

22 Quale delle seguenti caratteristiche è presente in tutte le piante terrestri?
- A Le cellule spermatiche sono disperse dal vento
- B Un rivestimento esterno del seme impedisce che l'embrione si secchi
- C Tessuti vascolari che trasportano acqua e nutrienti attraverso la pianta
- D Fiori per attrarre gli impollinatori
- E Nessuna delle caratteristiche elencate è presente in tutte le piante terrestri

23 In che modo la presenza di tessuto vascolare (xilema e floema) influenza una pianta?
- A Riduce la dipendenza della pianta dall'umidità
- B Permette la specializzazione di radici, foglie e stelo
- C Permette la crescita di piante più grandi
- D Permette lo sviluppo di rami, utili nella competizione per la luce solare
- E Tutte le risposte precedenti sono corrette

24 La riproduzione in un pino è associata con:
- A coni maschili e femminili
- B polline trasportato dal vento
- C la formazione di tubetti pollinici
- D l'impollinazione sulle pigne
- E tutte le risposte precedenti sono corrette

25 I funghi sono tradizionalmente classificati in base:
- A al loro ambiente
- B alle cellule dicariotiche
- C al tipo di spore
- D al modo di procurarsi energia
- E nessuna delle precedenti risposte è corretta

26 Che cos'è un lichene?
- A Un tipo di fungo fotosintetico
- B Una combinazione tra un fungo e un'alga o un cianobatterio
- C Una combinazione tra due phyla di funghi
- D Una combinazione tra un fungo e una radice
- E Una combinazione tra un fungo e un protozoo

27 Una cellula dicariotica si produce quando:
- A due cellule aploidi si fondono ma i nuclei rimangono separati
- B due nuclei diploidi si fondono
- C la mitosi si verifica senza citodieresi
- D la meiosi si verifica una volta e la citodieresi due volte
- E nessuna delle precedenti risposte è corretta

Sviluppo delle competenze

Capitolo 8 **Biodiversità di procarioti, protisti, piante e funghi**

28 Classificare Elenca le caratteristiche che distinguono i quattro maggiori gruppi di piante; fai un esempio di una pianta per ciascun gruppo.

29 Formulare ipotesi Analizza l'alternanza di generazioni comune a tutte le piante. Se tu isolassi tutti i gameti prodotti da un gametofito e analizzassi il DNA, vedresti variabilità tra i gameti?

30 Formulare ipotesi Perché potrebbe essere difficile produrre farmaci che possano trattare infezioni fungine senza danneggiare le cellule umane?

31 Fare connessioni logiche Le briofite sono molto più piccole della maggior parte delle piante vascolari: fornisci almeno due spiegazioni per spiegare questa caratteristica. Perché l'aumento dell'altezza può essere adattativo? In quali circostanze le piccole dimensioni sono adattative?

32 Relazioni In che modo le ife sono simili alle radici delle piante? E come queste strutture sono diverse?

33 Relazioni Funghi e animali sono entrambi eterotrofi. Che cosa significa? Quali sono le differenze tra funghi e animali nel modo di ottenere nutrimento?

34 Inglese Which type of plant produces seeds enclosed in fruits?
A Bryophyte
B Gymnosperm
C Angiosperm
D True fern
E Both B and C are correct

35 Inglese Fungi get nutrients through their:
A fruiting body
B hyphae
C spores
D roots
E leaves

36 Metodo scientifico Se dovessi sviluppare un antibiotico a largo spettro per eliminare una grande varietà di batteri, quali strutture cellulari e quale vie dovresti colpire? Quali di queste strutture-bersaglio sono presenti anche nelle cellule eucariotiche, e perché questa considerazione è importante? Come cambierebbe la tua strategia se dovessi sviluppare un nuovo antibiotico molto specifico, attivo soltanto contro alcuni tipi di batteri?

37 Comunicare Spiega perché i biologi evoluzionisti sono interessati ai coanoflagellati, alle alghe verdi, e agli organismi con mitocondri i cui genomi assomigliano a quelli dei batteri.

38 Scienza e società Secondo una definizione data nel 2001 dall'Organizzazione mondiale della Sanità, i probiotici sono «organismi vivi che, somministrati in quantità adeguata, apportano un beneficio alla salute dell'ospite». Si tratta spesso di batteri vivi non patogeni, presenti negli alimenti o aggiunti a essi. Alcuni dei microrganismi presentati come probiotici,

però, non svolgono nessun ruolo benefico per la salute dell'ospite; infatti non possono sopravvivere agli acidi presenti nella bocca o nello stomaco di chi li consuma.

a. Immagina di dover testare se un prodotto alimentare presentato come probiotico, risponde ai requisiti necessari per poter essere introdotto sul mercato con questa denominazione. Che tipo di esperimento faresti per testare se i microrganismi presenti nel prodotto sopravvivono all'interno della bocca, dello stomaco, dell'intestino?

b. Se i microrganismi presenti nei probiotici sono considerati non patogeni, perché assumere questi prodotti in grandi quantità potrebbe essere dannoso per la salute?

c. Alcuni allevatori di animali destinati al consumo alimentare sostengono che sarebbe possibile ridurre la quantità di antibiotici somministrati agli animali aumentando la quantità di probiotici. In che modo i probiotici potrebbero sostituire in parte gli antibiotici per garantire la salute degli animali?

39 Scienza e società

Ue: «Difendiamo l'Europa dalle specie aliene»
Mogli e buoi dei paesi tuoi dice il proverbio che, nell'era della globalizzazione, è diventato decisamente demodé. Quel che è vero e per nulla fuori moda invece è che le piante e gli animali dovrebbero essere sempre nostrani, poiché accade che quando varcano i loro confini naturali, invadendo un altro territorio, causano squilibri determinanti e incalcolabili e mandano in tilt l'equilibrio di un habitat. [...] Queste varietà invadono il nostro ambiente, modificandone il delicato equilibrio, propagando patologie sconosciute alle specie native, rubandone risorse e cibo. Sono le piante e gli animali alloctoni ai quali l'Europa ha dichiarato guerra, con una serie di provvedimenti finalizzati a bloccarne la proliferazione e a proteggere la biodiversità del continente europeo.

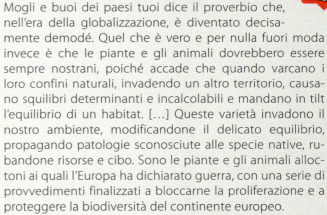

(Il Corriere della Sera, 17 aprile 2014)

a. Dopo aver letto il testo, determina se le seguenti affermazioni sono vere o false.

- Una specie aliena è una specie inserita in un nuovo territorio, di cui non è originaria. V F
- Soltanto le specie aliene animali rappresentano un pericolo per l'ecosistema. V F
- Gli spostamenti commerciali e i viaggi possono essere un veicolo di introduzione di specie aliene. V F
- Non è possibile combattere il fenomeno dell'invasione delle specie aliene. V F

b. Fai una ricerca sulle specie vegetali tipiche del tuo territorio. Ci sono specie vegetali aliene che minacciano l'ecosistema?

c. La storia economica e sociale dell'Europa ha conosciuto nel corso dei secoli l'introduzione di diverse specie vegetali aliene, che hanno avuto un impatto notevole sulle nostre abitudini alimentari e culturali. Basta pensare alla patata, al caffè e alla cioccolata. Fai una breve ricerca sull'impatto sulla storia europea di una specie vegetale aliena.

Coltiva i batteri

40 Laboratorio Leggi il protocollo e guarda il filmato; poi, con l'aiuto dell'insegnante, prova a riprodurre questa esperienza in laboratorio.

Prerequisiti
I batteri.

Competenze attivate
Comunicare le scienze naturali nella madrelingua. Metodo scientifico.

Contesto
Film: *Misure straordinarie*, Tom Vaughan (2010) – Drammatico, 105'
I batteri che ci circondano non sono soltanto responsabili di alcune malattie: abitano il nostro stesso mondo, in alcuni casi abitano il nostro stesso corpo, e svolgono spesso funzioni essenziali per il buon funzionamento del nostro organismo e per l'equilibrio dell'ecosistema. Va però osservato che alcuni batteri possono indurre infezioni: per questo è importante lavarsi bene le mani quando si toccano alcuni oggetti, o quando si è malati. Questo esperimento ti permette di osservare la presenza di batteri su oggetti che utilizzi ogni giorno.

Materiali
- Capsule di Petri
- Cilindro graduato da 100 mL
- Acqua
- Agar Agar
- Becher in vetro
- Disinfettante per le mani
- Piccoli tamponi
- Pennarello che scrive su plastica
- Buste di plastica richiudibili
- Piastra agitante e riscaldante
- Ancoretta magnetica

Procedimento
Versa 60 mL di acqua nel contenitore e riscaldalo sulla piastra. Aggiungi mezzo cucchiaino di Agar Agar (circa 1,2 g) nell'acqua calda, e porta poi a bollore per circa un minuto, in agitazione, finché non sarà disciolto **a**. La soluzione risultante dovrebbe essere trasparente. Lascia raffreddare per cinque minuti, quindi riempi la parte inferiore delle capsule di Petri fino a 5 mm dal bordo. Chiudi la piastra e aspetta circa un'ora che la soluzione si sia indurita a formare un gel solido. Ora è il momento di raccogliere alcuni batteri con dei piccoli tamponi: puoi passare delicatamente il tampone all'interno della tua guancia, oppure strofinarlo sulla superficie di un cellulare, sulla maniglia di una porta, sui tasti di un computer. Ricordati: hai bisogno di un tampone pulito per ogni campione di batteri che vuoi raccogliere. Finita la raccolta, solleva il coperchio della capsula di Petri e passa con delicatezza la punta del tampone sulla superficie del gel. Prendi un'altro prelievo, per esempio da un cellulare, strofina il tampone in una capsula di Petri e lascia cadere al centro di essa una goccia (non di più) di disinfettante per le mani. Chiudi di nuovo la capsula e sul coperchio scrivi con un pennarello l'oggetto da cui hai raccolto i batteri, e l'eventuale presenza di disinfettante.

Inserisci quindi la piastra Petri in una busta di plastica richiudibile. Lascia le piastre in un ambiente tiepido e in ombra – l'ambiente non dovrebbe essere troppo caldo (massimo 37 °C).
Osserva nei giorni seguenti la crescita di batteri sulle piastre **b**: puoi documentare la crescita con fotografie e descrizioni.

Attenzione!
Fai attenzione a non aprire mai le buste di plastica in cui si trovano le piastre Petri. Quando hai finito l'esperimento, eliminale tutte nella spazzatura.

Analisi dei dati
Per ogni campione raccolto, prepara una tabella di osservazione: registra ogni giorno la crescita dei microrganismi sulla piastra, descrivendo quello che vedi.

Conclusioni
Confrontando la crescita dei batteri nelle diverse piastre, puoi fare alcune considerazioni: quali oggetti che hai incluso nell'esperimento presentavano più batteri? Quali sono cresciuti più rapidamente? Le piastre che contenevano disinfettante hanno mostrato una crescita batterica diversa? Sapresti spiegare perché?

Autovalutazione
Qual è stata la maggiore difficoltà che hai incontrato durante l'esperimento?
La scelta degli oggetti da cui raccogliere i batteri è stata opportuna?
Quale aspetto del lavoro potrebbe essere migliorato?

La straordinaria biodiversità dei procarioti in una *photogallery*

41 Immaginario Guarda il filmato promozionale del film e metti alla prova le tue competenze con l'attività proposta.

Prerequisiti
I procarioti. La biodiversità. I microscopi.

Competenze attivate
Comunicare le scienze naturali nella madrelingua. Metodo scientifico. Competenze digitali.

Contesto
Contagion è un film di Steven Soderbergh del 2011, incentrato sulla minaccia di una pandemia influenzale e su una squadra internazionale di medici specializzati ad affrontare l'epidemia.

Capitolo 8 **Biodiversità di procarioti, protisti, piante e funghi** 211

Per promuovere *Contagion*, la casa di produzione cinematografica Warner Bros ha creato un manifesto in cui batteri reali si moltiplicavano e crescevano nel tempo, all'interno di due vetrine esposte al pubblico a Toronto. I batteri sono stati coltivati in modo tale da disegnare le lettere del titolo del film. La proliferazione di colonie batteriche nelle due enormi capsule di Petri utilizzate per allestire la pubblicità del film *Contagion* è stata un modo alternativo per comunicare la straordinaria varietà del mondo dei procarioti.

Dall'immaginario alla pratica
Sostituisciti a un pubblicitario e cerca di comunicare la biodiversità dei procarioti allestendo una mostra fotografica. Lo scopo di una mostra didattica è soprattutto comunicativo: il messaggio è diretto verso un pubblico più o meno variegato c.

Una mostra efficace e di buona fattura, può essere allestita anche in un contesto scolastico e con mezzi relativamente semplici. È importante stabilire il tipo di supporto da utilizzare per l'esposizione; per esempio pannelli in materiali economici e di facile reperibilità, su cui applicare testi e immagini (fogli di cartoncino di grandi dimensioni).
Seleziona le immagini con i tuoi compagni: dovranno catturare subito l'attenzione dei visitatori, tenendo in considerazione sia l'estetica che il contenuto informativo e comunicativo. È necessario che le foto siano di buona qualità, sia in termini di risoluzione che di composizione.
Dopo aver scelto le immagini, si procede alla scrittura dei testi che dovranno stimolare l'osservazione del visitatore. Il testo è molto importante e deve essere scritto con cura, prendendo in considerazione alcune regole fondamentali: è cruciale tener conto dei destinatari; ogni testo deve essere esaustivo e comprensibile in sé e allo stesso tempo breve e conciso; sarebbe più opportuno che il taglio fosse narrativo (raccontare una storia relativa al microrganismo).

Attenzione!
Controlla il copyright! Di solito nei crediti delle immagini ci sono informazioni sugli utilizzi concessi. Alcune opere sono libere ("no copyright"); spesso invece sono coperte dalle licenze Creative Commons (CC). In questi casi è importante controllare il codice CC attribuito a ciascuna immagine: le sei diverse articolazioni (rappresentate da numeri e simboli) indicano il grado di tutela a cui è soggetta.

Sitografia
- Il video del *making of* della pubblicità per il film *Contagion*: http://youtu.be/LppK4ZtsDdM
- Una fonte di immagini liberamente scaricabili è rappresentata dalla rivista scientifica *PLoS* (Public Library of Science): www.plos.org
- Un'ampia libreria di immagini Creative Commons è presente su Wikicommons: http://commons.wikimedia.org/

Autovalutazione
Gli obiettivi prefissati sono stati raggiunti?
Le scelte compiute si sono rivelate opportune?
Il pubblico ha mostrato interesse? Ha compreso il contenuto?
Quale aspetto poteva essere migliorato?

Le piante intorno a noi

42 Ricerca su internet
Nel corso della storia umana, il rapporto tra la nostra specie e le piante è sempre stato molto stretto: dall'alimentazione alla costruzione di utensili, dalla cura del corpo all'architettura, sono numerosi gli utilizzi di vegetali che hanno permesso a diverse società umane di sopravvivere e svilupparsi. Fai una breve ricerca su internet per scoprire da dove derivano le piante che utilizzi.
- Quanti paesi del mondo sono coinvolti nella produzione dei beni di consumo di origine vegetale che caratterizzano una tua giornata tipo?

Rispondi alla domanda lavorando in gruppi e analizzando e discutendo la traccia di lavoro proposta online.

▽ Un topo resiste senz'acqua più a lungo di un cammello.

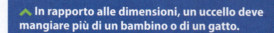
△ In rapporto alle dimensioni, un uccello deve mangiare più di un bambino o di un gatto.

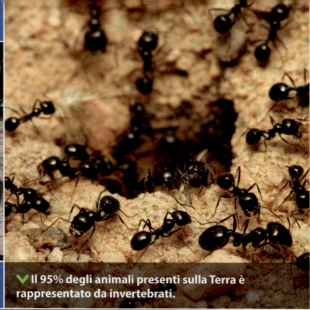
▽ Il 95% degli animali presenti sulla Terra è rappresentato da invertebrati.

▽ Il veleno è prodotto da una singola rana "da freccia" può uccidere fino a 2200 persone.

△ «Esistono di me tremilacinquecento specie e per ogni esemplare di voi umanoidi, sulla Terra ci sono diecimila di noi.» (S. Benni)

▽ Pare che gli squali siano gli unici animali che non si ammalano mai; sembrano immuni a tutte le malattie note compreso il tumore.

9 Biodiversità degli animali

Cosa ha generato la straordinaria biodiversità del regno animale?

A un primo sguardo, è difficile trovare le caratteristiche che accomunano un essere umano, un lombrico e una medusa; eppure tutti condividono lo stesso progenitore ancestrale. L'origine della biodiversità del regno *Animalia* risale a circa 500 milioni di anni fa, durante il periodo Cambriano.

Sulla base dei reperti fossili rinvenuti, gli esperti hanno battezzato questa eccezionale diversificazione con il nome di «esplosione cambriana»; ma come si è generata?

Diversi fattori sembrerebbero aver influenzato la biodiversità, primo fra tutti l'innalzamento dei livelli di ossigeno disciolto negli oceani. Questa grande disponibilità di ossigeno avrebbe contribuito a migliorare l'efficienza metabolica, aumentando le dimensioni corporee degli esseri viventi. Man mano che gli organismi complessi si diversificavano, producevano cambiamenti nell'ambiente tali da favorire la diversificazione dei geni coinvolti nello sviluppo animale e tali da produrre nuove specie.

A CHE PUNTO SIAMO
100%

Questo capitolo descrive la biodiversità del regno animale, approfondendo gli organismi più rappresentativi dei gruppi di invertebrati e di vertebrati. Per poter affrontare lo studio degli animali saranno indispensabili le conoscenze acquisite in precedenza, in particolare quelle sulla struttura della cellula nel capitolo 3 e sull'origine della vita nel capitolo 7.

9.1 Gli animali vivono quasi dappertutto

Pensiamo a un animale qualsiasi. È molto probabile che ci verrà in mente per primo un mammifero, come un cane, un gatto, un cavallo o una mucca. In realtà, le 5800 specie di mammiferi rappresentano solo una piccolissima parte degli organismi appartenenti al regno *Animalia*.

Gli animali sono in gran parte **invertebrati** (privi di spina dorsale). Il solo phylum degli artropodi, per esempio, comprende più di un milione di specie di invertebrati, come insetti, crostacei e ragni, mentre si conoscono soltanto 57 000 specie di **vertebrati** (animali dotati di spina dorsale), come i mammiferi e gli uccelli. Finora sono state descritte circa 1 300 000 specie animali, distribuite in 37 phyla. In questo capitolo ci concentreremo sui nove phyla più importanti (tabella 1).

A. I primi animali si sarebbero evoluti dai protisti

È probabile che l'animale che ci è venuto in mente poco fa abiti sulla terraferma, come noi. In realtà, solo dieci dei 37 phyla conosciuti comprendono specie terrestri. Tutti gli animali che popolano il pianeta Terra in questo momento hanno avuto origine da progenitori acquatici. I primi animali, apparsi circa 570 milioni di anni fa, sembrerebbero essere dei parenti dei coanoflagellati, protisti acquatici (figura 1). Le forme di vita animale si sono poi diversificate in modo spettacolare durante il periodo Cambriano, finito circa 490 milioni di anni fa: la maggior parte dei phyla degli animali conosciuti oggi, incluse spugne, meduse, artropodi, molluschi e molti tipi di vermi, ha avuto origine nei mari del Cambriano. Quando piante e funghi colonizzarono la terraferma circa 475 milioni di anni fa, esistevano già diverse specie di animali acquatici. Alcuni, come artropodi e vertebrati, seguirono le piante sulla terraferma, continuando a diversificarsi per adattarsi a nuovi habitat e fonti di cibo.

B. Gli animali condividono molte caratteristiche

Gli animali sono molto diversi fra loro ma, poiché condividono uno stesso percorso evolutivo, tutti i phyla hanno almeno qualche caratteristica in comune.

- Sono **organismi pluricellulari** composti da cellule eucariotiche prive di pareti cellulari.
- Sono **eterotrofi** e ottengono energia e carbonio dai composti organici prodotti da altri organismi. La maggior parte degli animali ingerisce il proprio cibo, lo riduce a elementi più semplici, ne assorbe le sostanze nutrienti ed espelle i resti non digeribili.
- Lo sviluppo animale è diverso da quello di qualunque altro organismo. Dopo la fecondazione, infatti, lo zigote diploide (la prima cellula del nuovo organismo) si divide con rapidità. Nelle prime fasi, l'embrione animale è un piccolo aggregato di cellule, che presto sviluppa una cavità interna e si trasforma in **blastula**, una sfera di cellule intorno a una cavità piena di fluido.
- Le cellule animali secernono e si legano a una sostanza non vivente chiamata **matrice extracellulare**, una miscela complessa di proteine e altre sostanze che permette ad alcune cellule di muoversi, ad altre di aggregarsi in fogli e ad altre ancora di ancorarsi a un supporto, come un osso o un guscio.

Tabella 1 I phyla più importanti del regno *Animalia*

Phylum	Esempi	Numero di specie esistenti
Porifera	Spugne	5000
Cnidaria	Idre, meduse, coralli, anemoni	11 000
Platelminta (vermi piatti)	Planarie, tenie, vermi lanceolati	25 000
Mollusca	Bivalvi, chitoni, chiocciole, limacce, seppie, polpi	112 000
Anellida	Lombrichi, sanguisughe, polichetti	15 000
Nematoda (vermi filiformi)	Ossiuri, anchilostomatidi	80 000
Artropoda	Limuli, ragni, scorpioni, crostacei, insetti	Più di 1 000 000
Echinodermata	Stelle marine, ricci di mare, dollari della sabbia	7000
Chordata	Tunicati, anfiossi, pesci, anfibi, rettili, mammiferi	60 000

solitario   colonia

Figura 1 Antenati degli animali? L'antenato più antico degli animali potrebbe avere avuto l'aspetto di un protista acquatico (un coanoflagellato).

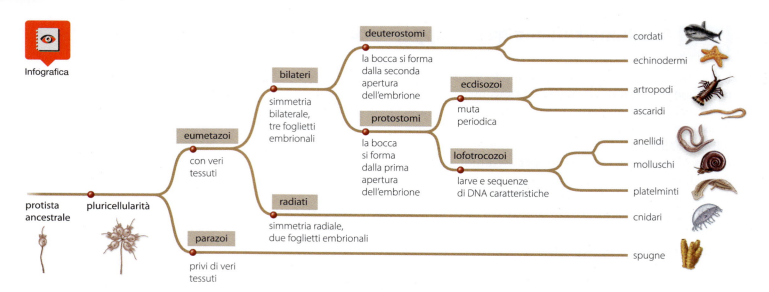

C. Gli animali sono classificati in base agli antenati comuni

La figura 2 raggruppa in un albero filogenetico i nove phyla animali descritti in questo capitolo. Come vedremo, i membri di ciascun phylum sono simili, almeno in parte, dato che si sono evoluti da antenati comuni. Inoltre, i phyla sono organizzati in base a caratteristiche condivise: morfologia, fisiologia, sviluppo embrionale e DNA.

Cellule e organizzazione dei tessuti

Il primo grande punto di diramazione separa gli animali con tessuti veri e propri da quelli che ne sono privi. Gli animali più semplici, i **parazoi** (spugne), hanno cellule specializzate, ma non svolgono funzioni specifiche come farebbero in un vero tessuto. L'altro ramo comprende gli **eumetazoi**, dotati di veri tessuti. Nella maggior parte degli eumetazoi, diversi tipi di tessuti interagiscono per formare organi come cuore, cervello e reni. Gli organi, a loro volta, interagiscono in sistemi e apparati. Queste interazioni aumentano l'efficienza, e spiegano in parte perché gli eumetazoi sono di solito più attivi delle spugne.

Simmetria corporea e cefalizzazione

La simmetria del corpo è uno dei criteri principali usati nella classificazione degli animali (figura 3). Molte spugne sono asimmetriche; altre invece, così come le idre, le meduse e le stelle marine adulte presentano **simmetria radiale**, cioè hanno le parti del corpo disposte intorno a un asse centrale e diversi piani che lo dividono.
La **simmetria bilaterale** caratterizza la maggior parte degli animali. Per esempio, il gambero (figura 3c) ha un solo piano che divide il corpo in due metà speculari. Gli animali con simmetria bilaterale, come gli esseri umani, hanno una testa (all'estremità anteriore) e una coda (all'estremità posteriore), e solitamente si muovono con la testa in avanti.

Figura 2 Diversità degli animali. I biologi classificano gli animali in base a: progenitori comuni, aspetto, anatomia, tipologia di sviluppo e caratteristiche genetiche.

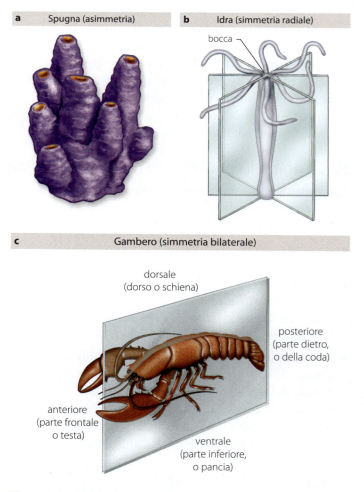

Figura 3 La simmetria corporea. (**a**) Molte spugne sono asimmetriche. (**b**) Un'idra ha simmetria radiale. (**c**) Un gambero ha simmetria bilaterale.

La simmetria bilaterale, infatti, è associata alla **cefalizzazione**, ossia la tendenza a concentrare gli organi di senso e il cervello nella testa dell'animale. Mentre nella simmetria radiale semplici cellule sensoriali sono distribuite sulla superficie del corpo, nella simmetria bilaterale gli organi di senso sono più complessi e consentono una maggiore abilità nel valutare e rispondere agli stimoli ambientali.

La simmetria bilaterale si associa anche a una forma del corpo allungata, spesso accompagnata da coppie di appendici e organi poste nei due lati del corpo. Oltre ad altri benefici, queste strutture hanno reso possibili nuove forme di locomozione animale.

Sviluppo embrionale: due o tre foglietti embrionali

I primi stadi dello sviluppo forniscono altre informazioni sulle relazioni evolutive degli animali (figura 4). Negli eumetazoi, durante lo sviluppo embrionale, una sfera di cellule piena di fluido, la **blastula**, si ripiega su se stessa per generare la **gastrula**, composta da due o tre strati di tessuto chiamati foglietti embrionali. La gastrula delle meduse e dei loro parenti ha due foglietti embrionali: l'**ectoderma** all'esterno della gastrula e l'**endoderma** all'interno. Tutti gli altri eumetazoi hanno un terzo foglietto embrionale, il **mesoderma**, che si forma fra l'ectoderma e l'endoderma.

Tutti i tessuti e gli organi del corpo hanno origine dai foglietti embrionali. Dall'ectoderma si formano la pelle e il sistema nervoso, mentre l'endoderma dà origine all'apparato digerente e agli organi collegati. Dal mesoderma derivano i muscoli, l'apparato circolatorio e molte altre strutture specializzate. In genere, gli animali con tre foglietti embrionali hanno una maggiore varietà di forme e funzioni del corpo rispetto agli animali con due foglietti embrionali.

Sviluppo embrionale: protostomi e deuterostomi

Dopo che un embrione si è ripiegato a formare una gastrula, lo strato cellulare interno si fonde con l'estremità opposta dell'embrione, formando un tubo con due aperture. Questo cilindro di endoderma darà origine all'apparato digerente dell'animale: una delle aperture diventerà la bocca e l'altra l'ano.

Ma qual è la bocca e quale l'ano? La risposta determina l'appartenenza dell'animale ai protostomi o ai deuterostomi. Nella maggior parte dei **protostomi**, la prima invaginazione dà origine alla bocca, mentre l'ano si sviluppa dalla seconda apertura (*protostoma* significa "bocca per prima"). Nei deuterostomi, come gli echinodermi e i cordati, la prima invaginazione dà origine all'ano, e la bocca si sviluppa dalla seconda apertura (*deuterostoma* significa "bocca per seconda").

I protostomi si dividono a loro volta in due gruppi principali: gli

Figura 4 Due o tre strati embrionali. Nella blastula (**a**) allo stadio avanzato si vedono cellule che cominciano a migrare verso l'interno, a indicare l'inizio della formazione della gastrula (**b**). Gli animali con due foglietti embrionali hanno un ectoderma esterno e un endoderma interno. In altri animali, fra l'ectoderma e l'endoderma si forma il mesoderma.

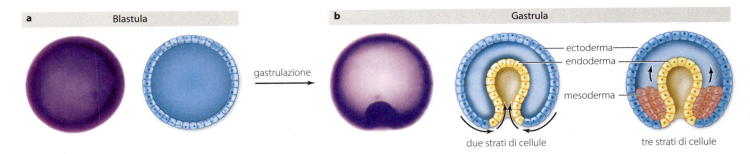

ecdisozoi e i lofotrocozoi. Questi gruppi sono stati in gran parte definiti dall'analisi genetica più che dalla combinazione di caratteristiche facilmente osservabili, anche se gli ecdisozoi ne condividono una: la muta dell'esoscheletro.

Le cavità corporee

Molti animali con simmetria bilaterale hanno il **celoma**, una cavità corporea piena di fluido che si forma all'interno del mesoderma (figura **5**). Fra gli animali dotati di celoma ci sono i lombrichi, le chiocciole, gli insetti, le stelle marine e i cordati. Un caso particolare sono gli ascaridi che contengono una cavità corporea chiamata **pseudoceloma** ("falso celoma"), rivestita in parte da mesoderma e in parte da endoderma. I vermi piatti invece, sono privi di celoma, anche se alcuni indizi fanno pensare che i loro progenitori avessero delle cavità corporee.

Il celoma conferisce principalmente flessibilità. Infatti, gli organi interni, come il cuore, i polmoni, il fegato e l'intestino, quando si sviluppano premono sul celoma, e il suo fluido li protegge e permette che si spostino per accomodare piegamenti e movimenti dell'animale.

In molti animali, il celoma o pseudoceloma svolge le funzioni di scheletro idrostatico che sostiene e permette il movimento. Lo **scheletro idrostatico** è una struttura non rigida e formata da un liquido, racchiuso in una cavità, sul quale i muscoli esercitano una pressione che dà sostegno al corpo dell'animale. I lombrichi, per esempio, penetrano nel terreno contraendo e rilassando i muscoli intorno al celoma. Anche le meduse, i vermi piatti e altri invertebrati hanno uno scheletro idrostatico, anche se non hanno né celoma né pseudoceloma. I muscoli di questi animali spingono contro il fluido presente nell'apparato digerente o fra una cellula e l'altra.

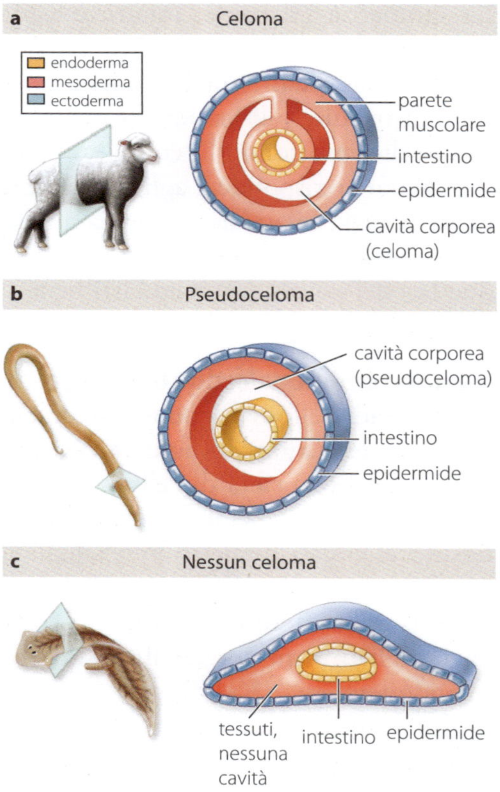

Apparato digerente

Le spugne non hanno un apparato digerente; il loro corpo ha pori attraverso i quali l'acqua entra ed esce dall'organismo. In altri animali, l'apparato digerente può essere completo o incompleto. Gli cnidari e i vermi piatti hanno un **sistema digerente incompleto**, in quanto la bocca ha la funzione sia di ingerire il cibo sia di espellere i rifiuti (figura **6**). In questi animali, la digestione avviene nella **cavità gastrovascolare**, che ha il compito di secernere gli enzimi digestivi e di distribuire le sostanze nutrienti in tutto il corpo dell'animale.

Negli animali con un **apparato digerente completo**, il cibo attraversa il corpo in una sola direzione: dalla bocca all'ano. Un apparato digerente completo permette all'animale di processare il cibo in fasi successive e in compartimenti specializzati. Per esempio, le cellule vicino alla bocca possono secernere enzimi digestivi che consentano una fase iniziale di processazione del cibo, mentre le cellule più "a valle" possono assorbire le sostanze nutrienti e quelle vicine all'ano possono facilitare l'espulsione dei rifiuti, allontanandoli dalla bocca. Queste regioni specializzate aumentano l'efficienza con la quale le sostanze nutrienti sono estratte dal cibo, con il risultato di aumentare la disponibilità di energia per la caccia, la difesa e la riproduzione anche negli animali che vivono fissati a un substrato.

Figura 5 Cavità corporee. (**a**) Come molti altri animali, una pecora contiene un celoma. (**b**) Un ascaride ha uno pseudoceloma. (**c**) Un verme piatto è privo di celoma. Attenzione: questi disegni sono astrazioni. Nella pecora, per esempio, gli organi interni crescono verso il celoma, distorcendo la forma della cavità.

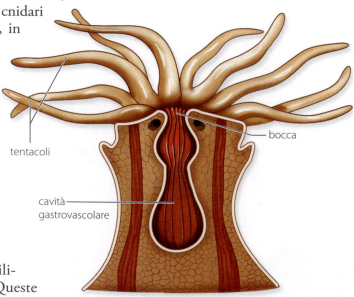

Figura 6 Apparato digerente incompleto. Un animale con cavità gastrovascolare, come l'anemone marino, assume cibo ed espelle gli scarti attraverso la stessa apertura (la bocca).

Segmentazione

La **segmentazione** è la divisione del corpo di un animale in parti che si ripetono. Nei centopiedi, nei millepiedi e nei lombrichi i segmenti sono ben visibili (figura 7). Anche il corpo di insetti e vertebrati è diviso in segmenti, sebbene le suddivisioni siano meno evidenti. La segmentazione rende il corpo più flessibile, e aumenta significativamente la possibilità che si sviluppino parti specializzate. L'attivazione di combinazioni diverse di geni in ogni segmento può dar luogo a regioni con funzioni distinte.

Riproduzione e sviluppo

La maggior parte degli animali si riproduce sessualmente e si sviluppa secondo due modalità possibili (figura 8). Gli animali con **sviluppo diretto** non attraversano uno stato larvale; alla nascita, o alla schiusa dell'uovo, assomigliano già a un adulto. Invece, un animale con **sviluppo indiretto** passa in genere parte della sua vita come **larva**, un organismo immaturo non somigliante all'individuo adulto. La larva inizierà poi un processo di **metamorfosi**, durante il quale il corpo cambierà per trasformarsi nella forma matura. Spesso le larve vivono in ambienti diversi e si nutrono di cibi differenti rispetto agli adulti, un adattamento che potrebbe contribuire a ridurre la competizione fra generazioni. Gli insetti (come le farfalle) e gli anfibi (come le rane) sono gli esempi più conosciuti di animali a sviluppo indiretto.

Figura 7 Segmentazione. Questo millepiedi è un esempio di segmentazione – la divisione del corpo in segmenti.

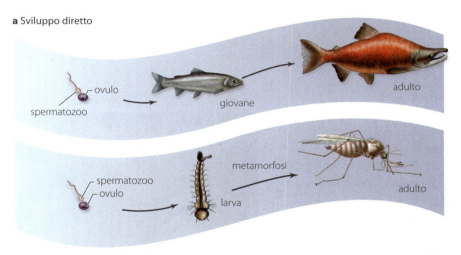

a Sviluppo diretto

b Sviluppo indiretto

Figura 8 Sviluppo animale. (**a**) Alla nascita un animale a sviluppo diretto assomiglia a un adulto. (**b**) Nello sviluppo indiretto, la metamorfosi trasforma la larva in un adulto di aspetto molto diverso.

Rispondi in un tweet

1. Quali caratteristiche sono condivise da tutti gli animali?
2. Quando, e in quale habitat potrebbero essersi originati gli animali? E quando sono apparsi i principali gruppi di animali esistenti oggi?
3. Che tipo di prove vengono usate dai biologi per ricostruire gli alberi filogenetici degli animali?
4. Descrivi gli eventi che caratterizzano le prime fasi dello sviluppo embrionale degli animali.
5. Qual è la differenza fra la simmetria radiale e bilaterale?
6. Spiega la differenza fra celoma e pseudoceloma.
7. Quali sono i due tipi principali di apparato digerente?
8. Perché la segmentazione è vantaggiosa?
9. In che modo lo sviluppo diretto si distingue dallo sviluppo indiretto?

9.2 Le spugne sono animali semplici privi di tessuti

Le spugne appartengono al phylum dei *Porifera*, che significa "dotati di pori" una descrizione adatta a questi semplici animali (figura 9). Le spugne sono organismi pluricellulari, ma a differenza degli altri animali, le cellule che le compongono non interagiscono per formare tessuti.

Le spugne sono animali acquatici in maggioranza marini e sessili, rimangono cioè ancorati a un supporto. Il loro corpo può avere simmetria radiale o essere asimmetrico; è cavo e cosparso di pori che favoriscono il passaggio dell'acqua verso la cavità centrale e da questa al foro di uscita, posto di norma in cima alla spugna. Con questo meccanismo l'organismo riceve nutrimento e ossigeno, espelle i rifiuti e si riproduce.

Per capire come le spugne possano svolgere queste funzioni senza muoversi, consideriamo la figura 9. Le pareti della spugna sono costituite da cellule immerse in una matrice gelatinosa (**mesoglea**) e da strutture che conferiscono rigidità al corpo, dette **spicole**. La cavità interna è foderata da uno strato di **coanociti**, cellule che assomigliano molto ai protisti coanoflagellati. Il movimento dei flagelli dei coanociti favorisce il movimento dell'acqua attraverso i pori della spugna verso la cavità centrale. L'acqua trasporta ossigeno e microscopiche particelle di materia organica – il cibo della spugna. Le spugne, infatti, sono filtratori e si nutrono di piccoli organismi e di particelle organiche che fluttuano sospese nell'acqua. I coanociti trattengono e digeriscono parzialmente le particelle di cibo, trasportandole verso gli **amebociti**, un altro tipo di cellule che completano la digestione e distribuiscono il nutrimento ad altre cellule. Gli amebociti secernono anche fibre proteiche e spicole, schegge affilate di silice o carbonato di calcio, che servono anche a respingere i predatori.

Le spugne sono animali ermafroditi in cui lo stesso individuo produce sia ovuli sia spermatozoi.

Rispondi in un tweet

10. Quale aspetto differenzia il corpo delle spugne da quello degli altri animali?
11. In che modo la struttura del corpo delle spugne si adatta all'ambiente acquatico e alla vita sessile?
12. Spiega in che modo la disposizione delle cellule nel corpo della spugna è funzionale al modo in cui si nutre.

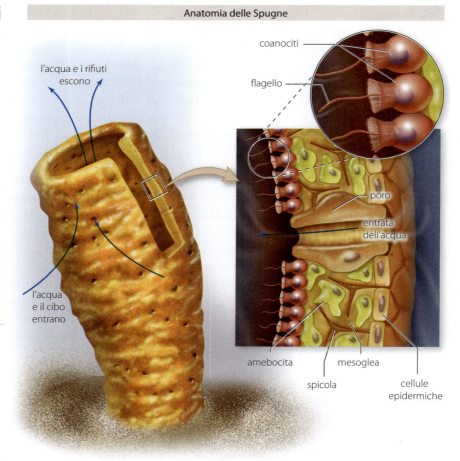

Figura 9 Spugne (Phylum *Porifera*).

9.3 Gli cnidari sono animali acquatici a simmetria radiale

Il phylum *Cnidaria* include meduse, idre, coralli e anemoni (figura 10). La maggior parte degli cnidari comprende animali marini, anche se alcuni (come le idre) vivono in acqua dolce. La loro caratteristica più evidente è la simmetria radiale: il corpo presenta un'apertura a un'estremità, la bocca, che è circondata da un anello di tentacoli. Ci sono due forme tipiche: polipi e meduse. Gli cnidari sessili, o **polipi**, sono agganciati a un supporto, con bocca e tentacoli diretti verso l'alto. Idre, coralli e anemoni marini sono polipi. Le **meduse**, invece, hanno forma a ombrello, e si muovono nell'acqua con i tentacoli che fluttuano verso il basso.

La figura 10 rivela un'altra caratteristica tipica degli cnidari: il corpo è composto da due strati sottili, un'epidermide esterna e uno strato che riveste la cavità interna del corpo. Tra i due strati si trova una sostanza gelatinosa non cellulare, chiamata mesoglea, che funziona come uno scheletro idrostatico. Nell'epidermide, una rete di neuroni coordina la contrazione di cellule specializzate. In questo modo una medusa contrae il suo ombrello e si sposta nell'acqua.

L'epidermide è cosparsa di cellule urticanti, chiamate **cnidociti**, che contengono piccoli arpioni usati per colpire e paralizzare le prede o come arma di difesa contro i predatori. Queste cellule si trovano in maggioranza sui tentacoli. Quando uno cnidario cattura una preda, i tentacoli la spingono nella cavità gastrovascolare dell'animale, dove avverrà la digestione. Dopo aver assorbito le sostanze nutrienti, l'animale espelle i materiali di scarto attraverso la bocca. La sottile parete che costituisce il corpo degli cnidari consente uno scambio gassoso in acqua.

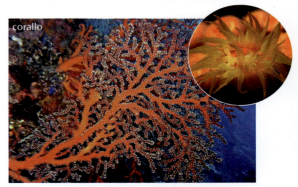

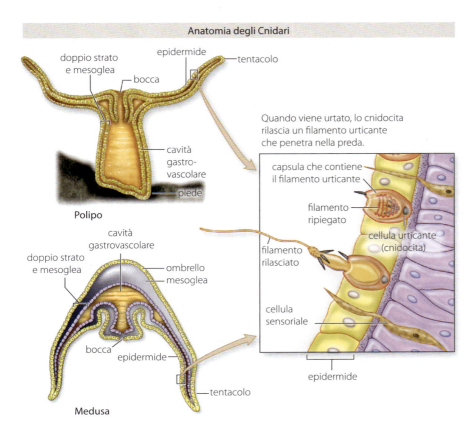

Figura 10 Cnidari (Phylum *Cnidaria*).

Rispondi in un tweet

13. Confronta un polipo e una medusa: in cosa sono simili? Come si differenziano?
14. Come mangiano e si muovono gli cnidari?

9.4 I platelminti hanno simmetria bilaterale

Il phylum *Platelminta* comprende i **vermi piatti** e si divide in tre classi: vermi piatti che conducono vita libera (come i vermi piatti marini e la planaria di acqua dolce), **trematodi** e **tenie**, che sono parassiti.

I vermi piatti sono caratterizzati da simmetria bilaterale e dalla presenza di tre foglietti embrionali. Questo ha consentito loro di sviluppare strutture corporee più complesse, di rispondere all'ambiente che li circonda con nuove strategie adattative, più efficaci rispetto a spugne e cnidari.

I vermi piatti, insieme ad anellidi e molluschi, appartengono al ramo evolutivo dei protostomi.

I vermi piatti sono privi di celoma, ma grazie alla loro forma appiattita ogni cellula del corpo è abbastanza vicina alla superficie da consentire lo scambio di gas direttamente con l'ambiente esterno.

La figura 11 rappresenta l'anatomia dei vermi piatti che conducono vita libera. Questi animali acquatici sono di solito predatori o spazzini. La bocca si apre su una faringe muscolosa a forma di tubo ed è posta a circa metà del corpo. La faringe trasporta il cibo nell'apparato digerente che è incompleto.

Ogni cellula del corpo si trova abbastanza vicina al tubo digerente da consentire l'assorbimento del nutrimento per semplice diffusione; il cibo non digerito viene espulso dal corpo attraverso la faringe e la bocca.

Il sistema nervoso dei vermi piatti è in grado di avvertire gli stimoli ambientali e coordinare il movimento del corpo. La planaria nella figura 11, per esempio, ha un sistema nervoso che ricorda una scala a pioli: due cordoni nervosi, uniti da nervi trasversali, percorrono longitudinalmente il corpo, e terminano all'estremità cefalica in un cervello semplice e in alcune strutture sensoriali.

Molti vermi piatti si riproducono asessualmente: se un verme piatto che conduce vita libera viene tagliato in due, ciascuna metà rigenera la parte mancante. Anche la riproduzione sessuale è diffusa. I vermi piatti sono, infatti, ermafroditi: durante l'accoppiamento, ciascun animale feconda gli ovuli del partner.

Rispondi in un tweet

15. Quali sono le caratteristiche principali dei vermi piatti?
16. In che modo la forma di un verme piatto permette lo scambio gassoso con l'ambiente?
17. Elenca le tre classi di vermi piatti.

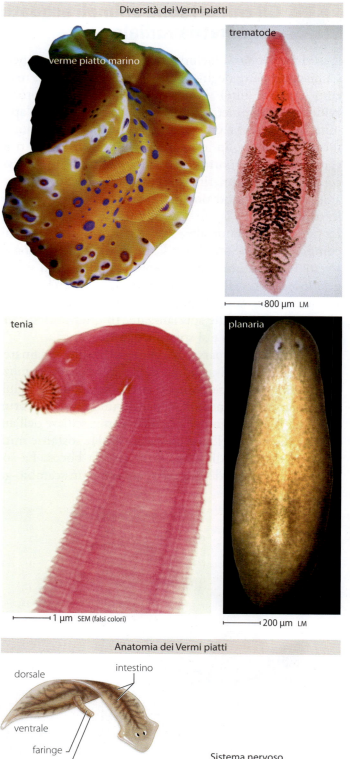

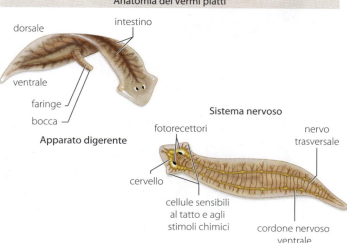

Figura 11 Vermi piatti (Phylum *Platelminta*).

9.5 I molluschi sono animali molli e non segmentati

I molluschi sono il secondo phylum più numeroso dopo gli artropodi, e comprendono animali terrestri, marini e di acqua dolce (figura 12). Le quattro principali classi di molluschi sono: chitoni, bivalvi, gasteropodi e cefalopodi. I **chitoni** sono animali marini coperti da otto conchiglie, sovrapposte come le tegole del tetto. I **bivalvi**, come le ostriche, le vongole e le cozze, hanno due conchiglie collegate tra loro da una cerniera. I **gasteropodi**, come le lumache, si muovono strisciando su un piede largo e piatto. I **cefalopodi** come i polpi, le seppie e i nautili, sono animali marini. Considerando tutti questi esempi, i molluschi non si assomigliano molto tra loro, se non per il corpo molle non segmentato; eppure essi condividono molte caratteristiche che rivelano la loro vicinanza evolutiva. La prima di queste caratteristiche condivise è il **mantello**, un lembo di tessuto che in molte specie secerne un guscio o una conchiglia di carbonato di calcio. Una piega del mantello forma la **cavità palleale** che, esposta all'ambiente esterno, svolge un ruolo importante nello scambio di gas e nell'escrezione. Sotto il mantello c'è la **massa viscerale**, che comprende gli organi digestivi, circolatori, escretori e riproduttivi. A differenza di cnidari e vermi piatti, i molluschi hanno un sistema digestivo completo. La cavità orale di molti molluschi contiene una **radula**, una struttura simile a un pettine a denti fini, costituiti da chitina, con la quale chitoni e lumache strappano alghe dalle rocce o lacerano i vegetali.

Un'altra caratteristica comune a tutti i molluschi è il **piede** muscoloso, di solito impiegato per la locomozione. Tutti i molluschi hanno uno scheletro idrostatico che consente all'animale di muoversi quando i muscoli spingono sul fluido contenuto nel celoma. Nei cefalopodi, il piede prende la forma di braccia o di tentacoli utilizzati per la locomozione e per catturare le prede. Il sistema nervoso dei molluschi varia molto di specie in specie. Per esempio, i tentacoli sulla testa di una chiocciola hanno cellule sensoriali fotorecettori. Invece il sistema nervoso di un polpo è molto articolato: ha un cervello vero e proprio, occhi complessi e grande sensibilità tattile.

Considerando la grande variabilità di cui abbiamo parlato, non sorprende che i molluschi abbiano numerose strategie riproduttive. Molti bivalvi disperdono i loro gameti in acqua, dove vengono fecondati. Gasteropodi e cefalopodi, invece, si accoppiano e fecondano gli ovuli internamente.

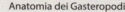
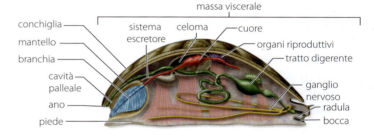

Figura 12 Molluschi (Phylum *Mollusca*).

Rispondi in un tweet

18. Quali sono le quattro principali classi di molluschi, e dove vivono?
19. Come si nutrono, si muovono, si riproducono e si difendono i molluschi?

9.6 Gli anellidi sono vermi segmentati

Il phylum *Anellida* (figura 13) comprende tre gruppi principali: **lombrichi**, **sanguisughe** e **polichete** (vermi segmentati marini). I primi due gruppi rappresentano gli anellidi più diffusi e hanno una caratteristica in comune: un ispessimento simile a una sella, che durante la riproduzione secerne un "bozzolo" per proteggere le uova fecondate.

Sebbene lombrichi e sanguisughe siano imparentati, vivono in habitat molto diversi. I lombrichi ingeriscono terreno, digeriscono la materia organica ed espellono le componenti non assimilabili. Questo consente una degradazione della componente organica più rapida che facilità la formazione dell'humus. Per questo motivo hanno una notevole importanza dal punto di vista ecologico. Invece la maggior parte delle sanguisughe vive in acqua dolce, nutrendosi del sangue dei vertebrati (inclusi gli esseri umani) o di piccoli organismi.

In generale, gli anellidi sono privi di un sistema respiratorio specializzato e gli scambi gassosi avvengono per diffusione attraverso la superficie del corpo e solo in presenza di umidità. I vermi segmentati sono però dotati di altri sistemi di organi. Un tubo digerente e due vasi sanguigni si estendono per l'intera lunghezza dell'animale, mentre diversi archi aortici pompano il sangue da un vaso all'altro, inoltre all'interno di ogni segmento, piccoli canali collegano i vasi principali completando il circolo.

Il sistema nervoso è composto da un cervello semplice, una massa di neuroni collegati a un cordone nervoso centrale che percorre l'intero corpo. I nervi stimolano la contrazione dei muscoli, che spingono sul fluido del celoma permettendo ai vermi di muoversi strisciando o nuotando.

Sanguisughe e lombrichi sono ermafroditi: ogni individuo è dotato di organi riproduttivi di entrambi i sessi.

Figura 13 Anellidi (Phylum *Anellida*).

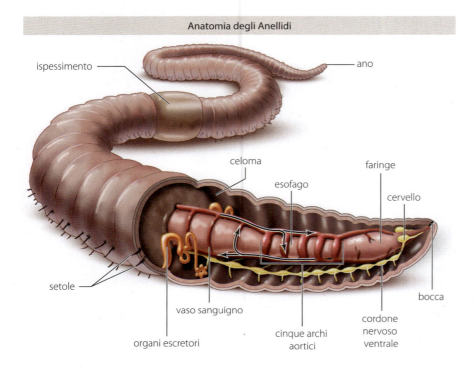

Rispondi in un tweet

20. Cosa distingue gli anellidi dai molluschi?

21. Quali caratteristiche distinguono le due classi di anellidi? Dove vive ciascun gruppo?

22. Come si nutrono, scambiano gas e si riproducono gli anellidi?

9.7 I nematodi sono vermi filiformi non segmentati

La maggior parte dei **vermi filiformi** (phylum *Nematoda*) è appena visibile a occhio nudo, ma si trova in grande abbondanza in ogni habitat conosciuto – ambienti terrestri, acqua dolce e mari, dai tropici ai poli. Sono state descritte più di 80 000 specie di nematodi, ed è molto probabile che centinaia di altre specie siano ancora sconosciute. La maggior parte dei nematodi è microscopica, ma il parassita intestinale ascaride può raggiungere 40 cm di lunghezza.

I nematodi hanno corpi cilindrici, non segmentati e caratterizzati da uno pseudoceloma (figura 14). Oltre a funzionare come scheletro idrostatico, il fluido dello pseudoceloma distribuisce sostanze nutrienti, O_2 e CO_2 in tutto il corpo. I nematodi assomigliano ai vermi ma i loro parenti più stretti sono gli artropodi; infatti, sono coperti da un rivestimento duro e spesso, la cuticola, che cambiano più volte durante lo sviluppo. Il loro sistema nervoso comprende un cervello semplice e due cordoni nervosi che corrono lungo il corpo. I nematodi a vita libera vivono nel terreno o nei sedimenti degli ecosistemi marini o di acqua dolce. Molti possono sopportare temperature o siccità estreme poiché entrano in una sorta di morte apparente e attivano il loro metabolismo quando le condizioni ambientali ritornano più favorevoli. I nematodi si nutrono di batteri, protisti, funghi, piante, larve di insetti o materia organica in decomposizione, possono anche essere parassiti. I nematodi parassiti producono numerosissime uova fecondate, di solito espulse nelle feci dell'organismo ospite. Dalle uova nascono le larve che vengono ingerite o passano attraverso la pelle di nuovi ospiti. Per esempio, sono nematodi i parassiti intestinali ossiuri, anchilostomatidi e ascaridi; la Trichinella, che vive nei muscoli dei suini, può infettare gli esseri umani che mangiano carne di maiale poco cotta. Altri nematodi trasmessi dagli insetti infettano i vasi linfatici causando l'elefantiasi (figura 14).

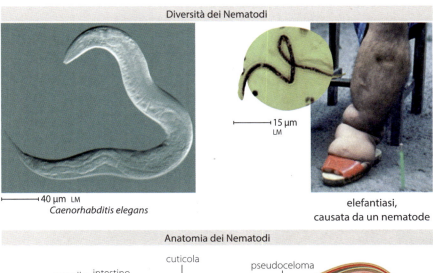

Figura 14 Nematodi (Phylum *Nematoda*).

Rispondi in un tweet

23. Quali caratteristiche hanno in comune nematodi e artropodi?
24. Confronta la struttura di un nematode con quella di un verme piatto e di un anellide.
25. Come si nutrono e si riproducono i nematodi?

9.8 Gli artropodi hanno esoscheletro e appendici articolate

Gli **artropodi** sono il phylum più numeroso e diversificato, caratterizzato da circa un milione di specie identificate fino a oggi. Sono diffusi in tutti gli ambienti.

A. Gli artropodi hanno sistemi di organi complessi

Gli artropodi hanno appendici articolate, zampe, antenne, organi copulatori, ornamenti, armi e mascelle (figura 15). Le numerose conformazioni dell'apparato boccale permettono agli artropodi di nutrirsi praticamente di tutto, da altri animali a materia organica morta. Tutti gli artropodi sono dotati di un **esoscheletro** leggero e versatile, composto principalmente da chitina, proteine e (talvolta) sali di calcio. L'esoscheletro ha funzione protettiva, impedisce all'animale di disidratarsi, dà forma al corpo e permette il movimento. Lo svantaggio di questa struttura è che non cresce con l'animale, che deve quindi mutare producendone una più grande. Il corpo degli artropodi è diviso in segmenti ma, a differenza di quanto accade in una sanguisuga o in un lombrico, i segmenti di un artropode non funzionano tutti allo stesso modo. In molti artropodi i segmenti si raggruppano in tre regioni del corpo principali: testa, torace e addome (figura 15). All'interno di ciascuna regione, i segmenti hanno funzioni specializzate, legate per esempio al nutrimento, allo spostamento sul terreno o al volo.

Gli artropodi hanno un **sistema circolatorio aperto**: cioé il sangue non è racchiuso in vasi, ma viene spinto da un cuore a forma di tubo e circola liberamente negli spazi che circondano gli organi dell'animale (figura 16). La scarsa efficienza del sistema circolatorio aperto, di solito associata ad animali lenti come le lumache, è compensata dall'efficiente sistema respiratorio. Nella maggior parte degli artropodi terrestri, la superficie del corpo è cosparsa da pori (stigmi) che si aprono su tubi ramificati, chiamati **trachee**, che portano l'O_2 a contatto dei tessuti e permettono al CO_2 di allontanarsene.

Gli artropodi acquatici hanno branchie molto efficienti, mentre ragni e scorpioni hanno **polmoni a libro**, costituiti da foglietti di tessuto ripiegato, per aumentare la superficie disponibile per gli scambi gassosi.

La grande maggioranza degli artropodi è a sessi separati. Negli artropodi acquatici si ha fecondazione interna e esterna. Sulla terraferma, i gameti rilasciati nella fecondazione esterna si seccherebbero all'aria,

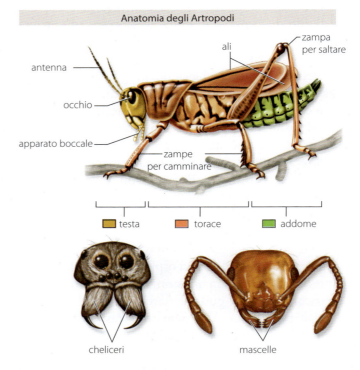

Figura 15 Artropodi (Phylum *Arthropoda*).

Figura 16 Organi degli artropodi. L'anatomia interna di un ragno presenta sistemi di organi complessi.

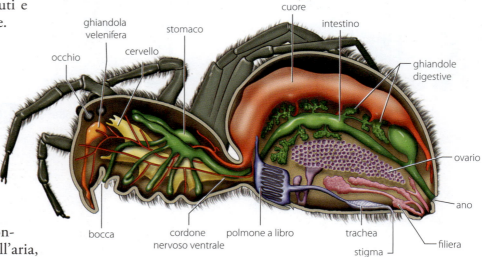

quindi si ha solo fecondazione interna. Di solito, il maschio produce un involucro impermeabile contenente i gameti che, dopo un rituale di corteggiamento, è posto nel corpo della femmina la quale deporrà le uova fecondate.

B. Gli artropodi sono gli animali più diversificati

Il phylum *Arthropoda* si divide in cinque subphyla. Uno di questi comprende circa 17 000 specie di **trilobiti** oggi estinte (figura **17**). I rapporti evolutivi fra gli altri quattro subphyla sono stabiliti, in parte, in base alla forma degli apparati boccali (figura **16**). I chelicerati hanno apparati boccali a forma di pinza (i cheliceri) e sono ragni, zecche, limuli e scorpioni. I tre subphya dei **mandibolati** hanno, invece, bocche dotate di mascelle.

Chelicerati: i ragni e i loro parenti

La maggior parte dei chelicerati ha due regioni corporee: testa e torace fusi insieme, e un addome (figura **18**). Questi animali hanno almeno quattro paia di zampe e sono privi di antenne. Sono chelicerati i **limuli**, e gli **aracnidi**, che comprendono acari, zecche, ragni e scorpioni.

Figura 17 Trilobiti. Il corpo di questi artropodi marini estinti è diviso in tre regioni: un lungo lobo centrale e due lobi laterali.

Figura 18 Artropodi chelicerati. I chelicerati comprendono: (**a**) ragni, (**b**) zecche, (**c**) limuli e (**d**) scorpioni.

a Miriapodi — millepiedi
b Crostacei — granchio
c Insetti — falena / coleottero

Mandibolati: miriapodi, crostacei e insetti

Le circa 13 000 specie di **millepiedi** e **centopiedi** costituiscono il gruppo dei miriapodi (figura 19a). I miriapodi hanno una testa dotata di mascelle e di un paio di antenne. Il resto del corpo è diviso in segmenti identici, ciascuno con un paio (i centopiedi) o due paia (i millepiedi) di appendici.

I **crostacei** formano un gruppo di circa 52 000 specie, molto diversificate tra loro: granchi, gamberi e aragoste, krill, pulci d'acqua e cirripedi. Il corpo dei crostacei è estremamente variabile, ma tutti hanno un paio di antenne.

Si conoscono più di un milione di specie di **insetti**, e moltissime non sono state ancora descritte formalmente. Tutti gli insetti hanno mascelle, un paio di antenne, corpo diviso in testa, torace e addome, sei zampe e, di solito, due paia di ali. Gli antenati degli insetti odierni hanno colonizzato gli ambienti terrestri poco dopo le piante, circa 475 milioni di anni fa. Il loro successo è attribuito in parte alla loro capacità di volare; gli insetti sono stati i primi animali a volare.

Anche le strategie riproduttive potrebbero aver contribuito all'espansione degli insetti: una riproduzione molto rapida e uova in grado di sopravvivere in ambienti aridi. La maggior parte dei cicli vitali degli insetti include una metamorfosi, ma in alcune specie, come i grilli, i piccoli hanno lo stesso aspetto degli adulti.

Figura 19 Artropodi mandibolati. (**a**) I millepiedi, con due paia di zampe per segmento, e i centopiedi, con un paio per segmento, sono miriapodi. (**b**) Granchi e aragoste sono crostacei. (**c**) Cicale, libellule, coleotteri e falene sono insetti.

Rispondi in un tweet

26. Cosa distingue e cosa accomuna artropodi e nematodi?
27. Quali sono le principali regioni del corpo di un artropode?
28. Per quale aspetto i chelicerati si distinguono dai mandibolati?
29. Fai un esempio di un animale per ogni subphylum di artropodi.

Ecco perché — I nostri minuscoli compagni

Anche quando pensiamo di essere soli, in realtà siamo in compagnia. Il nostro corpo può ospitare un vasto assortimento di artropodi. Per esempio i pidocchi sono insetti che con i loro morsi causano irritazioni; le zecche si attaccano alla pelle e succhiano il sangue, trasmettendo a volte i batteri che causano la malattia di Lyme; la saliva delle piccole larve dell'acaro *Trombicula* digerisce piccole aree della pelle, causando un forte prurito. Pidocchi, zecche e acari sono difficili da ignorare, ma un minuscolo compagno più discreto può passare inosservato: l'acaro del follicolo, *Demodex* (figura **A**). Questo aracnide, lungo meno di mezzo millimetro, vive nei follicoli piliferi e nelle vicine ghiandole sebacee, nutrendosi di secrezioni della pelle e di cellule morte. Gli acari *Demodex* non sono affatto rari, ogni follicolo può ospitare fino a venticinque di questi piccoli animali! Per fortuna, l'infezione di solito è asintomatica, anche se può accadere che gli acari causino irritazioni.

Figura A Cimici dei follicoli. Le piccole cimici *Demodex* vivono nei pori della pelle e nei follicoli.

9.9 Gli echinodermi adulti sono animali a simmetria radiale

Gli echinodermi (phylum *Echinodermata*) sono fra gli animali marini più colorati e insoliti (figura 20). Il phylum comprende i ricci di mare, le stelle marine, i cetrioli di mare e i dollari della sabbia.
È difficile immaginare un animale più diverso da noi di una stella marina, eppure echinodermi e cordati condividono un ramo dell'albero filogenetico. Infatti, entrambi i phyla sono deuterostomi, cioè durante lo sviluppo embrionale la prima apertura della gastrula diventa un ano. Le analisi molecolari confermano la stretta parentela fra echinodermi e cordati.
L'albero filogenetico riserva un'altra sorpresa. Anche se gli echinodermi appartengono agli animali con simmetria bilaterale, le stelle marine adulte e gli altri echinodermi hanno corpi a simmetria radiale con cinque assi. Vediamo perché.
Gli echinodermi di solito si riproducono sessualmente: gameti maschili e femminili di individui diversi si uniscono nell'ambiente acquatico. La larva risultante ha simmetria bilaterale, ma sviluppa simmetria radiale con un radicale processo di metamorfosi.
Una caratteristica peculiare degli echinodermi è il loro **sistema vascolare acquifero**, costituito da canali pieni di fluido che terminano in centinaia di pedicelli a ventosa (figura 20).
Riempiendo e svuotando d'acqua i pedicelli gli echinodermi possono strisciare con lentezza senza perdere mai il contatto con il substrato, resistendo in questo modo alla forza delle onde. I pedicelli svolgono altre funzioni oltre a quella motoria: contengono recettori sensibili alla luce e alle sostanze chimiche e aiutano gli animali a procacciarsi il cibo.
Gli echinodermi sono privi di sistemi circolatori, escretori e respiratori: queste funzioni sono svolte dal sistema vascolare acquifero. I canali interni al corpo dell'animale comunicano con l'esterno attraverso un poro specializzato e i pedicelli svolgono quindi la funzione di branchie, permettendo lo scambio di gas fra l'acqua marina e i fluidi interni.

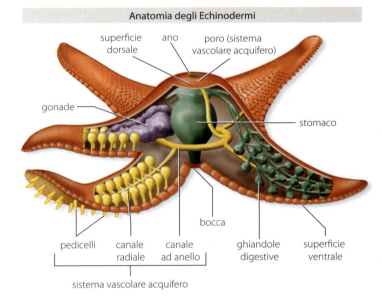

Figura 20 Echimodermi. (Phylum *Echinodermata*).

Rispondi in un tweet

30. Elenca le caratteristiche che determinano la posizione degli echinodermi nell'albero filogenetico.
31. Cos'è il sistema vascolare acquifero e perché è vantaggioso?
32. Fai qualche esempio di echinoderma.
33. Come si muovono gli echinodermi?

9.10 I cordati sono in gran parte vertebrati

I cordati sono un gruppo eterogeneo composto da 60 000 specie (tabella 2). Dal piccolo girino allo squalo o all'elefante, i cordati sono un insieme davvero diversificato di animali. Non si sa quale sia l'antenato comune dei cordati, ma è certo che fosse un invertebrato acquatico, apparso forse durante l'esplosione cambriana. I cordati più noti sono i vertebrati, di cui fanno parte pesci, anfibi, rettili, uccelli e mammiferi. Tutti sono accomunati da uno scheletro interno (endoscheletro) che include una spina dorsale segmentata, flessibile e protettiva.

A. Quattro caratteristiche chiave distinguono i cordati

L'antenato comune dei cordati possedeva alcune caratteristiche chiave, ereditate da tutti i discendenti e presenti almeno in qualche fase dello sviluppo (figura 21):

- **Notocorda**: è una struttura flessibile che si estende lungo il dorso dei cordati. Nella maggior parte dei vertebrati, durante lo sviluppo la notocorda non rimane nell'adulto ma viene sostituita dalla spina dorsale.
- **Cordone nervoso dorsale**: in molti cordati il cordone nervoso diventa midollo spinale e si allarga nella parte anteriore, formando il cervello.
- **Fessure branchiali**: nella maggior parte degli embrioni dei cordati, le fessure si formano nella faringe, il tubo muscolare che inizia subito dopo la bocca. Nei vertebrati, le fessure diventano branchie, o la cavità dell'orecchio medio o altre strutture.
- **Coda**: la coda che si estende oltre l'ano è presente in tutti gli embrioni dei cordati. Negli esseri umani, negli scimpanzé e nei gorilla, la coda scompare prima della nascita. Nei pesci, nelle salamandre, nelle lucertole, nei gatti e in molte altre specie la coda rimane anche nell'adulto.

Tabella 2 Principali gruppi tassonomici del phylum *Chordata*

Gruppo	Esempi	Numero di specie esistenti
Tunicati (subphylum *Urochordata*)	Ascidia	3000
Anfiossi (subphylum *Cephalochordata*)	Anfiosso	30
Missiniformi e lamprede (superclasse *Agnatha*)	Missina, lampreda	70 (missine) 38 (lamprede)
Pesci ossei e cartilaginei (superclasse *Osteichthyes*)	Squalo, salmone, pesce polmonato (dipnoi), celacanti	30 000
Anfibi (classe *Amphibia*)	Rana, salamandra, apodi	6000
Rettili (classe *Reptilia* e classe *Aves*)	Tartaruga, lucertola, serpente, coccodrillo, pollo, struzzo	8000 (rettili non aviani) 9000-10000 (uccelli)
Mammiferi (classe *Mammalia*)	Ornitorinco, canguro, cane, balena, uomo	5800

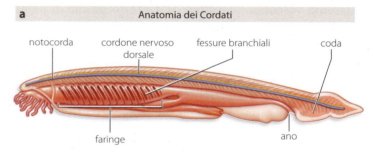

a — Anatomia dei Cordati

Figura 21 Cordati (Phylum *Chordata*). L'anfiosso (**a**) presenta tutte le caratteristiche tipiche di un vertebrato, benché l'aspetto esteriore (**b**) lo faccia assomigliare a un verme.

Capitolo 9 **Biodiversità degli animali** 229

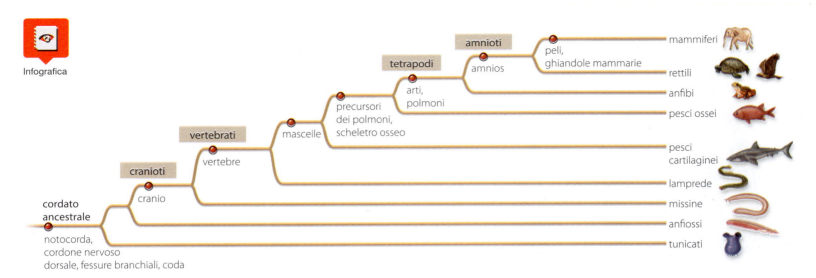

B. Le relazioni evolutive fra i cordati

La figura **22** mostra le relazioni evolutive nel phylum *Chordata*. Fino a poco tempo fa i rettili non aviani – serpenti, lucertole e coccodrilli – erano collocati in un gruppo separato rispetto agli uccelli. Ora sappiamo, grazie a prove molecolari, fossili e anatomiche, che gli uccelli sono rettili.
Questo paragrafo illustra le caratteristiche che determinano l'organizzazione dell'albero filogenetico dei cordati.

- **Cranio**: nella maggior parte dei cordati, un cranio osseo o cartilagineo protegge il cervello (figura **23**).
- **Vertebre**: i vertebrati sono cordati con una colonna vertebrale ossea o cartilaginea, composta da vertebre che proteggono il midollo spinale.
- **Mascelle**: lo sviluppo delle mascelle articolate, mostrato in figura **24**, permette ai vertebrati di nutrirsi utilizzando diverse strategie.
- **Polmoni**: la maggior parte dei vertebrati terrestri respira grazie ai polmoni, strutture analoghe alle vesciche natatorie dei pesci ossei.
- **Arti**: i tetrapodi (termine che significa "quattro gambe") sono vertebrati con due paia di arti che consentono loro la locomozione sulla terraferma.

Figura 22 Diversità dei cordati. I cordati sono un gruppo di animali molto diversi; dai invertebrati tunicati e anfiossi ai più conosciuti pesci, anfibi, rettili (compresi gli uccelli) e mammiferi.

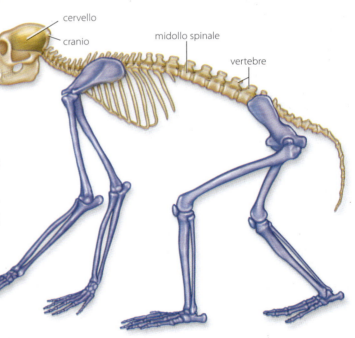

Figura 23 Cranio e spina dorsale. Cranio e vertebre sono due caratteristiche condivise dalla maggior parte dei cordati.

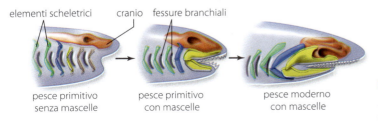

Figura 24 Possibile origine delle mascelle. Si pensa che le mascelle si siano evolute da elementi scheletrici che sostenevano le fessure branchiali vicino alla bocca dei pesci.

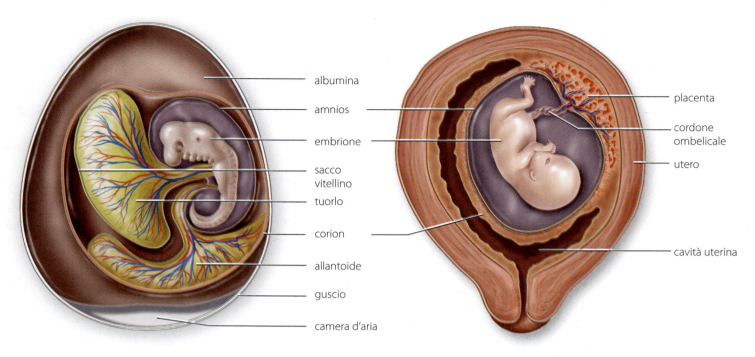

Figura 25 L'amnios. L'amnios è un sacco che avvolge l'embrione di rettili e mammiferi. Nell'uovo amniotico, l'embrione è chiuso in un guscio duro e protettivo, e sostenuto internamente da tre membrane – amnios, corion e allantoide. Anche gli embrioni dei mammiferi placentati sono avvolti nell'amnios.

- **Amnios**: rettili e mammiferi formano il gruppo degli amnioti. Si riproducono in ambienti aridi grazie all'evoluzione dell'**uovo** amniotico (figura 25), che protegge e nutre l'embrione.

- **Camere cardiache**: il cambiamento nella struttura del cuore è una tappa fondamentale nell'evoluzione dei vertebrati. I pesci hanno un cuore a due camere, con un atrio e un ventricolo. Negli anfibi e nella maggior parte dei rettili, il cuore ha due atri e un ventricolo. Mammiferi, coccodrilli e uccelli hanno quattro camere (due atri e due ventricoli). Le camere permettono una migliore separazione del sangue ossigenato dal sangue non ossigenato, e un trasferimento più efficiente del sangue ossigenato ai tessuti.

- **Termoregolazione**: le strategie per la regolazione della temperatura sono varie, ma gli animali sono generalmente classificati come ectotermi o endotermi. La temperatura corporea di un **ectotermo** tende a variare con la temperatura ambientale. Invertebrati, pesci e la maggior parte di anfibi e rettili non aviani sono ectotermi. Gli **endotermi** mantengono la temperatura corporea costante, grazie al calore generato dal

Capitolo 9 **Biodiversità degli animali** 231

Figura 26 Rivestimenti del corpo. I rivestimenti del corpo dei vertebrati comprendono (in senso orario, da sinistra in alto) le scaglie ossee di un pesce, le squame ricche di cheratina di un serpente (un rettile); la pelliccia di un mammifero; le piume di un uccello; e la pelle nuda e senza squame di un anfibio.

loro metabolismo. Uccelli e mammiferi sono endotermi.

- **Rivestimento del corpo**: i pesci sono rivestiti da scaglie ossee, mentre gli anfibi hanno la pelle nuda (figura **26**).

Nei tre gruppi di amnioti, il rivestimento del corpo è costituito da cheratina. I rettili non aviani, come i serpenti e i coccodrilli, hanno squame su tutto il corpo. Gli uccelli hanno squame solo sulle zampe, mentre le piume rivestono il resto del corpo. I mammiferi sono coperti di peli.

Rispondi in un tweet

34. Quali sono le quattro caratteristiche che definiscono i cordati?
35. In che modo la comparsa di mascelle, polmoni, arti e amnios ha influito sull'evoluzione dei vertebrati?
36. Come è rivestito il corpo dei vertebrati?
37. Che differenza c'è fra un ectotermo e un endotermo?
38. In che modo il numero di camere cardiache influisce sull'efficienza della distribuzione dell'ossigeno ai tessuti?

9.11 Tunicati e anfiossi sono cordati invertebrati

I tunicati e gli anfiossi sono cordati invertebrati, privi di cranio e vertebre (figura 27).
Le 3000 specie di **tunicati** prendono il nome dalla tunica, un rivestimento protettivo e flessibile che avvolge il loro corpo. I tunicati più studiati, le ascidie, assomigliano a un sacco da cui entra ed esce l'acqua: le ciglia spingono l'acqua nel sifone di entrata e attraverso le fessure branchiali favorendo la diffusione dell'ossigeno nei vasi sanguigni circostanti; inoltre il muco che ricopre le fessure intrappola le particelle di cibo sospese, mentre l'acqua esce dall'altro sifone. Gli adulti sono solitamente sessili.

Gli **anfiossi** invece, hanno un aspetto completamente diverso: assomigliano a piccoli pesci traslucidi e senza occhi. Vivono nei mari poco profondi, con la coda infilata nei sedimenti. Anche loro sono filtratori: l'acqua entra dalla bocca, attraversa le fessure branchiali ed esce dal corpo attraverso un poro separato. Le fessure branchiali sono coperte da muco e ciglia che intrappolano le particelle di cibo e consentono all'animale di nutrirsi.

Figura 27 Tunicati e anfiossi.

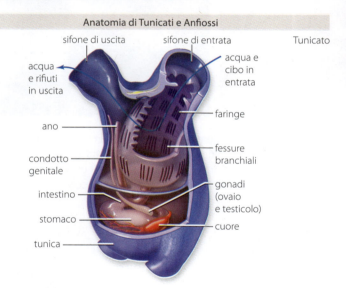

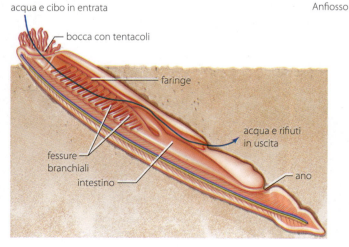

Rispondi in un tweet

39. Confronta le caratteristiche di tunicati e anfiossi.
40. In che modo i tunicati usano i loro sifoni per il nutrimento e lo scambio gassoso?
41. Che relazione c'è fra tunicati, anfiossi e cordati vertebrati?

Capitolo 9 **Biodiversità degli animali** 233

9.12 Missine e lamprede hanno cranio ma non mascelle

Missine e lamprede sono cordati che condividono alcune caratteristiche molto particolari (figura 28): hanno forma allungata, branchie e organi di senso sulla testa e bocche senza mascelle. L'antenato comune dei cranioti assomigliava probabilmente alle **missine**: organismi caratterizzati da crani composti da cartilagine e da un midollo spinale non avvolto da vertebre; per questo motivo non sono incluse nei vertebrati. Le missine vivono nelle fredde acque dell'oceano e si nutrono di invertebrati marini, come gamberetti e vermi.

Le **lamprede**, invece, sono organismi caratterizzati da un rivestimento di cartilagine intorno al cordone nervoso, sono quindi vertebrati. Vivono in acqua dolce o salata, e passano la maggior parte della vita nello stato larvale, filtrando l'acqua per catturare le particelle di cibo. Da adulti si nutrono di piccoli invertebrati o sono parassiti di pesci.

Figura 28 Missine e lamprede.

Rispondi in un tweet

42. Quale organismo fra missine e lamprede assomiglia all'antenato dei cranioti?
43. Confronta le caratteristiche di missine e lamprede.

9.13 I pesci sono vertebrati acquatici con mascelle, branchie e pinne

I pesci sono i più eterogenei e numerosi fra i vertebrati, con oltre 30 000 specie conosciute (figura 29). Occupano quasi tutti i tipi di ambienti acquatici, acqua dolce e salata, limpida o fangosa, gelida o tiepida, anche se non tollerano le sorgenti calde.

Figura 29 Pesci.

I pesci hanno avuto origine circa 500 milioni di anni fa da un ignoto antenato dotato di mascelle, branchie e pinne appaiate. Milioni di anni dopo, si sono differenziati in due gruppi principali: pesci cartilaginei e pesci ossei.
Il gruppo dei **pesci cartilaginei**, o Condroitti, è il più antico e comprende circa 800 specie di squali, razze e mante. Come indicato dal nome con cui sono classificati, il loro scheletro è costituito da cartilagine.
Una caratteristica particolare è la presenza delle **linea laterale**, un organo di senso situato lungo il corpo dell'animale. I canali della linea laterale permettono di sentire le vibrazioni nell'acqua circostante, consentendo di trovare le prede e di evitare i predatori.
Alcune specie di pesci cartilaginei devono nuotare continuamente per mantenere un costante flusso d'acqua attraverso la bocca e le branchie; se si fermassero, morirebbero. Altri pesci cartilaginei sono invece in grado di pompare acqua sulle branchie anche a riposo.
I **pesci ossei**, o Osteitti, formano un gruppo che comprende il 96% delle specie di pesci esistenti. Hanno scheletro costituito da tessuto osseo rinforzato da depositi minerali di fosfato di calcio.
Anche i pesci ossei hanno una linea laterale, ma a differenza dei pesci cartilaginei le loro branchie sono coperte da un opercolo mobile che dirige l'acqua sulle branchie, eliminando la necessità di nuotare costantemente. Anche la **vescica natatoria** è una caratteristica esclusiva dei pesci ossei. Espandendo o contraendo la vescica, i pesci ossei regolano il loro galleggiamento, consentendo il movimento verticale lungo la colonna d'acqua.
I pesci ossei si dividono in due classi, pesci dalle pinne a raggi e pesci a pinne lobate.
Il gruppo dei **pesci a pinne a raggi** comprende quasi tutti i pesci ossei: anguille, pesci gatto, tonni, trote, salmoni e molti altri. Hanno pinne a forma di ventaglio, composte da sottili lembi di pelle flessibile sorretti da sottili spine ossee (i "raggi").
Le circa dieci specie di **pesci a pinne lobate** sono costituite da pesci ossei strettamente imparentati con i tetrapodi a causa della struttura anatomica delle loro pinne carnose, composte da ossa e muscoli. Il gruppo include i **pesci polmonati**, con polmoni omologhi a quelli dei tetrapodi, e i **celacanti**, che sono comparsi nel Devoniano e sono il più antico gruppo di vertebrati dotati di mascella.

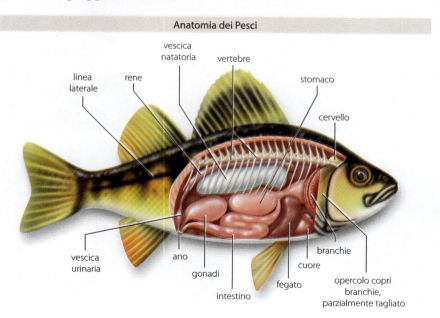

Figura 30 Anatomia di un pesce osseo. L'illustrazione mostra alcuni degli adattamenti dei pesci alla vita acquatica, incluse le pinne, la vescica natatoria e le branchie.

Rispondi in un tweet

44. Quali caratteristiche sono condivise da tutti i pesci?

45. Quali sono i tipi principali di pesci ossei e cartilaginei?

9.14 Gli anfibi hanno una doppia vita sulla terra e nell'acqua

La parola anfibio (dal greco *amphí*, «doppia», e *bíos*, «vita») si riferisce alla capacità di questi vertebrati tetrapodi di vivere sia in acqua dolce sia in ambienti terrestri (figura 31). Gli anfibi svolgono un ruolo di grande importanza negli ecosistemi poiché controllano la proliferazione di alghe e di insetti. Attualmente è quindi molto preoccupante che le popolazioni anfibie stiano diminuendo in tutto il mondo, soprattutto a causa della distruzione dei loro habitat di riproduzione e per infezioni fungine. Infatti gli anfibi hanno una pelle sottile e porosa che li rende particolarmente vulnerabili all'inquinamento; sono quindi utili indicatori della qualità ambientale.

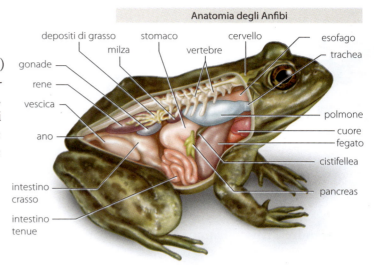

Figura 31 Anatomia di una rana. Sebbene gli anfibi si siano adattati alla vita sulla terraferma, i piccoli polmoni, la pelle sottile e le esigenze riproduttive li costringono a rimanere vicini agli ambienti umidi.

A. Gli anfibi sono stati i primi tetrapodi

È facile immaginare come i polmoni dei pesci polmonati siano stati i precursori dei polmoni degli anfibi, e come le pinne carnose dei pesci a pinne lobate si siano potute trasformare in arti. La transizione pesci-anfibi, infatti, sembrerebbe essere avvenuta circa 375 milioni di anni fa.

Rispetto agli affollati habitat acquatici, la vita sulla terra offriva agli anfibi ancestrali protezione, cibo e abbondante ossigeno. La vita terrestre presentava anche nuove sfide: gli animali erano sottoposti a grandi sbalzi di temperatura, e le branchie collassavano senza il sostegno dell'acqua. Il nuovo habitat costrinse quindi a nuovi adattamenti (figura 31): i polmoni migliorarono, gli apparati circolatori (compreso un cuore a tre camere) divennero più complessi e potenti, lo scheletro divenne più denso e capace di resistere alla gravità. La selezione naturale favorì lo sviluppo di udito e vista acuti, con palpebre e ghiandole lacrimali per mantenere umidi gli occhi. Tuttavia gli anfibi hanno conservato un forte legame con l'acqua: le loro uova, prive di gusci e membrane protettive, sopravvivono solo se rimangono umide; inoltre le larve respirano attraverso branchie esterne, che richiedono l'immersione in acqua. Anche se gli adulti solitamente sono provvisti di polmoni semplici, questi non sono molto efficienti e lo scambio di gas avviene anche attraverso la pelle sottile, che deve quindi rimanere umida.

B. Gli anfibi sono divisi in tre gruppi principali

Gli anfibi sono divisi in tre ordini: rane, salamandre e tritoni, gimnofioni (figura 32, in pagina successiva).

La maggior parte delle specie di anfibi sono **rane**, un gruppo che include sia le rane a pelle liscia, sia i rospi a pelle bitorzoluta. Gli adulti hanno bocche larghe, sono senza collo (le teste si uniscono direttamente al tronco) e non hanno né coda né squame.

Nella maggior parte delle specie, la femmina depone le uova in acqua, mentre il maschio le sale sulla schiena e rilascia gli spermatozoi. Dalle uova fecondate nascono girini, privi di arti, che si nutrono di alghe; crescendo, i girini sviluppano arti e polmoni, perdono la coda e diventano carnivori (metamorfosi).

Diversità degli Anfibi

Salamandre e tritoni hanno una coda e quattro arti e assomigliano alle lucertole. A differenza però delle lucertole la loro pelle è priva di squame, le dita non hanno artigli e vivono sempre vicino all'acqua. Le uova fecondate possono schiudersi in acqua o sul terreno umido. Le larve hanno code simili a pinne e sono carnivore come gli adulti.

I **gimnofioni** sono anfibi senza arti, che assomigliano a grossi lombrichi. Vivono in tane scavate nel sottosuolo delle foreste tropicali, o negli stagni poco profondi. Sono carnivori e si riproducono per fecondazione interna.

Figura 32 Diversità degli anfibi. Gli anfibi comprendono: (**a**) salamandre e tritoni, (**b**) gimnofioni, (**c**) rane.

Rispondi in un tweet

46. Quali caratteristiche hanno in comune tutti gli anfibi?
47. Che ruolo svolge l'acqua nello scambio di gas respiratori e nella riproduzione degli anfibi?
48. Quali caratteristiche distinguono i tre ordini di anfibi?

9.15 I rettili sono stati i primi vertebrati a conquistare la terraferma

Fino a qualche tempo fa, si definivano **rettili** i serpenti, le lucertole, i coccodrilli e altri amnioti con pelle asciutta e squamosa. Oggi, invece, sappiamo che gli uccelli sono rettili. La parola rettile identifica sia i rettili non aviani sia gli uccelli.

Biology FAQ — What characteristics distinguished dinosaurs from other reptiles?

Dinosaurs were terrestrial reptiles that lived during Mesozoic era, between 245 and 65 million years ago. They ranged in stature from chicken-sized to truly gargantuan – the largest could have peeked into the sixth story of a modern-day building.

Biologists divide the hundreds of dinosaur species into two main lineages. One group includes the beaked plant-eaters such as *Stegosaurus* and *Triceratops*. The other contains long-necked herbivores and theropods, the only carnivorous dinosaurs; *Tyrannosaurus rex* belonged to this group, as did the ancestors of modern birds. Many people mistakenly believe that all reptiles (or even mammals) that lived during the Mesozoic era were dinosaurs. In reality, lizards, snakes, crocodiles, and other terrestrial reptiles lived alongside the dinosaurs. The Mesozoic also saw marine reptiles such as plesiosaurs and flying reptiles such as pterodactyls, but they were not dinosaurs either; all dinosaurs were terrestrial. Nor did all dinosaurs live at the same time. As some species appeared, others went extinct throughout the Mesozoic.

Despite movie plots suggesting the contrary, humans and dinosaurs never coexisted. The last of the dinosaurs were gone by the time our own lineage – the primates – was just getting started. Ten of millions of years later, humans finally roamed the Earth and found the fossils that prove that these huge reptiles once existed.

reptile	rettile
lineage	linea evolutiva
bird	uccello
mammal	mammifero

I rettili si sono evoluti dagli anfibi durante il Carbonifero, fra 363 e 290 milioni di anni fa, dominando la vita animale durante l'era Mesozoica, fino al loro declino iniziato 65 milioni di anni fa. Molte specie di rettili sono sopravvissute fino ad oggi, ma di molti altri rimangono solo tracce fossili; fra i gruppi estinti ci sono i dinosauri terrestri, gli ictiosauri, i plesiosauri marini e gli pterosauri volanti.

A differenza degli antenati anfibi, la maggior parte dei rettili ha adattamenti che permettono loro di vivere e riprodursi sulla terraferma (figura 34). La presenza di squame dure, ricche di cheratina, riduce la dispersione di acqua attraverso la pelle; i reni secernono urina concentrata, e permettono al corpo di conservare acqua. La fecondazione interna consente ai rettili di riprodursi anche in ambienti aridi. Infatti dopo la fecondazione, la maggior parte dei rettili depone uova amniotiche con un guscio duro, adatte anche agli ambienti asciutti. Infine, i rettili hanno capacità polmonare e un sistema circolatorio più efficiente rispetto ai loro antenati acquatici.

A. I rettili non aviani si dividono in quattro gruppi principali

Le circa 8000 specie di rettili non aviani si dividono in: tartarughe e testuggini, lucertole e serpenti, sfenodonti, e coccodrilli (figura 35). Come i pesci e gli anfibi, i rettili non aviani sono ectotermi.

Le **tartarughe** e le **testuggini** sono apparse nel periodo Triassico. Le tartarughe sono caratterizzate da un guscio composto da placche ossee; queste sono fuse alle vertebre e alle costole e sono quindi parte integrante dello scheletro. Circa il 95% dei rettili non aviani sono **serpenti** o **lucertole**. È probabile che i serpenti si siano evoluti da lucertole in grado di scavare tane sotterranee. La differenza più ovvia è che le lucertole hanno quattro zampe e i serpenti no; inoltre, i serpenti non hanno aperture in corrispondenza delle orecchie e palpebre mobili, ma sono caratterizzati da una lingua biforcuta.

Gli **sfenodonti** sono rettili molto somiglianti alle lucertole, nativi delle isole vicine alla Nuova Zelanda. L'ordine contava una volta molte specie, di cui solo due sopravvivono oggi.

Coccodrilli e **alligatori** sono carnivori che vivono in acqua. A differenza degli altri rettili non aviani, hanno un cuore con quattro camere. Questi rettili hanno un aspetto primitivo; infatti sono animali molto antichi essendo apparsi circa 230 milioni di anni fa, come i primi dinosauri terrestri. Eppure i coccodrilli hanno sensi sviluppati e comportamenti complessi, paragonabili a quelli degli uccelli. Per esempio, i coccodrilli depongono le uova in nidi che sono sorvegliati dagli adulti. Gli adulti si occupano dei piccoli, che rimangono vicini alla madre e la chiamano in caso di pericolo. Come molti uccelli e mammiferi, i gruppi sociali di coccodrilli hanno un'organizzazione gerarchica.

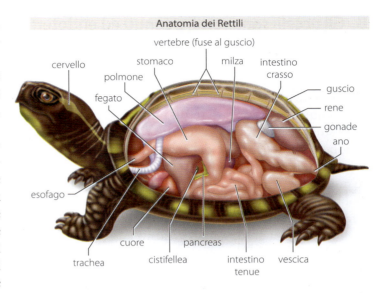

Figura 34 Rettili. La pelle, i polmoni, il cuore e il sistema riproduttivo dei rettili li rendono adatti alla vita sulla terraferma.

Figura 35 Diversità dei rettili. I rettili si dividono in: (**a**) tartarughe e testuggini, (**b**) lucertole e (**c**) serpenti, sfenodonti, (**d**) coccodrilli e alligatori, (**e**) uccelli.

B. Gli uccelli sono rettili pennuti ed endotermi

Gli uccelli, i dinosauri e i coccodrilli appartengono a un gruppo di rettili chiamati arcosauri, di cui oggi sopravvivono solo uccelli e coccodrilli; eppure un pollo e un coccodrillo sembrano avere poco in comune. Quali elementi fanno pensare che gli uccelli siano rettili?

Per cominciare, i fossili di rettili piumati ci danno preziose indicazioni sulla storia evolutiva degli uccelli; anche le somiglianze nell'organizzazione dello scheletro e del cuore degli uccelli e di alcuni rettili non aviani ci possono essere d'aiuto; altri indizi sono rappresentati dall'uovo amniotico, racchiuso in un guscio ricco di calcio.

Dobbiamo comunque ricordare che le circa 9000 specie di uccelli hanno caratteristiche uniche che li distinguono dagli altri rettili. La maggior parte degli uccelli vola grazie ad adattamenti anatomici particolari come le ali, la forma affusolata del corpo, le ossa cave e rinforzate da sostegni interni (figura 36). Inoltre, il cuore ha quattro camere e i polmoni forniscono l'ossigeno necessario a sostenere le esigenze metaboliche dei muscoli del volo. Gli uccelli sono gli unici animali moderni dotati di **penne** e di piume, strutture epidermiche ricche di cheratina che isolano il corpo e permettono agli uccelli di volare. Le penne hanno anche una funzione importante nell'accoppiamento. In effetti, i fossili di dinosauri alati e pennuti fanno supporre che le prime piume abbiano avuto funzione di segnale sessuale.

A differenza degli altri rettili, gli uccelli sono endotermi. I paleontologi non sanno ancora se i dinosauri, gli antenati degli uccelli, fossero ectotermi o endotermi.

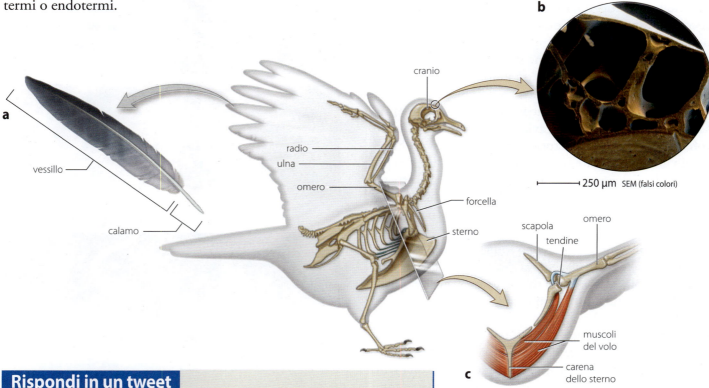

Figura 36 Adattamenti al volo. (a) Le penne rendono il corpo più aerodinamico e facilitano il volo. (b) Ossa cave senza midollo alleggeriscono il corpo. (c) I muscoli del volo sono ancorati allo sterno carenato e consentono i movimenti necessari al volo.

Rispondi in un tweet

49. Quali caratteristiche sono condivise da tutti i mammiferi?
50. In che modo le scaglie e le uova amniotiche sono adattamenti alla vita terrestre?
51. Descrivi ciascuno dei principali gruppi di rettili non aviani.
52. Quali sono le caratteristiche condivise da uccelli e rettili?
53. Indica gli adattamenti che hanno permesso agli uccelli di volare.

9.16 | I mammiferi

I **mammiferi** sono i vertebrati più familiari, non solo perché noi stessi siamo mammiferi ma anche perché questi animali fanno parte della nostra vita.

A. Mammiferi e rettili hanno un antenato in comune

Le circa 5800 specie di mammiferi hanno avuto origine nel tardo periodo Triassico (circa 200 milioni di anni fa). Le somiglianze nel DNA e l'esistenza di mammiferi che depongono uova indicano che mammiferi e rettili hanno un antenato in comune (figura **37**). I resti fossili, e in particolare alcuni dettagli della struttura del cranio, confermano questa ipotesi. Si suppone che qualche tempo dopo la loro separazione, apparvero i tratti distintivi dei mammiferi. Per esempio, l'antenato comune di tutti i mammiferi aveva **ghiandole mammarie**, che nelle femmine secernono il latte con cui sono nutriti i piccoli. Inoltre, la pelle dei mammiferi è ricca di cheratina, impermeabile e produce **peli**; questi sono sempre composti da cheratina e aiutano a conservare il calore del corpo. Anche delfini e balene sono pelosi alla nascita, ma perdono il pelo da adulti.

Le ghiandole mammarie e il pelo non lasciano tracce fossili, ma è possibile distinguere i fossili di mammifero rispetto a quelli dei rettili in altri modi. Per esempio, l'orecchio medio dei mammiferi è composto da tre ossicini, mentre quello dei rettili da uno o due; nei mammiferi, la mascella inferiore è costituita da un solo osso, quella dei rettili da molte ossa; i denti dei mammiferi sono di quattro tipi differenti – molari, premolari, canini, incisivi – mentre i denti dei rettili sono simili tra loro per forma e dimensione.

I mammiferi presentano anche altre importanti caratteristiche. Primo, hanno un cuore a quattro camere evolutosi in maniera indipendente nei due gruppi; secondo, lo strato esterno del cervello dei mammiferi è molto sviluppato e consente di imparare, ricordare, pianificare e rispondere in modo appropriato agli stimoli che arrivano dal mondo esterno. Terzo, solo i mammiferi hanno un muscolo a forma di cupola, il diaframma, che consente di richiamare aria ai polmoni.

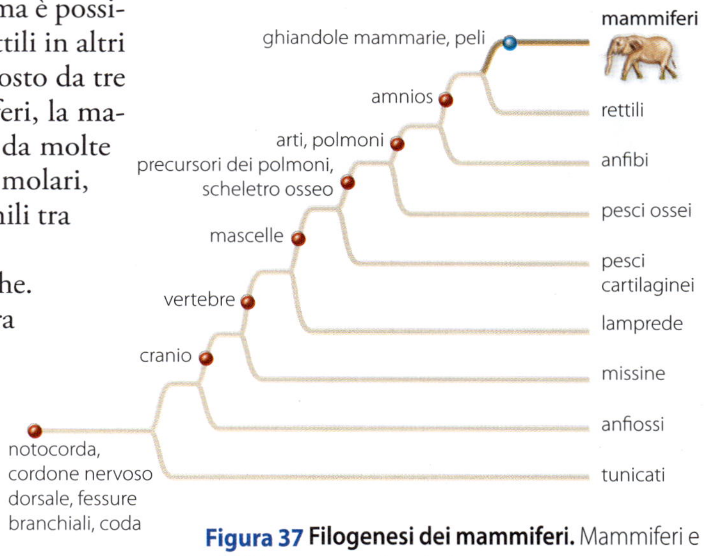

Figura 37 Filogenesi dei mammiferi. Mammiferi e rettili hanno un antenato in comune.

B. I mammiferi depongono le uova o partoriscono piccoli vivi

La maggior parte dei mammiferi era di piccola taglia prima della grande estinzione che 65 milioni di anni fa portò alla scomparsa dei dinosauri. La perdita di così tanti rettili ha permesso la rapida diversificazione di molte grandi specie di mammiferi e, allo stesso tempo, la diffusione delle piante da fiore ha fornito nuovo cibo e nuovi habitat. I biologi sistematici dividono i mammiferi in due sottoclassi: i monotremi che depongono le uova, e i mammiferi che partoriscono piccoli vivi. Questo ultimo gruppo si divide poi in marsupiali e placentati (figura **38**, alla pagina successiva).

I **monotremi** sono mammiferi che depongono le uova, come l'ornitorinco e l'echidna. Il nome *monotremo* deriva dalla particolare anatomia di questi animali: gli apparati urinario, digerente e riproduttivo hanno una

Figura 38 Mammiferi.

sola (mono) apertura verso l'esterno del corpo. I rettili hanno un'anatomia simile; inoltre l'uovo amniotico, è un altro tratto che accumuna i monotremi ai rettili.

Quando un piccolo monotremo inerme esce dall'uovo, si arrampica sulla pelliccia della mamma fino a raggiungere i pori della pelle che secernono il latte. Dopo alcuni mesi di questo speciale allattamento, i piccoli sono pronti per procacciarsi in autonomia il cibo.

I **marsupiali**, come i canguri e gli opossum, partoriscono cuccioli minuscoli e immaturi, dopo cinque settimane di gestazione. I cuccioli escono dalla vagina della madre e si arrampicano fino al **marsupio**, o tasca, dove succhiano latte e continuano il loro sviluppo.

I **placentati** sono il gruppo più eterogeneo. In queste specie, il piccolo si sviluppa all'interno dell'utero della femmina, dove la **placenta** collega la circolazione fetale con quella materna, fornendo nutrimento e rimuovendo i materiali di scarto. I placentati si sono diversificati e hanno preso il posto di gran parte dei marsupiali all'inizio dell'era Cenozoica, circa 65 milioni di anni fa. I marsupiali australiani invece hanno continuato a diversificarsi anche quando i marsupiali degli altri continenti erano già estinti.

Rispondi in un tweet

54. Elenca le caratteristiche che definiscono un mammifero.
55. Quali sono gli indizi che suggeriscono l'esistenza di un antenato comune a mammiferi e rettili?
56. In che modo differiscono le modalità di riproduzione di monotremi, marsupiali e placentati?

Organizzazione delle conoscenze

Biodiversità degli animali: ricapitoliamo

Rispondi alle domande che seguono facendo riferimento alla mappa, al riepilogo visuale e ai contenuti del capitolo.

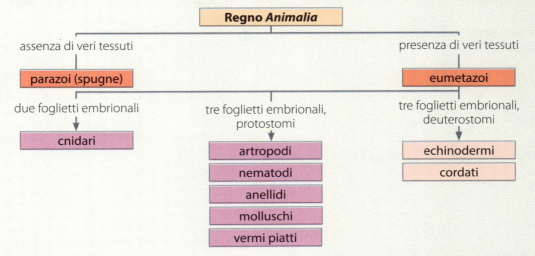

1. Scrivi frasi di connessione per separare artropodi e nematodi da anellidi, molluschi e vermi piatti.
2. Identifica le frasi di connessione per separare gli echinodermi dai cordati.
3. Disegna una mappa concettuale che riassuma i cordati, includendo sia gli invertebrati sia i vertebrati.
4. Inserisci nella mappa concettuale i termini simmetria radiale, simmetria bilaterale, cefalizzazione.
5. Che tipo di simmetria presentano i parazoi?
6. Elenca i tessuti e gli organi che nel corso dello sviluppo hanno origine da ectoderma, endoderma e mesoderma.
7. Che cosa si intende per celoma e pseudoceloma?
8. Quali animali non presentano un celoma?
9. Che cos'è la segmentazione? In quali gruppi di animali è presente?
10. Che cosa si intende per apparato digerente completo e incompleto?

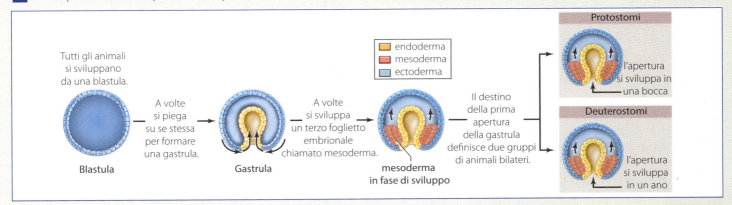

Il glossario di biologia

11. Costruisci il tuo glossario bilingue di biologia, completando la tabella seguente con la traduzione italiana o inglese dei termini proposti.

Termine italiano	Traduzione inglese	Termine italiano	Traduzione inglese
Parazoi			Direct development
	Radial symmetry	Spugne	
	Ectoderm		Flatworms
Protostomi		Molluschi	
Celoma			Cephalopods
	Segmentation	Nematodi	

Autoverifica delle conoscenze

 Simula la parte di biologia di una prova di accesso all'università. Rispondi ai test da 12 a 26 in 25 minuti e calcola il tuo punteggio in base alla griglia di soluzioni che trovi in fondo al libro. Considera: 1,5 punti per ogni risposta esatta; – 0,4 punti per ogni risposta sbagliata; 0 punti per ogni risposta non data. Trovi questi test anche in versione interattiva sul MEbook.

12 Dopo la gastrulazione, le cellule che si sono ripiegate all'interno si sviluppano in:
- A endoderma
- C ectoderma
- B mesoderma
- D blastula
- E sia la risposta B sia la risposta C sono corrette

13 Quale tra i seguenti gruppi include tutti gli altri?
- A Protostomi
- B Echinodermi
- C Eumetazoi
- D Ecdisozoi
- E Bilateri

14 Qual è una caratteristica fondamentale di tutti gli artropodi?
- A Sei gambe
- B Uno pseudoceloma
- C Uno scheletro idrostatico
- D Un esoscheletro
- E Nessuna delle precedenti risposte è corretta

15 In che modo la struttura del corpo di un anellide è diversa da quella di un artropode?
- A Gli anellidi non hanno appendici articolate
- B Gli anellidi hanno un tratto digestivo completo
- C Gli anellidi mostrano cefalizzazione
- D Gli anellidi hanno una simmetria bilaterale
- E Sia la risposta B sia la risposta C sono corrette

16 Quale delle seguenti caratteristiche si può riferire a una seppia?
- A La cefalizzazione
- B Un vero celoma
- C Un tratto digestivo completo
- D Uno scheletro idrostatico
- E Tutte le risposte precedenti sono corrette

17 Quale phylum animale comprende più specie conosciute?
- A Cordati
- B Nematodi
- C Artropodi
- D Cnidari
- E Mammiferi

18 Quale tra questi animali presenta fessure faringee in un periodo della vita?
- A Un serpente
- B Una stella marina
- C Un'aragosta
- D Una mosca
- E Tutte le risposte precedenti sono corrette

19 Che cos'è una notocorda?
- A La spina dorsale di un animale cordato
- B Un segmento dell'osso che si trova nella schiena dei cordati
- C Un tipo di foglietto embrionale
- D Una struttura presente in tutti gli animali bilateri
- E Una struttura fibrosa estesa lungo il dorso dei cordati

20 Poiché un tunicato è considerato un cordato, deve avere:
- A un cranio
- B una notocorda
- C un uovo amniotico
- D i polmoni
- E mascelle articolate

21 I pesci a pinne lobate sono importanti perché:
- A sono stati i primi vertebrati
- B sono stati i primi animali
- C sono strettamente imparentati con i tetrapodi
- D non hanno mandibole
- E sia la risposta A sia la risposta D sono corrette

22 Con quale di questi animali è imparentata una salamandra?
- A Una lumaca
- B Uno scarabeo
- C Uno squalo
- D Un pesce gatto
- E Un lombrico

23 In che modo i rettili e i mammiferi differiscono dagli anfibi?
- A Soltanto i rettili e i mammiferi sono amnioti
- B Soltanto i rettili e i mammiferi sono tetrapodi
- C Soltanto i rettili e i mammiferi hanno polmoni
- D Soltanto i rettili e i mammiferi hanno la superficie ricoperta da peli
- E Tutte le risposte precedenti sono corrette

24 Quali caratteristiche condividono gli uccelli e i coccodrilli?
- A Hanno un cuore suddiviso in quattro camere
- B Depongono uova
- C Hanno le squame
- D Hanno una struttura scheletrica simile
- E Tutte le risposte precedenti sono corrette

25 Poiché una balena è un mammifero, deve:
- A possedere squame
- B avere le branchie
- C produrre latte
- D avere un marsupio
- E tutte le precedenti risposte sono corrette

26 L'omeotermia, ossia la capacità di mantenere costante la temperatura corporea al variare di quella ambientale, è acquisita da:
- A uccelli e mammiferi
- B rettili e uccelli
- C anfibi e uccelli
- D solo dai mammiferi
- E tutti i vertebrati

Sviluppo delle competenze

27 Formulare ipotesi Perché alcune forme di vita sessili o caratterizzate da movimenti lenti – come spugne, cetrioli di mare e tunicati – possono essere favorite se presentano colori accesi e se dispongono di un arsenale di sostanze tossiche?

28 Relazioni In che modo gli scheletri di pesci e uccelli sono simili nella struttura e nella funzione?

29 Fare connessioni logiche Elenca cinque adattamenti che permettono (a) ai pesci di vivere in acqua; (b) agli anfibi di vivere sulla terraferma; (c) ai serpenti di vivere nel deserto; (d) agli uccelli di volare.

30 Classificare Elenca le prove che usano i biologi per classificare lombrichi, gimnofioni e serpenti in diversi gruppi nonostante le somiglianze superficiali tra questi animali.

31 Comunicare Qual è la prova per la sorprendente vicinanza tra echinodermi e cordati?

32 Inglese Echinoderms have …… symmetry as embryos and …… symmetry as adults.
- A Radial; radial
- B Radial; bilateral
- C Bilateral; radial
- D Bilateral; bilateral
- E None of the above is correct

33 Metodo scientifico Durante una spedizione paleontologica, trovi un fossile. Non sei sicuro che appartenga a un rettile o a un mammifero: come li puoi distinguere?

34 Metodo scientifico Immagina di osservare un video che ritrae lo sviluppo di un animale sconosciuto. Quali indizi può darti il modello di sviluppo sulla classificazione dell'animale? Utilizza un diagramma per aiutarti nella risposta.

35 Problem solving Disegna un grafico per illustrare le caratteristiche di ciascun subphylum di artropodi. Immagina di poter analizzare un artropode fossilizzato; usa il tuo grafico per descrivere come assegneresti il fossile a un subphylum.

36 Digitale Le specie animali invasive stanno distruggendo gli ecosistemi in tutto il mondo. Cosa significa specie invasiva? Fai una ricerca su internet per cercare una lista delle specie animali invasive. Quali sono i phyla ricorrenti nella lista? Qual è il danno che possono arrecare le specie invasive? Perché è importante cercare di eradicare le specie invasive?

37 Metodo scientifico

Tiktaalik, l'animale che inventò la "trazione integrale".
L'evoluzione delle zampe posteriori iniziò già nei pesci e non, come si pensava, solo dopo i primi tentativi di colonizzazione della terraferma da parte di animali che si sarebbero trascinati facendo leva su quelle anteriori, un po' come le foche. A testimoniarlo è la scoperta di nuovi reperti di *Tiktaalik roseae*, una specie di transizione tra i pesci e i primi animali dotati di zampe vissuta 375 milioni di anni fa. […] Questi nuovi fossili includono anche una pelvi ben conservata e una pinna ventrale parziale che permettono di ricostruire in modo più dettagliato la struttura anatomica di questo animale di cui, sulla base dei reperti scoperti nel 2004, finora si conosceva solo la parte anteriore del corpo.

(Le Scienze, 16 gennaio 2014)

a. Dopo aver letto il testo, determina se le seguenti affermazioni sono vere o false.
- La specie *Tiktaalik roseae* è vissuta più di 300 milioni di anni fa V F
- La nuova scoperta è dovuta al ritrovamento di una nuova specie, *Tiktaalik roseae* V F
- La scoperta indica che la specie *Tiktaalik roseae* viveva sulla terraferma V F
- I primi animali sulla terraferma potrebbero aver posseduto già zampe posteriori V F
- Le foche sono i primi animali che hanno colonizzato la terraferma V F

b. Quali altri adattamenti oltre alle zampe deve possedere un animale in grado di colonizzare la terraferma?

c. Se potessi studiare un pesce in grado di vivere anche fuori dall'acqua, che tipo di esperimento pianificheresti per capire se l'abilità a muoversi sulla terraferma è innata o migliora con l'allenamento?

38 Problem solving L'Unione Internazionale per la Conservazione della Natura (IUCN) stila una lista, chiamata *Red List*, che raccoglie le specie a rischio di estinzione. Questo grafico illustra le percentuali di specie in diversi gruppi, considerate in grave pericolo (rosso), in pericolo (arancione) o vulnerabili all'estinzione (ocra).

Fonte: IUCN Red List (2007)

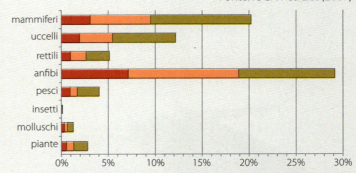

a. Osservando il grafico, determina quale gruppo ha più specie vulnerabili all'estinzione, quale ha più specie in pericolo e quale in grave pericolo di estinzione.

b. Puoi determinare se le seguenti affermazioni sono vere dalla sola osservazione del grafico?
- I mammiferi hanno più specie in pericolo o grave pericolo di estinzione rispetto ai gruppi di uccelli, rettili e pesci considerati insieme. SI NO
- Il cambiamento climatico è responsabile delle molte specie di anfibi a rischio di estinzione SI NO
- La categoria più numerosa nella *Red List* è quella delle specie vulnerabili all'estinzione SI NO
- Gli uccelli sono meno suscettibili all'estinzione rispetto ai mammiferi perché popolano nicchie ecologiche protette SI NO
- Il gruppo degli insetti ha meno specie a rischio di estinzione SI NO

c. Fai una ricerca su internet per determinare quali sono i criteri per suddividere le specie della *Red List* nelle tre categorie: in grave pericolo, in pericolo, vulnerabili.

Laboratori di biologia

Darwin ai giorni nostri: una guida agli animali del territorio

39 Immaginario Leggi il racconto e metti alla prova le tue competenze con l'attività proposta.

Prerequisiti
Gli animali. La biodiversità. La biologia sistematica.

Competenze attivate
Comunicare le scienze naturali nella madrelingua. Metodo scientifico. Competenze digitali.

Contesto
«BACIO le mani a tutti voi, vertebrati tetrapodi della classe mammalia e dell'ordine dei primati ominoidei bisessi. Lo so, suona peggio che «signore e signori», ma le classificazioni zoologiche valgono per tutti. Mi presento: sono un invertebrato esapode della classe insetti e dell'ordine degli pterigoti, sottordine blattoidei. Ho corpo parzialmente coperto dal prototorace, ali anteriori membranose, tarsi pentarticolati, sono viviparo, cosmopolita, endogamico, ho molti nomi – scarafaggio, vecchia, bacarozzo, scarafone, beatle, cafard, cockroach, rigamuri, carrabusu, e soprattutto blatta». Così ha inizio il piccolo racconto *Memorie di uno scarafaggio alla conquista del mondo* di Stefano Benni, un monologo che spiega come ci si sente a essere un insetto in un mondo dominato, ancora per poco, dagli esseri umani votati all'autodistruzione.
Il racconto di Benni utilizza i termini e le conoscenze della biologia sistematica per illustrare, in un modo alternativo al rigoroso scientifico, le caratteristiche di scarafaggi e invertebrati contemporaneamente per denunciare la scarsa attenzione della razza umana verso la difesa della biodiversità.

Dall'immaginario alla pratica
Sostituisciti a un biologo naturalista e cerca di comunicare la biodiversità dei regno degli animali attraverso la realizzazione di una guida on-line. Lo scopo di questo progetto è soprattutto comunicativo, ossia realizzare con tua classe una narrazione visiva delle specie che popolano il tuo territorio condividendola con il web. Lo stile della guida potrà essere ironico, come quello di Benni, o più tecnico-scientifico.
Il primo passo per la redazione della guida è la raccolta di informazioni sulle diverse specie animali caratteristiche del tuo territorio, scegliendo poi quelle di cui ci si vuole occupare. Un valido aiuto per la loro identificazione può essere rappresentato dal Museo naturalistico della tua città, o da professori universitari di zoologia o biologia marina dell'ateneo più vicino, o ancora dalla sede locale del WWF o di Legambiente.

Calandoti poi nel ruolo di Instagramer, Videomaker o Blogger, potrai descrivere gli animali selezionati descrivendo i tuoi "incontri" **a** e quelli dei tuoi compagni attraverso i canali social e il web producendo uno speciale racconto collettivo in tempo reale che confluirà in una pagina *Facebook* creata per l'occasione o addirittura un blog su *wordpress.com*. La mobile photography, l'instant video e la redazione di news veloci (dalle 500 alle 1200 battute) rappresenteranno il materiale di partenza per la guida.

a

Attenzione!
Quando si realizza un progetto come questo è importante fare attenzione alla organizzazione del lavoro per evitare che la guida diventi troppo caotica. Occorrerà portare avanti diversi compiti: ricerca delle informazioni, realizzazione di fotografie, video e testi di accompagnamento.
Le specie animali caratteristiche del territorio saranno così raccontate nella pagina FB o nel blog, attraverso un lavoro sinergico come quello di una vera e propria redazione web: un direttore/-trice (amministratore/-trice della pagina FB o del blog) vaglierà la pubblicabilità di immagini o articoli postati dai diversi redattori.

Sitografia
- L'intero racconto di Stefano Benni è presente nell'archivio di *Repubblica.it*: http://ricerca.repubblica.it/repubblica/archivio/repubblica/2014/06/17/memorie-di-uno-scarafaggio-alla-conquista-del-mondo58.html

Autovalutazione
Quale è stata la maggiore difficoltà?
Il risultato è soddisfacente?
Ognuno ha svolto in maniera efficiente il proprio compito?
Quanti *like* conta la pagina FB? Quanti visitatori conta il blog?
Quale aspetto poteva essere migliorato?

I modelli sperimentali: una mappa concettuale

40 Mappa Leggi i seguenti materiali e, dividendo la classe in gruppi, discutili seguendo la traccia di lavoro e svolgendo l'attività proposta

Prerequisiti
Il metodo scientifico. La filogenesi degli animali. Lo sviluppo embrionale. La cellula. La genetica.

Competenze attivate
Comunicare le scienze naturali nella madrelingua. Competenze digitali.

Contesto
La ricerca biologica e medica deve spesso ricorrere a modelli sperimentali per studiare il funzionamento di meccanismi molecolari, cellulari e sistemici degli organismi viventi. Questi modelli possono essere computazionali (*in silico*) o biologici. I modelli biologici a loro volta comprendono: cellule isolate e coltivate in laboratorio per gli esperimenti *in vitro* **b**; organismi viventi per esperimenti *in vivo* **c**.

L'utilizzo di animali anche molto diversi dagli esseri umani, come moscerini e nematodi, permette di realizzare scoperte molto importanti sul funzionamento delle cellule e dei geni che regolano le funzioni fondamentali della vita (ossia quelle che accomunano i diversi organismi). Questi studi riguardano la cosiddetta ricerca di base, indispensabile per conoscere i princìpi della biologia. In altri casi, i modelli animali sono utili per studiare il funzionamento di alcuni organi e apparati simili a quelli umani, e per verificare l'azione di farmaci o di operazioni chirurgiche in modo da garantire la salute degli esseri umani e degli animali stessi.

Mappa concettuale come lavoro di gruppo
Partendo dai termini proposti, costruisci con il tuo gruppo, una mappa concettuale per illustrare i modelli sperimentali utilizzati nella ricerca biologica e medica. Se non conosci alcuni termini, fai una ricerca su internet o su in dizionario.

- Modello *in silico*
- Modello biologico
- Modello *in vitro*
- Modello *in vivo*
- *Caenorhabditis elegans*
- *Drosophila melanogaster*
- Idra
- Zebrafish (*Danio rerio*)
- *Xenopus laevis*
- Topo (*Mus musculus*)
- Ratto (*Rattus norvegicus*)
- Macaco (*Macaca mulatta*)
- Uomo
- Sviluppo animale
- Genetica
- Ereditarietà
- Rigenerazione
- Invecchiamento
- Apoptosi
- Malattie umane
- Ritmi circadiani
- Comportamento e capacità cognitive
- Sistema immunitario
- Coltura cellulare

Ogni persona nel gruppo deve aggiungere almeno un nuovo concetto che non sia già presente nella lista, insieme a una frase connettiva che descriva la relazione del concetto con gli altri.
Quando il gruppo sarà d'accordo sulla mappa concettuale definitiva, costruisci una versione digitale della mappa, per esempio utilizzando un programma di presentazione come Power Point™ di Microsoft Office™, oppure Impress™, disponibile gratuitamente nel pacchetto Open Office™.
Tutti i gruppi presenteranno poi le mappe ai compagni. Discuti le differenze tra le diverse mappe concettuali. Quali sono gli aspetti più importanti da evidenziare? Perché alcune mappe sono diverse? Quali sono gli elementi che tutti i gruppi hanno in comune?

Autovalutazione
Qual è stata la maggiore difficoltà che hai incontrato durante la discussione?
Conoscevi tutti gli organismi presentati?
Hai imparato nuove relazioni tra i modelli sperimentali e le finalità del loro utilizzo?
Dopo il lavoro, ti è nata qualche curiosità sull'uso di animali nella ricerca scientifica?

Una app per guardare dentro una rana

> **41 Laboratorio**
> Per comprendere la struttura e l'anatomia degli animali, può essere utile eseguire una dissezione di un organismo. Esistono oggi applicazioni per tablet o per computer che permettono di simulare virtualmente una dissezione in modo scientificamente accurato. Scarica una di queste applicazioni ed esegui la dissezione virtuale.
>
> - Sei riuscito a identificare alcune delle strutture che hai studiato?
> - L'utilizzo di un'applicazione per imparare a fare una dissezione è efficace?
>
> Rispondi alle domande seguendo la traccia di lavoro proposta on-line.

TAVOLA PERIODICA DEGLI ELEMENTI

Legenda

numero atomico → 23 — energia di prima ionizzazione (kJ/mol): 652 — **V** — Vanadio — 50,941 — $3d^3 4s^2$

massa atomica. Le masse atomiche sono date in unità di massa atomica (u), ottenuta assegnando la massa atomica di 12,00000 al carbonio-12. I valori riportati in parentesi sono i numeri di massa degli isotopi più stabili

simbolo (nero = solido; rosso = gas; blu = liquido; grigio = artificiale)

configurazione elettronica

	IA	IIA	IIIB	IVB	VB	VIB	VIIB	VIIIB	VIIIB	VIIIB	IB	IIB	IIIA	IVA	VA	VIA	VIIA	VIIIA
1	1 **H** Idrogeno 1,0079 $1s^1$ (1308,4)																	2 **He** Elio 4,002 $1s^2$ (2370)
2	3 **Li** Litio 6,94 $2s^1$ (518,4)	4 **Be** Berillio 9,012 $2s^2$ (898,7)											5 **B** Boro 10,811 $2p^1$ (798,4)	6 **C** Carbonio 12,011 $2p^2$ (1086,8)	7 **N** Azoto 14,007 $2p^3$ (1397,3)	8 **O** Ossigeno 15,999 $2p^4$ (1312,5)	9 **F** Fluoro 18,998 $2p^5$ (1690,4)	10 **Ne** Neon 20,179 $2p^6$ (2075,5)
3	11 **Na** Sodio 22,989 $3s^1$ (497,5)	12 **Mg** Magnesio 24,305 $3s^2$ (735,7)											13 **Al** Alluminio 26,981 $3p^1$ (575,5)	14 **Si** Silicio 28,086 $3p^2$ (785,9)	15 **P** Fosforo 30,973 $3p^3$ (1008,1)	16 **S** Zolfo 32,06 $3p^4$ (999)	17 **Cl** Cloro 35,453 $3p^5$ (1254)	18 **Ar** Argon 39,948 $3p^6$ (1517,4)
4	19 **K** Potassio 39,102 $4s^1$ (418)	20 **Ca** Calcio 40,08 $4s^2$ (589,4)	21 **Sc** Scandio 44,956 $3d^1 4s^2$ (631,2)	22 **Ti** Titanio 47,90 $3d^2 4s^2$ (660,5)	23 **V** Vanadio 50,941 $3d^3 4s^2$ (652)	24 **Cr** Cromo 51,996 $3d^5 4s^1$ (652)	25 **Mn** Manganese 54,938 $3d^5 4s^2$ (714,8)	26 **Fe** Ferro 55,847 $3d^6 4s^2$ (760,8)	27 **Co** Cobalto 58,933 $3d^7 4s^2$ (756,6)	28 **Ni** Nichel 58,70 $3d^8 4s^2$ (735,7)	29 **Cu** Rame 63,54 $3d^{10} 4s^1$ (744)	30 **Zn** Zinco 65,38 $3d^{10} 4s^2$ (902,9)	31 **Ga** Gallio 69,72 $4p^1$ (576,9)	32 **Ge** Germanio 72,59 $4p^2$ (759,4)	33 **As** Arsenico 74,922 $4p^3$ (943,1)	34 **Se** Selenio 78,96 $4p^4$ (940,5)	35 **Br** Bromo 79,90 $4p^5$ (1141,2)	36 **Kr** Cripton 83,80 $4p^6$ (1350,2)
5	37 **Rb** Rubidio 85,47 $5s^1$ (401,3)	38 **Sr** Stronzio 87,62 $5s^2$ (547,5)	39 **Y** Ittrio 88,905 $4d^1 5s^2$ (613,3)	40 **Zr** Zirconio 91,22 $4d^2 5s^2$ (657,5)	41 **Nb** Niobio 92,906 $4d^4 5s^1$ (661,4)	42 **Mo** Molibdeno 95,94 $4d^5 5s^1$ (682,5)	43 **Tc** Tecnezio (99) $4d^5 5s^2$ (698)	44 **Ru** Rutenio 101,07 $4d^7 5s^1$ (708,5)	45 **Rh** Rodio 102,905 $4d^8 5s^1$ (717,2)	46 **Pd** Palladio 106,4 $4d^{10}$ (802,6)	47 **Ag** Argento 107,87 $4d^{10} 5s^1$ (731,5)	48 **Cd** Cadmio 112,4 $4d^{10} 5s^2$ (865,3)	49 **In** Indio 114,82 $5p^1$ (556)	50 **Sn** Stagno 118,69 $5p^2$ (706,5)	51 **Sb** Antimonio 121,75 $5p^3$ (831,9)	52 **Te** Tellurio 127,6 $5p^4$ (869,5)	53 **I** Iodio 126,904 $5p^5$ (1007,4)	54 **Xe** Xenon 131,3 $5p^6$ (1170,4)
6	55 **Cs** Cesio 132,905 $6s^1$ (376,2)	56 **Ba** Bario 137,34 $6s^2$ (501,6)	57 **La*** Lantanio 138,91 $5d^1 6s^2$ (539,3)	72 **Hf** Afnio 178,49 $5d^2 6s^2$ (639,3)	73 **Ta** Tantalio 180,94 $5d^3 6s^2$ (758,5)	74 **W** Tungsteno 183,85 $5d^4 6s^2$ (769,2)	75 **Re** Renio 186,2 $5d^5 6s^2$ (760,8)	76 **Os** Osmio 190,2 $5d^6 6s^2$ (840,2)	77 **Ir** Iridio 192,2 $5d^7 6s^2$ (874,9)	78 **Pt** Platino 195,09 $5d^9 6s^1$ (865,3)	79 **Au** Oro 196,967 $5d^{10} 6s^1$ (890,4)	80 **Hg** Mercurio 200,59 $5d^{10} 6s^2$ (1007,4)	81 **Tl** Tallio 204,37 $6p^1$ (589,4)	82 **Pb** Piombo 207,2 $6p^2$ (714,8)	83 **Bi** Bismuto 208,98 $6p^3$ (700,8)	84 **Po** Polonio (209) $6p^4$ (809,5)	85 **At** Astato (210) $6p^5$	86 **Rn** Radon (222) $6p^6$ (1036,7)
7	87 **Fr** Francio (223) $7s^1$ (507,5)	88 **Ra** Radio (226) $7s^2$ (507,5)	89 **Ac*** * Attinio (227) $6d^1 7s^2$ (497,1)	104* **Rf** Rutherfordio (261) $6d^2 7s^2$	105* **Db** Dubnio (262) $6d^3 7s^2$	106 **Sg** Seaborgio (263)	107 **Bh** Bohrio (264)	108 **Hs** Hassio (269)	109 **Mt** Meitnerio (268)	110 **Ds** Darmstadtio (271)	111 **Rg** Roentgenio 272	112 **Cn** Copernicio (277)	113 **UUT** Ununtrio	114 **UUQ** Ununquadio	115 **UUP** Ununpentio	116 **UUH** Ununhexio	117 **UUS** Ununseptio	118 **UUO** Ununoctio

* serie dei lantanidi

58 **Ce** Cerio 140,12 $5d^1 4f^1 6s^2$ (532,6)	59 **Pr** Praseodimio 140,908 $4f^3 6s^2$ (524,9)	60 **Nd** Neodimio 144,24 $4f^4 6s^2$ (531,6)	61 **Pm** Promezio (145) $4f^5 6s^2$ (533,9)	62 **Sm** Samario 150,4 $4f^6 6s^2$ (539,3)	63 **Eu** Europio 151,96 $4f^7 6s^2$ (547,6)	64 **Gd** Gadolinio 157,25 $5d^1 4f^7 6s^2$ (593,7)	65 **Tb** Terbio 158,92 $4f^9 6s^2$ (563,4)	66 **Dy** Disprosio 162,5 $4f^{10} 6s^2$ (571,1)	67 **Ho** Olmio 164,93 $4f^{11} 6s^2$ (578,6)	68 **Er** Erbio 167,26 $4f^{12} 6s^2$ (586,5)	69 **Tm** Tulio 168,934 $4f^{13} 6s^2$ (597,8)	70 **Yb** Itterbio 173,04 $4f^{14} 6s^2$ (598,3)	71 **Lu** Lutezio 174,97 $5d^1 4f^{14} 6s^2$ (522,1)

** serie degli attinidi

90 **Th** Torio 232,038 $6d^2 7s^2$ (584,5)	91 **Pa** Protoattinio 231 $5f^2 6d^1 7s^2$ (568,3)	92 **U** Uranio 238,029 $5f^3 6d^1 7s^2$ (581,6)	93 **Np** Nettunio 237,04 $5f^4 6d^1 7s^2$ (595,1)	94 **Pu** Plutonio 244 $5f^6 7s^2$ (582,6)	95 **Am** Americio (243) $5f^7 7s^2$ (576,1)	96 **Cm** Curio (247) $5f^7 6d^1 7s^2$	97 **Bk** Berkelio (247) $5f^9 7s^2$	98 **Cf** Californio (251) $5f^{10} 7s^2$	99 **Es** Einsteinio (254) $5f^{11} 7s^2$	100 **Fm** Fermio (257) $5f^{12} 7s^2$	101 **Md** Mendelevio (258) $5f^{13} 7s^2$	102 **No** Nobelio (259) $5f^{14} 7s^2$	103 **Lr** Laurenzio (260) $6d^1 7s^2$

SOLUZIONI DEGLI ESERCIZI DI FINE CAPITOLO

Capitolo 1. La scienza che studia la vita

Autoverifica delle conoscenze

12: B; 13: C; 14: B; 15: D; 16: A; 17: A; 18: B; 19: B; 20: D; 21: E; 22: A; 23: A; 24: A; 25: A; 26: D

Capitolo 2. La chimica della vita

Autoverifica delle conoscenze

12: D; 13: C; 14: A; 15: C; 16: C; 17: A; 18: B;
19: A; 20: A ; 21: E; 22: E; 23: A; 24: A; 25: A; 26: A

Capitolo 3. La cellula

Autoverifica conoscenze

12: B; 13: C; 14: B; 15: D; 16: A; 17: A; 18: B; 19: B; 20: D; 21: E; 22: A; 23: A; 24: A; 25: A; 26: D

Capitolo 4. Gli scambi di energia

Autoverifica delle conoscenze

12: B; 13: C; 14: B; 15: A; 16: A; 17: C; 18: E; 19: A; 20: D; 21: A; 22: A; 23: E; 24: A

Capitolo 5. Divisione cellulare e riproduzione degli organismi

Autoverifica delle conoscenze

13: C; 14: D; 15: E; 16: C; 17: B; 18: A; 19: E; 20: B; 21: E; 22: A; 23: D; 24: A; 25: E

Capitolo 6. Mendel e l'ereditarietà

Autoverifica delle conoscenze

12: D; 13: B; 14: E; 15: E; 16: A; 17: A; 18: A; 19: C; 20: B; 21: A; 22: B; 23: A; 24: A; 25: A

Capitolo 7. Le teorie dell'evoluzione e la nascita della vita

Autoverifica delle conoscenze

14: C; 15: B; 16: C ; 17: A; 18: A; 19: B; 20: D; 21: D; 22: E; 23: A; 24: A; 25: C; 26: A

Capitolo 8. Biodiversità di procarioti, protisti, piante e funghi

Autoverifica delle conoscenze

14: B; 15: D; 16: A; 17: E; 18: C; 19: D; 20: A; 21: E; 22: E; 23: E; 24: E; 25: C; 26: B; 27: A

Capitolo 9. Biodiversità degli animali

Autoverifica delle conoscenze

12: A; 13: C; 14: D; 15: A; 16: E; 17: C; 18: A; 19: E; 20: B; 21: C; 22: D; 23: A; 24: E; 25: C; 26: A

INDICE ANALITICO

A

acido, 35
— grasso (*vedi anche* lipide), 47
    insaturo, 47
    saturo, 47
    trans, 48
— nucleico, 45
    desossiribonucleico (*vedi anche* DNA), 45
    ribonucleico (*vedi anche* RNA), 45
acqua, 32
— proprietà dell', 32-34
adattamento, 6
adenosina trifosfato (ATP), 90-91
— nella respirazione aerobica, 96
adesione, 32
alghe, 190-191
— dorate, diatomee e brune, 190
— verdi, 190
— rosse, 191
allele-i, 123, 139
— dominante, 141
— recessivo, 141
— frequenza degli, 151
amminoacido, 40, 41
anafase, 119, 127
anellidi, 222
— lombrichi, 222
— policheti, 222
— sanguisughe, 222
anfibi, 235-236
animali, 11
— caratteristiche degli, 213
angiosperme, 202
— eudicotiledoni, 203
— monocotiledoni, 203
apoptosi, 112
archei, 11, 63, 183
— classificazione degli, 188
articolo scientifico, 20-21
artropodi, 224-226

— chelicerati, 225
— crostacei, 226
— insetti, 226
— miriapodi, 226
assortimento indipendente, 130
— legge dell', 149
atomo, 3-4, 26
— numero atomico, 26
— numero di massa, 27
— particelle subatomiche, 26
autotrofo, 5

B

batteri, 11, 63, 183
— classificazione e caratteristiche dei, 187
biodiversità, 9
biogeografia, 164
biologia, definizione di, 3
bioma, 9
biosfera, 4, 5, 9
blastula, 213, 215
briofite, 197

C

campione sperimentale, 14
carattere, 140
— ibrido, 140
— puro, 140
carboidrato (*vedi anche* zucchero), 39
— complesso, 39-40
— semplice, 39
cariotipo, 122-123
catastrofismo, 158
catena di trasporto degli elettroni, 89
cavità gastrovascolare, 216
cellula
— animale, 64
— aploide, 124, 139
— caratteristiche della, 61
— definizione di, 3-4, 59
— diploide, 122

— eucariotica, 62
— germinale, 125
— procariotica, 62
— somatica, 125
— teoria cellulare, 59
— vegetale, 65
celoma, 216
centromero, 116
centrosoma, 74
ciclo cellulare, 117-120
ciglia, 75
citodieresi, 120-121
citoscheletro, 74-75
cloroplasto, 72-73
cnidari, 219
— medusa, 219
— polipo, 219
coesione, 32
composto, 28
comunità, 4, 5
conifere, 201
controllo (gruppo di), 15
consumatori, 5
cordati, 228
— caratteristiche dei, 228-231
— relazioni evolutive dei, 229
— invertebrati, 232
    anfiossi, 232
    tunicati, 232
cromatidi fratelli, 116
cromatina, 116
cromosoma-i, 113, 139
— autosomi, 122, 139
— omologhi, 123, 139
— sessuale (eterosoma), 122
crossing over, 127

D

Darwin, Charles, 153-154
decompositori, 5
deriva dei continenti, 165
deuterostomi, 214-215

diffusione, 98
– facilitata, 100
– semplice, 98
dinoflagellati, 190
disaccaride, 39
divisione cellulare, 111-112
– meiotica (*vedi anche* meiosi), 124-127
– mitotica (*vedi anche* mitosi), 117-121
– per scissione binaria, 115
DNA (*vedi anche* acido desossiribonucleico)
– definizione, 3
– duplicazione, 113-114
– struttura, 45
dominanza, legge della, 144
dominio, 11

E
ecdisozoi, 214
echinodermi, 227
ecosistema, 4, 5, 9
ecologia, 9
elemento, 25
– fondamentale, 26
– in tracce, 26
elettronegatività, 29
endocitosi, 102
– fagocitosi, 102
– pinocitosi, 102
esocitosi, 103
endosimbiosi, teoria dell', 73, 168
endospore, 186
energia, 85
– cinetica, 86
– potenziale, 85
– di attivazione, 92
entropia, 87
enzima, 92-94
– coenzima, 94
– feedback negativo, 94
– feedback positivo, 94
– inibitore enzimatico, 94
inibizione non competitiva, 94
– sito attivo, 93
equilibrio interno, 6
esperimento, 13

eterotrofo, 5, 213
eterozigote, 142
eucarioti, 11, 64-65
euglenoidi, 189
eumetazoi, 214
evoluzione, 8, 151
– sintesi evoluzionistica moderna, 157

F
fecondazione, 111, 124, 139
fenotipo, 142
– mutante, 142
– wild-type, 142
filamenti intermedi, 74
filogenetica, 163
– albero filogenetico, 163
flagelli, 63, 75, 185
foglietti embrionali, 215
– ectoderma, 215
– endoderma, 215
– mesoderma, 215
fosforilazione, 91
fossile, 158, 164
fotosintesi
– definizione, 95
– equazione, 95
funghi, 11, 204-205
– mucillaginosi, 191
plasmodiali, 191
cellulari, 191
fuso mitotico, 119

G
gamete, 111, 124, 139
gastrula, 215
gene, 139
generazione, 143
– filiale, 143
– parentale, 143
genere, 10
genoma, 113
genotipo, 142
gimnosperme, 200
– classificazione delle, 200
giunzioni
– desmosomi, 77
– occludenti, 77
– serrate, 77
glicocalice, 185

Golgi, apparato di, 70-71
gradiente di concentrazione, 97

H
habitat, 9

I
idrolisi, 39
incrocio
– monoibrido, 144
– diibrido, 148
indagine (ricerca) scientifica, 12-13
interfase, 117
invertebrati, 213
ione, 26
isotopo, 27
istoni, 116

K
kilocaloria, 86

L
lamprede, 233
legame chimico, 28
– a idrogeno, 31
– covalente, 29
apolare, 29
polare, 29
– ionico, 30
licheni, 206
lipide, 46-47
– cere, 49
– fosfolipidi, 66
– steroli, 48-49
– trigliceridi 47
lisosomi, 71
livelli dell'organizzazione biologica, 3-4
locus, 143
lofotrocozoi, 214

M
mammiferi, 239-240
– monotremi, 239
– marsupiali, 240
– placentati, 240
mappa concettuale, 134-135
materia, 25
matrice extracellulare, 213
meiosi, 124-127, 129-130

– definizione, 111
membrana
– cellulare, 66-67
    doppio strato fosfolipidico, 66
– proteine di, 67
    struttura a mosaico fluido, 66
– trasporto di, 97-104
    attivo, 101
    passivo, 98
Mendel, Gregor, 140
metabolismo, 5, 88
metafase, 119, 127
metamorfosi, 217
metodo scientifico, 12, 13
microfilamenti, 74
microscopio
– elettronico a scansione, 60
– elettronico a trasmissione, 60
– ottico, 60
microtubuli, 74
Miller-Urey, esperimento di, 165
– simulazione prebiotica, 166
missine, 233
mitocondrio, 73
mitosi, 117-121, 129, 130
– definizione, 111
molecola, 3-4, 28
– formula molecolare, 28
– monomero, 38
– polimero, 38
– organica, 38
molluschi, 221
– bivalvi, 221
– cefalopodi, 221
– chitoni, 221
– gasteropodi, 221
mondo a RNA, ipotesi del, 166
monosaccaride, 39
muffe d'acqua, 191, 192

N

nematodi, 223
nucleo, 68, 69
nucleolo, 69
nucleosomi, 116
nucleotide, 45

O

oligosaccaride, 40

omeostasi, 6
omozigote, 142
organismo, definizione di, 3
organo, 3-4
    organulo, 3-4, 68
osmosi, 99

P

parazoi, 214
parete cellulare, 63, 76, 184
perossisomi, 72
pesci, 233-234
– cartilaginei, 234
– ossei, 234
    a pinne a raggi, 234
    a pinne lobate, 234
pH, scala del, 36
piante, 11, 194-196
– adattamenti per la vita sulla terraferma, 195
– alternanza di generazioni, 196
    sporofiti, 196
    gametofito, 196
    impollinazione, 196
    seme, 196
    fiore, 196
– vascolari senza semi, 198-199
piastra cellulare, 120
piastra equatoriale, 119
pili, 185
placebo, 15
plasmide, 184
plasmodesmi, 76
platelminti, 220
– tenie, 220
– trematodi, 220
pluricellularità, 169
polipeptide, 41
polisaccaride, 40
pompa sodio-potassio (*vedi anche* membrana, trasporto di), 101
pool genico, 157
popolazione, 4-5
poriferi, 218
procarioti, 11, 183
– strutture dei, 184-185
– vie metaboliche dei, 186
produttori, 5
profase, 118, 119, 127
prometafase, 119

proprietà emergenti, 5
proteina, 40-41
– denaturazione, 43-44
– struttura, 42-43
protisti, 11, 188-189
protostomi, 214-215
protozoi, 192-193
– flagellati, 192
– ameboidi, 192
– radiolari, 192
– ciliati, 193
– apicomplessi, 193

Q

quadrato di Punnett, 144

R

reazioni chimiche, 34
– accoppiate (accoppiamento energetico), 90
– di condensazione, 38
– di ossidoriduzione, 89
– endotermiche, 88
– esotermiche, 89
regno, 11
regola del prodotto, 150
respirazione cellulare aerobica, 96
– equazione della, 96
reticolo endoplasmatico, 70
– liscio, 70
– ruvido, 70
rettili, 237
riproduzione
– asessuata, 6, 111, 121, 122
– sessuata, 6, 111, 124
RNA (*vedi anche* acido ribonucleico), 45
– struttura, 45

S

scala dei tempi geologici, 158, 164
scissione binaria, 115
segmentazione, 217
segregazione, legge della, 146
selezione
– naturale, 6, 161
– artificiale, 161
simmetria
– bilaterale, 214

Indice analitico

– radiale, 214
sistema (insieme di organi), 3, 4
sistema tampone, 37
sistematica, 163
solco di separazione, 120
soluzione, 32
  – acida, 35
  – basica (alcalina), 35
  – neutra, 35
sovrapposizione, principio di, 158
specie, 10
statistica
  – analisi, 15
  – significatività, 15
struttura
  – analoga, 162
  – omologa, 161
  – vestigiale, 161

T

tassonomia, 10, 163
tavola periodica, 25
taxon, 163
telofase, 120, 127
tensione superficiale, 32
teoria scientifica, 15
termodinamica
  – primo principio della, 86
  – secondo principio della, 87
tessuto, 3-4
tettonica delle placche, 163, 166
tratto, 140
turgore, pressione di, 100

U

uccelli, 238
uniformismo, 158

V

vacuoli, 72
variabile, 14
  – dipendente, 14
  – indipendente, 14
  – standard, 14
vertebrati, 213
vita, definizione di, 3
  – albero della, 10
  – caratteristiche della, 3
  – chimica della, 24
  – diversità della, 9
  – organizzazione della, 3-5

Z

zigote, 111, 124
zucchero (*vedi anche* carboidrato),
  39

Edizione originale Copyright © 2015 by McGraw-Hill Education
Tutti i diritti riservati
Edizione italiana © 2015 by Mondadori Education S.p.A., Milano
Tutti i diritti riservati

www.mondadorieducation.it

Prima edizione: febbraio 2015

Edizioni

10	9	8	7	6	5	4	3
2019		2018		2017		2016	

Questo volume è stampato da:
LTV - La Tipografica Varese Srl, Varese
Stampato in Italia - Printed in Italy

Il Sistema Qualità di Mondadori Education S.p.A. è certificato da Bureau Veritas Italia S.p.A. secondo la Norma UNI EN ISO 9001:2008 per le attività di: progettazione, realizzazione di testi scolastici e universitari, strumenti didattici multimediali e dizionari.

Le fotocopie per uso personale del lettore possono essere effettuate nei limiti del 15% di ciascun volume/fascicolo di periodico dietro pagamento alla SIAE del compenso previsto dall'art. 68, commi 4 e 5, della legge 22 aprile 1941 n. 633.
Le fotocopie effettuate per finalità di carattere professionale, economico o commerciale o comunque per uso diverso da quello personale possono essere effettuate a seguito di specifica autorizzazione rilasciata da CLEAREdi, Centro Licenze e Autorizzazioni per le Riproduzioni Editoriali, Corso di Porta Romana 108, 20122 Milano, e-mail autorizzazioni@clearedi.org e sito web www.clearedi.org.

Traduzione testo	Maria Cristina Saccuman
Traduzione attività	Valentina Daelli
Adattamento	Paola Priore

Redazione	Paola Priore, Selvaggia Santin, Valentina Daelli
Progetto grafico	Elena Gaiani, Massimo De Carli
Impaginazione	Edistudio, Elisa Seghezzi
Progetto grafico della copertina	46xy studio
Ricerca iconografica	Paola Priore, Selvaggia Santin

Stesura attività originali	Valentina Daelli, Paola Priore
Stesura schede Impara a imparare la biologia	Valentina Daelli
Traduzione paragrafo 1.2	Mara Marchesan

Contenuti digitali

Progettazione	Fabio Ferri, Marco Guglielmino
Redazione	Luisa Alessio, Danilo Migoni, duDAT srl
Realizzazione	Cineseries, duDAT srl, Evolution Graphic, Groove Factory, Marco Versari

In copertina *Saturniid Moth (Rhodinia fugax) female camouflaged on leaf litter, Qinling Mountains, Shaanxi, China* © Thomas Marent / gettyimages

L'editore fornisce - per il tramite dei testi scolastici da esso pubblicati e attraverso i relativi supporti - link a siti di terze parti esclusivamente per fini didattici o perché indicati e consigliati da altri siti istituzionali. Pertanto l'editore non è responsabile, neppure indirettamente, del contenuto e delle immagini riprodotte su tali siti in data successiva a quella della pubblicazione, distribuzione e/o ristampa del presente testo scolastico.

Per eventuali e comunque non volute omissioni e per gli aventi diritto tutelati dalla legge, l'editore dichiara la piena disponibilità.

Per informazioni e segnalazioni:
Servizio Clienti Mondadori Education
e-mail *servizioclienti.edu@mondadorieducation.it*
numero verde **800 123 931**